21世纪高等学校规划教材 ｜ 计算机科学与技术

计算机导论

——计算思维和应用技术

（第2版）

易建勋　编著

清华大学出版社

北京

内 容 简 介

本书分为3部分：第1部分为计算工具，主要讨论计算工具和技术特征以及程序语言和软件开发；第2部分为计算思维，主要介绍计算思维和人工智能、算法基础和数据结构；第3部分为计算技术，讨论信息编码和逻辑运算、硬件结构和操作系统、网络通信和信息安全、应用技术和学科特征。

本书是高等学校计算机课程入门教材，主要面向理工科专业学生。教材在保持学科广度的同时，兼顾到不同专业领域计算机应用技术的讨论。本书力图使学生对计算机科学有一个总体了解，并希望在这个基础上了解和掌握计算思维的方法，并与专业课程结合，努力理解和解决各自专业领域的问题。

图书在版编目(CIP)数据

计算机导论：计算思维和应用技术/易建勋编著.—2版.—北京：清华大学出版社，2018(2023.9重印)
(21世纪高等学校规划教材·计算机科学与技术)
ISBN 978-7-302-48671-8

Ⅰ.①计… Ⅱ.①易… Ⅲ.①电子计算机－高等学校－教材 Ⅳ.①TP3

中国版本图书馆 CIP 数据核字(2017)第 270411 号

责任编辑：闫红梅　梅栾芳
封面设计：傅瑞学
责任校对：时翠兰
责任印制：丛怀宇

出版发行：清华大学出版社
　　　　网　　　址：http://www.tup.com.cn, http://www.wqbook.com
　　　　地　　　址：北京清华大学学研大厦 A 座　　　　邮　　编：100084
　　　　社 总 机：010-83470000　　　　邮　　购：010-62786544
　　　　投稿与读者服务：010-62776969, c-service@tup.tsinghua.edu.cn
　　　　质量反馈：010-62772015, zhiliang@tup.tsinghua.edu.cn
　　　　课件下载：http://www.tup.com.cn, 010-83470236
印 装 者：三河市君旺印务有限公司
经　　销：全国新华书店
开　　本：185mm×260mm　　　印　张：25.25　　　　字　　数：607 千字
版　　次：2015 年 6 月第 1 版　2018 年 4 月第 2 版　　印　　次：2023 年 9 月第 14 次印刷
印　　数：32001～34000
定　　价：59.00 元

产品编号：076535-01

出 版 说 明

　　随着我国改革开放的进一步深化,高等教育也得到了快速发展,各地高校紧密结合地方经济建设发展需要,科学运用市场调节机制,加大了使用信息科学等现代科学技术提升、改造传统学科专业的投入力度,通过教育改革合理调整和配置了教育资源,优化了传统学科专业,积极为地方经济建设输送人才,为我国经济社会的快速、健康和可持续发展以及高等教育自身的改革发展做出了巨大贡献。但是,高等教育质量还需要进一步提高以适应经济社会发展的需要,不少高校的专业设置和结构不尽合理,教师队伍整体素质亟待提高,人才培养模式、教学内容和方法需要进一步转变,学生的实践能力和创新精神亟待加强。

　　教育部一直十分重视高等教育质量工作。2007 年 1 月,教育部下发了《关于实施高等学校本科教学质量与教学改革工程的意见》,计划实施"高等学校本科教学质量与教学改革工程"(简称"质量工程"),通过专业结构调整、课程教材建设、实践教学改革、教学团队建设等多项内容,进一步深化高等学校教学改革,提高人才培养的能力和水平,更好地满足经济社会发展对高素质人才的需要。在贯彻和落实教育部"质量工程"的过程中,各地高校发挥师资力量强、办学经验丰富、教学资源充裕等优势,对其特色专业及特色课程(群)加以规划、整理和总结,更新教学内容、改革课程体系,建设了一大批内容新、体系新、方法新、手段新的特色课程。在此基础上,经教育部相关教学指导委员会专家的指导和建议,清华大学出版社在多个领域精选各高校的特色课程,分别规划出版系列教材,以配合"质量工程"的实施,满足各高校教学质量和教学改革的需要。

　　为了深入贯彻落实教育部《关于加强高等学校本科教学工作,提高教学质量的若干意见》精神,紧密配合教育部已经启动的"高等学校教学质量与教学改革工程精品课程建设工作",在有关专家、教授的倡议和有关部门的大力支持下,我们组织并成立了"清华大学出版社教材编审委员会"(以下简称"编委会"),旨在配合教育部制定精品课程教材的出版规划,讨论并实施精品课程教材的编写与出版工作。"编委会"成员皆来自全国各类高等学校教学与科研第一线的骨干教师,其中许多教师为各校相关院、系主管教学的院长或系主任。

　　按照教育部的要求,"编委会"一致认为,精品课程的建设工作从开始就要坚持高标准、严要求,处于一个比较高的起点上。精品课程教材应该能够反映各高校教学改革与课程建设的需要,要有特色风格、有创新性(新体系、新内容、新手段、新思路,教材的内容体系有较高的科学创新、技术创新和理念创新的含量)、先进性(对原有的学科体系有实质性的改革和发展,顺应并符合 21 世纪教学发展的规律,代表并引领课程发展的趋势和方向)、示范性(教材所体现的课程体系具有较广泛的辐射性和示范性)和一定的前瞻性。教材由个人申报或各校推荐(通过所在高校的"编委会"成员推荐),经"编委会"认真评审,最后由清华大学出版社审定出版。

目前,针对计算机类和电子信息类相关专业成立了两个"编委会",即"清华大学出版社计算机教材编审委员会"和"清华大学出版社电子信息教材编审委员会"。推出的特色精品教材包括:

(1) 21世纪高等学校规划教材·计算机应用——高等学校各类专业,特别是非计算机专业的计算机应用类教材。

(2) 21世纪高等学校规划教材·计算机科学与技术——高等学校计算机相关专业的教材。

(3) 21世纪高等学校规划教材·电子信息——高等学校电子信息相关专业的教材。

(4) 21世纪高等学校规划教材·软件工程——高等学校软件工程相关专业的教材。

(5) 21世纪高等学校规划教材·信息管理与信息系统。

(6) 21世纪高等学校规划教材·财经管理与应用。

(7) 21世纪高等学校规划教材·电子商务。

(8) 21世纪高等学校规划教材·物联网。

清华大学出版社经过三十多年的努力,在教材尤其是计算机和电子信息类专业教材出版方面树立了权威品牌,为我国的高等教育事业做出了重要贡献。清华版教材形成了技术准确、内容严谨的独特风格,这种风格将延续并反映在特色精品教材的建设中。

清华大学出版社教材编审委员会
联系人:魏江江
E-mail:weijj@tup.tsinghua.edu.cn

第2版前言

　　"计算机导论"是理工科专业学生的一门计算机基础课程,课程通过全面介绍计算机科学技术基础知识,揭示计算学科的特色,介绍该学科各分支的主要知识。教材在第1版的基础上进行了全面修订,改变的主要方面,一是全面采用 Python 语言进行案例示范,二是增强了学科领域和技术开发方面的内容,三是描述语言更加严谨。

　　写作目标

　　本教材编写原则是:**学习基础知识,开阔专业视野**。教材始终贯穿以下主线。

　　(1) 计算无所不在。教材尽量从商业领域、社会科学领域、日常生活中选取不同的案例来讨论计算的普遍性。例如,囚徒困境问题、热门检索词排名、平均工资计算问题等,都从不同侧面讨论了计算的普遍性。

　　(2) 强调计算思维。计算思维是一种解决问题的方法和思路,教材强调利用计算思维的方法讨论和分析问题。例如在数学建模讨论中,着重讲解利用计算思维进行建模的方法,而不是数学模型的理论推导和技术实现细节。教材尽量通过大量的图表和案例讲解计算机科学的基础知识。利用计算思维分析问题的主线在程序设计、信息编码、体系结构、操作系统、网络通信、信息安全等内容中反复体现。

　　(3) 广度优先的知识框架。不同专业的学生如果想融入目前的信息化社会,需要具备宽泛的计算机背景知识和利用计算思维解决问题的能力。教材提供了对计算机科学领域的全面技术剖析,介绍了在社会各领域利用计算思维解决问题的不同案例。教材对计算机专业的讨论范围很广泛,目的是让学生在研究树木之前,能够先看一看森林的概貌,以后走到蜿蜒小路时不至于会迷路。

　　主要内容

　　全书包含3部分,主要内容如下:

　　第1部分为计算工具,主要讨论计算机技术发展历程和程序语言结构,这一部分介绍了计算技术的历史发展阶段、计算机的基本类型和技术特征、计算机新技术的发展方向,以及程序的基本结构、常用编程语言、并行程序设计方法、软件开发方法等。

　　第2部分为计算思维,主要介绍计算思维的基本概念和算法思想,从不同角度介绍了数学建模的案例、计算机解题的主要方法、图灵机与可计算性、人工智能,以及常用算法等。

　　第3部分为计算技术,主要讨论计算机主要技术和工作原理,介绍信息编码的基本方法、数理逻辑、计算机硬件基本结构、操作系统主要功能和结构、网络通信基本原理、信息安全防护和加密技术,以及数据库技术、图形处理技术、常用应用软件、计算学科特征、专业人员职业道德、计算机使用中的卫生保健知识等。

　　几点说明

　　(1) 内容编排。尽管本书有自己的结构体系,但各个主题在很大程度上是相对独立的,而且各个章节内容的多少也刻意保持了大致相同。教师完全可以根据不同专业教学的要求,重新调整讲授内容和讲授顺序。在教材编写中,本书大致遵循每章讨论 1~2 个专业领域、2~4 个技术主题。在内容编排中,教材对一些理论性问题尽量用图、表、案例的形式加以说明,试图帮助读者加深对所述内容的理解。

(2) 一家之言。在教材编写中,作者力图以严肃认真的态度进行分析与讨论,但是不免会掺杂一些作者不成熟的看法与意见。例如,计算机类型的划分、第一台电子计算机的发明、对冯·诺依曼(Van Nenmann)计算机结构的阐述等内容,可能与目前的主流技术观点有所不同。这都是作者一些不成熟的看法,是一家之言,期望专家学者们批评指正。

(3) 教学建议。在进行课程教学时,建议对讨论的问题不要拘泥于计算机专业领域,而是需要更多地加入与计算思维相关的经济学、生物学、医学、物理学等内容和案例,让学生在感受到计算思维无处不在的同时,领悟到计算机求解各类问题的方法。建议**理论课讲授基本原理和概念,实验课则落实怎么做**。

(4) 编程语言。教材对算法说明和程序实现采用 Python 作为主要描述语言,由于教材并没有详细介绍程序设计的语法规则和设计技巧,因此教材中的程序案例都进行了详细的注释,这些注释的目的是说明算法思想或语法规则。在工程实际中,程序注释不需要说明语法规则,而是告诉别人你的意图和想法,增强程序的易读性和可维护性。

(5) 英文缩写。书中涉及的英文缩写名词较多,为了避免烦琐,便于阅读,本书对大部分容易理解的英语缩写名词只注释中文词义,如 CPU(中央处理单元);对于容易引起误解的外国人名以及英文缩写等,一般随书注释英文全称和中文说明,如 ABC(Atanasoff-Berry Computer,阿塔纳索夫-贝瑞计算机)等。

(6) 教学资源。本教材提供了大量课程教学资源、PPT 教学课件、习题参考答案等,可在清华大学出版社网站(http://www.tup.tsinghua.edu.cn/)下载。如果教师需要实验教学视频、技术资料、教学参考文档等,请通过 E-mail 与作者联系。

致谢

本教材由易建勋编著,参加编写工作的还有邓江沙、唐良荣、廖寿丰、刘珺、周玮、范丰仙、甘文等老师。因特网技术资料给作者提供了极大帮助,非常感谢这些作者。

坦率地说,教材中不可避免地带有作者的个人见解,因为作者从事技术开发和教学工作多年,可能有意无意地会抬高工程技术领域,而忽视计算机科学的其他分支。尽管我们非常认真努力地写作,但水平有限,书中难免有疏漏之处,恳请各位同仁和广大读者给予批评指正。您可以通过电子邮件地址(E-mail: yjxcs@163.com)与作者进行联系。

易建勋

2017 年 5 月 20 日

目　录

第1部分　计 算 工 具

第 2 部分 计 算 思 维

第 3 章 计算思维和人工智能 …………………………………………… 97

第3部分　计算技术

第 **1** 部分　　　　计 算 工 具

第1章 计算工具和技术特征

人类一直在追求实现自动计算的梦想,并进行着不懈努力,但关于自动计算的理论直到20世纪才取得突破性成果。本章主要从"**演化**"的计算思维概念,讨论了计算机技术的发展历程,人机界面的演变,以及计算机新技术的研究和应用。

1.1 计算机的发展

计算机的产生和发展经历了漫长的历史进程,在这个过程中,科学家们经过艰难探索,发明了各种各样的计算机器,推动了计算机技术的发展。从总体来看,计算机的发展经历了**计算工具→计算机器→现代计算机→微型计算机** 4个历史阶段。

1.1.1 早期的计算工具

1. 人类最早的记数工具

人类最早的计算工具也许是手指和脚趾,因为这些计算工具与生俱来,无需任何辅助设施。但是手指和脚趾只能实现计算,不能存储,而且局限于 0~20 的计算。

人类最早保存数字的方法有结绳和刻痕。1937 年,在摩拉维亚(捷克东部)地区人们发现了一根 40 万年前(旧石器时代)幼狼的前肢骨,有 7 英寸长,上面"逢五一组",有 55 道很深的刻痕,这是迄今为止发现人类最早的记数工具。1963 年在山西朔州峙峪遗址出土了 2.8 万年前的一些兽骨,这些兽骨上刻有条痕,且有"分组"的特点,如图 1-1 所示,说明当时的人们对数目已经有了一定的认识。

手指记数

山西朔州峙峪遗址出土的
刻痕兽骨摹本(2.8万年前)

结绳记数

图 1-1 人类早期记数工具

2．十进制记数法

世界古代记数体系中,除巴比伦文明的楔形数字为六十进制,玛雅文明为二十进制外,几乎全部为十进制。公元前 3400 年,古埃及已有十进制记数法,但是 1～10 只有两个数字符号,没有"**位值**"(数符位置不同,表示的值不同)的概念。

陕西半坡遗址(距今 6000 年以上)出土的陶器上,其中已经辨认的数字符号有"五""六""七""八""十""二十"等。商朝时,已经有了比较完备的文字记数系统,在商代甲骨文中,已经有了一、二、三、四、五、六、七、八、九、十、百、千、万这 13 个记数单字。在商代一片甲骨文上可以看到将"547 天"记为"五百四旬又七日",这是最早表明中国人使用十进制记数法和"位值"概念的典型案例。

中国周代(公元前 1100—前 256 年)的十进制已经有了明显的"位值"概念。图 1-2 所示西周早期青铜器"大盂鼎"铭文记载:"自驭至于庶人,六百又五十又九夫,易(注:赐)尸司王臣十又三白(注:伯)人鬲(注:俘虏),千又五十夫"。另外,根据"小盂鼎"铭文记载:"伐鬼方□□□三人获馘(读［guó］,首级)四千八百□［又］二馘。俘人万三千八十一人。俘马□□匹。俘车卅辆。俘牛三百五十五牛"。这里的三、五等数都具有"位值"记数功能。

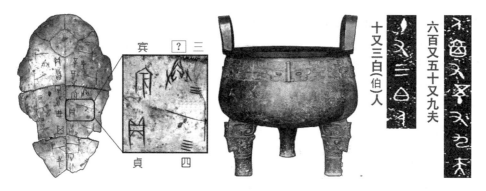

图 1-2　商武丁时期甲骨文(公元前 1250 年)和西周大盂鼎和铭文(公元前 1045 年)

3．算筹

算筹是中国古代最早的计算工具之一,成语"运筹帷幄"中的"筹"就是指算筹。南北朝科学家祖冲之(公元 429—公元 500 年)借助算筹作为计算工具,成功地将圆周率计算到了小数点后第 7 位。算筹可能起源于周朝,在春秋战国时已经非常普遍了。根据史书记载和考古材料发现,古代算筹实际上是一些差不多长短和粗细的小棍子。

4．九九乘法口诀

中国使用"九九乘法口诀"(简称"九九表")的时间较早,在《荀子》《管子》《战国策》等古籍中,能找到"三九二十七""六八四十八""四八三十二""六六三十六"等语句。可见早在春秋战国时,九九表已经开始流行了。九九表广泛用于筹算中进行乘法、除法、开方等运算,到明代改良用在算盘上。如图 1-3 所示,中国发现最早的九九表实物是湖南湘西出土的秦简木椟,上面详细记录了九九乘法口诀。与今天乘法口诀不同,秦简上的九九表不是从"一一得一"开始,而是从"九九八十一"开始,到"二半而一"结束。

九九表是早期算法之一,它的特点是:只用一到十这 10 个数符;九九表包含了乘法的交换性,如只需要"八九七十二",不需要"九八七十二";九九表只有 45 项口诀。

"九九表"木椟译文:

二	三	二	三	四	二	三
三	三	四	四	四	五	十
而	而	而	而	而	而	五
六	九	八	十二	十六	十	

图 1-3　现存最古老的"九九乘法口诀表"秦代木椟(公元前 221—前 206 年)

位值的概念和九九表后来传入高丽、日本等国家。经过丝绸之路,又传到印度、波斯,继而流行全世界。十进制位值概念和九九表算法是古代中国对世界文化的重要贡献。

5. 算盘

"算盘"一词并不专指中国的穿珠算盘。从文献资料看,许多文明古国都有过各种形式的算盘,如古希腊的算板、古印度的沙盘等(如图 1-4 所示)。但是,它们的影响和使用范围都不及中国发明的穿珠算盘。从计算技术角度看,算盘主要有以下进步:一是建立了一套完整的算法规则,如"三下五去二";二是具有临时存储功能(类似于现在的内存),能连续运算;三是出现了五进制,如上档一珠当五;四是使用方便,工作可靠。2013 年,中国穿珠算盘被联合国公布为人类非物质文化遗产。

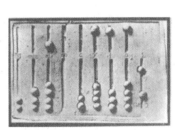

图 1-4　左:古希腊算板(公元前 800 年)　中和右:宋代《清明上河图》中的算盘(公元 1101 年)

中国算盘起源于何时?珠算专家华印椿认为是算筹演变而来,也有外国学者认为中国算盘从古希腊算板演变而来,但是至今没有定论。"珠算"一词最早见于东汉三国时期徐岳(?—220 年)《数术纪遗》一书,书中所述:"刘会稽(注:刘宏)博学多闻,偏于数学……隶首注术,仍有多种,其一珠算""珠算控带四时,经纬三才"。

1.1.2　中世纪的计算机

算盘作为主要计算工具流行了相当长一段时间,直到 17 世纪,欧洲科学家兴起了研究计算机器热潮。当时,法国数学家笛卡儿(Rene Descartes)曾经预言:"总有一天,人类会造出一些举止与人一样'没有灵魂的机械'来。"

1. 机器计算的萌芽

1614 年,苏格兰数学家约翰·纳皮尔(John Napier)发明了对数,对数能够将乘法运算转换为加法运算。他还发明了简化乘法运算的纳皮尔算筹。

1623 年,德国的谢克卡德(Wilhelm Schickard)教授在给天文学家开普勒(Kepler)的信中,设计了一种能做四则运算的机器(注:没有实物佐证)。

1630 年,英国的威廉·奥特雷德(Willian Oughtred)发明了圆形计算尺。

2. 帕斯卡加法器

1642 年,法国数学家帕斯卡(Blaise Pascal)制造了第一台能进行 6 位十进制加法运算的机器,如图 1-5 所示,机器在巴黎博览会展出期间引起了轰动。加法器发明的意义远远超出了机器本身的使用价值,它证明了以前认为需要人类思维的计算过程,完全能够由机器自动化实现,从此欧洲兴起了制造"思维工具"的热潮。帕斯卡的加法机没有存储器,用现在的话说,它是不可编程的机器。帕斯卡在著作《静思录》中写道:"算术机器提供了关于哪种方法比动物行为更接近思维的一些印象。"

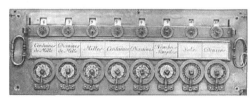

图 1-5　帕斯卡发明的加法器和它的内部齿轮结构(1642 年)

目前故宫博物院收藏有 6 台帕斯卡型计算机,估计是康熙年间来华的法国传教士与我国数学家共同研制的。清代计算机有很大改进,首先它可以做四则运算(与莱布尼茨计算机相似);其次,它将帕斯卡加法器的 6 位数计算扩展了到 12 位数计算。

3. 莱布尼茨的二进制思想

1694 年,德国科学家莱布尼兹(Gottfried Wilhelm Leibniz)研制了一台机器,这台机器能够驱动轮子和滚筒执行更复杂的加减乘除运算,如图 1-6 所示。莱布尼兹还迷上了定理证明的自动逻辑推理。莱布尼兹描述了一种能够解代数方程的机器,并且能够利用这种机器生成逻辑上的正确结论。他希望这台机器可以使科学知识的产生变成全自动地推理演算过程,这反映了现代数理逻辑演绎和证明的思想。

1679 年,莱布尼兹在《1 与 0,一切数字的神奇渊源》的论文手稿中断言:"二进制是具有世界普遍性的、最完美的逻辑语言。"1701 年他写信给在北京的神父闵明我(Domingo Fernández Navarrete,西班牙)和白晋(Joachim Bouvet,法国),告知自己发明的二进制可以解释中国《周易》中的阴阳八卦,他希望引起他心目中"算术爱好者"康熙皇帝的兴趣。莱布尼兹的二进制具有四则运算功能,而八卦没有这个功能,因此它们本质上并不相同。

图 1-6 左：莱布尼茨二进制运算手稿 右：莱布尼茨四则运算机器(1679 年)

4. 巴贝奇自动计算机器

1）差分机设计制造

18 世纪末，法国数学界调集了大批数学家组成人工手算流水线，经过长期地艰苦奋斗，终于完成了 17 卷《数学用表》的编制。但是手工计算的数据表格出现了大量错误，这件事情强烈刺激了英国剑桥大学的著名数学家查尔斯·巴贝奇(Charles Babbage)。巴贝奇经过整整 10 年的反复研制，1822 年，第一台差分机终于研制成功，如图 1-7 所示，差分机由英国政府出资，工匠克里门打造，估计有 25 000 个零件，重达 4 吨。1862 年，伦敦世博会展出了巴贝奇的差分机，差分机是现代计算机设计的先驱。

图 1-7 左：计算机之父——巴贝奇(1791—1871 年) 右：巴贝奇差分机现代复原模型

巴贝奇的设计思想是利用"机器"将计算到表格印刷的过程全部自动化，全面消除人为错误（如计算错误、抄写错误、校对错误、印制错误等）。差分机是一种专门用来计算特定多项式函数值的机器，"差分"的含义是将函数表的复杂计算转化为差分运算，用简单的加法代替平方运算。差分机专用于编制三角函数表、航海计算表等。

2）分析机基本结构

1837 年，巴贝奇辞去了剑桥大学教授职务，开始专心设计一种由程序控制的通用分析机。巴贝奇先后提出过大约 30 种不同的分析机设计方案，并对各种方案都绘制出了图纸，图纸上零件数量多达几万个。巴贝奇希望分析机能自动计算有 100 个变量的复杂算题，每个数达 25 位，速度达到每秒钟运算一次。巴贝奇的朋友爱达(Ada)女士在描述分析机时说：我们可以毫不过分地说，分析机编织的代数图案就像杰卡德(Jacquard)提花机编织的鲜花和绿叶一样。在我们看来,这里蕴涵了比差分机更多的创造性。

分析机是第一台通用型计算机,它具备了现代计算机的基本特征。分析机采用蒸汽机做动力,驱动大量齿轮机构进行计算工作。分析机由四部分组成:第一部分是存储器,巴贝奇称为"堆栈"(Store),采用齿轮式寄存器保存数据,存储器大约可以存储 1000 个 50 位的十进制数(相当于((50×3.4×1000)/8)/1024=20.7KB);第二部分是运算器,巴贝奇命名为"工场"(Mill),它包含一个算术运算单元,可以进行四则运算、比较、求平方根等运算,为了加快运算速度,巴贝奇设计了进位机构;第三部分是输入和输出部分,分析机采用穿孔卡片读卡器进行程序输入,采用打孔输出数据;第四部分是进行程序控制的穿孔卡片,分析机采用与杰卡德提花机类似的穿孔卡片作为程序载体,分析机用穿孔卡片上有孔或无孔来表示一个位的值,它可以运行"条件""转移""循环"等语句,程序类似于今天的汇编语言。

3) 巴贝奇对计算机发明的贡献

分析机的设计思想非常具有前瞻性,在当今计算机系统中依然随处可见,如采用通用型计算机设计,而非专用机器(差分机是专用机器);核心引擎采用数字式设计,而非模拟式设计;软件与硬件分离设计(通过穿孔卡片编程),而非软件与硬件一体化设计(如 ENIAC 通过导线和开关编程)。图灵在《计算机器与智能》一文中评价道:"分析机实际上是一台万能数字计算机。"巴贝奇以他天才的思想,划时代地提出了类似于现代计算机的逻辑结构,他因此被人们公认为计算机之父。分析机将抽象的代数关系看成可以由机器实现的实体,而且可以机械地操作这些实体,最终通过机器得出计算结果。这实现了最初由亚里士多德和莱布尼兹描述的"形式的抽象和操纵"。

在多年研究和制造实践中,巴贝奇写作了世界上第一部计算机专著《分析机概论》。分析机的设计理论非常先进,它是现代程序控制计算机的雏形。遗憾的是这台分析机直到巴贝奇去世也没有制造出来,巴贝奇因此而家财散尽,声名败落,贫困潦倒而终。

5. 布尔与数理逻辑

英国数学家布尔(G. Bool)终身没有接触过计算机,但他的研究成果却为现代计算机设计提供了重要的数学方法。布尔在《逻辑的数学分析》和《思维规律的研究——逻辑与概率的数学理论基础》两部著作中,建立了一个完整的二进制代数理论体系。

布尔的贡献在于:第一,将亚里士多德的形式逻辑转化成了一种代数运算,实现了莱布尼茨对逻辑进行代数演算的设想;第二,用 0 和 1 构建了二进制代数系统(布尔代数),为现代数字计算机提供了数学方法;第三,用二进制语言描述和处理各种逻辑命题,将人类的逻辑思维简化为二进制代数运算,推动了现代数理逻辑的发展。

1.1.3　现代计算机发展

1. 现代计算机科学先驱

现代计算机是指利用电子技术代替机械或机电技术的计算机,现代计算机经历了 70 多年的发展,其中最重要的代表人物有英国科学家阿兰·图灵(Alan Mathison Turing)和美籍匈牙利科学家冯·诺依曼(John von Neumann),图灵是计算机科学理论的创始人,冯·诺依曼是计算机工程技术的先驱人物,如图 1-8 所示。美国计算机协会(ACM)1966 年设立了"图灵奖",奖励那些对计算机事业做出重要贡献的个人;国际电子和电气工程师协会(IEEE,读[I-triple-E 或 I-3E])于 1990 年设立了"冯·诺依曼奖",目的是表彰在计算机科学和技术领域具有杰出成就的科学家。

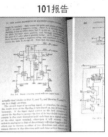

图 1-8　左 2:阿兰·图灵(1912—1954 年)　左 3:冯·诺依曼(1903—1957 年)

计算机专家查尔斯·彼特兰德(Charles Petzold,世界顶级编程大师)曾经中肯地评论道:"阿兰·图灵是一个典型内向的人,而约翰·冯·诺依曼则是一个典型外向的人。我觉得他们对于计算机科学的贡献与他们的个性有着惊人的相似。图灵可以专注于非常困难的问题,并且他有很强的原创性和巧妙的思维,但是我并不认为他是一个很好的组织者。相比之下,冯·诺依曼具有强烈的个性,他可以综合来源不同的各种想法,并且合理地组织在一起。正是图灵的可计算性论文帮助冯·诺依曼理清了计算机本质的想法,但是,冯·诺依曼才是那个把想法有效地实现在现实世界中的人。"

2. 第一台现代电子数字计算机 ABC

第一台现代电子数字计算机是阿塔纳索夫-贝瑞计算机(Atanasoff-Berry Computer,ABC),它是美国爱荷华州立大学物理系副教授阿塔纳索夫(John Vincent Atanasoff)和他的研究生克利福特·贝瑞(Clifford Berry),在 1939—1942 年之间研制成功第一代样机,如图 1-9 所示。1990 年,阿塔纳索夫获得了全美最高科技奖"国家科技奖"。

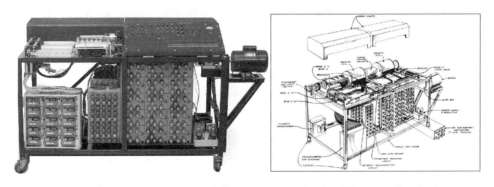

图 1-9　第一台现代电子数字计算机 ABC(1942 年)复原模型和设计示意图

ABC 计算机采用二进制电路进行运算;存储系统采用不断充电的电容器,具有数据记忆功能;输入系统采用了 IBM 公司的穿孔卡片;输出系统采用高压电弧烧孔卡片。通过ABC 的设计,阿塔纳索夫提出了现代计算机设计最重要的三个基本原则。

（1）以**二进制**方式实现数字运算和逻辑运算，以保证运算精度；

（2）利用**电子技术**实现控制和运算，以保证运算速度；

（3）采用计算功能与存储功能的**分离结构**，以简化计算机设计。

3. ENIAC 计算机

二次世界大战时期，宾夕法尼亚大学莫尔学院 36 岁的莫克利(John Mauchly)教授和他的学生埃克特(Presper Eckert)，向军方代表戈德斯坦(Herman H. Goldstone)提交了一份研制 ENIAC(读['i:niæk,衣尼爱克])计算机的设计方案，军方提供了 48 万美元经费资助。1946 年，莫克利成功地研制出了 ENIAC 计算机。ENIAC 采用 18 000 多个电子管，10 000 多个电容器，7000 个电阻，1500 多个继电器，耗电 150kW，重量达 30t，占地面积 170m²。ENIAC 虽然不是第一台电子计算机，但是在计算机发展历史中影响很大。

莫克利在设计之前拜访过阿塔纳索夫，并一起讨论过 ABC 计算机的设计经验，阿塔纳索夫将 ABC 的设计笔记送给了莫克利。因此莫克利在 ENIAC 设计中采用了全电子管电路，但是没有采用二进制。ENIAC 的程序采用外插线路连接，以拨动开关和交换插孔等形式实现。ENIAC 采用电子管作为基本电子元件，用了 18 800 个电子管，每个电子管大约有一个灯泡那么大。它没有存储器，只有 20 个 10 位十进制数的寄存器。输入/输出设备有穿孔卡片、指示灯、开关等。ENIAC 做一个 2s 的运算，需要两天时间进行准备工作，为此埃克特与同事们讨论过"存储程序"的设计思想，遗憾的是没有形成文字记录。

4. 冯·诺依曼与 EDVAC 计算机

1944 年，冯·诺依曼专程到莫尔学院参观了还未完成 ENIAC 计算机，并参加了为改进 ENIAC 而举行的一系列专家会议。冯·诺依曼对 ENIAC 计算机不足之处进行了认真分析，并讨论了全新的存储程序通用计算机设计方案。当军方要求设计一台比 ENIAC 性能更好的计算机时，他提出了 EDVAC 计算机设计方案。

1945 年，冯·诺依曼发表了计算机史上著名的 *First Draft of a Report on the EDVAC*(EDVAC 计算机报告的第一份草案)论文，这篇手稿为 101 页的论文称为"101 报告"。在 101 报告中，**冯·诺依曼提出了计算机的五大结构，以及存储程序的设计思想**，奠定了现代计算机设计基础。一份未署名的 EDVAC 系统结构设计草图如图 1-10 所示。

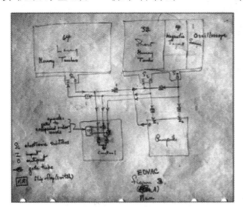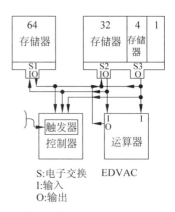

图 1-10　左：EDVAC 计算机系统结构设计草图(设计者不详)　右：左图重绘图

1952 年,EDVAC 计算机投入运行,它主要用于核武器理论计算。EDVAC 的改进主要有两点:一是为了充分发挥电子元件高速性能采用了二进制;二是把指令和数据都存储起来,让机器自动执行程序。EDVAC 使用了大约 6000 个电子管和 12 000 个二极管,占地 $45.5m^2$,重达 7.85t,消耗电力 56kW。EDVAC 利用水银延时线作为内存,可以存储 1000 个 44 位的字,用磁鼓作辅存,具有加减乘和软件除的功能,运算速度比 ENIAC 提高了 240 倍。

5. IBM System 360 计算机

如图 1-11 所示,1964 年由 IBM 公司设计的 IBM System 360 是现代计算机最经典的产品,它包含了多项技术创新。IBM System 360 采用晶体管和集成电路作为主要器件;它开发了非常经典的通用分时操作系统 IBM OS/360,可以在一台主机中运行多道程序;它是第一台可以**仿真**(模拟)其他计算机的机器;它第一次开始了计算机产品的通用化、系列化设计,从 IBM System 360 开始有了兼容的重要概念;它解决了并行二进制计算和串行十进制计算的矛盾;它的寻址空间达到了 $2^{24}=16MB$,这在当时看来简直是一个天文数字。

图 1-11　IBM System 360 计算机和盘式磁带机等设备(1964 年)

IBM System 360 计算机的开发过程是历史上最大的一次豪赌。为了研发这台大型计算机,IBM 公司征召了 6 万多名新员工,创建了 5 座新工厂,耗资 50 亿美元(十多年前的原子弹"曼哈顿工程"才花费了 20 亿美元),历时 5 年时间进行研制,而出货时间不断延迟。IBM System 360 的硬件结构设计师是阿姆达尔(Gene Amdahl),操作系统总负责人是布鲁克斯(Frederick P. Brooks,1999 年获图灵奖),参加项目的软件工程师超过 2000 人,编写了将近 100 万行源程序代码。布鲁克斯根据项目开发经验,写作了《人月神话:软件项目管理之道》一书,记述了人类工程史上一项里程碑式的大型复杂软件系统的开发经验。

现代计算机诞生后,基本元器件经历了电子管、晶体管、中小规模集成电路、大规模和超大规模集成电路 4 个发展阶段(有专家认为它们是四代计算机)。计算机运算速度显著提高,存储容量大幅增加。同时,软件技术也有了较大发展,出现了操作系统、编译系统、高级程序设计语言、数据库等系统软件,计算机应用开始进入到许多领域。

1.1.4　微型计算机发展

1. 早期微机研究

现代计算机的普及得益于台式微机的发展。微机(Microcomputer)的研制起始于 20 世纪 70 年代,早期产品有 1971 年推出的 Kenbak-1,这台机器没有微处理器和操作系统。

1973 年推出的 Micral-N 微机第一次采用微处理器(Intel 8008),它同样没有操作系统,而且销量极少。1975 年,施乐公司的泰克(Charles P. Thacker)设计了第一台桌面微机 Alto(奥拓)。这台微机具备大量创新元素,它包括显示器、图形用户界面、鼠标以及"所见即所得"的文本编辑器等。机器成本为 1.2 万美元,遗憾的是当时没有进行量产化推广。

2. 牛郎星微机 Altair 8800

1975 年推出的 Altair 8800(牛郎星)是第一台量产化的通用型微机。如图 1-12 所示,最初的 Altair 8800 微机包括:一个 Intel 8080 微处理器,256 字节存储器(后来增加为64KB),一个电源,一个机箱和有大量开关和显示灯的面板。Altair 8800 微机售价为 395 美元,与当时大型计算机比较,它非常便宜,牛郎星的推出立即引起了市场极大地轰动。

MITS Altair 8800
生产日期: 1975年
售价: $ 395
CPU: Intel 8080　2MHz
内存: 64KB
显示: LED
主板: 16插槽
外设: 8″ 软驱(另配)
操作系统: CP/M BASIC

图 1-12　MITS Altair 8800 微机(1975 年)

牛郎星微机发明人爱德华·罗伯茨(Edward Roberts)是美国业余计算机爱好者,他拥有电子工程学位。牛郎星微机非常简陋,它既无输入数据的键盘,也没有输出计算结果的显示器。插上电源后,使用者需要用手拨动面板上的开关,将二进制数 0 或 1 输进机器。计算完成后,面板上几排小灯忽明忽灭,用发出的灯光信号表示计算结果。

牛郎星完全无法与当时的 IBM System 360、PDP-8 等计算机相比,牛郎星更像是一台简陋的游戏机,它只能勉勉强强算是一台计算机。现在看来,正是这台简陋的 Altair 8800 微机,掀起了一场改变整个计算机世界的革命。它的一些设计思想直到今天也具有重要的指导意义,如**开放式设计思想**(如开放系统结构、开放外设总线等),**微型化设计方法**(如追求产品的短小轻薄),OEM **生产方式**(如部件定制、贴牌生产等),**硬件与软件分离**的经营模式(早期计算机硬件和软件由同一厂商设计),保证**易用性**(如非专业人员使用、DIY)等。牛郎星的发明造就了一个完整的微机工业体系,并带动了一批软件开发商(如微软公司)和硬件开发商(如苹果公司)的成长。

3. 苹果微机 Apple II

在牛郎星微机获得市场追捧的影响下,1976 年,青年计算机爱好者斯蒂夫·乔布斯(Steve Jobs)和斯蒂夫·沃森(Steve Wozniak)凭借 1300 美元,在家庭汽车库里开发出了Apple I 微机。1977 年,乔布斯推出了经典机型 Apple II(如图 1-13 所示),机器在市场大受欢迎,计算机产业从此进入了发展史上的黄金时代。

Apple II 微机采用摩托罗拉(Motorola)公司 M6502 芯片作为 CPU,整数加法运算速度为 50 万次/秒。它有 64KB 动态随机存储器(DRAM),16KB 只读存储器(ROM),8 个插槽的主板,一个键盘,一台显示器,以及固化在 ROM 芯片中的 BASIC 语言,售价为 1300 美

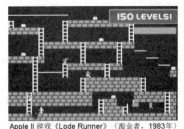

Apple II 游戏《Lode Runner》（淘金者，1983年）

图 1-13 Apple II 微机（1977 年）和早期苹果机游戏

元。Apple II 微机风靡一时，成为当时市场上的主流微机。1978 年苹果公司股票上市，3 周内股票价格达到 17.9 美元，股票总值超过了当时的福特汽车公司。

4. 个人计算机 IBM PC 5150

微机发展初期，大型计算机公司对它不屑一顾，认为那只是计算机爱好者的玩具而已。但是苹果公司 Apple II 微机在市场取得了极大的成功，以及由此而引发的巨大经济利益，使大型计算机公司 IBM 开始坐立不安了。

1981 年 8 月，IBM 公司推出了第一台 16 位个人计算机 IBM PC 5150，如图 1-14 所示。IBM 公司将这台计算机命名为 PC（Personal Computer，个人计算机）。微机终于突破了只为个人计算机爱好者使用的局面，迅速普及到工程技术领域和商业领域。

IBM PC 微机继承了开放式系统设计思想，IBM 公司公开了除 BIOS（基本输入输出系统）之外的全部技术资料，并通过分销商传递给最终用户，这一开放措施极大地促进了微机的发展。IBM PC 微机采用了总线扩充技术，并且放弃了总线专利权。这意味着其他公司也可以生产同样总线的微机，这给兼容机的发展开辟了巨大空间。

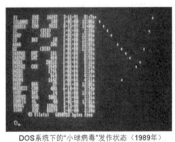

DOS系统下的"小球病毒"发作状态（1989年）

图 1-14 IBM PC 5150 微机（1981 年）和早期计算机病毒

20 世纪 90 年代后，每当英特尔公司推出新型 CPU 产品时，马上会有新型 PC 推出。如表 1-1 所示，PC 在过去 30 多年里发生了许多重大变化。

表 1-1 第一台 PC 与目前 PC 的性能比较

技术指标	技 术 参 数	
机器型号	IBM PC 5150	联想扬天 T4900C
推出日期	1981 年 8 月	2017 年 2 月
CPU 型号	Intel 8088（单核）	Intel Core i7 4790（4 核 8 线程）

续表

技术指标	技　术　参　数	
CPU 频率	4.77MHz	3.6GHz
内存容量	64KB DRAM	16GB DDR3 DRAM
外存容量	160KB 的 5.25 英寸软盘	192GB+2TB(电子硬盘+机械硬盘)
显示系统	单色 11.5 英寸阴极射线管 CRT	彩色 23 英寸液晶显示屏 LCD
显示模式	单色,720×350,文本处理	彩色,1920×1080,3D 图形处理
音频系统	内置扬声器	6 声道集成声卡
网络系统	无	1000Mb/s 网卡
操作系统	DOS 1.0(16 位、字符界面)	Windows10(64 位、图形用户界面)
启动时间	16s 左右	10s 左右
操作方式	87 键键盘	107 键键盘+鼠标
外部接口	1 个 LPT 并口,2 个 COM 串口	2×USB2.0+4×USB3.0
市场价格	3045 美元(1981 年)	RMB 9000 元(2017 年 2 月)

从表 1-1 可以看出,目前微机与 IBM PC 5150 比较,微机在性能上得到了极大提高,功能越来越强大。国家工业和信息化部统计数据表明,2016 年中国计算机产量达到了 2.9 亿台,占全球计算机产量的 80% 以上,中国成为了名副其实的计算机生产大国。

1.2　计算机的类型

计算机工业的迅速发展,导致了计算机类型的一再分化。从产品组成部件来看,计算机主要采用半导体集成电路芯片;从产品形式来看,主要以 PC 作为市场典型产品。

1.2.1　类型与特点

1. 计算机的定义

现代计算机(Computer)是一种在程序控制下,自动进行通用计算工作,并且具有信息存储能力,友好交互界面的数字化信息处理设备。

计算机由硬件系统和软件系统两大部分组成。硬件系统由一系列电子元器件按照设计的逻辑关系连接而成,硬件是计算机系统的物质基础;软件系统由操作系统和各种应用软件组成,计算机软件管理和控制硬件设备按照预定的程序运行和工作。

2. 计算机的类型

IEEE 在 1989 年将计算机划分为巨型计算机、小巨型计算机、小型计算机、工作站、个人计算机五种类型。这种按计算性能分类的方法会随时间而改变,如 20 世纪 90 年代的巨型计算机并不比目前微机计算能力强。如果根据计算性能分类,就必须根据计算性能的不断提高而随时改变分类,这显然是不合理的。尤其是计算机集群技术的发展,使得大、中、小型计算机之间的界限变得模糊不清。而工作站这种机型也被服务器所取代。

计算机产业发展迅速,技术不断更新,性能不断提高。因此,很难对计算机进行精确的类型划分。如果按照目前计算机产品的市场应用,大致可以分为大型计算机、微型计算机、嵌入式计算机等类型,如图 1-15 所示。

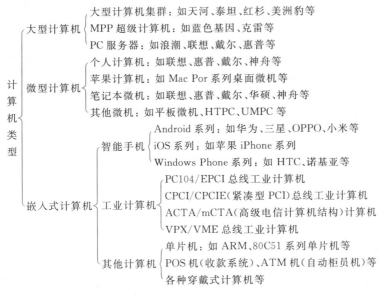

图 1-15 计算机的基本类型

3．各种类型计算机的特点

（1）大型计算机体积较大,大部分由多台机架式 PC 服务器联网组成,主要用于计算密集型领域。大型计算机一般采用 Linux 操作系统,软件开发采用并行计算。大型计算机由于投资大,运行能耗大,计算任务复杂,因此要求计算速度快,利用率高。

（2）微机体积较小,价格便宜,应用领域非常广泛。台式微机大多采用 Windows 操作系统;平板计算机的操作系统有 iOS、Android（安卓）、Windows Phone 等。微机通用性较强,因此要求易用性好。

（3）嵌入式计算机中,智能手机是近年发展起来的一种智能移动计算设备。操作系统主要采用 Android 和 iOS 等。由于智能手机受体积大小限制,因此要求发热小,节约电能。工业计算机大部分是嵌入式系统,这些计算机大多安装在专用设备内,大小不一,专用性较强。嵌入式计算机由于使用环境恶劣,维护困难,因此对可靠性要求较高。

1.2.2 大型计算机

1．计算机集群技术

大型计算机主要用于科学计算、军事、通信、金融等大型计算项目等。在超级计算机设计领域,计算机集群的价格只有专用大型计算机的几十分之一,因此世界 500 强（TOP500）计算机大都采用集群结构（占 85％以上）,只有少数大型计算机采用 MPP 结构。

计算机集群（Cluster）技术是将多台（几台到上万台）独立计算机（PC 服务器）,通过高速局域网组成一个机群,并以单一系统模式进行管理,使多台计算机像一台超级计算机那样统一管理和并行计算。集群中运行的单台计算机并不一定是高档计算机,但集群系统却可以提供高性能不停机服务。集群中每台计算机都承担部分计算任务,因此整个系统计算能力非常高。同时,集群系统具有很好的容错功能,当集群中某台计算机出现故障时,系统可将这台计算机进行隔离,并通过各台计算机之间的负载转移机制,实现新的负载均衡,同时向系统管理员发出故障报警信号。

计算机集群大多采用 Linux(TOP500 占 97%)和集群软件实现并行计算,集群的扩展性很好,可以不断向集群中加入新计算机。集群提高了系统可靠性和数据处理能力。

2."天河 2 号"超级计算机

如图 1-16 所示,我国国防科技大学研制的"天河 2 号"(Tianhe-2)超级计算机,2015 年连续 3 年蝉联世界 500 强计算机第 1 名。天河 2 号峰值计算速度为每秒 274PetaFLOPS(千万亿次浮点运算/秒),持续计算速度为每秒 33.86 PetaFLOPS。天河 2 号造价达 1 亿美元,整个系统占地面积达 $720m^2$,整机功耗 17.8MW。

图 1-16 "天河 2 号"超级计算机集群系统

天河 2 号共有 16 000 个计算节点,安装在 125 个机柜内;每个机柜容纳 4 个机框,每个机框容纳 16 块主板,每个主板有 2 个计算节点;每个计算节点配备 2 颗 Intel Xeon E5 12 核心的 CPU,3 个 Xeon Phi 57 核心的协处理器(运算加速卡)。累计 3.2 万颗 Xeon E5 主处理器(CPU)和 4.8 万个 Xeon Phi 协处理器,共 312 万个计算核心。

天河 2 号每个计算节点有 64GB 主存,每个协处理器板载 8GB 内存,因此每节点共有 88GB 内存,整体内存总计为 1375TB。硬盘阵列容量为 12.4PB。天河 2 号使用光电混合网络传输技术,由 13 个大型路由器通过 576 个连接端口与各个计算节点互联。天河 2 号采用麒麟操作系统(基于 Linux 内核)。

3. PC 服务器

如图 1-17 所示,PC 服务器有机箱式、刀片式和机架式,机箱式服务器体积较大,便于今后扩充硬盘等 I/O 设备;刀片式服务器结构紧凑,但是散热性较差;机架式服务器体积较小,尺寸标准化,便于在机柜中扩充(再增加一个机架式服务器即可)。PC 服务器一般运行在 Linux 或 Windows Server 操作系统下,软件和硬件上都与 PC 兼容。PC 服务器硬件配置一般较高,例如,它们往往采用高性能 CPU(如英特尔"至强"系列 CPU 产品),甚至采用多 CPU 结构。内存容量一般较大,而且要求具有 ECC(错误校验)功能。硬盘也采用高转速和支持热拔插的硬盘。大部分服务器需要全年不间断工作,因此往往采用冗余电源、冗余风扇。PC 服务器主要用于网络服务,对多媒体功能几乎没有要求,但是对数据处理能力和系统稳定性有很高的要求。

机箱式服务器

刀片式服务器

背面
前面
机架式服务器

图 1-17　PC 服务器

1.2.3　微型计算机

1. 台式 PC 系列计算机

大部分个人计算机采用 Intel 公司 CPU 作为核心部件,凡是能够兼容 IBM PC 的计算机产品都称为 PC。目前台式计算机基本采用 Intel 和 AMD 公司的 CPU 产品,这两个公司的 CPU 兼容 Intel 公司早期的"80x86"系列 CPU 产品,因此也将采用这两家公司 CPU 产品的计算机称为 **x86 系列**计算机。

如图 1-18 所示,台式计算机在外观上有立式和一体化机两种类型,它们在性能上没有区别。台式计算机主要用于企业办公和家庭应用,因此要求有较好的多媒体功能。台式计算机应用广泛,应用软件也最为丰富,这类计算机有很好的性价比。

图 1-18　左:x86 系列立式计算机　右:一体化计算机

目前,PC 在各个领域都取得了巨大的成功,PC 成功的原因是拥有海量应用软件,以及优秀的兼容能力,而低价高性能在很长一段时间里都是 PC 的市场竞争法宝。

2. 苹果系列计算机

苹果计算机在硬件和软件上均与 PC 不兼容。苹果 Power iMac G5 计算机采用双 64 位 PowerPC G5 处理器(近年逐步采用 Intel Xeon 处理器),高端型号拥有两块 2.5GHz 处理器,而且配备先进的水冷系统。苹果计算机采用基于 UNIX 的 Mac OS X 操作系统。

如图 1-19 所示,苹果 iMac 计算机外形漂亮时尚,图像处理速度快,但是,由于软件与 PC 不兼容,造成大量 PC 软件不能在 Mac 计算机上运行。另外,苹果 Mac 计算机由于不开放,因此没有兼容机,这导致计算机价格偏高,影响了它的普及。

图 1-19　左：苹果 iMac G3(1998 年)　中：苹果 iMac G4(2005 年)　右：苹果 iMac G5(2008 年)

3. 笔记本计算机

笔记本计算机主要用于移动办公,具有短小轻薄的特点。**笔记本计算机在软件上与台式计算机完全兼容**,硬件上虽然按 PC 设计规范制造,但受到体积限制,不同厂商之间的产品不能互换,硬件兼容性较差。笔记本与台式机在相同配置下,笔记本计算机的性能要低于台式计算机,价格也要高于台式计算机。笔记本计算机屏幕在 10～15 英寸,重量在 1～3kg,笔记本计算机一般具有无线通信功能。笔记本计算机如图 1-20 所示。

图 1-20　左：IBM 5100 移动式计算机　中：笔记本计算机　右：UN 项目的 100 美元计算机

4. 平板计算机

平板计算机(Tablet PC)最早由微软公司于 2002 年推出。平板计算机是一种小型、方便携带的个人计算机。如图 1-21 所示,目前平板计算机最典型的产品是苹果公司的 iPad。平板计算机在外观上只有杂志大小,目前主要采用苹果和安卓操作系统,它以触摸屏作为基本操作设备,所有操作都通过手指或手写笔完成,而不是传统键盘或鼠标。平板计算机一般用于阅读、上网、简单游戏等。平板计算机的应用软件专用性强,这些软件不能在台式计算机或笔记本计算机上运行,普通计算机上的软件也不能在平板计算机上运行。

图 1-21　左 1：微软公司平板计算机　左 2～4：苹果公司 iPad 平板计算机

1.2.4 嵌入式计算机

1. 嵌入式计算机的特征

嵌入式系统是一个外延极广的名词,凡是与工业产品结合在一起,并且具有计算机控制的设备都可以称为嵌入式系统,如图 1-22 所示。嵌入式计算机(EC)是为特定应用而设计的专用计算机,"嵌入"的含义是将计算机设计和制造在某个设备的内部。

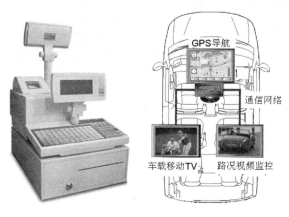

图 1-22 嵌入式计算机在商业和工业领域的应用

计算机是嵌入式系统(或产品)的核心控制部件,大部分嵌入式计算机不具备通用计算机的外观形态。例如,没有通用的键盘和鼠标,一般通过开关、按钮、操纵杆、专用键盘、触摸屏等进行操作。嵌入式计算机以应用为中心,计算机的硬件和软件根据需要进行裁剪,以适用产品的功能、性能、可靠性、成本、体积、功耗等特殊要求。嵌入式计算机一般由微处理器(CPU)、硬件设备、嵌入式操作系统以及应用程序 4 个部分组成。

2. 智能手机

早期手机是一种通信工具,用户不能安装程序,信息处理功能极为有限。而智能手机打破了这些限制,它完全符合计算机关于"程序控制"和"信息处理"的定义,而且形成了丰富的应用软件市场,用户可以自由安装各种应用软件,目前智能手机是移动计算的最佳终端。智能手机作为一种大众化计算机产品,性能越来越强大,应用领域越来越广泛。

1) 智能手机的发展

1992 年,苹果公司推出了第一个掌上微机 Newton(牛顿),它具有日历、行程表、时钟、计算器、记事本、游戏等功能,但是没有手机的通信功能。

世界公认的第一部智能手机 IBM Simon(西蒙)诞生于 1993 年,如图 1-23 所示,它由 IBM 与 BellSouth 公司合作制造。它集当时的手提电话、个人数字助理(PDA)、传呼机、传真机、日历、行程表、世界时钟、计算器、记事本、电子邮件、游戏等功能于一身。IBM Simon 最大的特点是没有物理按键,完全依靠触摸屏操作,它采用 ROM-DOS 操作系统,只有一款名为"Dispatch It"的第三方应用软件,产品在当时引起了不小的轰动。

国际电信联盟(ITU)发布的 2015 年度互联网调查报告显示,全球手机数达到了 71 亿

图 1-23　左 1：Apple Newton　左 2：IBM Simon　左 3-4：智能手机

台。2016 年全球智能手机总销量为 14.7 亿台，国家工业和信息化部统计数据表明，2016 年中国大陆智能手机出货量达到 5.22 亿台。

2）智能手机的功能

智能手机是指具有完整的硬件系统，独立的操作系统，用户可以自行安装第三方服务商提供的程序，并可以实现无线网络接入的移动计算设备。智能手机的名称主要是针对传统手机功能而言，并不意味着手机有很强大的"智能"。

智能手机既方便携带，又为第三方软件提供了性能强大的计算平台，因此是实现移动计算和普适计算的理想工具。很多信息服务可以在智能手机上展开，如个人信息管理（如日程安排、任务提醒等）、网页浏览、电子阅读、交通导航、软件下载、股票交易、移动支付、视频播放、游戏娱乐等；结合 4G（第 4 代）移动通信网络的支持，智能手机已经成为一个功能强大，集通话、短信、网络接入、影视娱乐为一体的综合性个人计算设备。

3．工业计算机

工业计算机是指采用工业总线标准结构的计算机，它广泛用于工业、军事、商业、农业、交通等领域，主要用于过程控制和过程管理。

1）工业计算机的类型

工业计算机的发展经历了 20 世纪 80 年代的 STD 总线（STDGM 组织制定）工业计算机，20 世纪 90 年代的 PC104 总线工业计算机，21 世纪的 CompactPCI（紧凑型 PCI）总线工业计算机，以及目前的 CompactPCIE（紧凑型 PCI-E）、AdvancedTCA（先进电信计算机结构）、VPX（VME 国际贸易协会）等工业总线计算机。常见工业计算机如图 1-24 所示。

2）工业计算机特点

工业计算机往往工作在粉尘、烟雾、高/低温、潮湿、震动、腐蚀等环境中，因此对系统可靠性高。工业计算机需要对生产过程工作状态的变化给予快速响应，因此对实时性要求较高。要求工业计算机有很强的输入/输出功能，可扩充符合工业总线标准的检测和控制板卡，完成工业现场的参数监测、数据采集、设备控制等任务。

工业计算机总线标准繁多，产品兼容性不好。早期工业计算机往往采用专用硬件结构、专用软件系统、专用网络系统等技术。目前**工业计算机越来越 PC 化**，例如，采用 x86 系列

图 1-24 左：VPX 总线军用计算机 中：CPCI 总线航空加固型计算机 右：ATCA 总线电信计算机

CPU(如 Intel、AMD 公司的 CPU)，PCI-E 总线(PC 高速串行总线)，主流操作系统(如 Linux、Windows)，工业以太网(如支持 TC/IP 网络协议)，支持主流语言设计语言(如 C、C++、Java)等。

1.3 计算机的特征

1.3.1 计算机技术特征

计算机是一种相对而言比较便宜，而且功能强大的通用工具。部分教材讨论计算机应用领域时，总是顾此失彼，举一漏三。因为计算机技术无论在传统的农业领域还是最新的科技领域都显得长袖善舞，应用范围也覆盖了个人、环境和社会，如图 1-25 所示。

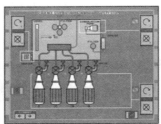

农业领域 工业领域 科技领域

个人范围 环境范围 社会范围

图 1-25 计算机在各个领域和范围内都得到了广泛应用

1. 计算机硬件高速运算

计算机高速运算能力极大地提高了工作效率，把人们从浩繁的脑力劳动中解放出来。

过去用人工旷日持久才能完成的计算任务,计算机瞬间就可完成。曾经有许多问题,由于计算量太大,数学家终其毕生精力也无法完成,使用计算机则可轻易地解决。

【例 1-1】　古今中外的数学家对圆周率计算投入了毕生精力。公元 500 年左右,我国古代数学家祖冲之将 π 值计算到了小数点后面 7 位,这个记录保持了 1000 多年。1706 年,英国数学家梅钦将 π 值计算到了小数点后面 100 位。1874 年,英国业余数学家山克斯(William Shanks)将圆周率 π 值计算到小数点后面 707 位,共花费了 15 年时间。

电子计算机的出现使 π 值计算有了突飞猛进的发展,1949 年,J. W. Wrench 和 L. R. Smith 使用 ENIAC 计算机计算出 π 的 2037 个小数位,计算时间用了 70h;5 年后,IBM NORC(海军兵器研究所)计算机只用了 13min,就算出了 π 的 3089 个小数位;1973 年,Jean Guilloud 和 Martin Bouyer 利用 CDC 7600 计算机发现了 π 的第 100 万个小数位;1989 年,美国哥伦比亚大学研究人员用克雷 2(Cray-2)和 IBM-3090/VF 巨型计算机,计算出 π 小数点后 4.8 亿位;2010 年,雅虎公司研究员尼古拉斯 · 斯则(Nicholas Sze)采用"云计算"技术,利用 1000 台计算机同时计算,历时 23 天,将圆周率精确计算到小数点后 2000 万亿位。2011 年,日本 56 岁的藤茂使用自己组装的计算机,在家中花了一年时间,将圆周率计算到了小数点后 10 万亿位。

由圆周率 π 值的计算过程可以看到,**计算机解决问题的速度越来越快**。

2. 计算机软件全面渗透

1958 年,《美国数学月刊》首次在出版物上使用"软件"这个术语。普林斯顿大学数学家约翰 · 杜奇(John Duchi)在文中写道:"如今的'软件'已包括精心设计的解释路径、编译器以及自动化编程的其他方面,对于现代电子计算机而言,其重要性丝毫不亚于那些由晶体管、转换器和线缆等构成的'硬件'。"但是,这种观点在当时并不普遍。

1) 计算机软件的发展

目前社会正处在一个大范围科技和经济转型之中。越来越多的企业和行业开始依靠软件运行,并提供在线服务,从电影到农业再到国防。软件的侵入颠覆了已经建立起来的行业结构,未来将会有更多的传统行业会被软件瓦解。简单地说,**软件正在占领全世界**。社会信息化后,社会的运转是软件的运转,社会的历史将是数据的历史。

软件是计算机系统和产品中的关键部分,并且正在成为世界舞台上最重要的技术之一。在过去 60 多年里,软件已经从信息分析工具发展为一个独立产业。从计算机专业角度看,软件产品包括可以在计算机上运行的程序,程序运行过程中产生的各种数据和信息;从用户角度看,计算机软件的最终产品是可以改善工作和生活质量的信息。

在过去半个世纪里,计算机软件的作用发生了很大变化,硬件性能得到了极大的提高,这些巨大地变化使计算机系统变得更加复杂,功能更加强大。复杂的结构和繁多的功能产生了惊人的效果,同时复杂性也给软件设计带来了巨大的挑战。

目前一些软件产品正在逐渐演化为某种服务,如云计算中的软件即服务(SaaS)。如通过智能手机提供各种网络在线服务(游戏娱乐、消费购物、交通导航、股票投资等,如图 1-26 所示)。软件公司几乎比任何传统工业时代的公司更强大、更有影响力。在大量应用软件驱动下,互联网发展迅速,并将对人们生活的各个方面引起革命性的变化。

2）计算机软件对传统产业的冲击

软件科学今天已经成为科学、工程和商业领域必需的技术；软件促进了科技的创新（如基因工程和纳米技术），促进了现代技术的发展（如通信），以及传统产业的全面转变（如印刷业）；软件技术已经成为计算机革命的推动力量。在许多行业中，以软件为驱动的理念将导致各种初创公司的兴起，并对现有行业进行颠覆。在未来十年中，现有公司和以软件驱动的后起之秀之间将有一场激烈的竞争。

图 1-26　软件产品正在逐渐演化为某种服务

【例 1-2】　优步（Uber）只是一个软件公司，公司没有出租汽车，但他们是世界上最大的出租车公司。空中食宿（Airbnb）是世界上最大的空房短租和旅游住宿服务公司，但他们不拥有任何酒店资产。软件吞噬传统行业最典型的案例是传统书店的没落和亚马逊（Amazon）等网络书店的兴起。全球最大书商亚马逊公司的核心竞争能力就是令人惊叹的软件，公司几乎将一切商品都搬到了网上销售，现在连书籍本身也开始软件化了。

在未来几年内，软件会使大多数传统行业陷入混乱，因此每个传统行业的公司都在做好软件革命即将到来的准备，其中甚至包括以软件为基础的行业。如甲骨文（Oracle）和微软（Microsoft）等大型软件公司，日益受到 Salesforce.com（云计算网站）、Android（安卓操作系统）等新软件技术的威胁。

1.3.2　软件特征与类型

软件包括计算机系统中的程序和文档，它是一组能完成特定任务的二进制代码。

1. 软件的特性

1）软件是一种逻辑元素

软件是逻辑的而非物理的元素；软件是设计开发的，而不是生产制造的。虽然软件开发和硬件制造存在某些相似点，但二者有本质不同：**硬件产品的成本主要在于材料和制造工艺，软件产品的成本主要在于人们的开发设计**。

2）软件不会"磨损"

随着时间推移，硬件会因为灰尘、震动、不当使用、温度超限，以及其他环境问题造成硬件损耗，使得失效率再次提高。通俗地说，硬件开始"磨损"了。软件不会受"磨损"问题的影响，但是软件存在退化问题。在软件生存周期里，软件将会面临变更，每次变更都可能引入新的错误。因此,不断变更是软件退化的根本原因。磨损的硬件可以用备用部件替换,而软件不存在备用部件。

3)构件的复用

目前大多数软件仍然是根据用户实际需求进行定制(如银行管理系统)。在硬件设计中,构件复用是工程设计中通用的方法。而在软件设计中,大规模的软件复用还刚刚开始尝试。例如,图形用户界面中的窗口、下拉菜单、按钮等都是可复用构件。

2. 软件的类型

对于软件的分类,专家们并没有达成统一的共识,大部分教材将软件分为**系统软件**和**应用软件**两大类。计算机专家普雷斯曼(Roger S. Pressman)按软件服务对象将计算机软件分为以下 7 个大类。

1)系统软件

系统软件是一整套服务于其他程序的软件。某些系统软件(如程序编译器等)处理复杂但确定的信息结构,如 GCC(C、C++、Java、Objective-C、Go、FORTRAN、汇编等语言的编译器套件)、驱动程序等;另一些系统软件主要处理不确定的数据,如 Windows、Linux、FreeBSD、Oracle(数据库)、Apache(网站服务器)、Exchange Server(邮件服务器)、Hadoop(分布式系统计算平台)、程序设计语言等。系统软件的特点是:与计算机硬件大量交互;用户经常使用;需要管理共享资源,调度复杂的进程操作;复杂的数据结构;多种外部接口等。常用系统软件如图 1-27 所示。

图 1-27　常用系统软件

2)专业应用软件

应用软件是解决特定业务的独立程序,它主要处理商务或技术数据,以协助用户的业务操作和管理。除了传统的数据处理程序,如教学管理信息系统、财务管理系统等;专业应用软件也用于业务的实时控制,实时制造过程控制等。

3)通用商业软件

通用商业软件为不同用户提供特定功能,它关注特定功能的专业市场(如文字处理等),或者大众消费品市场(如游戏软件),常见通用商业软件如图 1-28 所示。

4)Web 应用软件

Web 应用软件(WebApp)是以互联网为中心的应用软件。最简单的 Web 应用软件可以是一组超文本链接文件(如小型网站),仅仅用文本和有限的图片表达信息。然而,随着

图 1-28 常见通用商业软件和工具软件

Web 2.0 的出现,网络应用正在发展为一个复杂的计算环境,不仅为最终用户提供独立的功能和内容,还与企业数据库和商务应用程序相结合。

5)工程/科学软件

这类软件通常有"数值计算"的特征,工程和科学软件涵盖了广泛的应用领域,从天文学到气象学,从应力分析到飞行动力学,从分子生物学到自动制造业。目前科学工程领域的应用软件已不仅局限于数值计算、系统仿真、虚拟实验、辅助设计等交互性应用程序,已经呈现出实时性甚至具有系统软件的特性。常用工程设计软件如图 1-29 所示。

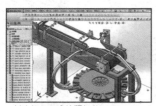

制造行业三维绘图软件solidworks

大型通用有限元分析软件ANSYS

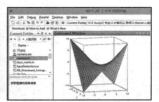

数值计算和仿真分析软件MATLAB

机械建筑行业辅助设计软件AutoCAD

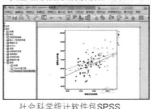

社会科学统计软件包SPSS

三维动画设计软件3D MAX

图 1-29 常用工程设计软件

6)嵌入式软件

嵌入式软件存在于某个产品或者系统中,可实现面向最终使用者的特性和功能。嵌入式软件可以执行一些智能设备的管理和控制功能(如微波炉控制),或者提供重要设备的功能和控制能力(如飞机燃油控制、汽车刹车系统等)。

7)人工智能软件

人工智能软件是利用非数值算法,解决计算和分析无法解决的复杂问题。这个领域的应用程序包括机器人、专家系统、图像识别、机器翻译、定理证明、博弈计算等。

1.3.3　计算机人机界面

人机界面是指人与机器之间相互交流和影响的区域。人机界面包括对数据和信息的输入和输出方法,以及人们对机器的操作和控制。早期,人机交互界面是控制台,随后通过键盘进行操作,目前为鼠标和键盘操作,而智能手机采用触摸方式,今后也许会通过 VR 设备来体验虚拟世界。以人为中心的计算机操作方式是未来人机界面的总体特征。

1. 控制台人机界面

汇编语言和高级语言的问世,改善了计算机的人机界面。如图 1-30 所示,早期程序员为了在计算机上运行程序,必须准备好一大堆穿孔纸带或穿孔卡片,这些穿孔纸带上记录了程序和数据。程序员将这些穿孔纸带装入设备中,拨动控制台开关,计算机将程序和数据读入存储器。程序员在控制台启动编译程序,将源程序翻译成目标代码;如果程序不出现语法错误,程序员就可以通过控制台按键,设定程序执行的起始地址,并启动程序的执行。程序执行期间,程序员要观察控制台上各种指示灯,以监视程序的运行情况。如果发现错误,可以通过指示灯检查存储器中的内容,并且在控制台上进行程序调试和排错。如果程序运行正常,而且计算机也没有发生故障,将通过电传打字机将计算结果打印出来。

图 1-30　左:20 世纪 40 年代穿孔纸带上的程序　右:20 世纪 50 年代的控制台人机界面

2. 命令行人机界面

1964 年,IBM System 360 计算机采用键盘作为标准控制设备;20 世纪 60 年代,CRT(阴极射线管)开始作为数据和信息的输出设备。20 世纪 70 年代左右,随着微机的流行,键盘和显示器逐渐成为标准的计算机操作设备。键盘和显示器的应用大大改善了计算机的人机操作界面,命令行(CLI)人机操作界面应运而生,控制台人机界面逐渐淘汰。

命令行界面通常不支持鼠标操作,用户通过键盘输入指令,计算机接收到指令后予以执行。命令行界面需要用户记忆操作计算机的命令,但是命令行界面节约计算机系统的硬件资源。在熟记操作命令的前提下,命令行界面操作速度快。因此,在嵌入式计算机系统中,命令行界面使用较多。在图形用户界面系统中,通常保留了可选的命令行界面,如

Windows 系统的"命令提示符"窗口，Linux 系统的 Shell 界面等，如图 1-31 所示。

图 1-31 左：Windows 命令行人机界面 右：Linux 命令行人机界面

在字符用户界面和编程语言中，经常用到"控制台"（Console）一词，它通常是指我们在计算机屏幕上看到的字符操作界面。通常所说的控制台命令，就是指通过字符界面输入的可以操作计算机系统的命令，如 dir 就是一条 Windows 系统的控制台命令。

3．图形用户人机界面

20 世纪 80 年代以前，计算机用户主要以专业人员为主；20 世纪 80 年代以后，随着微型计算机广泛进入人们的工作和生活领域，计算机用户发生了巨大的改变，非专业人员成为计算机用户的主体，这一重大转变使得计算机的易用性问题变得日益突出起来。

在计算机发展史上，从字符显示到图形显示是一个重大的技术进步。1975 年，施乐公司 Alto 计算机第一次采用图形用户界面（GUI）；1984 年，苹果公司 Macintosh 微机也开始采用图形用户界面；1986 年，X-Window System 窗口系统发布；1992 年，微软公司发布 Windows 3.1。如图 1-32 所示，目前计算机基本都支持图形用户界面。

图 1-32 左：Windows 图形用户人机界面 右：Android 图形用户人机界面

图形用户界面（GUI）是指采用图形方式操作计算机的用户界面。在图形用户界面中，鼠标和显示器是主要操作设备。图形用户界面主要由桌面、窗口、标签、图标、菜单、按钮等元素组成，采用鼠标进行单击、移动、拖曳等方法操作。

图形用户界面极大地方便了普通用户，使人们不再需要死记硬背大量的计算机操作命令；而且图形操作对普通用户来说在视觉上更易于接受，在操作上更简单易学，极大地提高了用户工作效率。但是,图形用户界面的信息量大大多于字符界面,因此需要消耗更多的计算机资源来支持图形用户界面。

4. 多媒体人机界面

多媒体人机界面技术主要有触摸屏、虚拟现实、增强现实、全息激光三维立体投影等。近年来,触摸屏图形用户界面广泛流行。触摸屏是一个安装在液晶显示器表面的**定位操作设备**。触摸屏(如图 1-33 所示)由触摸检测部件和控制器组成,触摸检测部件安装在液晶显示器屏幕表面,用于检测用户触摸位置,并且将检测到的信号发送到触摸屏控制器。控制器的主要作用是从触摸点检测装置上接收触摸信号,并将它转换成触点坐标。

选择(单击)　打开(双击)　切换(长按)　调整(按住拖动)

翻页(划拨)　　缩小(向内收缩)　放大(向外展开)

确认　　　删除　　　刷新　　　选择

图 1-33　触摸屏图形用户界面和操作方式

触摸屏操作不需要鼠标和物理键盘(支持图形虚拟键盘),操作时用手指或其他物体触摸操作,操作系统根据手指触摸的图标或菜单的位置来定位用户选择的输入信息。触摸屏的流行,使得操作方式也发生了很大变化。

计算机科学家正在努力使计算机能听、能说、能看、能感觉。语音和手势操作也许将成为主要人机界面。增强现实技术(AR)和虚拟现实技术(VR)将实现以人为中心的人机交互方式(如图 1-34 所示)。计算机将为用户提供光、声、力、嗅、味等全方位、多角度的真实感觉。虚拟屏幕和非接触式操作等新技术,将彻底改变人们使用计算机的方式,也将对计算机应用的广度和深度产生深远的影响。

图 1-34　左:穿戴式计算机人机界面(AR)　右:全息激光三维立体投影人机界面

1.3.4　计算机技术指标

计算机的主要技术指标有性能、功能、可靠性、兼容性等参数,技术指标的好坏由硬件和软件两方面的因素决定。

1. 性能指标

系统性能是整个系统或子系统实现某种功能的效率。**计算机的性能主要取决于速度与容量**。计算机运行速度越快,在某一时间片内处理的数据就越多,计算机的性能也就越好。存储器容量也是衡量计算机性能的一个重要指标,大容量的存储器空间一方面是由于海量数据的需要,另一方面,为了保证计算机的处理速度,需要对数据进行预取存放,这加大了存储器的容量需求。

基准测试是比较不同计算机性能时,让它们执行相同的基准程序,然后比较它们的性能。如图 1-35 所示,计算机的性能可以通过专用的基准测试软件进行测试。

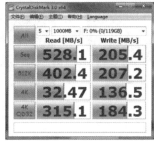

图 1-35　计算机性能的基准测试

计算机主要性能指标如下。

1）时钟频率

时钟频率是单位时间内发出的脉冲数,单位为赫兹(Hz),1Hz＝1s 1 个脉冲信号或 1 个信号周期,1GHz＝1s 10 亿个信号周期。计算机设备按信号周期工作,例如,时钟频率为 3GHz 的 4 核 CPU,理论上 1s 可以做 30 亿×4＝120 亿次运算。计算机的时钟频率主要有 CPU 时钟频率、内存时钟频率和总线时钟频率等。例如,Core i7 CPU 的主频为 3.4GHz, DDR3-1600 内存的数据传输频率为 1.6GHz,USB 3.0 接口的总线传输频率为 5.0GHz 等。总线的时钟频率越高,计算机数据传输或处理速度越快。速度通常以十进制的方法定义,例如 CPU 主频为 3.4GHz、网络带宽为 100Gb/s,其中 $1G＝10^9＝10$ 亿次。

2）内存容量

计算机内存容量越大,软件运行速度也越快。一些操作系统和大型应用软件对内存容量有一定要求,例如,Windows XP 最低内存配置为 512MB,建议内存为 2GB;Windows 10 最低内存要求为 2GB,建议内存为 4GB 等。容量通常以二进制的方法定义,例如内存容量为 4GB,其中 $1GB＝2^{30}B＝1.073\,741\,824×10^9 B≈10$ 亿个存储字节。

3）外部设备配置

计算机外部设备的性能对计算机系统也有直接影响,如硬盘的容量、硬盘接口的类型、显示器的分辨率等。

2．功能指标

对用户而言,计算机的功能是指它能够提供服务的类型;对专业人员而言,功能是系统中每个部件能够实现地操作。功能可以由硬件实现,也可以由软件实现,只是它们之间实现的成本和效率不同。例如,网络防火墙功能,在客户端一般采用软件实现,以降低用户成本;而在服务器端,防火墙一般由硬件设备实现,以提高系统处理效率。

随着计算机技术的发展,3D图形显示、高清视频播放、多媒体功能、网络功能、无线通信功能等已经在计算机中广泛应用;触摸屏、语音识别等功能也在不断普及之中;增强现实、3D激光投影显示、3D打印(如图 1-36 所示)、穿戴式计算机等功能也在研发之中。计算机的功能越来越多,应用领域涉及社会各个层面。

图 1-36　3D打印机和打印的建筑模型

在计算机设计中,一般由硬件提供基本通用平台,利用各种不同软件实现不同应用需求的功能。例如,计算机硬件仅提供音频基本功能平台,而音乐播放、网络电话、语音录入、音乐编辑等应用功能,都通过软件来实现。或者说,**计算机的功能取决于软件的多样性**。计算机的所有功能都可以通过软件或硬件的方法进行测试。

3．可靠性指标

1）可靠性的要求

可靠性是指产品在规定条件下和规定时间内完成规定功能的能力。例如,计算机经常性死机或重新启动,都说明计算机可靠性不好。计算机硬件测试如图 1-37 所示。

温度/湿度极端环境测试　　　　　　　　震动测试　　　　　　　　冲击测试

图 1-37　计算机硬件设备常规可靠性测试

每个专业人员都希望他们负责的系统正常运行时间最大化,最好将它们变成完全的容错系统。但是,约束条件使得这个问题变得几乎不可能解决。例如,经费限制、部件失效、不完善的程序代码、人为失误、自然灾害,以及不可预见的商业变化,都是达到100%可用性的障碍因素。系统规模越复杂,其可靠性越难保证。

【例1-3】 Webbench是一个在Linux系统下使用的网站压力测试工具。它使用fork()函数模拟多个客户端同时访问设定的网址(URL),测试网站在访问压力下工作的性能。Webbench最多可以模拟3万个并发连接去测试网站的负载能力。

硬件产品故障概率与运行时间成正比;而软件故障的产生难以预测。软件可靠性比硬件可靠性更难保证。即使是美国宇航局的软件系统,可靠性仍比硬件低一个数量级。

2)软件可靠性与硬件可靠性的区别

硬件有老化损耗现象,硬件失效的原因是器件物理变化的必然结果;而软件不会发生老化现象,也没有磨损,只有陈旧落后的问题。

硬件可靠性的决定因素是时间,受设计、生产、应用过程的影响。**软件可靠性的决定因素是人**,它与软件设计差错有关,与用户输入数据有关,与用户使用方法有关。

硬件可靠性的检验方法已标准化,并且有一整套完整的理论;而软件可靠性验证方法仍未建立,更没有完整的理论体系。

3)提高系统可靠性的方法

提高可靠性可以从硬件和软件两个方面入手,冗余技术可以很好地解决这一问题。另外,减少故障恢复时间也是提高系统可靠性的重要技术。

硬件系统中的设备冗余(如双机热备、双电源等),网络线路冗余等技术,可以有效地提高系统可靠性。硬件故障一般通过修复或更换失效部件来重新恢复系统功能。

软件系统中,同一软件的冗余不能提高可靠性。软件系统一般采用数据备份、多虚拟机等技术来提高可靠性。软件故障一般通过修改程序或升级软件版本来解决问题。

4. 兼容性指标

计算机硬件和软件由不同厂商的产品组合在一起,它们之间难免会发生一些"摩擦",这就是通常所说的兼容性问题。兼容性是指产品在预期环境中能正常工作,无性能降低或故障,并对使用环境中的其他部分不构成影响。

经验表明,如果在产品开发阶段解决兼容性问题所需的费用为1;那么,等到产品定型后再想办法解决兼容性问题,费用将增加10倍;如果到批量生产后再解决,费用将增加100倍;如果到用户发现问题后才解决,费用可能达到1000倍。1994年,Intel公司的"奔腾CPU瑕疵事件"很好地印证了这一经验。

1)硬件兼容性

硬件兼容性是指计算机中的各个部件组成在一起后,会不会相互影响,能不能很好地运行。例如,A内存条在Windows 10中工作正常,B内存条在Windows 10下不能工作,可以说B内存条的兼容性不好。

在硬件设备中,为了保护用户和设备生产商的利益,硬件设备都遵循向下兼容的设计原则,即老产品可以正常工作在新一代产品中。一旦出现硬件兼容性问题,一般采用升级驱动程序的方法解决。

2)　软件兼容性

软件兼容性是指软件能否很好地在操作系统平台运行,软件和硬件之间能否高效率地工作,会不会导致系统崩溃等故障的发生。

【例 1-4】 在 64 位 Windows 操作系统下,既可以运行新的 64 位应用程序,又可以运行以前的 32 位应用程序时,我们说 64 位操作系统与 32 位应用程序兼容。

【例 1-5】 一个新设计的游戏软件,应该考虑它与常用软件的兼容性,不能安装了这个游戏软件后,连 Word 都不能运行了。

软件产品兼容性不好时,一般通过安装软件服务包(SP)或进行软件版本升级解决。近年来,利用"虚拟机"技术解决软件兼容性问题,成为一个新的探索方向。

1.4　计算机新技术

计算机新技术研究热点很多,如物联网、云计算、大数据、计算社会学、网格计算、量子计算机、3D 打印、可视化计算、虚拟现实、增强现实、无线传感器网络、移动计算、普适计算、机器学习、情感计算等,本节讨论几种影响较大的计算机新技术。

1.4.1　物联网技术发展

1. 物联网的发展

2005 年,国际电信联盟(ITU)发布了《ITU 互联网报告 2005:物联网》报告,正式提出了物联网(IOT)的概念。ITU 报告指出:无所不在的"物联网"通信时代即将来临,世界上所有的物体(从轮胎到牙刷、从房屋到纸巾)都可以通过物联网主动进行信息交换。RFID(射频识别)技术、传感器技术、纳米技术、智能嵌入技术将得到更加广泛的应用。

2. 物联网的定义

早期(1999 年)物联网的定义是:将物品通过射频识别信息、传感设备与互联网连接起来,实现物品的智能化识别和管理。

以上定义体现了物联网的三个主要本质。一是互联网特征,物联网的核心和基础仍然是互联网,需要联网的物品一定要能够实现互联互通。二是识别与通信特征,即纳入物联网的"物"一定要具备自动识别(如 RFID)与物物通信(M2M)的功能。三是智能化特征,即网络系统应具有自动化、自我反馈与智能控制的特点。

物联网中的"物"要满足以下条件:要有相应信息的接收器;要有数据传输通路;要有一定的存储功能;要有专门的应用程序;要有数据发送器;遵循物联网的通信协议;在网络中有被识别的唯一编号等。物联网的核心技术和应用如图 1-38 所示。

通俗地说,物联网就是物物相连的互联网。这里有两层含义,一是物联网的核心和基础仍然是互联网,是在互联网基础上延伸和扩展的网络;二是用户端延伸和扩展到了物品与物品之间进行信息交换和通信。物联网包括互联网上所有的资源,兼容互联网所有的应用,但物联网中所有的元素(设备、资源及通信等)都是个性化和私有化的。

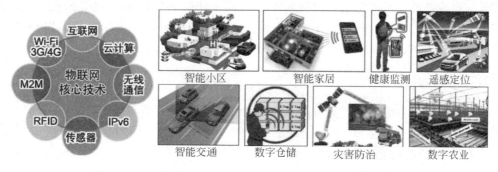

图 1-38 左：物联网核心技术 右：物联网在各个领域的应用

3．物联网的应用前景

物联网通过智能感知、识别技术和普适计算，广泛应用于社会各个领域之中，因此被称为继计算机、互联网之后，信息产业发展的第三次浪潮。物联网并不是一个简单的概念，它联合了众多对人类发展有益的技术，为人类提供着多种多样的服务。IBM 公司认为，IT 产业下一阶段的任务是把新一代 IT 技术充分运用在各行各业之中，具体地说，就是把感应器嵌入和装备到电网、铁路、桥梁、隧道、公路、建筑、供水系统、大坝、油气管道等各种物体中，并且被普遍连接，形成物联网。在这一巨大的产业中，需要技术研发人员、工程实施人员、服务监管人员、大规模计算机提供商，以及众多领域的研发者与服务提供人员。可以想象，这一庞大技术将派生出巨大的经济规模。

【例 1-6】 汽车停放位置查找。Find My Car Smart 是一款让用户查找自己汽车停放位置的物联网应用软件。这个应用在汽车中放置一个 USB 接口的蓝牙感应器部件，这个感应器与苹果 iPhone 手机配对使用。当用户离开汽车时，应用软件会自动记录汽车的地理位置，完全无需手工操作。而且蓝牙感应器后台运行的耗电量极小，iPhone 手机可以不依靠 GPS 就能准确快速地找到汽车停放位置。对于大型停车场遍地的情况来说，这种物联网应用是非常实用的。它也可以用于儿童位置感知。

1.4.2 云计算技术发展

1．云计算的概念

计算机可能是人类建造的效率最低的机器，因为全球 99.9％的计算机都在等待指令。向云计算的转变，可以将平时浪费的资源利用起来。云计算是一种商业计算模型，它将计算任务分布到大量计算机构成的资源池上，使用户能够按需获取计算能力、存储空间和信息服务。为什么叫"云"呢？因为云一般比较大（如"百度云"提供巨大的存储空间），规模可以动态伸缩（如大学的公共计算云则规模较小），而且边界模糊，云在空中飘忽不定，无法确定它的具体位置（如计算设备或存储设备在不同的国家或地区），但是它确实存在于某处。

云计算将计算资源与物理设施分离，让计算资源"浮"起来，成为一朵"云"，用户可以随时随地根据自己的需求使用云资源。云计算实现了计算资源与物理设施的分离，数据中心的任何一台设备都只是资源池中的一部分,不专属于任何一个应用,一旦资源池设备出现故障,马上退出一个资源池,进入另外一个资源池。云计算的服务模式称为 SPI(SaaS 软件即服务、PaaS 平台即服务、IaaS 基础设施即服务)。

2. 云计算的特征

云计算将网络中分布的计算、存储、服务设备、网络软件等资源集中起来,将资源以虚拟化的方式为用户提供方便快捷的服务。云计算是一种基于因特网的超级计算模式,在远程数据中心,几万台服务器和网络设备连接成一片,各种计算资源共同组成了若干个庞大的数据中心。云计算的系统结构如图 1-39 所示。

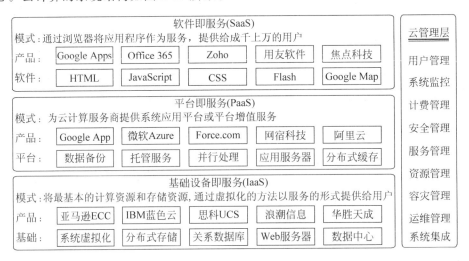

图 1-39　云计算系统结构和云管理

云计算中最关键的技术是虚拟化,此外还包括自动化管理工具,如可以让用户自助服务的门户,计费系统以及自动进行负载分配的系统等。云计算目前需要解决的问题有降低建设成本、简化管理难度、提高灵活性、建立"云"之间互联互通的标准等。

3. 云计算的应用

如 Amazon(亚马逊)提供的专业云计算服务包括弹性计算云(Amazon EC2)、简单储存服务(Amazon S3)、简单队列服务(Amazon SQS)等,Amazon 云提供全球计算、存储、数据库、分析、应用程序和部署服务,有免费服务,也有按月收费的服务。如 Google Earth(谷歌地图)提供包括卫星地图、Gmail(邮箱)、Docs(在线办公软件)等免费服务;微软 Azure 云计算提供"软件和服务"等。

在云计算模式中,用户通过终端接入网络,向"云"提出需求;"云"接收请求后组织资源,通过网络为用户提供服务。用户终端的功能可以大大简化,复杂的计算与处理过程都将转移到用户终端背后的"云"去完成。在任何时间和任何地点,用户只要能够连接至互联网,就可以访问云,用户的应用程序并不需要运行在用户的计算机、手机等终端设备上,而是运行在互联网的大规模服务器集群中。用户处理的数据也无须存储在本地,而是保存在互联网上的数据中心,这意味着计算能力也可以作为一种商品通过互联网进行流通。

1.4.3 大数据技术发展

1. 大数据时代

美国互联网数据中心指出,互联网上的数据每年增长50%,每两年翻一番,目前世界上90%以上的数据是最近几年才产生的。此外,这些数据并非单纯是人们在互联网上发布的信息,85%的数据由传感器和计算机设备自动生成。全世界的各种工业设备、汽车、摄像头,以及无数的数码传感器,随时都在测量和传递着有关信息,这导致了海量数据的产生。例如,一个计算不同地点车辆流量的交通遥测应用,就会产生大量的数据。

2. 大数据的特点

大数据是一个体量规模巨大,数据类别特别多的数据集,并且无法通过目前主流软件工具,在合理时间内达到提取、管理、处理、并整理成为有用的信息。

大数据具有4V的特点,一是数据体量大(Volumes),一般在TB级别;二是数据类型多(Variety),由于数据来自多种数据源,因此数据类型和格式非常丰富,有结构化数据(如文字、计算数据等),半结构化数据(如报表、层次树等),以及非结构化数据(如图片、视频、音频、地理位置信息等);三是数据处理速度快(Velocity),在数据量非常庞大的情况下,需要做到数据的实时处理;四是数据的真实性高(Veracity),如互联网中网页访问、现场监控信息、环境监测信息、电子交易数据等。

大数据并不在于"大",而在于"有用"。大数据能告诉我们客户的消费倾向,他们喜欢什么,每个人的需求有哪些区别,哪些需求可以集合在一起进行分类等。大数据是数据数量上的增加,是一个从量变到质变的过程。例如,一个人在骑马,我们每隔一分钟拍一张照片,只能看到这个人不同骑马姿态的照片。随着照相机处理速度越来越快,1min可以拍30张照片时,就产生了电影。当数量的增长实现了质变时,就从照片变成了一部电影。

3. 大数据处理技术

大数据处理的结果往往采用可视化图形表示,基本原则是:要全体不要抽样,要效率不要绝对精确,要相关不要因果。具体的大数据处理方法很多,如图1-40所示,主要处理流程是数据采集、数据导入和预处理、数据统计和分析、数据挖掘。

1)大数据采集

大数据的采集是指利用多个数据库来接收发自客户端(Web、App或者传感器等)的数据。大数据采集的特点是并发数高,因为可能会有成千上万的用户同时进行访问和操作。例如火车票售票网站和淘宝网站,它们并发访问量在峰值时达到了上百万,所以需要在采集端部署大量数据库才能支持数据采集工作,这些数据库之间如何进行负载均衡也需要深入思考和仔细设计。

2)大数据导入/预处理

要对采集的海量数据进行有效的分析,还应该将这些来自前端的数据导入一个集中的大型分布式数据库中,并且在导入基础上做一些简单的数据清洗和预处理工作。导入与预处理过程的特点是数据量大,每秒钟的导入量经常会达到百兆,甚至千兆。可以利用数据提

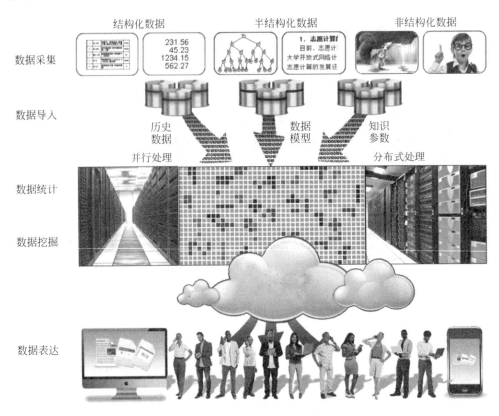

图 1-40　大数据处理流程示意图

取、转换和加载工具将分布的、异构的数据(如关系数据、图形数据等)抽取到临时中间层后进行清洗、转换、集成,最后导入数据库中。

3) 大数据统计分析

统计与分析主要是对存储的海量数据进行普通的分析和分类汇总,常用的统计分析有假设检验、显著性检验、差异分析、相关分析、方差分析、回归分析、曲线估计、因子分析、聚类分析、判别分析等技术。统计与分析的特点是涉及的数据量大,对系统资源,特别是 I/O 设备会有极大的占用。

4) 数据挖掘

大数据只有通过数据分析才能获取很多深入的、有价值的信息。大数据分析最基本的要求是**可视化分析**,因为可视化分析能够直观的呈现大数据的特点,同时能够非常容易被读者接受。数据挖掘主要是在大数据基础上进行各种算法的计算,从而起到预测的效果。数据挖掘的方法有分类、估计、预测、相关性分析、聚类、描述和可视化等,复杂数据类型挖掘(如 Web、图像、视频、音频等)等。这个过程的特点是:如果数据挖掘算法很复杂,涉及的数据量和计算量就会很大,常用数据挖掘算法都以多线程为主。

4. 大数据应用案例

谷歌搜索、Facebook 的帖子和微博消息,使得人们的行为和情绪的细节化测量成为可能。挖掘用户的行为习惯和喜好,可以从凌乱纷繁的数据背后,找到更符合用户兴趣和习惯的产品和服务,并对这些产品和服务进行针对性的调整和优化,这就是大数据的价值。

【例1-7】 百度公司在2014年春运期间推出的"百度地图春节人口迁徙大数据"项目,对春运大数据进行计算分析,并采用可视化呈现方式,实现了全程、动态、即时、直观地展现中国春节前后人口大迁徙的轨迹与特征。

【例1-8】 Google的"流感趋势"工具可以通过跟踪搜索词来判断全美地区的流感情况(如患者会搜索"流感"等关键词)。它对流行病专家非常有用,因为它的时效性极强,能够很好地跟踪流行病的暴发。例如Google利用大数据预测了H1N1在美国某个小镇的爆发。

1.4.4 计算社会学发展

1. 社会可计算吗

一些观点认为,个体行为与社会活动规律如此复杂,很难运用严谨的科学方法进行逻辑推理或精确的定量计算。社会可以计算吗？2009年2月,以哈佛大学教授大卫·拉泽尔(David Lazer)为首的15位来自美国不同学科的教授联名在《科学》杂志上发表了题为《计算社会科学》的论文。此后,这被看作是一个新兴研究领域诞生的标志。计算思维的方法融入人文社会科学目前虽然不乏争议,但是深刻地改变了传统人文社会科学的研究模式。

计算社会科学是利用大规模数据收集和分析能力,揭示个人和群体行为模式的科学。对计算社会科学家而言,大数据时代不仅需要"记录",更需要"计算",从看似日常而随机的个体行为与社会运转中,获得对人类社会、经济、政治等更深刻、更具前瞻性的解读。

如图1-41所示,从计算角度看,微博就是一个矩阵,在特定研究范围内,就是 n 个博主之间的关系矩阵。可以采用线性代数、矩阵运算、图论等方法建立数学模型。

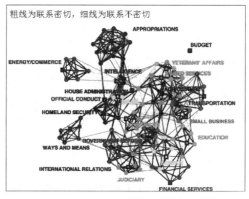

图1-41 左：网站博客群点击量数学模型 右：美国107届国会各个部门之间关系的数学模型

计算社会科学彻底打破了人们对人文科学的传统观念和原有的学科划分。计算社会科学需要人文学家和计算机科学家的团队合作工作。从大学来看,要考虑是培养计算社会学专业人员,还是要培养懂计算机的社会学专业人员或懂社会学的计算机科学专业人员。

2. 海量数据的获取与分析

目前人们广泛地以各种不同方式生活在各种网络中,人们频繁地检查电子邮件和使用搜索引擎,随时随地拨打移动电话和发送微信,每天刷卡乘坐交通工具,经常使用信用卡购买商品、写博客、发微博、通过聊天软件来维护人际关系。在公共场所,监视器可以记录人们的活动情况;在医院,人们的医疗记录以数字形式被保存。以上的种种事情都留下了人们的**数字印记**。通过这些数字印记可以描绘出个人和群体行为的综合图景,这有可能会改变我们对于生活、组织和社会的理解。

Facebook 网站是世界上最大的社交网络,截至 2008 年存储了 30PB 的数据,在 2009 年 Facebook 每天会产生 25TB 的日志数据。这些数据中蕴含着关于个人和群体行为的规律。

人民大学孟小峰教授认为,传统社会科学一般通过问卷调查的方式收集数据,以这种方式收集的数据往往不具有时间上的连续性,对连续的、动态的社会过程进行推断时,准确性有限。计算社会科学以数据挖掘与机器学习为核心技术,使用人工智能技术从大量数据中发现有趣的模式和知识,在数据的驱动之下,进行探索式的知识发现和数据管理。通过数据挖掘,计算社会科学家可以处理非线性、有噪音、概念模糊的数据,分析数据质量,从而聚焦于社会过程和关系,分析复杂的社会系统。

例如,可以通过电子邮件,研究一个群体是趋向稳定还是趋向变化,成员之间什么样的交流模式有利于提高效率,接收信息的多样化是否会提高成员的活力和表现等问题;

可以通过电子商务网站的查询和交易记录,以及网上电话记录等范围覆盖全球的人际互动数据,研究人际互动在经济生产力、公众健康等方面产生的影响;

可以利用互联网上的搜索和浏览记录,研究什么是当前公众最关心的焦点问题。

3. 谷歌图书词频统计数据库

2010 年,谷歌公司推出了与哈佛大学合作的科学实验项目"图书词频统计器"(Google Books Ngram Viewer)。这个系统基于谷歌图书馆已有的 520 万本数字化图书(占这一时期图书总量的 4%),并对数字图书库中 5 亿个词汇的单词和短语,以及它们每年出现的频率进行了统计,这些图书最早出版于 1800 年,最迟到 2000 年,其中包括了英语、法语、西班牙语、德语、中文和俄罗斯语图书。

登录谷歌图书词频统计网站(http://books.google.com/ngrams/),只要在搜索栏输入要搜索的词汇,便可看到 1800—2000 年的词汇变化。以中文词汇为例,主要的变化在 20 世纪初、20 世纪 40 年代和 80 年代,词频的数据增减曲线代表着时代和文化的变化。如输入 love(爱情)这个词汇,分别在 20 世纪 30 年代、60 年代达到两个小高潮,在 20 世纪 80 年代则到达了最顶峰;如输入 industry(工业)一词,在 20 世纪 60 年代和 90 年代出现了两个高峰。英文词频的变化同样显示了英语国家的社会变化,如 woman(女性)一词在20 世纪 70 年代很少出现,但之后却开始出现高峰,这和西方国家女权主义运动同步。

【例 1-9】 中国近代文学家的影响力评估。中国近代著名文学家有鲁迅、郭沫若、老舍、巴金、金庸等。他们的影响力到底谁最大,学界往往各持门户之见,导致公婆之争,不相上下。如果我们登录谷歌图书词频统计网站,将几个名家的名字输入搜索栏(Lu Xun,Guo Moruo,Lao She,Ba Jin,Jin Yong),结果如图 1-42 所示。可以看出,鲁迅的地位不可动摇,老舍在 1965—1980 年有所波动外,其他几位大家则整体偏低。这一项目对于语言、文学、历史和艺术研究,将提供很大的参考价值。同时,非学术界的普通用户也可以通过任何词汇的搜索,查看社会文化的发展趋势。

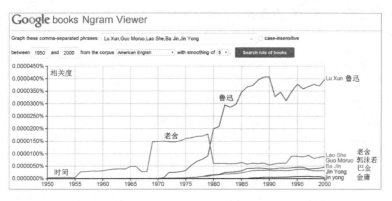

图 1-42　谷歌图书词频统计网站对中国近代文学家的排名发展趋势统计

4. 计算社会科学的制约因素

计算社会科学的发展中还有很大的体制性障碍。从研究方法层面分析,在物理学和生物学中,夸克和细胞既不会介意我们发现它们的秘密,也不会对于我们在研究过程中改变它们的环境提出抗议。而从社会学到计算社会科学的变化中,很大程度上需要解决分布式监控、许可权获取和加密等问题。

最棘手的挑战在于数据的访问和隐私问题。社会科学家感兴趣的大部分数据是私有的(如移动电话号码和金融交易信息等)。因此,迫切需要一种由技术(如同态加密)和规则(如隐私法)构成自律机制,来实现既降低风险又保留进行研究的可能性,更需要建立一种社会与学术界合作的模式。

1.4.5　志愿者计算项目

志愿计算是通过互联网让全球普通志愿者提供空闲的计算机时间,参与科学计算或数据分析的一种计算方式。这种计算方式为解决基础科学运算规模庞大、计算资源需求较多的难题提供了一种行之有效的解决途径。对于科学家而言,志愿计算意味着近乎免费而且无限的计算资源;对志愿者而言,他们可以得到一个了解科学、参与科学的机会,以促进公众对科学的理解。著名的志愿计算项目有伯克利大学的 BOINC、IBM 公司主持的 WCG (世界公共网格)等。

1. 志愿计算的特征

志愿计算是一种较为成熟的计算技术,运行在主流计算平台 BOINC(美国伯克利大学开放式网络计算平台)上的科研项目已超过 100 个,数百万的志愿者参与其中。在中国,志愿计算(网址为 http://www.equn.com/wiki/)的发展还处于起步阶段。

志愿计算是一种分布式计算,它是由志愿者参与并提供计算资源的科研项目。相对于其他类型的高性能计算,志愿计算有着高度的多样性。例如,志愿者的计算机在软件和硬件的类型、工作速度、系统可用性、可靠性和网络连通性上有着很大的不同。同样,计算程序、任务分配、资源要求和时间限制上也有很大差异。其中最重要的是任务选择问题:当一个志愿者的计算机连接到项目服务器时,这时服务器必须根据一套复杂的标准机制,从数据库中多达数百万的计算任务中做出选择,把对该志愿者"最佳"的任务挑选出来。而且,服务器必须在每秒钟应付数以百计的这类任务请求。

2. "搜寻外星智慧生物"志愿计算项目

最有名的志愿计算项目是 SETI@home(在家搜寻外星智慧生物),它由美国加利福尼亚大学伯克利分校主办,SETI@home 项目是一个通过互联网,利用个人计算机处理天文数据的分布式计算项目。该项目通过分析在波多黎各(美属)的阿雷西博天文台射电望远镜采集的无线电信号,搜寻能够证实外星智慧生物存在的证据。

SETI@home 项目将射电望远镜采集的海量数据分成许多个小数据包,发送到互联网上。每台安装了 SETI@home 软件的计算机会自动下载这些数据,程序在屏幕保护下运行(如图 1-43 示)。它利用志愿者闲余的资源进行计算,并不影响志愿者正常使用计算机。

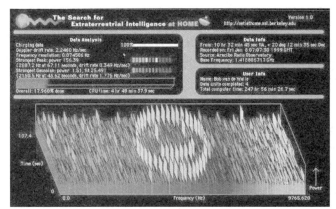

图 1-43   左:BOINC 的 SETI@home 项目运行屏保界面   右:客户端软件运行界面

SETI@home 项目从 1999 年开始至 2005 年,在世界各地有近 500 万参与者,处理了超过 13 亿个数据单元,这无疑是非常成功的分布式计算试验项目。不过到目前为止,该项目的分析结果中还没有足以证明外星智慧生命存在的证据。

BOINC 计算平台可以由用户决定分配多少计算资源给平台上的科研项目。志愿者可以设置一定比例的计算资源来运行认为更有价值的科研项目,如 Docking@home 项目是为医学处理蛋白质的数据;MilkyWay@home 项目是对银河系建立一个三维模型等。

目前,有 20 万 SETI@home 用户提供了多达 450TetaFLOPS(万亿次浮点运算/秒)的计算能力。BOINC 的创始人和项目的主管大卫·安德森(David Anderson)说:"志愿计算的潜在力量类似于集群、网格和云计算,可以达到超越大型计算中心几个数量级的计算能力。"

3. World Community Grid 志愿计算项目

WCG(世界公共网格)是 IBM 公司主持的分布式计算平台,它希望世界各地志愿者(家庭计算机用户)参与到世界公益性科研项目的研究中。WCG 项目主要进行非营利组织的人道主义研究,如果没有公众参与,这些研究会因为高昂的计算成本而无法完成。WCG 项目承诺,所有研究结果都将公开,供全球研究团体共享。

　　研究组织（通常是大学等机构）可以在 WCG 网站的申请页面提交自己的研究课题，以便从 WCG 处获得免费的计算资源。WCG 利用志愿者闲置的计算能力，借助于屏幕保护程序进行项目计算。当志愿者需要使用计算机时，计算软件将自动停止运行，直到志愿者计算机再次进入闲置状态。WCG 平台的底层程序采用 BOINC 计算平台，WCG 在底层计算平台的基础上，为具体的科研计算项目提供了一个更高层次的计算平台。

习题 1

1-1　计算工具的发展经历了哪些历史阶段？具有哪些典型机器？

1-2　九九乘法口诀有哪些特点？

1-3　现代计算机有哪些特点？

1-4　说明各种类型计算机的主要特点。

1-5　计算机技术有哪些最基本的特征？

1-6　举例说明 Altair 8800 微机设计思想在产品设计中的应用。

1-7　摩尔定律在计算机产业中引起了哪些效应？

1-8　计算机系统遵循"向下兼容"的设计思想有哪些优点和缺点？

1-9　购买计算机硬件设备时，需要关注哪些主要技术指标？

1-10　中国的算盘为什么没有从一种计算工具演变为自动计算机器？

第 **2** 章

程序语言和软件开发

世界正变得越来越依靠软件,我们很难发现一个单位或企业完全与计算机软件无关。因此,程序设计知识成为各个专业重要的基础知识。本章主要从"**演化、抽象、一致性、并行化、折中**"等计算思维概念,讨论程序的基本结构和软件开发方法。

2.1 程序语言特征

2.1.1 程序语言的演化

1. 程序设计语言的萌芽

1) 爱达与最早的程序设计

奥古斯都·爱达(Augusta Ada Byron,英国诗人拜伦之女)对数学有极高的兴趣。1841年,巴贝奇在意大利一个学术会议上报告了他设计的分析机,意大利数学家路易吉·蒙博(Luigi Menabrea)以法语发表了题为《查尔斯·巴贝奇创造的分析机概述》的论文,爱达将论文翻译为英文,并且在译文中附加了比原文长三倍的注释。她指出分析机可以像提花机那样进行编程,并详细说明了用机器进行伯努利数运算的过程,这被认为是世界上第一个计算机程序(如图 2-1 所示),爱达被公认为是世界上第一位程序设计师。巴贝奇在《经过哲学家的人生》著作中叙述到:"我认为她(注:指爱达)为米那比亚的论文增加了许多注记,并加入了一些想法。虽然这些想法是由我们一起讨论出来的,但是最后写进注释里的想法确确实实是她自己的构想。我将许多代数运算问题交给她处理,这些工作与伯努利数运算相关。在她送回给我的文件中,修正了我先前在程序里的重大错误。"

爱达协助巴贝奇完善了分析机的设计,她发现了程序的基本要素,建立了循环和子程序的概念。爱达对巴贝奇分析机进行研究时,先后编写了三角函数程序、级数相乘程序、伯努利函数程序等算法代码。爱达还创造了许多巴贝奇也未曾提到的新构想,例如,爱达曾经预言:"这个机器未来可以用于排版、编曲或是各种更复杂的用途。"

2) 弗雷格与程序设计

1879 年,德国数学家弗雷格(F. L. Gottlob Frege)出版了《概念文字——一种模仿算术语言构造的纯思维形式语言》著作,他将"概念文字"发展成为一种人工语言。弗雷格引入了一些特殊符号来表示逻辑关系,第一次用精确的语法和句法规则来构造形式语言,并对数理逻辑命题进行演算(如图 2-2 所示)。这一思想成为现代数理逻辑的基础,使得将逻辑推理

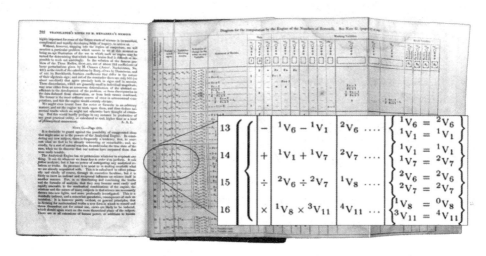

图 2-1 巴贝奇《分析机概论》著作中爱达编写的世界上第一个计算机程序(1842 年)

转化为机械演算成为可能。这种"概念文字"是现代程序设计语言的萌芽。

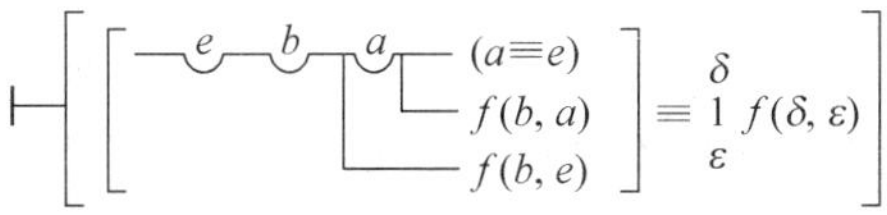

图 2-2 弗雷格《概念文字》著作中的人工语言(1879 年)

【例 2-1】 对命题"任何一个恋爱中的人都是快乐的",可以用逻辑符号表示为

$$(\forall x)((\exists y)L(x,y) \rightarrow H(x))$$

3) 哥德尔与程序设计

1931 年,哥德尔(Kurt Gödel)在对"不可判定"命题的证明论文中,提出可以将命题符号与自然数相对应。例如,对例 2-1 中的逻辑表达式,如果按照哥德尔用自然数编码的思想(如图 2-3 所示),则例 2-1 命题的逻辑表达式可以编码为 638766497168097526877。这种对逻辑命题进行数字编码的思想,为程序的二进制编码提供了很好的设计思想。

逻辑符号	,	L	H	$\forall$	$\exists$	$\rightarrow$	(	)	x	y
自然数	0	1	2	3	4	5	6	7	8	9

图 2-3 逻辑表达式用数字进行编码

4) 图灵机与程序设计

1936 年,图灵在《论可计算数及其在判定问题中的应用》论文中提出了图灵机模型。图灵指出:"对应于每种行为还要有一个指令表,……它应当执行什么指令,以及完成这些指令后,机器应处于哪种状态。"图灵机的指令表就是一种计算机程序(如图 2-4 所示),图灵认为,只需要一些最简单的指令,就可以将复杂的工作分解成简单操作而进行计算。

2. 现代程序设计语言的发展

1) 汇编程序语言

早期程序员用二进制代码(如 001100…0101011)编写程序(如图 2-5 所示),然后在纸带

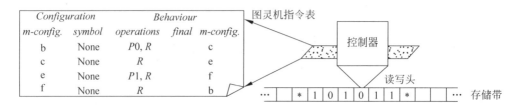

Configuration		Behaviour		
m-config.	symbol	operations	final m-config.	
b	None	P0, R	c	
c	None	R	e	
e	None	P1, R	f	
f	None	R	b	

图 2-4　图灵机程序示意图(左:图灵 1936 年论文局部)

上打孔,再送到机器中执行。这种编程方式工作效率非常低,而且容易出错,不容易查错。1951 年,葛丽丝·穆雷·霍普(Grace Murray Hopper,美国女性计算机专家)设计了第一个编译程序 A-0,这标志着汇编语言的诞生。汇编语言用英文单词和数字(助记符)按一定规则编写程序,然后由编译程序将助记符翻译成机器代码,再交给机器执行(当时没有操作系统),这是最早的编译程序。

2) 第一个高级程序设计语言

1954 年,IBM 公司的约翰·巴科斯(John Backus)发明了 FORTRAN 语言,这是世界上第一个高级程序设计语言。巴科斯日后回忆说:"当时谁也没把精力放在语言细节上,语言设计很潦草就完成了(发布后又经过了很多次修订),他们所有的工夫都花在怎么写一个高性能的编译器上。"这个高性能的 FORTRAN 语言编译器直到 1957 年才写好。

FORTRAN 语言的最大特点是形式上接近数学公式的自然描述(如图 2-6 所示),而且语法严谨,学习容易,运算效率很高,因此在数值计算领域得到了广泛应用。

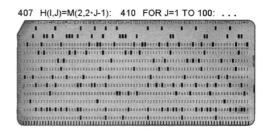

图 2-5　早期机器语言程序(1948 年)　　　图 2-6　早期 FORTRAN 程序语句卡片(1957 年)

3) 不同类型的程序设计语言

高级程序语言的出现使得程序设计不再过度地倚赖特定的计算机硬件设备。高级程序语言在不同的硬件平台上可以编译成不同的机器语言。最早的高级程序设计语言有 FORTRAN、COBOL、ALGOL 和 LISP,目前流行的高级程序设计语言,几乎都是上述四种程序语言的综合进化。程序设计语言的发展如图 2-7 所示。

3．为程序设计做出杰出贡献的科学家

1）艾伦·佩利与 ALGOL 60 程序设计语言

艾伦·佩利（Alan Perlis，首位图灵奖获得者）主持设计了 ALGOL 60 程序设计语言（ALGOL 60 含义为"算法语言"，60 为年代），ALGOL 60 是对计算机科学影响最大的程序设计语言，它标志着程序设计语言由一种"技艺"转变成为一门"科学"。目前流行的 C、Java、Python 等都由它发展而来，有 5 位计算机科学家因为研究 ALGOL 60 语言而获得图灵奖。

1952 年，佩利在普渡大学创建了大学的第一个计算中心，以后，他又在美国多所大学建立了计算中心和计算机科学系，他培养的学生中人才济济，佩利因此被称为"使计算机科学成为独立学科的奠基人"。1962 年，佩利当选为美国计算机学会（ACM）主席。1982 年，佩利在 ACM 期刊上发表了著名的论文《编程箴言》。佩利幽默地写道："如果你给别人讲解程序时，看到对方点头了，那你就拍他一下，他肯定是睡觉了。"

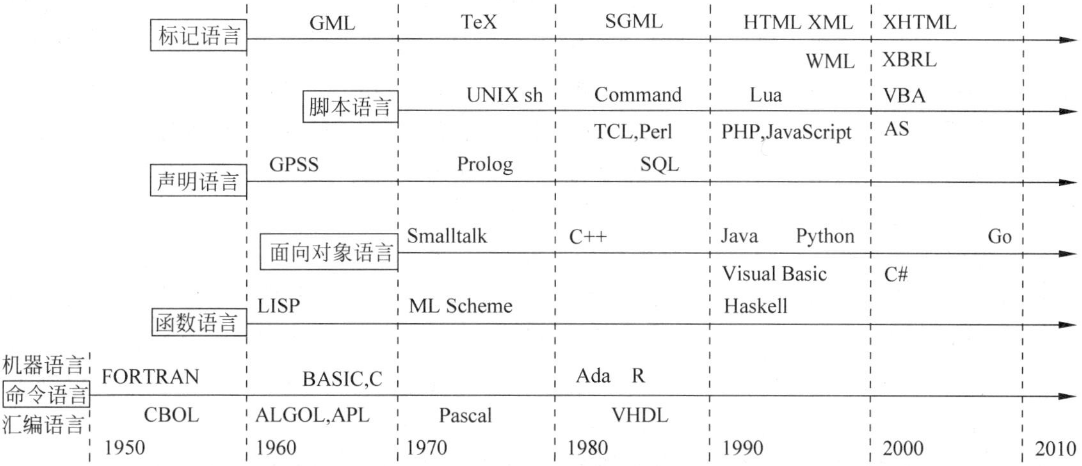

	1950	1960	1970	1980	1990	2000	2010
标记语言	GML	TeX	SGML	HTML XML	XHTML		
				WML	XBRL		
脚本语言		UNIX sh	Command	Lua	VBA		
			TCL,Perl	PHP,JavaScript	AS		
声明语言	GPSS	Prolog	SQL				
面向对象语言		Smalltalk	C++	Java　Python		Go	
				Visual Basic	C#		
函数语言	LISP	ML Scheme		Haskell			
机器语言	FORTRAN	BASIC,C		Ada　R			
命令语言							
汇编语言	CBOL	ALGOL,APL	Pascal	VHDL			

图 2-7　常用程序设计语言的演化

2）迪科斯彻与结构化程序设计

迪科斯彻（Edsger Wybe Dijkstra，获图灵奖）1960 年主持了 ALGOL 60 编译器的开发。他提出了"Go to 语句有害"论；解决了"哲学家就餐"问题；发明了最短路径算法（Dijkstra 算法）；他是银行家算法的创造者；他提出了信号量和 PV 原语（阻塞/唤醒）。迪科斯彻被称为"结构程序设计之父"，他一生致力于将程序设计发展成一门科学。迪科斯彻关于计算机程序设计的一些名言，今天仍有重要的现实意义，如**"简单是可靠的先决条件"**。

3）高德纳与数据结构

高德纳（Donald Ervin Knuth，获图灵奖）是计算机科学的先驱人物，他创建了算法分析、数据结构等领域。高德纳《计算机程序设计艺术》一书是计算机科学界最受敬重的参考书，书中开创了数据结构的最初体系，奠定了程序设计基础。高德纳还开发了 TEX 排版软件，它是科技论文的标准排版程序。高德纳开发了 METAFONT 程序，这是一套用来设计字体的系统。高德纳和他的学生提出了 KMP（字符串查找）算法，该算法使计算机在文章中搜索一串字符的过程更加迅速和方便。高德纳提出过文学化编程的概念。对于程序设计的复杂性,高德纳曾经指出:"事实上并非样样事情都存在捷径,都是简单易懂的。然而我发现,如果我们有再三思考的机会,几乎没有一件事情不能被简化。"

4. 程序设计语言的特征

1) 为什么有这么多程序语言

从1950—1993年,人们大约发明了上千种高级程序设计语言。计算机专家曾经多次试图创造一种通用的程序语言,但没有一次尝试是成功的。之所以有这么多不同的程序语言,有多方面的原因:一是计算机应用领域越来越广泛,程序要解决的问题各不相同,没有一种程序语言可以解决所有问题;二是程序语言与所要解决问题的领域相关,当问题随环境而变化时,就需要创造新程序语言来适用它;三是编程新手与高手之间的技术差距非常大,许多程序语言对新手来说太抽象难学,对编程高手来说又显得抽象不够;四是不同程序语言之间的运行效率和开发成本各不相同。

2) 程序语言的发展趋势

计算机语言与自然语言很相似,自然语言虽然方言很多,但是主体结构几千年来变化很少。近十多年来程序语言发展的成绩主要体现在设计框架和设计工具的改进方面。例如,微软公司的. Net Framework框架中有超过1万个类和10万个方法(子程序)。例如,程序集成开发环境(IDE)就包含了很多强大的功能,如指令关键字彩色显示,程序语法错误提示,代码格式自动化,指令自动补齐,程序行折叠和展开,集成程序调试器和编译器等。与IDE的变化相比,程序语言本身的重大改进并不明显。

在程序语言发展历史中,语言抽象级别不断提高,语言表现力越来越强大,这样就可以用更少的代码完成更多的工作。早期程序员使用汇编语言编程,接着使用面向过程的程序语言(如 FORTRAN、BASIC、Pascal、C 等),然后发展到面向对象的程序语言(如 C++、Java、C♯(读[C-sharp])等),随着因特网的发展,动态程序语言(如 Python、PHP 等)得到了广泛应用,这种趋势目前还在继续发展。

目前流行的程序语言编程风格有:面向对象编程(如 Java、C++、C♯ 等),动态程序语言编程(如 Python、JavaScript、PHP 等),函数式编程(如 Scala、F♯ 等),声明式编程(如 Prolog 等),各种编程语言之间的边界正在变得越来越模糊。

3) 程序设计语言的学习

程序语言虽然使用英文,但是在学习过程中,需要记忆的英文单词并不多。例如,除函数或类名外,程序语言一般将指令限制在 100 个单词以下(如 C89 标准的 C 语言为 32 个关键字),而且语义唯一,稍作记忆即可掌握。但是,一旦涉及高水平编程或是企业级程序开发,程序员需要查阅相应的英文技术文档,如 API(应用程序编程接口)、SDK(软件开发工具包),或是 MSDN(微软开发人员网络)等技术资料。如果我们对阅读英文技术文献有一定训练,对以后软件开发、技术学习和编程思想都会有所帮助。

程序设计与文学创作有很多共同点:一是两者都需要人为写作;二是小说家和程序员都需要创造性,他们对同一个题材有不同的表达方式;三是他们对问题的解决方案也并不是唯一的;四是文学专业的学生和程序员都需要从事"阅读"和"写作"两项专业训练;五是文学作品的写作比阅读难多了,因为写作需要更多的创造能力;程序设计存在同样的问题,经常听到同学们的抱怨:"我能读懂别人的程序,但是我不会自己写程序",其实无须抱怨,因为阅读是理解和分析他人的作品,而编程是设计和综合问题的解决方案。程序设计与文学创作的区别在于:程序设计遵循**逻辑思维**,文学创作需要**形象思维**。因此,学习编程语言要**多阅读**优秀的源程序,**多练习**编写程序,**多思考**如何解决身边的问题。

2.1.2 程序语言的类型

1. 程序语言的基本功能

程序语言是用来定义计算机指令执行流程的形式化语言。程序语言包含一组预定义的关键字(单词)和语法规范。这些规范包括:数据类型、指令类型、指令控制、调用机制、库函数等,以及一些行业规范(如程序递进书写、变量命名等)。

2. 程序语言的基本组成

1) 指令及指令流程控制

程序由多个语句组成,一个语句就是一条指令(可以包含多个操作)。语句有规定的关键字和语法结构。语言中的控制指令(如顺序、选择、循环、调用等)可以改变程序的执行流程,用来控制计算机的处理过程。

2) 程序语言基本组成

程序语言虽然千差万别,但是逻辑结构都是相同的,只是语法和 API 稍有不同。程序语言的基本成分有以下 4 种:一是数据成分,它用来描述程序中数据的类型,如数值、字符、数组等;二是运算成分,它用来描述程序中所包含的各种运算,如四则运算、逻辑运算等;三是控制成分,它用来控制程序语句的执行流程,如选择、循环、调用等;四是传输成分,用来表达程序中数据的传输,如实参与形参、返回值、文件等。

3. 程序语言的类型

1) 程序语言的分类

程序语言有多种分类方法,大部分程序语言都是算法描述型语言(图灵完备语言),如 C、Java、Python 等,很少一部分是数据描述型语言(非图灵完备语言),如 HTML、SQL 等。按程序语言与硬件的层次关系可分为低级语言(机器语言、汇编语言)和高级语言;按程序设计风格可分为命令式语言(过程化语言)、结构化语言、面向对象语言、函数式语言、脚本语言等;按程序语言应用领域可分为通用语言(如 C、Java、Python 等),专用语言(如集成电路设计语言 VHDL 等);按程序执行方式可分为解释型语言(如 JavaScript、R、Python 等)、编译型语言(如 C/C++等)、编译+解释型语言(如 Java、C♯等);按数据类型检查方式可分为动态语言(如 Python、PHP 等)、静态语言(如 C、Java 等)。

2) 机器语言

机器语言是二进制指令代码的集合,是计算机唯一能直接识别和执行的语言。机器语言的优点是占用内存少,执行速度快;缺点是编程难,阅读难,修改难,移植难。

3) 汇编语言

汇编语言是将机器语言的二进制指令,用简单符号(助记符)表示的一种语言。因此汇编语言与机器语言本质上是相同的,都可以直接对计算机硬件设备进行操作。汇编语言编程需要对计算机硬件结构有所了解,这无疑大大增加了编程难度。但是汇编语言生成的可执行程序很小,而且执行速度很快。因此,工业控制领域经常采用汇编语言进行编程。汇编语言与计算机硬件设备(主要是 CPU)相关,不同系列 CPU(如 ARM 与 Intel 的 CPU)的机器指令不同,因此它们的汇编语言也不同。

【例 2-2】 计算 SUM=6+2 的汇编语言与机器语言代码片段如表 2-1 所示。

表 2-1　x86 汇编语言与机器语言指令案例

汇编语言指令	机器语言指令			指令说明
	内存地址	机器代码	指令长度	
MOV　AL,6	2001	00000110 10110000	2B	将地址为 2001 的内存单元中的数据(6),传送到 AL 寄存器
ADD　AL,2	2003	00000010 00000100	2B	将地址 2003 内存单元中的数据(2)取出,将 AL 寄存器中数据(6)取出,两者相加后,结果仍然保存在 AL 寄存器
MOV　SUM,AL	2005	00000000 01010000 10100010	3B	将 AL 寄存器中的数据(8)送到 SUM 存储单元
HLT	2008	11111000	1B	停机(程序停止运行)

4) 高级程序语言

高级语言将计算机内部的许多相关机器操作指令,合并成一条高级程序指令,并且屏蔽了具体操作细节(如内存分配、寄存器使用等),这样大大简化了程序指令,使编程者不需要专业知识就可以进行编程。高级程序语言便于人们阅读、修改和调试,而且移植性强,高级程序语言已成为目前普遍使用的编程语言。目前流行的程序语言如表 2-2 所示。

表 2-2　IEEE Spectrum 发布 2017 年编程语言排行榜(前 20 名)

排名	编程语言	编程领域	关注度	排名	编程语言	编程领域	关注度
1	Python	网络、PC	100.0	11	Arduino	嵌入式	73.0
2	C	PC、嵌入式	99.7	12	Ruby	网络、PC	72.4
3	Java	PC、手机、网络	99.4	13	Assembly	嵌入式	72.1
4	C++	PC、嵌入式	97.2	14	Scala	网络、手机	68.3
5	C#	网络、PC、手机	88.6	15	MATLAB	PC	68.0
6	R	PC	88.1	16	HTML	网络	67.0
7	JavaScript	网络、手机	85.5	17	Shell	PC	66.3
8	PHP	网络	81.4	18	Perl	网络、PC	57.6
9	Go	PC、网络	76.1	19	Visual Basic	PC	55.4
10	Swift	PC、苹果手机	75.3	20	Cuda	PC	53.9

说明:IEEE Spectrum(IEEE 科技纵览)编程语言排行榜参见 http://spectrum.ieee.org/computing/software/.Arduino 并不是一种语言,它包含了 Java 和 C++语言;Assembly 为汇编语言。

2.1.3　入门级编程语言

1. 国内外大学入门程序语言教学

20 世纪 70 年代以前,美国大学计算机程序语言入门教学以 FORTRAN 为主,到 20 世纪70年代以后主要以Pascal为主。20世纪90年代中后期,ANSI C(美国标准C语言)成为很多美国高中和大学编程入门教学语言。21世纪初,Java迅速成为美国中学和大学的首选编程入门教学语言。近年来,美国大学入门程序语言各式各样都有,从大学公开课的情况看,主要有Python(如麻省理工学院)、Java(如斯坦福大学)、C(如哈佛大学)等。

国内入门程序语言在20世纪80年代主要是Basic;20世纪90年代中后期,主要采用VB;21世纪至今主要采用C语言。C作为入门程序语言并不理想,最大的缺点是图形和网络编程非常麻烦。近年来,入门级程序语言呈现多样化趋势,如Python(公共基础课)、RAPTOR或VB(文科类)、Scratch(艺术类)、R语言(经管/生物)、C语言(工业控制)、Java或C++语言(计算机)、JavaScript、PHP、Go语言(网络信息)等。

2. Scratch可视化编程方法介绍

流行的可视化编程软件有LabVIEW(主要用于开发测量或控制系统)、RAPTOR(流程图编程工具)、Scratch(2D游戏编程)、Alice(简单3D游戏编程)等。Scratch是美国麻省理工学院(MIT)开发的可视化游戏编程软件。Scratch不需要编写程序代码,只要用鼠标拖曳事先准备好的图形语句模块就可以对游戏和动画进行编程,就像玩积木一样简单而有趣。虽然Scratch与专业编程语言还有一些区别,但是程序设计的基本概念,如条件、循环、逻辑运算、坐标、方向、对象、事件等概念都是相同的。

1) Scratch的功能

Scratch很容易创造出交互式游戏和动画。Scratch官方网站有很多资源,如学习Scratch视频教程,一些常见问题处理等。Scratch工作界面如图2-8所示,Scratch安装运行后,会在软件启动后自动测试用户的操作系统版本,将界面变换为简体中文界面。

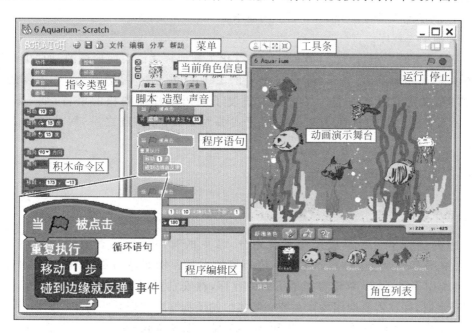

图2-8　Scratch游戏编程软件主界面

2) Scratch 程序的基本组成

Scratch 采用积木方式构建系统,软件带有 100 多种"积木"可供使用。另外,还有一个视觉图像库,编程者可以用可视化积木构建程序。Scratch 程序由"角色"组成,可以通过改变角色的造型来改变它的外观和动作。例如,编程者可以将角色设置成一个"人",或者是一只"蝴蝶",或其他任何东西。编程者可以用任何图片作为角色的造型,可以在绘图编辑器中编辑或画出一个角色,也可以从网络下载角色图片。你可以给角色下达一些命令,让它移动、翻转、播放音乐或者与其他角色进行文字或语音谈话。

3. 易语言中文编程介绍

编程语言绝大部分使用英语单词,也有采用汉语、阿拉伯语单词的。易语言就是一款国内开发的汉语编程语言。易语言让不懂英文的用户,可以通过使用汉语进行 Windows 程序编写。易语言成功的很大一部分因素应归功于集成开发环境(IDE)的易用性。

1) 易语言的基本功能

易语言中所有程序代码都采用汉字或英文字符。易语言有内置专用输入法,支持中文程序语句的快速录入(如输入 for 或 xh 时,易语言会自动转换为汉字"循环");易语言除程序语句采用汉字外,还提供了汉字发音处理、人民币金额的处理等。

易语言对变量声明采用填表的方法,这简化和规范了变量声明的工作。

易语言有一个支持汉字编程的可视化集成开发环境(IDE),它能与常用的程序语言互相调用,可以充分利用现有的 API(应用程序接口)、DLL(动态链接库)等组件,以及各种主流数据库、实用程序等多种资源的接口和支持工具。

易语言采用了结构化、面向对象、集成化等多种先进技术,提供 Windows、Linux 的运行平台,可以满足绝大部分 Windows 编程的需求。

2) 其他中文程序语言

国内的中文程序语言有以下类型:一是汉化了其他程序语言而形成的,如"中蟒"就是汉化了的 Python 语言;"易乐谷"是汉化了的 LOGO 语言;"习语言"是 C 语言的汉化;"丙正正"是汉化了的 C++ 等。二是自主研发了汉语编译器内核的语言,如"易语言"、O 汇编语言等。三是以汉语为基础的构建式编程工具,如搭建之星、网站搭建者、雅奇 MIS 等。

2.1.4　编程环境与平台

1. 程序运行平台

程序的运行平台一般按操作系统划分,常见的程序运行平台有 Windows、Linux、Android、iOS 等。程序运行需要操作系统环境的支持。例如,Windows 下的应用程序,在 Linux 系统中不能运行;苹果智能手机中的程序,在安卓智能手机中也不能运行。这是由于程序开发时,往往需要调用操作系统底层接口的子程序来实现某些功能。例如,用 Visual C++ 在 Windows 中编程时,需要调用 Windows 操作系统提供的各种子程序(如窗口、对话框、菜单等)。在 Windows 环境下开发的程序移植到其他操作系统平台(如 Linux 等)时,其他操作系统并没有提供这些子程序,或者子程序的调用参数和格式不同,这会导致程序不能运行或运行出错,也就是常说的"兼容性"问题。

　　程序的运行与操作系统和机器硬件体系结构有关。例如,PC与苹果机的硬件体系结构不同,在苹果机中安装 Windows 时,需要运行虚拟机软件(如 Boot Camp 等)。而且,在苹果机的虚拟机中运行 PC 应用程序时,存在运行效率低、兼容性不好等问题。

2. 程序集成开发环境

　　程序的编程环境与应用环境一般是分开的。例如,手机中的程序不可能在手机上开发,一是手机屏幕太小,不便于编写程序,二是在手机中调试程序极其麻烦,效率非常低。程序设计一般在台式机或笔记本计算机中进行,程序调试也在软件模拟器中进行。

　　IDE(集成开发环境)是一个综合性工具软件,它把程序设计过程所需的各项功能集成在一起,为程序员提供完整的服务。IDE 通常包括程序编程语言文本编辑器、程序关键字检查器、程序调试器、第三方插件(如智能手机模拟器)等,有些 IDE 包含程序编译器或程序解释器(如 Microsoft Visual Studio 等),有些 IDE 则不包含程序编译器(如 Eclipse 等),这些IDE 通过调用第三方程序编译器来实现程序的编译工作。

　　Visual Studio(简称 VS)是微软公司开发的程序设计集成开发环境(IDE),它基于微软公司的.Net(读[道耐特]或[点耐特])平台。Visual Studio 由各种开发工具组成,如 C、Visual C++、Visual C♯、Visual Basic、F♯(读[F-sharp])、MFC(微软基础类库)等。Visual Studio 可以用于设计网络 Web 程序,也可以设计桌面应用程序。

3. 软件开发平台选择

　　软件开发平台是一种为程序设计提供方便的工具软件,它的主要目的是提高程序开发效率,节约开发成本。小型开发平台一般用于专业性很强的程序开发(如嵌入式程序开发),大型开发平台则通用性很强,而且集成了很多常用工具软件,如软件建模工具(UML)、程序开发包(SDK)、应用程序接口(API)、图形用户界面生成(UI)、程序调试虚拟机(VM)、应用软件基本架构、用户基本解决方案等。

　　软件开发平台有微软公司的.Net(含 C/C♯/VC/VB 等)、甲骨文公司的 Java,以及其他 C/C++ 开发平台,如 GCC(多语言编译器)、Keil-C51(单片机 C 语言编译器)等。

　　.Net 平台因为良好的 IDE 环境,所见即所得的开发界面,受到了商业应用的欢迎,广泛用于网站开发、ERP(企业资源计划)、OA(办公自动化)、MIS(管理信息系统)等领域。.Net的缺点也很突出,如不开放源代码和 Window 平台绑定等。

　　Java 的优势是跨平台,在大型企业应用软件中,服务器一般采用 Linux 系统,客户端一般采用 Windows,这样 Java 跨平台的优点就体现出来了。银行、电信、政府、智能手机等领域一般都采用 Java 平台。就平台市场占有份额来说,.Net 和 Java 差不多;就行业发展来看,随着智能手机的广泛应用,Java 的应用越来越多,发展前途会更多一些。

　　C/C++ 主要用于开发系统软件的底层程序模块(如驱动程序)、嵌入式应用程序开发(如工业控制)、网络协议编程等,在工业自动化、军工等领域应用居多。

4. 软件开发平台构建

　　下面以 Android 智能手机开发平台构建为例,简要说明需要进行的工作。

(1) 下载和安装 JDK(Java 开发工具包,它包含 Java 虚拟机、编译器、调试工具和 Java 基础类库等)→设置环境变量(如系统变量、文件路径、临时文件夹位置等)。

(2) 下载和安装 Eclipse(集成开发环境)→下载和安装 Eclipse 中文语言包。

(3) 下载和安装 Android SDK(Android 软件开发工具包)。

(4) 下载和安装 ADT(Android 手机开发工具)→设置环境变量(软件路径)。

(5) 编写 Java 程序→编译并运行测试程序,对搭建的开发环境做最终检验。

开发平台可根据需要安装其他常用服务软件,如网站服务器(如 Apache、Tomcat),数据库系统(如 MySQL),第三方类库(如 Gradle),虚拟机(如 VMware)等。

2.1.5　程序解释与编译

1. 程序的解释执行方式

程序语言编写的计算机指令序列称为"源程序",计算机并不能直接执行用高级语言编写的源程序,源程序必须通过"翻译程序"翻译成机器指令的形式,计算机才能识别和执行。源程序的翻译有两种方式:解释执行和编译执行。不同的程序语言,有不同的翻译程序,这些翻译程序称为程序解释器(也称为虚拟机)或程序编译器(简称为编译器)。

1) 程序的解释执行过程

解释程序的工作过程如下:首先,由语言解释器(如 Python)进行初始化准备工作。然后语言解释器从源程序中读取一个语句(指令),并对指令进行语法检查,如果程序语法有错,则输出错误信息;否则,将源程序语句翻译成机器执行指令,并执行相应的机器操作。返回后检查解释工作是否完成,如果未完成,语言解释器继续解释下一语句,直至整个程序执行完成,如图 2-9 所示。否则,进行必要的善后处理工作。

图 2-9　程序的解释执行过程

语言解释器一般包含在开发软件或操作系统内,如 IE 浏览器带有.Net 脚本语言解释功能;也有些语言解释器是独立的,如 Python 解释器就包含在 Python 软件包中。

2) 解释程序的特点

解释程序的优点是实现简单,交互性较好。动态程序语言(如 Python、PHP、JavaScript、R、MATLIB 等)一般采用解释执行方式。

解释程序有以下缺点:一是程序运行效率低,如源程序中出现循环语句时,解释程序也要重复地解释并执行这一组语句;二是程序的独立性不强,不能在操作系统下直接运行,因为操作系统不一定提供这个语言的解释器;三是程序代码保密性不强,例如,要发布 Python 开发项目,实际上就是发布 Python 源代码。

2. 程序的编译执行方式

程序员编写好源程序后,由编译器将源程序翻译成计算机可执行的机器代码。程序编译完成后就不再需要再次编译了,生成的机器代码可以反复执行。

源程序编译是一个复杂的过程,这一过程分为以下步骤:**源程序→预处理→词法分析→语法分析→语义分析→生成中间代码→代码优化→生成目标程序→程序连接→生成可执行程序**。程序编译过程如图 2-10 所示。事实上,某些步骤可能组合在一起进行。

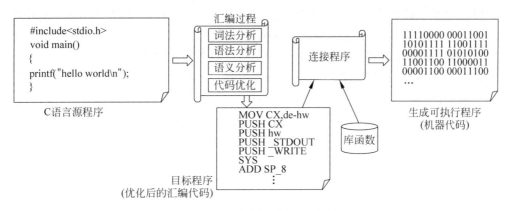

图 2-10　C 语言源程序的编译过程

在编译过程中,源程序的各种信息被保存在不同表格里,编译工作的各个阶段都涉及构造、查找或更新有关表格。如果编译过程中发现源程序有错误,编译器会报告错误的性质和发生错误的代码行,这些工作称为出错处理。

1)预处理

一个源程序有时可能分成几个模块存放在不同的文件里,预处理的工作之一是将这些源程序汇集到一起;其次,为了加快编译速度,编译器往往需要提前对一些头文件及程序代码进行预处理,以便在源程序正式编译时节省系统资源开销。例如,C 语言的预处理包括文件合并、宏定义展开、文件包含、条件编译等内容。

2)词法分析

编译器的功能是解释程序文本的语义,不幸的是计算机很难理解文本,文本文件对计算机来说就是字节序列,为了理解文本的含义,就需要借助词法分析程序。词法分析是将源程序的字符序列转换为标记(Token)序列的过程。词法分析的过程是编译器一个字符一个字符地读取源程序,然后对源程序字符流进行扫描和分解,从而识别出一个个独立的单词或符号(分词)。在词法分析过程中,编译器还会对标记进行分类。

单词是程序语言的基本语法单位,一般有四类单词:一是语言定义的关键字或保留字(如 if、for 等);二是标识符(如 x、i、list 等);三是常量(如 0、3.14159 等);四是运算符和分界符(如+、一、* 、/、=、;等)。如何进行"分词"是词法分析的重要工作。

【例 2-3】　对赋值语句: X1=(2.0+0.8) * C1 进行词法分析。

如图 2-11 所示,编译器分析和识别(分词)出如下 9 个单词。

图 2-11　赋值语句 X1=(2.0+0.8) * C1 的词法分析

3) 语法分析

语法分析过程是把词法分析产生的单词,根据程序语言的语法规则,生成抽象语法树(AST),语法树是程序语句的树形结构表示,编译器将利用语法树进行语法规则分析。语法树的每一个节点都代表着程序代码中的一个语法结构,例如包、类型、标识符、表达式、运算符、返回值等。后续的工作是对抽象语法树进行分析。

【例 2-4】　对赋值语句: X1＝(2.0＋0.8)＊C1 进行语法分析。

如图 2-12 所示,将词法分析得出的单词流构成一棵抽象语法树,并对语法树进行分析。这是一个赋值语句,X1 是变量名,＝是赋值操作符,(2.0＋0.8)＊C1 是表达式,它们都符合程序语言的语法规则(语法分析过程不详述),没有发现语法错误。

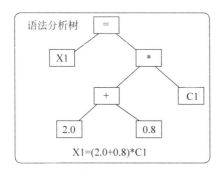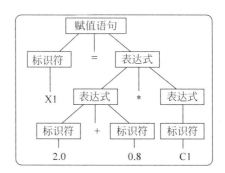

图 2-12　赋值语句 X1＝(2.0＋0.8)＊C1 的语法分析树

符号表是由一组符号地址和符号信息构成的表格。符号表中登记的信息在编译的不同阶段都要用到。在语法分析中,符号表登记的内容将用于语法分析检查;在语义分析中,符号表所登记的内容将用于语义检查和产生中间代码;在目标代码生成阶段,当对符号名进行地址分配时,符号表是地址分配的依据。

4) 语义分析

语义分析是对源程序的上下文进行检查,审查有无语义错误。语义分析主要任务有静态语义审查、上下文相关性审查、类型匹配审查、数据类型转换、表达式常量折叠等。

源程序中有些语句按照语法规则判断是正确的,但是它不符合语义规则。例如,使用了没有声明的变量;或者对一个过程名赋值;或者调用函数时参数类型不合适;或者参加运算的两个变量类型不匹配等。当源程序不符合语言规范时,编译器会报告出错信息。

表达式常量折叠就是对常量表达式计算求值,并用求得的值来替换表达式,放入常量表。例如,s＝1＋2 折叠之后为常量 3,这也是一种编译优化。

5) 生成中间代码

语义分析正确后,编译器会生成相应的中间代码。中间代码是一种介于源程序和目标代码之间的中间语言形式,它的目的是:便于后面做优化处理,便于程序的移植。中间代码常见形式有四元式、三元式、逆波兰表达式等。由中间代码很容易生成目标代码。

【例 2-5】　对赋值语句: X1＝(2.0＋0.8)＊C1 生成中间代码。

根据赋值语句的语义,生成中间代码,即用一种语言形式来代替另一种语言形式,这是翻译的关键步骤。例如采用四元式(3 地址指令)生成的中间代码如表 2-3 所示。

表 2-3 编译器采用四元式方法生成的中间代码

运算符	左运算对象	右运算对象	中间结果	四元式语义
+	2.0	0.8	T1	T1←2.0+0.8
*	T1	C1	T2	T2←T1 * C1
=	X1	T2		X1←T2

说明：表中 T1 和 T2 为编译器引入的临时变量单元。

表 2-3 生成的四元式中间代码与原赋值语句在形式上不同,但语义上是等价的。

6) 代码优化

代码优化的目的是为了得到高质量的目标程序。

【例 2-6】 表 2-3 中第 1 行是常量表达式,可以在编译时计算出该值,并存放在临时单元(T1)中,不必生成目标指令。编译优化后的四元式中间代码如表 2-4 所示。

表 2-4 编译器优化后的中间代码

运算符	左运算对象	右运算对象	中间结果	语义说明
*	T1	C1	T2	T2←T1 * C1
=	X1	T2		X1←T2

7) 生成目标程序

生成目标程序不仅与编译技术有关,而且与机器硬件结构关系密切。例如,充分利用机器的硬件资源,减少对内存的访问次数;根据机器硬件特点(如多核 CPU)调整目标代码,提高执行效率。生成目标程序的过程实际上是把中间代码翻译成汇编指令的过程。

8) 链接程序

目标程序还不能直接执行,因为程序中可能还有许多没有解决的问题。例如,源程序可能调用了某个库函数等。链接程序的主要工作就是将目标文件和函数库彼此连接,生成一个能够让操作系统执行的机器代码文件(软件)。

9) 生成可执行程序(机器代码)

机器代码生成是编译过程的最后阶段。机器代码生成不仅仅需要将前面各个步骤所生成的信息(语法树、符号表、目标程序等)转化成机器代码写入到磁盘中,编译器还会进行少量的代码添加和转换工作。经过上述过程后,源程序最终转换成可执行文件了。

3. 程序编译失败的主要原因

完美的程序不会一次就写成功,都需要经过反复修改、调试和编译。Google 和香港科技大学的研究人员分析了 Google 工程师的 2600 万次编译,分析了编译失败的常见原因:一是编译失败率与编译次数、开发者经验无关;二是大约 65% 的 Java 编译错误与依赖有关,如编译器无法找到一个符号(占编译错误的 43%),或者是包文件不存在;在 C++ 编译中,53% 的编译错误是使用了未声明的标识符和不存在的类变量。

2.2 程序基本结构

2.2.1 C 程序结构

C 语言标准有 C89、C99、C11,为了保证兼容性,以下案例采用 C89 标准。C 语言程序书写形式自由,区分大小写。它既有高级程序语言的特点,又兼具汇编语言的特点。C 程序语言适用于编写系统软件、2D/3D 图形和动画程序,以及嵌入式系统程序开发。

1. C 语言程序案例

1973 年,布莱恩·柯林汉(Brian Kernighan)用 B 语言(C 语言前身)编写了第一个 hello world 程序,此后,几乎所有程序设计教材都从 hello world 程序开始讲授编程。

【例 2-7】 编写 C 语言程序,向控制台(默认为屏幕)输出 hello,world 信息。

头文件	# include < stdio.h>	/ * 头文件,库函数 * /	
	int main(void)	/ * 主函数 * /	
	{	/ * 函数体开始 * /	
执行部分	printf ("hello, world\n");	/ * 输出语句,\n 为格式控制符 * /	注释
	return 0;	/ * 主函数返回值为 0,程序结束 * /	
	}	/ * 函数体结束 * /	

由上例可见,C 语言程序(以下简称为 C 程序)的主体是函数。C 程序由头文件、执行部分(函数体)和注释三部分组成。

2. C 程序头文件

程序简洁性的最高形式是有人已经帮你把程序写好,你只要运行就可以了。**函数库就是一种别人帮你写好的程序**。C 程序中以 # 标志开始的是预处理语句,它告诉编译器从某个函数库中读取有关子程序。这些库函数是预先编写好的一系列子程序,这些子程序因为规定写在程序头部而称为头文件。C 程序的头文件至少必须包含一条 # include 语句。

【例 2-8】 C 语言没有输入输出语句,输入和输出由 scanf() 和 printf() 等 I/O 函数完成。如果程序需要从键盘输入数据或向屏幕输出数据,就需要调用标准 I/O 库函数,需要在程序头部增加语句: # include< stdio. h >;如果程序需要进行数学开方运算,就需要调用数学库函数,需要程序头部增加语句: # include< math. h >。使用尖括号标注时,编译器先在系统 include 目录里搜索,如果找不到才会在源程序所在目录搜索头文件。

程序开发人员也可以定义自己的头文件,这些头文件一般与 C 源程序放在同一目录下,此时在 # include 中用双引号(" ")标注,如 # include "mystuff. h"。使用双引号标注时,编译器先在源程序目录里搜索头文件,如果未找到则去系统默认目录中查找头文件。

3. C 程序执行部分

1) 主函数(主程序)

每个 C 程序必须而且只能包含一个主函数 main()。主函数可位于程序的任何位置,程序总是从主函数 main() 开始执行(一个入口),用 return 0 语句说明程序结束(一个出口),返回值 0 用于判断函数是否执行成功。

主函数的开始一般是变量声明,它主要定义程序中用到变量的类型,如整型、浮点型、字符型等。变量声明的目的是为变量分配内存空间,并且在程序内使用它。

C 程序语句书写格式比较自由,可以在一行内写几个语句,也可以将一个语句写成多行。每个语句都以分号(;)结束。

语句组的开始和结束用{ }标志,不可省略。{ }可有一至多组,位置较自由。

2) C 语言函数(子程序)

一个 C 语言源程序可以由一个或多个源文件组成,每个源文件可由一个或多个函数组成。C 语言程序提倡把一个大问题划分成多个子问题,解决一个子问题编制一个函数。C 语言程序一般由大量的小函数构成,这样各部分相互独立,并且任务单一。这些充分独立的小模块可以作为一种固定的小"构件",用来构成新的大程序。Windows SDK 中包含了数千个与 Windows 应用程序开发相关的函数,让应用程序开发人员调用。

C/C++ 标准没有规定图形函数,Windows 下进行图形编程时,需要用到如 MFC(微软基础类库)、DirectX、OpenGL 等与硬件无关的图形设备接口(GDI)类库。Turbo C 虽然提供了 DOS 环境下的图形函数库(graphics.h),但功能有限,而且兼容性很差。

4. C 程序注释

C 语言的 C89 标准规定,/ ＊＊ /之内为程序注释(C99 标准允许用//作注释符),注释可以跨行,程序编译时会忽略注释部分,因此,源程序中的注释部分不会执行。程序代码说明了程序需要"做什么",注释用来说明程序"为什么"这样做。

注意:本教材中程序注释的目的是说明算法思想或语法规则;在工程实际中,注释不需要说明语法规则,而是说明程序的意图和想法,增强程序的易读性和可维护性。

2.2.2　数据类型

程序的基本特点是处理数据。因此程序必须能够处理各种不同类型的数据,如数值、字符、逻辑值等各种数据类型。

1. 程序语言的主要数据类型

1) C 语言的数据类型

不同程序语言定义的数据类型不同,大部分程序语言支持以下数据类型:整型(整数)、浮点型(实数)、字符型、布尔型(逻辑型)等。C 语言数据类型如图 2-13 所示。

为什么需要在程序中定义数据类型呢? 一是数据在计算机中的存储方式不同,如数值型整数计算机采用"补码"形式存储,而实数(浮点型)则按 IEEE 754 标准格式存储;二是避免程序语句出现二义性,如 12315 是电话号码或是一个日期还是一个数值,如果没有定义数据类型很容易混淆;三是统一的存储长度不但浪费存储空间,而且造成传输效率和运算效率降低;四是出于程序设计本身的需要,如数组、指针等数据类型。

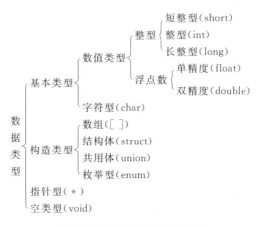

图 2-13   C 语言中的数据类型

2）整型

C 程序语言定义了 3 种整型数据：short（短整型）、int（整型）和 long（长整型），它们的值域不同。在多数情况下，使用的是整型。

整型（int）数据在 32 位计算机系统中占 4 个字节，无符号数最大值是 $2^{32}=0\sim4\,294\,967\,296$；带符号数数表示范围是 $2^{32-1}=\pm2\,147\,483\,648$（有效数 9 位）。

长整型（long）数据在 32 位计算机系统中占 8 个字节，带符号数表示范围是 $2^{64-1}=\pm9\,223\,372\,036\,854\,775\,808$（有效数 18 位）。

整型数通常以十进制数表示。然而，以字符 0x 作为前缀的数，表示十六进制整数，如 0x10 表示十六进制数，它转换为十进制数时为 16。

3）浮点型

小数点位置变化的数简称为浮点数。简单地说，**带有小数点的数都是浮点数**，如 2.0 表示一个浮点数，而 2 则是整型数。浮点数用来近似地表示数学中的实数（存在截断误差）。大部分程序语言定义了两种浮点数类型：单精度 float 浮点数（32b）和双精度 double 浮点数（64b）。二者之间的差别在于不同的计算精度，如 double 浮点数的计算精度为 16 位十进制有效数，而 float 浮点数的计算精度为 8 位十进制有效数。

4）字符型

在编程语言中，字符型数据要用英文双引号（如 C 语言）或单引号（如 Python 语言）围起来，如"请输入 n 值："等。C 语言字符型变量的基本存储长度为 1 个字节。

5）布尔型

布尔型数据用 bool 表示，它的值只有两个：true（逻辑真）和 false（逻辑假）。将一个整型变量转换成布尔型变量时，对应关系为：如果整型值为 0，则布尔型值为 false（假）；如果整型值为 1，则布尔型值为 true（真）。

2. 常量

常量是一个字面意义上的量，它表示一个固定不变的字面值。例如，数字 100 就是一个常量。常量也有数据类型，如图 2-14 所示，66、88、100 为整型常量；"输出值＝"为字符型常量。常量没有常量名，可以将常量值赋给变量名。

3. 变量

1）变量名

程序执行中，值不断变化的元素称为变量。在静态语言（如 C、Java 等）中，变量遵循"**先声明，后使用**"的原则。如图 2-14 所示，**变量名是存储单元的地址**。虽然每个存储单元都有地址，但是在程序中使用地址非常不便。程序的存放地址由操作系统动态分配，程序员不知道数据和程序存放的地址。因此，使用变量名代替存储单元地址简化了程序设计。

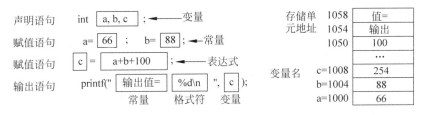

图 2-14　左：程序片段中的常量和变量　右：变量名与存储单元的关系

2）变量类型

变量有两个属性：数据类型和值。变量的数据类型有整型（如图 2-14 中的 a、b、c）、浮点型、字符型、逻辑型、指针型、日期型等，它们的存储长度不同。

2.2.3 关键字

1. C 语言常用关键字

关键字（也称为保留字）是程序语言规定的有特殊含义的单词。简单地说，程序中的关键字就是程序指令（如图 2-15 所示）。关键字的单词有各种形式，如英语、汉语、阿拉伯语、积木块等；关键字的数量和定义也不太相同，例如，C 有 32 个关键字，C++ 有 63 个关键字，Java 有 48 个关键字。C 程序的关键字和常用函数如表 2-5、表 2-6 所示。

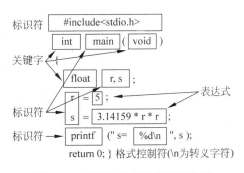

图 2-15　程序中的关键字和标识符

表 2-5　ANSI C 语言规定的 32 个关键字

关键字	关键字	关键字	关键字
auto：自动变量	double：双精度浮点型	int：整型变量	struct：结构体类型
break：跳出循环	else：否则（与 if 连用）	long：长整型变量	switch：开关语句
case：开关语句分支	enum：枚举类型	register：寄存器变量	typedef：数据类型别名
char：字符型变量	extern：变量在其他文件	return：子程序返回	unsigned：无符号类型
const：只读变量	float：单精度浮点型	short：短整型变量	union：共用体类型
continue：继续（循环）	for：循环语句	signed：有符号类型	void：无返回值
default：默认（分支）	goto：无条件跳转	sizeof：计算字节数	volatile：变量可改变
do：循环体	if：条件语句	static：静态变量	while：当循环

说明：C89 标准规定了 32 个关键字，C99 标准新增了 5 个关键字，C11 标准又新增了 7 个关键字。

表 2-6　C 语言常用函数和头文件

常用数学函数	其他常用函数	常用头文件	常用编译指令
abs()：求整数绝对值	main()：主函数	＜stdio.h＞：输入输出	＃include：文件包含
sqrt()：求平方根	printf()：输出到控制台	＜math.h＞：数学函数	＃define：宏定义
fmod()：求 x 对 y 的模	scanf()：读取输入数据	＜string.h＞：字符串处理	＃if：条件编译
pow()：求 x 的 y 次方	getchar()：暂停	＜errno.h＞：错误处理	
random()：产生随机数	gets()：读取字符串	＜ctype.h＞：字符处理	
sin()：正弦函数	open()：打开文件	＜stdlib.h＞：实用工具	
cos()：余弦函数	close()：关闭文件	＜signal.h＞：信号处理	

2．标识符命名规则

表示变量、函数等名称的字符称为**标识符**(如图 2-15 所示)。标识符要遵循编程语言的规定,如不允许有空格等。标识符能不能使用汉字(如工资＝基本工资＋补贴)取决于程序编译器是否支持 Unicode 字符集(如 Python 语言支持标识符使用汉字),以及程序员对程序兼容性的考虑。标识符不能使用关键字,如 if、else、for、while、int 等。有些程序语言对标识符字母大小写敏感,如 C、Java 等;有些程序语言对标识符大小写不敏感,如 VB、SQL等。标识符要做到见名知义,最好用英文全称或中文拼音方式书写。如对"年龄"变量名的定义可用：int age＝0 或 int nianling＝0 等。多个单词构成标识符时,一般采用以下方法。

(1) 下画线命名法。如 print_employee_paychecks()等。

(2) 帕斯卡命名法。单词首字母大写,如 RaiseIntToPower、DisplayInfo()等。

(3) 驼峰命名法。第 1 个单词的首字母小写,第 2 个单词及以后单词的首字母大写。如 printEmployeePaychecks()、myFirstName 等。

(4) 匈牙利命名法。标识符＝属性＋类型＋对象描述。如 frmSwitchboard(frm 是表单,Switchboard 是表单名称)。

3．转义字符

程序中以"\字符"表示的符号称为**转义字符**。如\0、\r、\n 等,反斜杠后的第 1 个字符不是它本来的 ASCII 字符,它表示另外的含义。例如,转义字符\n 不表示字符 n,而是表示"换行"输出。所有程序语言都需要转义字符,主要原因如下。

(1) 需要使用转义字符来表示字符集中定义的字符。如 ASCII 码里面的回车符、换行符等,这些字符没有现成的文字代号,因此只能用转义字符来表示。

(2) 在程序语言中,一些字符被定义为特殊用途,它们失去了原有意义。

例如,程序语言都使用了反斜杠(\)作为转义字符的开始符号,如果需要在程序中使用反斜杠,就只能使用转义字符,如\\(注：斜杠方向与注释符//相反)。

(3) 出于安全原因,在数据写入数据库前,都会使用转义字符对一些敏感字符进行转义,这样可以避免黑客利用特殊符号进行攻击。

2.2.4 表达式

1．算术表达式

表达式是由常量、变量、函数、运算符及圆括号组成的有意义的组合式。用算术运算符、关系运算符串联起来的变量或常量都是表达式。

算术表达式是最常用的表达式，它是通过算术运算符进行运算的数学公式。程序语言只能识别按行书写的数学表达式，因此必须将一些数学公式转换成程序语言规定的格式。

【例 2-9】 $x+y$ 是一个表达式；一个变量 x 也是一个表达式；而 $x=x+y$ 不是表达式，它是一个赋值语句，表示将表达式 $x+y$ 的值赋给变量 x。

2．逻辑表达式

用逻辑运算符将关系表达式或逻辑量连接起来的语句称为逻辑表达式。逻辑表达式的值是 true(真) 或 false(假)。程序在编译时，以数字 1 表示"真"，数字 0 表示"假"。

逻辑运算符有!(非)、&&(与)、||(或)。当表达式中既有算术运算符，又有关系运算符和逻辑运算符时，运算顺序是算术运算、关系运算、逻辑运算。

对一些复杂的条件，需要几个关系表达式组合在一起才能表示。将多个关系表达式用逻辑运算符连接起来的式子称为逻辑表达式，逻辑表达式的运算值为逻辑型。

【例 2-10】 $1<x<10$ 需要用 $x>1$ 和 $x<10$ 两个表达式来表示，如 $x>1$ && $x<10$。

【例 2-11】 $a=5, b=7, c=2, d=1$，求表达式 $((a+b)>(c+d))$ && $(a>=5)$ 的值。

运算结果＝ true(真)。

3．模运算

模运算(求余运算)在计算机领域应用广泛，如整除检查、CRC 冗余校验、求哈希值、RSA 加密算法等，都涉及模运算。模运算是求整数 n 除整数 p 后的余数，而不考虑商。程序设计中通常用 mod 表示模运算，它的含义是取两个整数相除后的余数。

【例 2-12】 $7 \bmod 3 \equiv 1$，因为 7 除以 3 得商 2 余 1，商丢弃，余数 1 为模运算结果。

【例 2-13】 今天是星期二，请问 100 天后是星期几？

$(2+100) \bmod 7 \equiv 4$，即 100 天后是星期四。

4．表达式中的运算符

描述各种不同运算的符号称为运算符，参与运算的数据称为操作数。例如：在表达式 $2+3$ 中，2 和 3 是操作数，＋是运算符。有些程序语言的计算功能很强大，除四则运算符外，还会有很多增强计算能力的运算符(如 Matlab 中的矩阵运算)；有些程序语言的字符处理能力强大，就会增加很多字符串处理的运算符(如 PHP 中的正则表达式)等。

C 语言的运算类型非常丰富，主要运算符分为以下类型。

(1) 算术运算符用于数值运算，算术运算符有＋(加)、－(减)、*(乘)、/(除)、%(模运算)、++(自增运算)、－－(自减运算)等。

(2) 关系运算符用于表达式之间的关系比较，关系运算符有＞(大于)、＜(小于)、＝＝

（等于）、＞＝（大于等于）、＜＝（小于等于）、！＝（不等于）。

（3）逻辑运算符有 ＆＆（与）、｜｜（或）、！（非）、^（异或）。

（4）其他运算符有赋值运算符（＝）、位操作运算符（^，位异或）、条件运算符（？：）、逗号运算符（，）、指针运算符（＊）、特殊运算符等。

5. 表达式的运算顺序

编程时必须了解表达式运算的优先顺序，程序语言一般遵循以下优先顺序：

（1）表达式中，**圆括号（）的优先级最高**，其他次之。如果表达式中有多层圆括号，遵循由里向外的原则。

（2）表达式中有多个不同运算符时，运算顺序为：括号→乘方→乘/除→加/减→字符连接运算符→关系运算符→逻辑运算符。

（3）在运算符优先级相同的情况下，计算类表达式遵循左则优先的原则，即先左后右。如在表达式 $x-y+z$ 中，y 先与一号结合，执行 $x-y$ 运算，然后再执行 $+z$ 的运算。

（4）在运算符优先级相同的情况下，赋值类表达式遵循右则优先的原则，即先右后左。如表达式 $x=y=z$ 中，先执行 $y=z$ 运算，再执行 $x=(y=z)$ 运算。

【例 2-14】 求公式：$\dfrac{(12+8)\times 3^2\times\cos(15)}{25\times 6+6}$ 的程序表达式和运算顺序。

程序的表达式为：$((12+8)*3\char`\^2*\cos(15))/(25*6+6)$。

程序的运算顺序为：$[(12+8)=①]\rightarrow[\cos(15)=②]\rightarrow[3\char`\^2=③]\rightarrow[①*③*②=④]\rightarrow[25*6=⑤]\rightarrow[⑤+6=⑥]\rightarrow[④/⑥=⑦]$。

【例 2-15】 求公式：$\sqrt{\mathrm{abs}\left(\dfrac{p}{n}-1\right)+1}$ 的程序表达式和运算顺序。

表达式为：$\mathrm{sqrt}(\mathrm{abs}(p/n-1))+1$。

运算顺序为：$[p/n=①]\rightarrow[①-1=②]\rightarrow[\mathrm{abs}(②)=③]\rightarrow[\mathrm{sqrt}(③)=④]\rightarrow[④+1=⑤]$。

6. 正则表达式

1）正则表达式的概念

编写处理字符串的程序或网页脚本语言时，经常会用到字符串函数和正则表达式。正则表达式是字符串处理规则的表达式。很多程序员对正则表达式爱恨交加，"爱"是因为它文本处理功能强大，应用范围极广；"恨"是因为它读写方法晦涩难懂，容错性太差。

在 Windows 下查找文档时，经常会用到通配符（＊和？），例如，查找某个目录下所有的 Word 文档时，可以搜索 ＊.docx 字符串，这里 ＊ 号被解释成任意的字符串。与通配符类似，正则表达式也是用来进行文本匹配的工具，只不过比起通配符来，它能更精确地进行描述。当然，代价是正则表达式比通配符更加复杂难懂。

2）正则表达式的功能

正则表达式是描述、匹配某个语法规则的字符串。简单地说，正则表达式就是用一个"字符串"来描述一个特征，然后去验证另一个"字符串"是否符合这个特征。

正则表达式可以对字符串进行匹配、查找、分割、替换等操作，它的主要用途有：验证字符串是否符合指定特征，如验证是否是合法的邮件地址；用来从文本中查找符合指定特征的字符串；用来替换文本中的字符串；从文本中提取指定的字符串；统计文本中某些字符的数量；进行字符的翻译；对字符串进行加密处理等。

【例 2-16】　表达式 bcd 在匹配字符串 abcde 时，匹配结果成功。匹配内容＝"bcd"；匹配位置是：开始于 2，结束于 5（注：下标从 0 还是 1 开始，因程序语言而不同）。

【例 2-17】　需要删除文档中的空白行时，正则表达式为：\n\s * \r。

式中，\是转义字符，\n 表示匹配一个换行符；\s 表示匹配任何空白字符；* 表示匹配前面的子表达式 0～n 次；\r 表示匹配一个回车符。

3）程序语言对正则表达式的支持

处理文本是程序语言必须具备的功能，但不是每一种语言都侧重于处理文本。例如，R是统计分析语言，处理文本不是它的强项；Python、PHP 等语言处理文本的功能很强大，自带正则表达式功能。标准 C/C++语言不支持正则表达式，但可以通过配置其他函数库（如boost、regex 等）完成这一功能。其他语言（如 Java、C♯ 等）都具有正则表达式功能。

4）正则表达式的简单案例

正则表达式可表示英文字母、数字和可显示字符。如'a'就是字母 a 的正则表达式。一些特殊符号在正则表达式中不再用来描述自身，它们被转义为有特殊意义的符号。正则表达式常用转义符号有 . 、\、|、()、[ ]、{ }、^、$、*、+、? 等。

【例 2-18】　验证用户名和密码的正则表达式如图 2-16 所示。

図 2-16　验证用户名和密码的正则表达式

式中，"[a-zA-Z][a-zA-Z0-9_]"表示用户名和密码的字符可以为大小写英文字母、数字或下画线；"{6,15}"表示用户名和密码允许 6～15 个字符。

不同的程序语言（如 Python、Java 等），正则表达式用法会有所差别。当利用正则表达式和字符串函数都能解决问题时，大多数人使用简单的字符串函数，这样不容易出错。字符串函数的缺点是只能对有限长度和连续的字符串进行处理，而正则表达式能够处理大量的、非连续性（如换行文本）的文本符号。

2.2.5　控制结构

程序的流程控制方式主要有顺序结构、选择结构、循环结构、调用结构、并行结构等。顺序、选择、循环是三种最基本的结构。

1. 顺序结构

如图 2-17 所示，顺序结构是程序中最简单的一种基本结构，即在执行完第 1 条语句指定的操作后，接着执行第 2 条语句，直到所有 n 条语句执行完成。

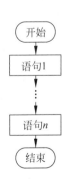

图 2-17　顺序结构

2. 选择结构

1）选择结构的形式

选择结构是判断某个条件是否成立，然后选择程序中的某些语句执行。选择结构如图 2-18 所示，这种结构包含一个用菱形框表示的判断条件，根据给定的条件是否成立来选择执行语句的流向。选择结构遵循以下规则。

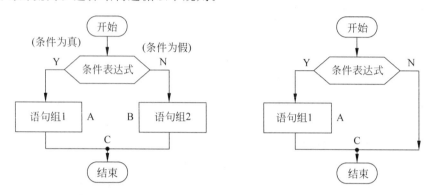

图 2-18　左：if-then-else 选择结构　右：if-then 选择结构

无论条件是否成立，只能执行一个方向的语句，即不能同时执行 A 语句和 B 语句。

A 或 B 可以有一个是空的，即不执行任何操作，如图 2-18 右图所示。

无论执行哪一个方向，执行完 A 或 B 语句后，都必须经过 C 点，脱离选择结构。

与顺序结构比较，选择结构使程序的执行不再完全按照语句的顺序执行，而是根据某种条件是否成立来决定程序执行的走向，它进一步体现了计算机的智能特点。

在程序语言中，选择结构一般通过 if-then 或 select-case 条件语句实现，条件语句的关键是条件的表示，如果能够正确地表达条件，就可以简化程序，在多重选择的情况下，使用 select case 语句可以使程序更直观，更准确地描述出程序分支的走向。

2）if 条件语句

在解决问题过程中，常常需要对事物进行判断和选择，在程序中可以用条件判断语句来实现这种选择。C 语言 if 条件语句的基本格式如下：

```
if    <条件>  <语句组 1>;        /＊如果<条件>成立(为真)，则执行<语句组 1>＊/
    else     <语句组 2>;        /＊否则执行<语句组 2>＊/
```

C 语言省略了 if 语句中<条件>后面的关键字 then；以及 if 语句结束关键字 end if，C 语言语句以分号（;）作为结束符。VB 等语言则需要 then 和 end if。

在 if 语句中，有时可以省略 else 和<语句组 2>，这时条件语句的执行过程是：如果<条件>成立，则执行<语句组 1>；否则结束条件判断语句，执行下面的语句。

【例 2-19】　节日期间，某超市购物优惠规定：所购物品不超过 100 元时，按 9 折付款，如果超过 100 元，超过部分按 7 折收费。编写 C 程序完成超市自动计费工作。

算法如下：

步骤 1：输入一个数给浮点型变量 w；

步骤 2：判断 w 如果小于 100，则 x＝0.9＊w；否则 x＝0.9＊w＋0.7＊(w－100)；

步骤 3：输出 x 值。

C 程序代码如下。

```
# include < stdio. h>                           /＊头文件＊/
int main(void)  {                               /＊主函数＊/
    float w, x;                                 /＊声明变量 w、x 为浮点型数据＊/
    printf("请输入购物金额\n");                   /＊显示提示信息＊/
    scanf(" % f", &w);                          /＊读取输入变量 w 值＊/
        if  (w<= 100)  x = 0.9 * w;             /＊如果金额小于等于 100,则按 9 折计算＊/
        else  x = 0.9 * 100 + 0.7 * (w-100);   /＊否则超过部分按 7 折计算,;为 if 结束符＊/
    printf("应付款 = % 10.2f\n", x);            /＊输出应付款 x,从第 10 列开始,2 位小数＊/
    return 0; }                                 /＊主函数返回值为 0,程序结束＊/
```

3．循环结构

循环结构是重复执行一些程序语句，直到满足某个条件为止。如图 2-19 所示，循环结构有两种类型：当型循环结构(while)和直到型循环结构(until)。

1) 当型循环(while)

"当型"是先判断循环条件，后执行循环体。判断语句中的表达式一般是关系表达或逻辑表达式，只要表达式的值为真(非 0)即继续循环，当表达式的值为假(0)时结束循环。循环次数不确定值时，适用于采用当型循环结构。

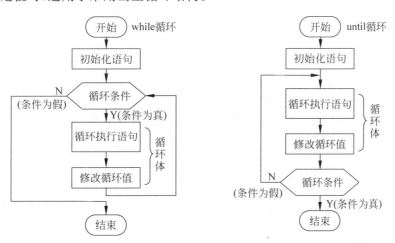

图 2-19 左：当型循环结构 右：直到型循环结构

【例 2-20】 用"当型"循环求 $1＋2＋3＋\cdots＋100$ 之和。

以上问题可以利用迭代的方法进行计算：

步骤 1：首先确定迭代变量 sum 的初始值为 0；

步骤 2：其次确定迭代公式为 sum←sun+i；

步骤 3：当 i 分别取值 $1,2,3,4,\cdots,100$ 时，重复计算迭代公式 sum←sun＋i，迭代 100 次后，即可求出 sum 值。C 程序代码如下。

```
# include < stdio. h >              /* 头文件 */
int main(void)  {                   /* 主函数 */
    int i = 1,sum = 0;              /* 初始化,i 为循环计数器,sum 为和 */
    while(i < = 100)  {             /* 循环开始,判断条件为(i < = 100),值为假结束 */
        sum = sum + i;             /* 循环体,计算部分和 */
        i++;  }                     /* 循环体,修改循环值,}为循环结束标志 */
    printf("Sum = % d\n",sum);      /* 循环结束后的语句,显示计算结果 */
    return 0;  }                    /* 主函数返回值为 0,程序结束 */
```

2) 直到型循环(until)

"直到型"是先执行循环体,后判断循环条件。判断语句中的表达式一般是关系表达或逻辑表达式,只要表达式的值为真(非 0)即结束循环,当表达式的值为假(0)时继续循环。循环次数是确定值时,适用于采用直到型循环结构。

【例 2-21】 用"直到型"循环求 1+2+3+…+100 之和。C 程序代码如下。

```
# include < stdio. h >              /* 头文件 */
int main(void)  {                   /* 主函数 */
    int i = 1,sum = 0;              /* 初始化,i 为循环计数器,sum 为和 */
    do  {                           /* 循环开始 */
        sum = sum + i;             /* 循环体,计算部分和 */
        i++;  }                     /* 循环体,修改循环值,循环一次 i 值加 1 */
    while(i < = 100);               /* 判断条件为(i < = 100),条件值为假结束循环 */
    printf("sum = % d\n",sum);      /* 循环结束后的语句,输出计算结果 */
    return 0; }                     /* 主函数返回值为 0,程序结束 */
```

4. 函数调用

1) 函数调用的形式

在程序中通过对函数的调用来执行函数体,其过程与其他语言的子程序调用相似。C 语言中,函数调用的一般形式为:函数名(实参表)。

实参表中的参数可以是常量、变量或其他类型的数据和表达式。各实参之间用逗号分隔。对无参函数(没有实参的函数)进行调用时,不需要"实参表"和"形参表"。

【例 2-22】 z=max(x,y)是一个赋值表达式,表示 max()函数将返回值赋给变量 z。

2) 函数的实参与形参

实参(实际参数)是指调用函数时,传递给函数的常量、表达式、变量名、数组名等。如图 2-20 所示,实参表中的各个参数用逗号分隔。实参一般出现在主调函数中。

形参(形式参数)是接收数据的变量,它一般出现在被调函数中。形参表中的各个变量之间用逗号分隔,形参表中的变量可以与主函数的实参同名,也可以不同名(图 2-20 中为不同名)。在"传值"调用中,形参变量值的变化不影响实参。

形参和实参的功能是实现两个程序模块之间的数据传送。如图 2-20 所示,函数调用时,主调函数将实参值传送给被调函数的形参,从而实现主调函数向被调函数的数据传送(传值)。实参表和形参表必须一一对应,数据类型一致。即第 1 个形参接收第 1 个实参的值,

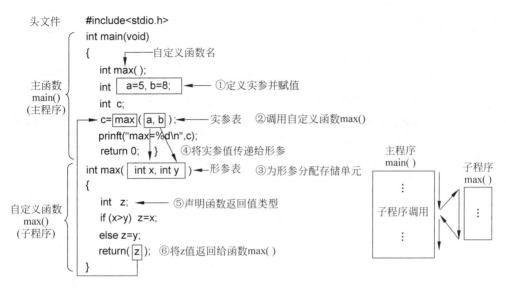

图 2-20　左：实参与形参的数据传递过程　右：子程序调用过程示意图

其余以此类推。如果被调函数存在返回值，则通过 return(变量名)语句返回给主调函数。

3）函数的声明

如图 2-20 所示，在主函数中调用某个函数之前，应对该被调函数进行声明，这与使用变量之前要先进行变量声明是一致的。在主函数中，对被调函数做声明的目的是：使编译系统知道被调函数返回值的类型，以便在主函数按这种类型对返回值作相应的处理。

5．程序基本结构的特点

任何程序均可采用顺序、选择、循环三种基本结构实现。程序员也可以自己定义基本结构，并由这些基本结构组成复杂的结构化程序。程序基本结构具有以下特点。

（1）程序内的每一部分程序都有机会被执行。

（2）程序内不存在"死循环"（无法终止的循环）。

（3）程序只有一个入口和一个出口，程序有多个出口时，只有一个出口被执行。

2.3　程序语言介绍

2.3.1　面向对象编程语言 Java

1. Java 语言的发展

Java 是 Sun 公司推出的 Java 程序语言和 Java 平台的总称。Java 技术广泛用于 PC、智能手机、超级计算机和互联网。Java 由 4 部分组成：Java 程序语言、Java 文件格式、Java 虚拟机（JVM）、Java 应用程序接口（Java API）。Java 程序语言具有学习简单、面向对象、解释性执行、跨平台应用、多线程编程等特点。

注意：JavaScript 语言与 Java 语言没有关系，JavaScript 是一个独立的编程语言。

2. Java跨平台工作原理

1) Java语言跨平台的特性

Java语言跨平台的基本原理是:不将源程序(.java)直接编译成机器语言,因为这样就与硬件或软件平台相关了,而是将源程序编译为中间字节码文件(.class);然后再由不同平台的虚拟机对字节码进行2次翻译,虚拟机将字节码解释成具体平台上的机器指令,然后执行这些机器指令(如图2-21所示),从而实现了"一次编写,到处执行"的跨平台特性。同一个中间字节码文件(.class),不同的虚拟机会得到不同的机器指令(如Windows和Linux的机器指令不同),不同的执行效率,但是程序执行结果相同。

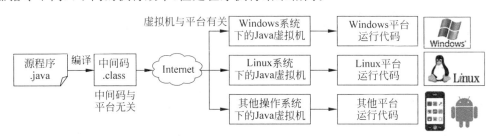

图2-21   Java语言跨平台工作原理

2) 虚拟机与跨平台性

虚拟机不是一台真实的计算机,而是建立一个软件运行环境,使某些程序能在这个环境中运行,而不是在真实的机器上运行。简单地说,**虚拟机是一种由软件实现的计算环境**。现在主流高级语言如Java、C♯等,编译后的代码都是以字节码的形式存在,这些字节码程序最后都在虚拟机上运行。

虚拟机的优点是安全性和跨平台性。可执行程序在虚拟机环境中运行时,虚拟机可以随时对程序的危险行为(如缓冲区溢出、数据访问越界等)进行控制。跨平台性是指:只要平台安装了支持这一字节码标准的虚拟机,程序就可以在这个平台上不加修改地运行。Java语言号称"一次编写,到处运行",就是因为各个平台上的Java虚拟机统一支持Java字节码,所以用户感觉不到虚拟机底层平台的差异。

虚拟机最大的缺点是占用资源多,性能差,不适用于高性能计算和嵌入式系统。

3) Java与C/C++语言执行方式的区别

Java与C执行方式的区别在于:第一,C语言是编译执行的,编译器与平台相关,编译生成的可执行文件与平台相关;第二,Java是解释执行的,编译为中间码的编译器与平台无关,编译生成的中间码也与平台无关,中间码再由不同的虚拟机解释执行,虚拟机是与平台相关的,也就是说不同的平台需要不同的虚拟机。

编译性语言(如C/C++等)将源程序由特定平台的编译器,一次性编译为平台相关的机器码,它的优点是执行速度快,缺点是无法跨平台。解释性语言(如Python、PHP、JavaScript等)使用特定的解释器,将程序一行一行解释为机器码,它的优点是可以跨平台,缺点是执行速度慢,容易暴露源程序;编译+解释性语言(如Java、C♯等)整合了编译语言与解释语言的优点,既保证了程序的跨平台,又保持了相对较好的执行性能。同时虚拟机又可以解决垃圾回收(回收不使用的内存空间)、安全性检查(如内存溢出)等传统语言头疼的问题。微软公司的. Net 平台也采用这种工作方式。

3. 面向对象程序设计的概念

面向对象的基本思想是使用对象、类、方法、接口、消息等基本概念进行程序设计。面向对象编程的基本概念如图 2-22 所示。

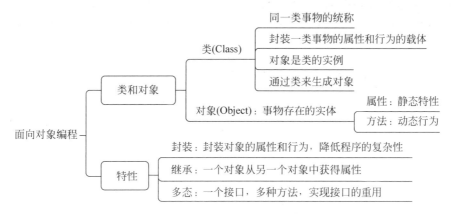

图 2-22　面向对象编程的基本概念

1）对象（Object）

对象是程序中事物的描述,世间万事万物都是对象,如学生、苹果等。对象名是对象的唯一标志,如学号可作为每个学生对象的标识。在 Java 语言中,对象的状态用属性进行定义;对象的行为用方法进行操作。简单地说,对象＝属性＋方法,属性用于描述对象的状态（如姓名、专业等）;方法是一段程序代码,用来描述对象的行为（如选课、活动等）;对象之间通过消息进行联系,消息用来请求对象执行某一处理,或者回答某些要求。需要改变对象的状态时,可以由其他对象向该对象发送消息。程序就是若干对象的集合。

2）类（Class）

类是具有共同属性和共同行为的一组对象,任何对象都隶属于某个类。使用类生成对象的过程称为实例化。例如,苹果、梨、橘子等对象都属于水果类。类的用途是封装复杂性。Java 语言中的类可视为提供某种功能的程序模块,它类似 C 语言中的函数,**类库**则类似于 C 语言的函数库。不同之处在于类是面向对象的,而 C 语言没有对象的概念。

3）属性

属性是用来描述对象静态特征的一组数据。例如,汽车的颜色、型号、生产厂家等;学生的姓名、学号、性别、专业等。

4）方法

方法是一种操作,它是对象动态特征（行为）的描述。每一个方法确定对象的一种行为或功能。例如,汽车的行驶、转弯、停车等动作,可分别用 move()、rotate()、stop() 等方法来描述。方法与函数本质上是一回事,这两个名词没有严格区分。函数是程序设计层面的术语,而方法是软件设计层面的术语。

4. Java 程序的结构

Java 程序设计从类开始,类的程序结构由类说明和类体两部分组成。类说明部分由关键字 class 与类名组成；类体是类声明中花括号所包括的全部内容，它由数据成员（属性）和成员方法（方法）两部分组成。数据成员描述对象的属性；成员方法描述对象的行为或动作，每一个成员方法确定一个功能或操作。

【例 2-23】 编制 Java 程序，向控制台输出"hello,world"。源代码如下：

```
//文件名: helloworld.java        //1: Java 程序注释,helloworld 为文件名
Package mypack;                  //2: Package 是关键字,代表目录,mypack 是包名
public class helloworld          //3: 类声明,public class 是关键字,helloworld 是类名
{                                //4: 类体开始
    public static void main(String args[]) //5: 方法声明
    {                            //6: 方法开始
    System.out.println("hello,world"); //7: 方法(输出字符串)
    }                            //8: 方法结束
}                                //9: 类体结束
```

第 2 行，在 Java 中，类多了就用"包"（Package）来管理，包与存放目录一一对应。例如，Swing 就是一个 Java 程序图形用户界面的开发工具包。

第 3 行，关键字 public 声明该类为公有类。关键字 class 声明一个类，标识符 helloworld 是主类名，用来标志这个类的引用。在 Java 程序中，主类名必须与文件名一致。

第 5 行，关键字 public 声明该方法为公有类。关键字 static 声明这个方法是静态的。关键字 void 说明 main()方法没有返回值。标识符 main()是主方法名，每个 Java 程序必须有且只能有一个主方法，而且名字必须是 main()，它是程序执行的入口，它的功能与 C 语言的主函数 main()相同。关键字 String args[ ]表示这个方法接收的参数是数组（[ ]表示数组）。String 是一个类名，其对象是字符串。参数 args 是数值名。

第 7 行，关键字 System 是类名，out 是输出对象，Print 是方法。这个语句的含义是：利用 System 类下的.out 对象的.println()方法，在控制台输出字符串"Hello,World！"。

【例 2-24】 编制 Java 程序，计算从 $1+2+3+\cdots+100$ 的累加和。源代码如下：

```
//文件名: Sum.java                     //Java 程序注释
public class Sum {                     //类声明;类体开始
public static void main(String[] args) { //方法声明
    int s = 0,i = 0; {                 //变量声明,并将变量 s、i 初始化为 0
    for( i <= 100; i++)                //for 循环,对变量 i 进行递增
        s+ = i;  }                     //对和 s 进行累加
    System.out.println("累加和为: " + s); //方法,输出提示信息和累加值
}  }                                   //方法结束;类体结束
```

5. 面向对象程序设计的特征

1）封装

封装是把对象的属性和行为包装起来，对象只能通过已定义好的接口进行访问。简单地说，封装就是尽可能隐藏代码的实现细节。

【例 2-25】 人（对象）可以用下面的方式封装。

```
类 人 {
    姓名(属性 1)
    年龄(属性 2)
    性别(属性 3)
    做事(行为 1)
    说话(行为 2)
}
```

封装可以使程序代码更加模块化。例如,当一段程序代码有 3 个程序都要用到它时,就可以对该段代码进行封装,其他 3 个程序只需要调用封装好的代码段即可,如果不进行封装,就得在 3 个程序里重复写出这段代码,这样增加了程序的复杂性。

2)继承

继承是一个对象从另一个对象中获得属性和方法的过程。例如,子类从父类继承方法,使得子类具有与父类相同的行为。继承实现了程序代码的重用。

【例 2-26】 如果不采用继承的方式,"教师"需要用下面的方式进行封装。

```
类 教师 {
    姓名(属性 1)
    年龄(属性 2)
    性别(属性 3)
    做事(行为 1)
    说话(行为 2)
    授课(行为 3)
}
```

【例 2-27】 例 2-26 中"教师"的封装与例 2-25 中"人"的封装差不多,只多了一个特征行为"授课"。如果采用继承的方式,"教师"可以用下面的方式封装。

```
子类 教师 父类 人 {
    授课(行为 3)
}
```

这样,教师继承了"人"的一切属性和行为,同时还拥有自己的特征行为"授课"。

由例 2-27 可以看到,**继承要求父类更通用,子类更具体**。

3)多态

多态以封装和继承为基础。多态是在抽象的层面上去实施一个统一的行为,到个体层面时,这个统一的行为会因为个体的形态特征的不同,而实施自己的特征行为。通俗地说,多态是一个接口,多种方法。多态性允许不同类的对象对同一消息作出响应。

【例 2-28】 "学生"也是"人"的子类,同样继承了人的属性与行为。当然学生有自己的特征行为,如"做作业"。如果采用继承的方式,学生可以用下面的方式封装。

```
子类 学生 父类 人 {
    做作业(行为 4)
}
```

通过例 2-27 和例 2-28 可以看到,"人"是多态的,在不同的形态时,"人"的特征行为不一样。这里的"人"同时有两种形态,一种是教师形态,另一种是学生形态,所对应的特征行为分别是"授课"与"做作业"。多态的概念比封装和继承要复杂得多。

2.3.2　动态程序设计语言 Python

Python(蟒蛇)是一种具有动态语义和面向对象的开源程序设计语言。它可以在 Windows、Linux、Android 等系统中使用,可以实现 Python 与 C/C++、Java、. Net 等开发平台的混合编程。**Python 语言最大的特点是语法的简洁性和资源的丰富性**。几乎所有 Linux 发行版都内置了 Python 解释器,YouTube、豆瓣、知乎等大型网站也是 Python 编写的。Python 语言目前主要有 2. x 和 3. x 两个版本,这两个版本互不兼容,本教材案例采用 Python 3. x 版。

1. Python 语言的特征

(1) 简单易学。Python 是一种动态语言(也称为脚本语言,解释性语言),它的特点是无须声明数据类型,可以在程序中临时命名变量和赋值,程序运行时才进行数据类型的检查。Python 是一种代表简单主义思想的编程语言,为了让代码具备高度的可读性,Python 拒绝花哨的语法,选择没有或者很少有歧义的语法。Python 不再有指针等复杂的数据类型,而且简化了面向对象的实现方法。有人估计,在功能相同的情况下,Python 程序的代码行只有 Java 代码行的五分之一左右。

(2) 可扩展性好。Python 提供了丰富的 API(应用程序接口)和工具,以便程序员能够轻松地使用 C/C++、Java 来编写扩充模块。如果一段关键代码需要运行得更快(如 3D 游戏中的图形渲染模块)或者是企业希望不公开某些算法(如加密算法),这部分程序可用 C/C++ 编写,再封装为 Python 可以调用的模块,然后在 Python 程序中调用它们。Python 具有把其他语言制作的模块连接在一起的功能,因此人们将 Python 称为"胶水语言"。

(3) 丰富的软件包。Python 内置软件包(标准库)很庞大,它包括图形处理(Tkinter)、正则文本处理(re)、数据库(支持 SQL、NoSQL 和 SQLite)、网络编程(sockets)、黑客编程(hack)、系统编程(os)等。除内置包外,Python 还有非常丰富和高质量的第三方软件包(扩展库),如 NumPy(科学计算)、matplotlib(2D 图形)、PyQt(桌面 GUI 软件)、PIL(数字图像处理)、Django(Web 开发)、Pycrypto(加密解密)、Pygame(游戏)、xlrd(Excel 读写)、jieba(中文分词)、Anaconda(综合软件,含 720 多个软件模块)等。

(4) 强制语句缩进。Python 强制用空格符作为程序块缩进,空格键和 Tab 键的混用容易导致编译错误。Python 语言这种强制语句缩进的规定曾经引起过广泛争议,C 语言诞生后,一直用一对{}(花括号)来规定程序块的边界,这种语法含义与字符排列方式分离的方法,曾经认为是程序设计语言的进步,因而有人抨击 Python 在走回头路。

(5) 运行效率低。Python 是解释语言,代码执行时需要一行一行地翻译成机器码,这个过程很慢,因此不适宜做高性能应用。

(6) 开源。Python 程序代码不能加密,发布软件就意味着开放源代码。

2. Python 的解释器

（1）Cpython(C 语言开发)是应用最广泛的官方 Python 解释器,安装好 Python 软件后,就获得了一个官方版本的解释器。Cpython 的兼容性好,但是运行效率低。

（2）PyPy(用 Python 实现 Python)解释器采用 JIT(即时编译)技术,使 Python 运行速度提高了近十倍。PyPy 解释器对代码进行动态编译,这大大节省了系统资源,显著提高了代码运行速度;缺点是需要附带链接库,这容易造成兼容性问题。

（3）Jython 是 Java 平台的 Python 解释器,它把代码编译成 Java 字节码执行。

（4）IronPython 是. Net 平台的 Python 解释器,它把代码编译成. Net 字节码执行。

（5）QPython 是 Android 上的 Python 脚本引擎,它整合了 Python 解释器、控制台、编辑器和 SL4A(安卓脚本层),可以在 Android 设备上运行 Python 语言开发的程序。

3. Python 的文件类型

Python 的文件类型分为源代码、字节代码和优化代码,它们都可以运行。

Python 源代码以. py 为扩展名,它们由 Python 解释器(虚拟机)负责执行。

执行 Python 代码时,如果导入了其他的. py 文件,那么,执行过程中会自动生成一个与其同名的. pyc 文件,该文件就是 Python 解释器编译之后产生的字节码。

经过优化的 Python 源代码以. pyo 为后缀,它们也可以由 Python 解释器执行。

4. Python 的数据类型

Python 中变量的数据类型不需要声明,变量的赋值操作即变量声明和定义过程,Python 用等号(＝)给变量赋值。如果变量没有赋值,Python 则认为该变量不存在。Python 主要数据类型如表 2-7 所示。

表 2-7　Python 3. x 主要数据类型

数据类型	说明	描　　　述	案　　　例
str	字符	由字符组成的不可修改元素	'Wikipedia'、"提示信息"
bytes	字节	由字节组成的不可修改元素	b'Some ASCII'
list	列表	包含多种类型的可修改的元素,类似于数组	[4.0,'string',True]
tuple	元组	包含多种类型的不可修改的元素,类似于记录	(4.0,'string',True)
set	集合	一个无序且不重复的元素集合	{4.0,'string',True}
dict	字典	一个由"键值对"组成的可修改的元素	{'key1': 1.0,3：False}
int	整型	精度与系统相关	42
float	浮点	浮点数,精度与系统相关	3.141 592 7
complex	复数	复数	3＋2.7j
bool	布尔	逻辑只有两个值: 真、假	True、False

说明: 在 Python 3. x 版本中,字符串采用 Unicode 字符集。

5. Python 程序的组成

Python 程序由包(package)、模块(module)和函数组成。

(1) 包是一系列模块组成的集合(也称为库),包的作用是实现程序的重用。Python 社区提供了大量第三方软件包(也称为依赖包),第三方包的使用方法与标准包类似。因特网上已有成千上万个 Python 软件包,单是 PyPi 网站就有超过 10 万多个软件包列表。这些软件包的功能覆盖科学计算、统计分析、Web 开发、数字图像处理、数据库管理、网络编程、大数据处理、人工智能、游戏设计等领域。用户也可以自定义包。

(2) Python 程序模块由代码、函数和类组成,每个.py 文件就是一个模块。模块把一组相关的函数或代码组织到一个文件中,模块也称为脚本文件或源文件。

(3) 函数是功能单一和可重复使用的代码段。Python 提供了许多内建函数(如 print()),程序员也可以自定义函数。在面向对象编程时,函数也称为方法。

Python 语言与 C 语言在语法上的主要区别如表 2-8 所示。

表 2-8　Python 与 C 的语法对比

比较内容	Python 语言	C 语言
数据类型声明	无须声明即可使用	先声明,后使用
代码一行多句	不推荐,一行一句	可一行多句,用;(分号)分隔
代码最大行宽	不超过 79 个字符,推荐用反斜杠(\)续行	无限制,回车续行
程序结构区分	必须用缩进方式区分程序块	用{ }(花括号)区分程序块
语句缩进方法	推荐 4 个空格,不推荐用 Tab 键缩进	空格数无限制,允许 Tab 键缩进
程序注释	#加 1 个空格或"注释"	/* */或//
主函数 min()	可有,不是必需的	必须有而且只能有 1 个
字符串表示	单引号、双引号、三引号均可	"(双引号)
自增和自减运算	不支持,但允许:i+=1 形式	支持 i++和 i--
默认字符编码	UTF-8(Python 3.x)	ANSI

6. Python 语言程序案例

【例 2-29】　创建图形用户界面的 hello.py 程序。程序运行结果如图 2-23 所示。

```
# - * - coding:utf - 8 - * -
import sys, tkinter          #导入标准包: sys、tkinter
root = tkinter.Tk()          #创建主窗口
root.title('HelloWorld')     #窗口标题名称
root.minsize(200, 100)       #设置窗口大小
# 创建标签内容
tkinter.Label(root, text = 'Hello World! 你好,世界').pack()
# 创建按钮,并把命令绑定到退出按钮
tkinter.Button(root, text = '退出', command = sys.exit).pack()
root.mainloop()              #启动主循环
```

图 2-23　程序运行结果

【例 2-30】 创建网络爬虫程序,爬取百度首页。程序运行结果如图 2-24 所示。

```
# - * - coding: utf-8 - * -
import urllib.request              # 导入 urllib 包中的 request 模块
url = 'http://www.baidu.com'       # 网站 URL 赋值
get = urllib.request.urlopen(url).read()   # 爬取网站内容
print(get)                         # 显示爬取网页内容
```

```
n\n\n\n\n\r\n\n<html>\n<head>\n     \n
<meta http-equiv="content-type"
content="text/html;charset=utf-8">\n
<meta http-equiv="X-UA-Compatible"
content="IE=Edge">\n\t<meta
content="always" name="referrer">\n
<meta name="theme-color"
content="#2932e1">\n    <link rel="shortcut
icon" href="/favicon.ico"
type="image/x-icon" />\n     <link
rel="search"
```

图 2-24 程序运行结果

【例 2-31】 格式化字符串。我们经常会遇到:'亲爱的 xxx 您好! 您 xx 月的话费是 xx,余额是 xx'之类的字符串,其中 xxx 的内容是经常变化的。所以,需要一种简便的格式化字符串的方式。Python 格式化字符串的方式用%实现,如下所示。

```
>>> '您好, %s, 您有 %s 美元到账了.' % ('小明', 10000.68)   # >>>为提示符,% 为占位符
'您好, 小明, 您有 10000.68 美元到账了.'                        # 输出
```

在字符串内部,%是占位符,有几个%,后面就需要几个变量或者值,顺序对应。常见的占位符有:%d=整数,%f=浮点数,%s=字符串,%x=十六进制整数。如果不太确定用什么占位符,%s 永远起作用,它会把任何数据类型转换为字符串。

2.3.3 数据统计编程语言 R

1. R 语言的发展

R 语言起源于 20 世纪 80 年代的 S 语言,R 语言早期主要用来代替 SAS(统计软件)做统计计算工作。随着大数据技术的发展,R 语言优秀的统计能力终于被业界发现。随着对 R 语言计算性能的改进,以及各种程序包的升级,使 R 语言越来越接近软件工业标准。

R 语言热门应用领域有统计分析(如假设检验等)、金融分析(如量化策略等)、数据挖掘(如数据挖掘算法等)、互联网(如消费预测等)、生物科学(如 DNA 分析等)、生物制药(如生存分析等)、地理科学(如遥感数据分析等)、数据可视化(如大数据、静态图、可交互的动态图、社交图、地图、热图等)等。

2. R 语言的功能

R 语言是一套完整的数据处理和统计制图软件。它具有完整的统计分析工具(如时间序列分析、线性和非线性建模、经典统计检验、分类、聚类等);优秀的统计制图功能(如可以

在制图中加入数学符号),简单而强大的程序语言功能。

　　R 语言是开源软件,它的功能可以通过用户撰写的程序包而增强。这些增加功能包括特殊统计技术和绘图功能、编程界面和数据输出/输入功能。软件包可以由 R 语言、LaTeX、Java、C 语言编写。根据 CRAN(R 语言综合档案网站,https://cran. r-project. org/)统计,截至 2017 年,共有 10 085 个 R 语言程序包在 CRAN 上发布,这些程序代码都是由相关领域的领军人物编写。它们涉及经济计量、财经分析、人文科学、人工智能等领域。

3. R 语言的设计思想

　　R 语言不需要很长的程序代码,也不需要专门的设计模式,一个函数调用,传递几个参数,就能实现一个复杂的统计计算模型。编程者需要思考的是:用什么统计模型,传递哪些数据,而不是怎样进行程序设计。使用 R 语言应该从统计学的角度考虑问题,而不是编程的思维模式。R 语言是直接面向数据的语言,利用 R 语言可以直接分析这些数据。面向什么业务,就分析什么数据,不需要考虑程序设计的事。

4. R 语言的运行

　　R 语言源代码可自由下载使用,也有已编译好的发行版软件下载。R 语言可在多种平台下运行,包括类 Linux、Windows 和 Mac OS 等环境。

　　R 语言以命令行方式进行操作,但是也有一些优秀的图形用户界面。R 语言的图形处理软件包有 Rattle(主要用于数据挖掘)、Red-R(开源的可视化编程界面)等。R 语言的工作界面简单而朴素,只有不多的几个菜单和快捷按钮。主窗口上方的一些文字是刚运行 R 语言时出现的一些说明。文字下的">"符号是 R 语言的命令提示符,在提示符后可以输入 R 语言命令。R 语言采用交互方式工作,即在命令提示符后输入命令,回车后便会输出结果。

5. R 语言编程案例

　　R 语言是面向对象的语言,语法与 Python 语言大致相同,但 R 的语法更加自由。很多函数的名字,看起来都很随意,这也是 R 语言哲学的一部分吧。

　　【例 2-32】　在 R 语言下编制"hello,world"程序。

`> print("hello, world")`	♯">"符号为命令提示符。"♯"号为 R 语言注释符
`[1] hello, world`	♯程序运行结果,[1]为输出行序号

　　【例 2-33】　用 R 语言画出鸢尾花数据集的散点图。R 语言运行环境和绘制的散点图如图 2-25 所示。

```
> data(iris)        ♯加载 iris(R语言内置数据集)命令
> head(iris)        ♯查看 iris 数据集前 6 行命令
> plot(iris)        ♯画图命令
```

　　【例 2-34】　吸烟与肺癌的统计数据如表 2-9 所示。用 R 语言进行卡方检验,说明吸烟与肺癌之间的关系。

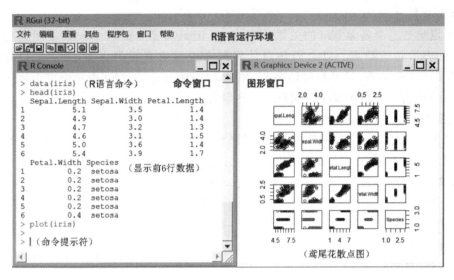

图 2-25 左：R语言运行环境 右：R语言绘制的鸢尾花散点图

```
> x <- c( 60, 3, 32, 11 )          # 赋值到变量 x
> dim( x ) <- c( 2, 2 )            # 数组赋值
> chisq.test( x )                  # 进行卡方检验

        Pearson's Chi - squared test with Yates'
        continuity correction
  data: x
  X - squared = 7.9327, df = 1, p - value = 0.004855
```

表 2-9 吸烟与肺癌统计表

类型	患肺癌	没患肺癌
吸烟	60	32
不吸烟	3	11

结论：$p < 0.004855$，拒绝原假设，肺癌与吸烟之间有关。

2.3.4 逻辑推理编程语言 Prolog

Prolog 是一种逻辑编程语言，它广泛用于人工智能研究，它可以用来建造专家系统、自然语言理解等。Prolog 的编程方法是告诉计算机"什么是真的"和"需要做什么"，而不是"怎样做"。程序员主要把精力放在问题的描述上，而不是编写"下一步做什么"的算法指令。

1. Prolog 程序语言的基本语句

Prolog 语言只有三种基本语句：事实、规则和问题（目标）。与命令式编程语言相比，Prolog 程序中的问题相当于主程序，规则相当于子程序，而事实相当于数据。

1）事实

事实用来说明问题中已知对象之间的性质和关系。

【例 2-35】　like(libai,book).　/*喜欢(李白,书)*/

以上语句是一个名为 like 的关系,表示对象 libai(李白)和 book(书)之间有喜欢的关系。末尾.表示句子结束。以上语句对计算机来说没有真正的含义,完全可以用 ai(lb,shu).来表达这个关系,只要自己清楚 ai 表示爱,lb 表示李白,shu 表示书就可以了。目前 Prolog 程序语言不支持用汉字标识符来表达事实。

2) 规则

规则用来描述事实之间的依赖关系,用来表示对象之间的因果关系、蕴含关系或对应关系。规则左边表示结论,右边表示条件。

【例 2-36】　bird(X) :- animal(X),has(X,feather).　/*鸟(X):-动物(X),有(X,羽毛).*/

以上语句表示:如果 X 是动物,并且 X 有羽毛,那么 X 是鸟。其中":-"表示"如果"(if)的意思,可用它来定义规则,它的左边是结论,右边是规则的前提。","表示而且(and)的意思,它用来分隔两个句子。

3) 问题(目标)

问题是程序运行的目标,也是程序执行的起点。问题可以写在程序内部,也可以在程序运行时临时给出,运行 Prolog 程序后,就可以询问有关问题的答案了。

【例 2-37】　?- student(libai).　　/*李白是学生吗?(?- 是 Prolog 提示符)*/

2. 简单的 Prolog 程序案例

【例 2-38】　编制 Prolog 程序,判断李白(libai)的朋友是谁。

```
Predicates                                    /*谓词段,对谓词名和参数进行说明*/
    likes(symbol, symbol).                    /*定义 likes(喜欢)为符号*/
    friend(symbol, symbol).                   /*定义 friend(朋友)为符号*/
Clauses                                       /*子句段,存放所有的事实和规则*/
    likes(dufu, jiu).                         /*事实:杜甫喜欢酒*/
    likes(yangguifei,music).                  /*事实:杨贵妃喜欢音乐*/
    likes(yangguifei,wudao).                  /*事实:杨贵妃喜欢舞蹈*/
    likes(gaolishi,tangminghuang).            /*事实:高力士喜欢唐明皇*/
    friend(libai,X):- likes(X,wudao),likes(X,music). /*规则:李白的朋友喜欢舞蹈和音乐*/

?- friend(libai,X).                           /*输入问题(目标):李白的朋友是谁?*/
    X = yangguifei                            /*输出结果:李白的朋友是杨贵妃*/
    1 Solution                                /*系统提示:得到一个结果*/
```

【例 2-39】　某城市之间的路径如图 2-26 所示,路径之间存在方向性。用 Prolog 语言编写一个简单的路径查询程序,查询任意 2 个城市之间是否存在一条可行路径。

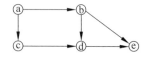

图 2-26　城市之间的有向路径图

```
    Predicates                              /*谓词段,对谓词名称进行说明*/
        nondeterm road(symbol,symbol).      /*定义 road(通路)为符号*/
        nondeterm path(symbol,symbol).      /*定义 path(路径)为符号*/
    Clauses                                 /*子句段,存放所有的事实和规则*/
        road(a,b).                          /*事实:a~b 之间有通路*/
        road(a,c).                          /*事实:a~c 之间有通路*/
        road(b,d).                          /*事实:b~d 之间有通路*/
        road(b,e).                          /*事实:c~d 之间有通路*/
        road(c,d).                          /*事实:d~e 之间有通路*/
        road(d,e).                          /*事实:b~e 之间有通路*/
        path(X,Y):- road(X,Y).              /*规则:如果 XY 有通路,则 XY 存在路径*/
        path(X,Y):- road(X,Z),path(Z,Y).    /*规则:如果 XZ 有通路,则 XY 存在路径*/
    Goal                                    /*目标段(问题)
        path(X,Y).                          /*列出所有路径
```

```
?- path(a, e).                              /*输入问题:a~e 有路径吗?*/
    yes                                     /*运行结果:有*/
?- path(e, a).                              /*输入问题:e~a 有路径吗?*/
    no                                      /*运行结果:没有*/
?- run.                                     /*输入运行命令*/
    X=a  Y=b; X=a  Y=c; X=b  Y=d;           /*输出结果:列出所有路径*/
    X=b  Y=e; X=c  Y=d; X=d  Y=e; …
```

3. Prolog 程序语言的特点

Prolog 语言的语法结构相当简单,但描述能力很强。例如,当事实和规则描述的是某一学科公理,那么问题就是待证的命题;当事实和规则描述的是数据和关系,那么问题就是数据查询语句;当事实和规则描述的是某些状态变化规律,那么问题就是目标状态。

Prolog 用特定的方法描述问题,然后由逻辑推导自动找到问题答案。Prolog **程序运行顺序不由程序员决定**,程序运行过程是执行逻辑上消解算法的过程,它处理数据的机制是回溯和递归,这种情形会循环发生。具体实现方法是:语句自上而下,子目标从左向右进行匹配,归结后产生的新目标总是插入到被消去的目标处(即目标队列的左部)。

Prolog 没有控制程序流程的语句(如 if、case、for 等)。通常情况下,程序员不需要控制程序的运行过程,只需要注重程序的描述是否全面。不过 Prolog 也提供了一些控制程序流程的方法,这些方法与其他语言中的方法有很大的区别。

【例 2-40】 将命令式语言的 if 语句用 Prolog 语言实现。

```
命令式编程语言 if 语句实现:          Prolog 语言 if 语句实现:
if  x>0  then  y=1                 Br :- x>0, y=1.
else  y=0                          Br :- y=0.
```

在 Prolog 程序中,程序和数据高度统一,很难分清楚哪些是程序,哪些是数据。事实上,Prolog 中所有东西都有相同的形式,也就是说数据就是程序,程序就是数据。

逻辑推理程序语言也有自身的缺陷,首先是程序员需要掌握如何精确的定义准则(涉及数理逻辑知识);其次是程序员需要学习有关主题领域的大量知识(已知事实);另外程序

因为收集了大量的事实（论据）信息而变得非常庞大。

2.3.5　并行编程接口规范 MPI

1. 并行编程概述

在计算机领域，"并发"与"并行"有细微的差别。并发是将一个程序分解成多个片段，并在多个处理器上同时执行；并行是多个程序同时在多个处理器中执行，或者多个程序在一个处理器中轮流执行。由于两者具有很强的相关性，以下对并发与并行不做区分，统称为并行。并行程序设计目前仍处于探索阶段，还没有一套普遍认同的并行编程体系。也没有一个专业的并行程序设计语言，大部分并行程序语言或方法，都是附加在传统程序语言之上。如 OpenMP 附加在 C/C++、Fortran 语言之上；MPI 附加在 C/C++、Fortran、Python、Java 等语言之上；还有一些并行编程语言是传统语言的并行化改进版，如 Go 语言。

并行计算技术主要有三大类：一是广泛用于高性能集群计算的 MPI 技术；二是互联网海量数据计算平台，如 Hadoop（读[哈杜普]）；三是互联网大规模网格计算。

2. 并行编程接口规范 MPI

并行编程有 MPI（消息传递接口）和 OpenMP（开放式消息传递）两个系列。MPI 适合多主机并行计算（如计算机集群）；OpenMP 适合于单主机多核/多 CPU 并行计算。

MPI 和 OpenMP 是并行编程接口规范（函数库），不是具体的编程语言。MPI 有多种实现版本，如 MPICH、CHIMP、OpenMPI（注：与 OpenMP 不同）等。MPI 与编程语言、操作系统和硬件平台无关，它可以与 C/C++、Python、Java 语言绑定。MPI 降低了并行编程的难度和复杂度，程序员可以把更多的精力投入到并行算法本身，而非具体细节。

MPI 并行数据处理的基本思路是：将任务划分为可以独立完成的不同计算部分，将每个计算部分需要处理的数据分发到相应的计算节点，并且分别进行计算。计算完成后，各个节点将各自的结果集中到主计算节点，主节点对计算结果进行最终汇总。

【例 2-41】　一个简单的 Python 语言 MPI 程序案例如下。

```
# - * - coding: gbk - * -              # 设置中文字符编码
from mpi4py import MPI                  # 导入 mpi4py 第三方包
print('我的 rank 是: % d' % MPI.rank)   # 输出进程 rank 序号（即 ID）

D:\> mpirun - np 4 python test.py       # 在 DOS 提示符窗口执行并行处理命令
    我的 rank 是: 0                      # - np4 表示启动 4 个 MPI 进程
    我的 rank 是: 3                      # rank 是处理进程号
    我的 rank 是: 1                      # 并行计算时,不一定会按顺序输出
    我的 rank 是: 2
```

说明：以上代码需要安装 MPICH2 软件和 Python 第三方软件包 mpi4py。

3. 程序并行计算中的相关性

相关性是指指令之间存在某种逻辑关系。并行编程会受到相关性的影响，这些相关性包括数据相关、资源相关和控制相关。消除相关性是并行编程的重要工作。

1）数据相关

如果一条指令产生的结果，可能在后面的指令中使用，这种情况称为数据相关。

【例 2-42】 程序指令序列片段如下：

```
a = 100      # 指令 1
b = 200      # 指令 2
c = a + b    # 指令 3
```

从以上程序可见，指令 1 和指令 2 之间没有相关性，它们可以并行执行。但是这两条指令与指令 3 之间存在数据相关性，也就是说，指令 3 要等待指令 1、2 执行完成后，才能执行。在某些情况下，一条指令可以决定下一条指令的执行（如判断、调用等）。

2）资源相关

一条指令可能需要另一条指令正在使用的资源，这种情况称为资源相关。例如，两条指令使用相同的寄存器或内存单元时，它们之间就会存在资源相关。

【例 2-43】 程序的指令序列片段如下：

```
for   a <= 100          # 指令 1,循环,如果 a≤100
    a = a + 1           # 指令 2,a 赋值
    b = b + a           # 指令 3,b 赋值
end for                 # 指令 4,循环结束
```

从以上程序可见，指令 2 与指令 3 存在资源相关，它们都需要用到变量 a 的存储单元。如果指令 2 和指令 3 并行执行，将会导致错误的结果。

3）控制相关

分支指令会引起指令的控制相关性。如果一条指令是否执行依赖于另外一条分支指令，则称它与该分支指令存在控制相关。

【例 2-44】 程序指令序列片段如下：

```
if   P   then          # 如果条件 P 成立
    S                   # 则执行 S 语句组
end if                  # 结束选择语句
```

从以上程序序列可见，条件 P 与 S 语句组存在控制相关。

4. Amdahl 加速比定律

1）加速比定律

计算机系统设计专家阿姆达尔（Amdahl）指出：系统中某一部件由于采用某种更快的执行方式后，整个系统的性能提高，与这种执行方式的使用频率或占总执行时间的比例有关。阿姆达尔的设计思想是：**加快经常性事件的处理速度能明显地提高整个系统的性能。** Amdahl 加速比定律认为，系统改进后整个系统的加速比 S_n 为

$$S_n = \frac{T_0}{T_n} = \frac{1}{(1 - F_e) + \dfrac{F_e}{S_e}} \tag{2-1}$$

式中,T_n为系统改进后任务执行时间;T_0为改进前的任务执行时间;F_e为改进的比例,$(1-F_e)$表示不可改进部分;S_e为提高的效率。当$F_e=0$(即没有改进时),加速比S_n为1,所以性能的提高幅度受改进部分所占比例的限制。Amdahl定律阐述了一个回报递减规律:**如果仅仅改进一部分计算的性能,则改进越多,系统获得的加速比增量会逐渐减小。**这一结论与美国社会学家霍曼斯(George Casper Homans)提出的"边际效益递减率"相同。

【例 2-45】 假设对Web服务器进行优化设计后,新的Web服务器运行速度是原来的2倍;同时假定这台服务器有30%的时间用于计算,另外70%的时间用于I/O操作或等待,那么这台Web服务器性能增强后的加速比是多少呢?

由题意可知,$F_e=0.3$,$S_e=2$,根据Amdahl定律,系统加速比为

$$S_n = \frac{1}{(1-0.3)+\dfrac{0.3}{2}} = \frac{1}{0.85} \approx 1.18$$

2) Amdahl定律在多核处理器系统中的应用

【例 2-46】 有些任务可以并行处理,例如有100亩庄稼已经成熟,等待收割,越多的人参与收割庄稼,就能越快地完成收割任务。而另外一些任务只能串行处理,增加更多资源也无法提高处理速度。例如,有100亩庄稼,它们的成熟日期不一,增加更多人来收割,也无法很快完成收割任务。为了充分发挥多核处理器的能力,计算机使用了多线程技术,但是多线程技术要求对问题进行恰当地并行化分解,并且程序必须具备有效使用这种并行计算的能力。大多数并行程序都与收割庄稼有很多相似之处,它们都是由一系列并行和串行化的片段组成。由此可以看出,一个给定问题中的并行加速比受到问题中串行部分的限制。尽管精确估算出程序执行中串行部分所占的比例非常困难,但是Amdahl定律还是可以对计算性能提高做一个大致的评估。

并行计算必须将一个大问题分割成许多能同时求解的小问题。哪些问题需要并行编程处理呢?字处理不需要,但是语音识别用并行处理会比串行处理更有效。解决并行编程的困难并不在于并行编程语言或程序开发平台,最难处理的是已有的串行程序。

5. 程序并行执行的基本层次

程序的并行执行可分为三个层次:应用程序的并行、操作系统的并行和硬件设备的并行。目前的CPU和主流操作系统均已具备并行执行功能,一般来说,硬件(主要是CPU)和操作系统都会支持应用程序级的并行。简单地说,即使应用程序没有采用并行编程,硬件和操作系统还是可以对应用程序进行并行执行。下面仅讨论应用程序级的并行。

并行编程和分布式编程是程序并行执行的基本途径。并行编程技术是将程序分配到单个或多个CPU内核或者GPU内核中运行;而分布式编程技术是将程序分配给两台或多台计算机运行。一般而言,应用程序级的并行编程可分为以下几个层次。

1) 指令级的并行执行

当一条指令中的多个部分被同时执行时,便产生了指令级的并行执行。

【例 2-47】 一个简单的指令级并行执行实例如图2-27所示。

如代码中的(a+b)和(c−d)部分,它们之间没有相关性,能够同时执行。这种并行处理通常在程序编译时,由编译器来完成,并不需要程序员进行直接控制。

源程序　
```
int sum()
return(a+b)*(c-d)
```

并行执行　
```
(a+b)*(c-d)
x1=a+b    x2=c-d   并行执行
        x=x1*x2
```

图 2-27　一条简单指令的并行执行

2）函数级并行

如果程序中的某一段语句组,可以分解成若干个没有相关性的函数,那么就可以将这些函数分配给不同的进程并行执行。这种并行执行对象以函数为单位,并行粒度次于指令级并行。在并行程序设计中,这种级别的并行是最常见的一种。

3）对象级的并行

这种并行编程的划分粒度较大,通常以对象为单位。当这些对象满足一定的条件,不违背程序流程执行的先后顺序时,就可以把每个对象分配给不同的进程或线程进行处理。例如,在 3D 游戏程序中,不同游戏人物的图形渲染计算量巨大,在并行编程中,可以对游戏人物进行并行渲染处理,实现对象级的并行执行。

4）应用程序级的并行

语言程序级的并行执行并不陌生,操作系统能同时并行运行数个应用程序。如我们可以同时打开几个网页进行浏览,还可以同时欣赏美妙的音乐。这种语言程序级的并行性,在游戏程序设计中也屡见不鲜,它提高了多个应用程序并行运行的效率。

6. 并行程序设计的难点

在并行编程中,程序可以分解成多个任务,并且每个任务都可以在相同的时间点执行,每个任务又可以分配给多个线程执行。程序执行的顺序和位置通常不可预知。例如,3 个任务(A、B、C)在 4 内核 CPU 中执行时,不能确定哪个任务首先完成,任务按照什么次序来完成,以及由哪个 CPU 内核执行哪个任务。除了多个任务能够并行执行外,单个任务也可能具有能同时执行的部分。这就不得不对并行执行的任务加以协调,让这些任务之间彼此通信,以便在进程之间实现同步。并行编程有以下主要特征。

（1）确认问题在应用环境中是否存在并行性。

（2）将程序适当地分解成多个任务,使这些任务可以在同一时间执行。

（3）进行任务之间的通信协调,使任务能够同步高效地运行。

（4）竞争和死锁是并行编程中经常出现的问题,因此要注意避免任务调度错误。

2.4　软件开发方法

2.4.1　编程语言评估

虽然评价某个程序语言不可避免会引发争议,但大多数专家认为:可读性、可写性、可靠性和成本是程序语言非常重要的衡量指标。但是对于程序语言的可读性、可写性和可靠性,目前并没有准确的定义,也无法进行精确的测量。因此,程序语言没有最好,只有更好,适合的程序语言就是最好的,能解决问题的程序语言都是好语言。

1. 可读性

判断程序质量最重要的标准之一是程序是否便于阅读和理解。易维护性主要由程序的可读性来决定。因此,可读性就成了衡量程序质量和程序语言的一个重要指标。

(1) 整体简单性。有大量基本结构的程序语言(如 C++)比结构少的语言(如 Python)学习起来更困难。例如,高级语言比低级语言简单;结构化语言比面向对象语言简单;脚本语言比编译语言简单等。

(2) 多样性。当程序语言能够用多种方法实现某个特定操作时,这种程序语言的多样性会导致程序的整体复杂性。例如,在 Java 语言中,有 4 种方法给整数变量加 1。如 count ＝count＋1; count＋＝1; count＋＋; ＋＋count。

(3) 关键字。有些语言采用配对的关键字或符号来构成语句组。例如,C 语言采用{ }括号来表示语句组,当出现大量的}符号时,就很难确定结束的是哪一个语句组。而 VB 等编程语言采用配对的关键字表示语句块,例如,if-end if、for-end for 等,这样程序的结构就会更加清晰。

(4) 过于简单。程序语言的简单性不能过分。如汇编语言的语句非常简单,这种简单性使得汇编程序的可读性较差。另外,汇编语言简单的语句容易导致程序结构不清晰。

2. 可写性

可写性是指用程序语言创建代码的难度。可写性必须针对问题的领域来考虑。例如,对需要创建图形用户界面的程序,Python 语言的可写性大大好于 C 语言;而编写操作系统类的程序时,Python 语言的可写性简直难以接受,而 C 语言就是为这一目的而设计。

3. 可靠性

程序的可靠性是指程序在任何情况下都能按设计的流程执行。类型检查是保证程序可靠性的一个重要方法。类型检查是对程序中数据类型的错误进行简单检测,它可以由编译器来完成,也可以在程序运行时处理。程序运行时做数据类型检查的代价很高,因此程序编译时进行数据类型检查的方法就更可取。而且,程序中的错误越早发现,修正错误的代价也越小。Java 语言在设计时就规定,程序编译时,必须对几乎所有变量和表达式进行类型检查,这杜绝了 Java 程序在运行时产生的数据类型错误。

程序语言具有出错处理功能时,显然有助于提高程序的可靠性。例如,C++、Java、C♯、Python 等语言都提供了异常处理功能,而 C、FORTRAN 等语言并没有这个功能。

4. 成本

程序语言的总成本由以下几个方面组成。

(1) 培训程序员使用程序语言的成本。

(2) 用程序语言编写程序的成本。这取决于程序语言与待解决问题的接近程度。

(3) 程序执行效率受到程序语言的影响。例如,Python 需要在程序运行期间进行数据类型检查,无论解释器和编译器质量如何,执行代码的运行速度都不会快。

（4）利用程序语言构建系统的成本。例如，Python 是一种开源语言，它的解释器、函数库、设计框架等资源可以免费获得，所以广泛流行。如果一种语言的实现成本昂贵，或者它只能运行在昂贵的硬件设备上，这种语言获得广泛应用的可能性就会小很多。

（5）维护程序的成本。软件维护包括更正错误、修改程序、增加新功能等。软件维护的成本取决于程序语言的可读性和可靠性。软件维护工作通常不是由软件最初的设计者来完成，所以程序糟糕的可读性和可靠性，会增加软件维护的难度。

2.4.2　软件工程特征

软件设计是一种思维过程，而**代码是固化的思维**。思维的特征是：思维过程通常是渐进的，思维自身是不可度量的，思维的主体是人，思维由概念和逻辑组成，思维具有无边界化（灵活易变）的特质等，软件设计也具有这些特征。

1. 软件工程的不成熟

软件设计的历史起始于 1842 年（爱达分析机程序），相比之下建筑工程从石器时代就开始了，人类在几千年的建筑设计中积累了大量经验和教训。这些经验对软件设计有很好的借鉴作用。例如，建筑与人类的关系一直是建筑设计师面对的核心问题，与此类似，软件与人类的关系也是软件工程师必须面对的核心问题。以工程的方法进行程序设计称为"软件工程"。但是，软件工程与传统工程领域有诸多不同，它们体现在以下几个方面。

1）方法学不成熟

传统工程领域的方法学对软件工程有很好的借鉴作用。例如，建筑设计需要详细的设计说明书和大量建筑图纸等文档；软件设计同样需要大量设计文档。然而，软件工程使用的方法学和符号系统（如设计图）与建筑领域相比，建筑学的方法比较稳定，而软件工程显得非常动态化和不成熟。例如，建筑工程对人们的工作成果有一套行之有效的评估方法；但是对程序员的工作成果进行定量评估时，似乎都会以失败告终。

【例 2-48】 建筑学的设计图非常规范统一，而程序设计中的算法表达方法有伪代码、流程图、N-S 图、PAD 图、UML（统一建模语言）等，它们都无法成为所有程序员取得共识的统一标准。软件工程的系统结构表达方法更是五花八门，如软件系统结构图、网站结构图、数据库 E-R 图、数据流图等。软件工程的开发模式也是各领风骚，如瀑布模型、增量模型、迭代模型、敏捷模型等。可见软件工程一直在寻找更好的设计方法。

2）缺少通用构件

传统工程领域通常采用预先定制的部件来构建系统。例如，设计一辆新汽车时，没有必要重新设计汽车发动机、轮胎、座椅等部件，利用以前的现成部件即可。然而，软件工程在这点上非常落后，以前设计的构件（程序模块）往往用于特定领域，将它们作为通用构件来使用时受到了很大的限制。

3）缺少度量技术

软件缺少工程度量技术。例如，为了计算一个软件系统的开发费用，人们希望能够预估出产品的复杂度、产品的开发进度、产品的质量、产品的寿命等指标，软件工程在这些方面的技术还不太成熟。例如，软件开发对需求的复杂度目前还只能依赖人工判断，不能进行精确度量，现实中没有一种有效方法来度量软件需求。

软件的技术指标无法定量测量，这也是软件工程与建筑、机械、电子工程的不同之处。例如，对建筑结构的可靠性可以用结构力学的方法来测量；对机械元件的可靠性可以用材料力学的方法来测量；对电子器件的可靠性可以用统计学方法测量（如无故障工作时间等）；而这些方法并不适用于软件工程。

在软件工程中，必须使用严格的度量术语来指定对软件质量和性能的要求，而且这些**要求必须是可测试的**。例如"系统必须是可靠的"就是一句正确的废话，应当使用可测试的文字加以描述，如"平均错误时间必须小于 15 个 CPU 时间片""β 测试阶段少于 20 个 Bug""每个模块的代码不超过 100 行""单元测试必须覆盖 90% 以上的用例"等。

2. 软件设计中的折中和妥协

涉众群指对系统有利益关系或关注的个人、团队或组织（IEEE 1471—2000）。软件系统结构是平衡涉众群需求的产物。**软件系统不可能满足所有涉众群的需求**，而且不同涉众群之间可能有相互冲突的需求。因此，折中是软件设计的主要原则，而妥协也是软件设计的重要属性。例如，对于一个软件系统，以下涉众群有各自的需求。

（1）最终用户关心的是直观感受，如界面友好、简单易用、稳定和安全等。

（2）系统管理员关注的是可管理性，如支持大业务量、系统容错、快速恢复等。

（3）系统开发人员关注的是可行性，如清晰的业务逻辑、一致的系统需求等。

（4）项目经理关注的是项目实施，如项目追踪、资源利用和经费的可预见性等。

（5）软件维护人员关注的是易理解性。如软件一致性、规范的文档、易修改性等。

如上所见，涉众群的很多要求都是非功能性需求（功能性需求指系统能做什么）。为了满足这些非功能性需求，软件系统结构设计师通常都要做出折中和妥协，因为软件结构设计的目标是解决利益相关者的关注点。

3. 程序中的依赖

在程序开发中，经常会发现程序在某些机器上可运行，换一台机器却不能运行。出现这种情况的主要原因是机器中缺少程序运行必要的库或库版本不一致，这些库或包称为程序的"依赖"。如 Windows 下的应用程序可能会出现缺少 .DLL 依赖库；Python 程序可能会出现缺少第三方依赖库等。可以通过工具软件来分析程序所需的依赖库或依赖包，然后安装配置相应的依赖库或依赖软件包。

4. 膨胀的软件

计算机科学家布鲁克斯指出："软件系统可能是人类创造中最错综复杂的事物。"1993年，Excel 5.0 问世时只有 15MB 空间，2000 年推出的 Excel 2000 安装空间达到了 146MB，软件扩大了将近 10 倍；1989 年，Word 第 1 版为 2.7 万行程序代码，20 年后增加到 200 万行，人们戏称这些软件为"膨件"（膨胀的软件）。这些臃肿的程序有一个最大的缺点，即使要完成的事情非常简单，也必须加载庞大的程序。

程序越来越臃肿有以下原因：一是为了程序的兼容性而保留了大量的旧代码；二是程序员如果不要过分关注代码的体积，就可以更快地完成软件开发；三是图形用户界面意味着调用庞大的图形函数库；四是更多的代码意味着软件更多的功能，即使用户不使用这些功能,也没有什么坏处;五是不同用户对软件的功能要求各不相同。总之,**软件之所以庞大是因为用户的需求是庞杂的**,而用户需求庞杂是因为软件的应用面太大了。

2.4.3　程序设计原则

1. 程序设计的基本原则

程序设计中哪些因素很重要,不同专家有不同看法,专家们都有自己独到的见解。有人认为程序的清晰性很重要;有人认为程序的执行效率要优先考虑;有人认为程序的正确性是头等大事;有些人认为这些都不重要,如果客户不满意,这一切都没有意义。大部分专家认为,程序设计人员做到以下几点非常重要。

(1) 阅读和理解代码。程序员都要具备阅读和理解其他人代码的能力。**程序员很少完全从零开始写代码**,经常需要在现有程序模块中添加功能。因此,阅读和理解代码是程序员的必备技能。例如,为了便于程序的阅读和理解,Python 编码规范 PEP8(Python 增强建议书)推荐,代码中一行不要超过 79 个字符,这样可以方便查看代码。一个函数不要超过 30 行代码,即代码可显示在一个屏幕内。一个类不要超过 200 行代码,不要超过 10 个方法。一个模块不要超过 500 行代码。

(2) 保持清晰。程序代码不清晰容易产生 Bug,会在后续测试中产生很多问题。要避免将表达式写得过于精练,这会给维护人员带来工作量。大多数情况下,清晰的代码和聪明的代码不可兼得。计算机专家爱德华·基尼斯(Edward Guniness)指出:"你的代码是写给小孩看的,还是写给专家看的? 答案是: 写给你的观众看。程序员的观众是后续的维护人员,如果不知道具体是谁,那代码就要写得尽量清晰。"

(3) 简单并不容易。所有问题都能够找到解决方案,最优雅的解决方案往往是最简单的。但是,简单并不容易,达到简单通常需要做很多的工作。所有人都能用复杂的方法解决问题,但是想让解决方案变得简单可靠,这需要花费很大的精力和付出艰辛的劳动。

2. 程序模块化设计原则

模块化设计原则就是把一个较大的程序划分为若干子程序,每个子程序是一个独立模块;每个模块又可继续划分为更小的子模块(构件);使软件具有一种层次性结构。

在设计好软件的体系结构后,就已经在宏观上明确了各个模块应具有什么功能,应放在体系结构的哪个位置。我们习惯从功能上划分模块,保持"功能独立"是模块化设计的基本原则。"功能独立"的模块可以降低开发、测试、维护等阶段的代价。但是"功能独立"并不意味模块之间保持绝对的孤立。软件要完成某项任务,需要各个模块相互配合才能实现,因此模块之间需要保持信息交流。

进行程序的模块化设计时,要充分考虑以下原则。

(1) 模块可分解性。要控制和降低程序的复杂性,就必须有一套相应的将问题分解成子问题的系统化机制,这种机制是形成程序模块化设计的关键。

(2) 模块可组装性。充分利用现有构件组装成新的软件系统,尽可能避免一切从头开始的设计方案。

(3) 模块可理解性。程序模块应当容易理解,从而使程序模块易于构造和修改。

（4）模块连续性。在对软件系统进行小的修改时，要尽可能只涉及单独模块的修改，而不要涉及整个软件系统，从而保证修改后的副作用最小化。

（5）模块保护。程序模块出现问题时，要将影响尽可能控制在该程序模块的内部，要使错误引起的副作用最小化。

3. 软件的复用

复用就是利用现有的东西。一个系统中大部分内容都很成熟，只有小部分内容需要创新，大量的工作可以通过复用来快速实现。程序员应该把大部分时间用在小比例的创新工作上，而把小部分时间用在大比例的成熟工作中，这样才能把工作做得又快又好。例如，截止到 2015 年，Google 公司的代码库容量达到了 86TB，存有 10 亿多个文件，其中有 900 多万个源代码文件，代码行数高达 20 亿行，并且每天以 4 万次提交在增长（注：谷歌有超过 3 万开发人员）。据估计，全球大约有 1000 多亿行代码，无数功能被重写了成千上万次，这是极大的思维浪费。程序设计专家的口头禅是：**"请不要再发明相同的车轮子了。"**

构造新软件系统时，不必每次从零做起，直接使用已有的成熟构件，即可组装（或加以合理修改）成新系统。复用合理地简化了软件开发过程，减少了总开发工作量与维护代价，既降低了软件成本又提高了生产率。另一方面，一些基本构件经过反复使用和验证后，具有较高的质量，由这些基本构件组成的新系统也具有较高的质量。

2.4.4　软件测试方法

1. 软件测试的计算思维

软件测试的定义是：在规定条件下对程序进行操作，以发现程序错误，衡量软件质量，并对其是否能满足设计要求进行评估的过程。

通俗地说，软件测试的本质就是想尽一切办法寻找软件的缺陷！它的主要工作是验证和确认。验证是测试软件正确地实现了那些特定功能；确认的目的是希望证实：在一个给定的外部环境中软件的逻辑正确性，即保证软件做了程序员所期望的事情。

有人认为"软件测试是证明软件不存在错误的过程"，对几乎所有程序而言，这个目标实际上无法达到。即使程序完全实现了预期要求，仍可能有用户不按规定要求使用而导致程序崩溃。对于制造工具的人来说，总是会有人以违背你本意的方式使用你的工具。许多黑客会用你做梦也想不到的方式来攻击你的程序。

不要为了证明程序能够正确运行而测试程序。相反，应该一开始就假设程序中隐藏着错误（这个假设几乎对所有程序都成立），发现尽可能多的错误。迪科斯彻（Dijkstra）对软件测试有句名言**"测试只能表明软件有错误，而不能表明软件没有错误"**。这是因为软件测试只能测试某些特定的例子（不完备性），现在没有发现问题并不等于问题不存在。

事实上，如果把测试目标定位于证明程序中没有缺陷，那么就会在潜意识中倾向于实现这个目标。也就是说，测试人员会倾向于挑选那些使程序失效可能性较小的测试数据。另一方面，如果把测试目标定位于要证明程序中存在缺陷，那么就会选择一些易于暴露程序缺陷的测试数据，而后一种测试态度比前者更有价值。

2. 软件质量衡量指标

ISO 8042 标准对软件质量的定义为：反映软件满足明确和隐含需求的特性总和。国家标准 GB/T 16260《软件产品评价-质量特性及其使用指南》规定了软件产品的 6 个质量特性（功能性、可靠性、易用性、效率、维护性、可移植性），并推荐了与之对应的 27 个子特性。但是标准过于强调原则性，可操作性不强。以下是衡量软件质量的一些可操作性指标。

（1）源代码行数。代码行数是最简单的衡量指标，它主要体现了软件的规模，可以用工具软件（如 Mantis）来统计逻辑代码行（即不包含空行、注释行等）。代码行数不能用来评估程序员的工作效率，否则会产生重复的或不专业的程序代码。

（2）代码段 Bug 数。可通过工具软件（如 Mantis）统计出每个代码段、模块或时间段内的程序 Bug 数，这样可以及早发现并及时修复错误。Bug 数可以作为评估开发者效率的指标之一，但如果过分强调这种评估方法，程序员与测试员之间的关系就会非常敌对。

（3）代码覆盖率。代码覆盖率是程序中源代码被测试的比例和程度。代码覆盖率常用来考核测试任务的完成情况。代码覆盖率并不能代表单元测试的整体质量，但可以提供一些相关的信息。

（4）设计约束。软件开发有很多设计约束和原则，如类或方法的代码长度，一个类中方法或属性的个数，方法或函数中参数的个数，代码中的"魔术数字"（难以理解的常量数值），注释行占程序代码行的比例等。

（5）圈复杂度。圈复杂度（环复杂度）是一种代码复杂程度的衡量标准。圈复杂度的计算方法是"判定条件"的数量，计算公式为 $V(G) =$ 判定节点数 $+1$。圈复杂度可使用 pmd 等工具软件自动计算。圈复杂度数量上表现为独立路径的条数，即合理预防错误所需测试的最少路径条数。圈复杂度大说明程序代码可能质量低，而且难于测试和维护。

3. 白盒测试技术

白盒测试将软件看作一个打开的盒子，对软件内部结构进行测试，但不需要测试软件的功能。白盒测试深入到代码一级进行测试，因此发现问题最早，效果也是最好的。

1）白盒测试的人员

实际工作中，白盒测试以软件开发人员为主，测试人员很少做白盒测试。因为白盒测试对测试人员的要求非常高，需要有很丰富的编程经验。例如，做 .Net 程序的白盒测试要能看懂 .Net 代码；做 Java 程序的白盒测试要能看懂 Java 代码。

2）白盒测试的方法

白盒测试方法有基本路径测试、逻辑覆盖、代码检查、静态结构分析、符号测试、程序变异等。其中应用最广泛的是基本路径测试和逻辑覆盖测试。

基本路径测试要保证被测程序中所有可能的独立路径至少执行一次（如图 2-28 所示）。一条路径是一个从程序入口到出口的分支序列。路径测试通常能比较彻底地进行测试，但是它有两个非常严重的缺陷：其一，路径的数量是分支数量的几何级数。例如，一个有 10 个 if 语句的程序模块，需要 $2^{10} = 1024$ 个路径测试；而再加一条 if 语句后，则有 2048 个路径需要测试。其次，由于数据之间的相互关系，有些路径不可能被测试到。

逻辑覆盖包括语句覆盖、判定覆盖、条件覆盖、循环覆盖、数据结构覆盖等。语句覆盖要

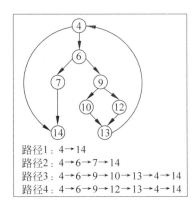

```
1   void Sort ( int iRecordNum, int iType )
2   {
3       int x=0;  int y=0;
4           while ( iRecordNum-- > 0 )
5           {
6               If ( iType==0 )
7               x=y+2;
8               else
9                   If ( iType==1 )
10                  x=y+10;
11                  else
12                  x=y+20;
13          }
14  }
```

路径1: 4→14
路径2: 4→6→7→14
路径3: 4→6→9→10→13→4→14
路径4: 4→6→9→12→13→4→14

图 2-28　程序模块的基本路径测试

保证每条语句至少执行一次;判定覆盖要保证每个程序分支判定至少执行一次;条件覆盖要保证每个判定的每个条件应取到各种可能的值;循环覆盖要保证每个循环都被执行;程序模块中每个数据结构都要测试一次。

3)白盒测试的缺陷

软件测试的致命缺陷是测试的不完备性。白盒测试是一种穷举测试方法,而程序的独立路径可能是一个天文数字。即使每条路径都测试了,程序仍然可能存在问题,例如将需要升序输出写成了降序输出;程序因遗漏路径而出错等。

4. 黑盒测试技术

黑盒测试也称为功能测试,它测试软件的每个功能是否都能正常使用。黑盒测试把程序看作一个不能打开的黑盒子,完全不考虑程序的内部结构。测试者在程序接口进行测试,只检查程序功能是否能够按照需求规格说明书的规定正常使用。

1)黑盒测试方法

测试用例是为特定目的设计的一组测试输入、执行条件和预期结果。黑盒测试用例包括等价类划分法、边界值分析法、错误推测法、因果图法、判定表驱动法、正交试验设计法、功能图法等。黑盒测试试图发现下列错误:功能不正确或遗漏、界面错误、数据库访问错误、初始化错误、运行中止错误等。

2)等价类黑盒测试方法

等价类是指某个测试的输入子集合中,各个输入数据对于发现程序中的错误都是等效的,并合理地假定:测试某等价类的代表值就等于对这一类其他值的测试。简单地说等价类就是测试数据的典型值或极限值。

可以把全部输入数据合理划分为若干等价类,在每个等价类中取一个数据(典型值)作为测试的输入条件,就可以用少量代表性的测试数据取得较好的测试结果。设计测试用例时,要同时考虑有效等价类和无效等价类(如图 2-29 所示)。因为软件不仅要能接收合理的数据,也要能经受意外数据的考验,这样的测试才能确保软件具有更好的可靠性。

3)边界值黑盒测试方法

边界值分析法是对输入或输出的边界值进行测试的一种方法。经验表明,大量的程序错误发生在输入或输出范围的边界上,而不是发生在输入输出范围的内部。因此针对各种

成绩<0	0～100	成绩>100
无效等价类	有效等价类（0≤成绩≤100）	无效等价类

图 2-29　学生成绩测试中的有效等价类和无效等价类

边界情况设计测试用例，可以查出更多的错误。

常见的边界值有学生成绩的 0、100；屏幕光标的最左上、最右下位置；报表的第一行和最后一行；数组元素的第一个和最后一个；循环的第 0 次、第 1 次和倒数第 2 次、最后 1 次等。通常情况下，软件测试包含的边界有以下几种类型：数字、字符、位置、重量、大小、速度、方位、尺寸、空间等。相应地，以上类型的边界值应该在最大/最小、首位/末位、上/下、最快/最慢、最高/最低、最短/最长、空/满等情况下。

【例 2-49】　软件规格中规定："重量在 10～50kg 范围内的邮件，其邮费计算公式为……"。作为测试用例，测试应取 10、50、9.99、10.01、49.99、50.01 等边界值。

4）黑盒测试的缺点

理论上讲，黑盒测试只有采用穷举输入测试，把所有可能的输入都作为测试情况考虑，才能查出程序中所有错误。实际上测试情况可能有无穷多个，人们不仅要测试所有合法的输入，而且还要对那些不合法但可能的输入进行测试。这种完全测试不可能实现，所以要进行有针对性的测试，通过制定测试用例指导测试的实施。

5）自动化测试

自动化测试不需要人工干预，在用户界面测试、性能测试、功能测试中应用较多。自动化测试通过录制测试脚本，然后执行测试脚本来实现测试过程的自动化。大部分软件项目采用手工测试和自动化测试相结合，因为很多复杂的业务逻辑暂时很难自动化。手工测试的缺点是单调乏味。**手工测试强在测试业务逻辑，自动化测试强在测试程序结构**。

自动化测试工具有 WAST（微软 Web 应用负载测试工具）、TestMaker、WinRunner、Abbot、DBUnit 等。这些工具能批量快速地完成功能点测试；测试工作中最枯燥的工作可由机器完成；它支持使用通配符、宏、条件语句、循环语句等，较好地完成测试脚本的重用；它对大多数编程语言和 Windows 系统提供了较好的集成支持环境。

2.4.5　软件开发模型

软件的"生命周期"一般分为 6 个阶段，即制定计划、需求分析、设计、编码、测试、运行和维护。在软件工程中，这个复杂的过程一般用软件开发模型来描述和表示。常见的软件开发模型有：以软件需求为前提的瀑布模型，渐进式开发模型（如螺旋模型、增量模型等），以形式化开发方法为基础的变换模型，敏捷开发方法等。

1．瀑布模型

瀑布模型的核心思想是：使用系统化的方法将复杂的软件开发问题化简，将软件功能的实现与设计分开。将开发划分为一些基本活动，如制定计划、需求分析、软件设计、程序编写、程序测试、软件运行和维护等基本活动。如图 2-30 所示，瀑布模型的软件开发过程自上而下，相互衔接，如同瀑布流水，逐级下落。

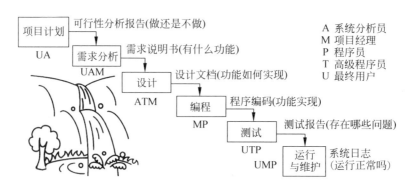

图 2-30   软件开发的"瀑布模型"

瀑布模型是最早出现的软件开发模型,在软件工程中占有重要的地位。瀑布模型的本质是一次通过,即每个活动只执行一次,最后得到软件产品。

瀑布模型有利于大型软件开发过程中人员的组织和管理,有利于软件开发方法和工具的研究与使用,从而提高了大型软件项目开发的质量和效率。然而软件开发的实践表明,瀑布模型存在以下严重缺陷。

一是开发模型呈线性,当开发成果未经测试时,用户无法看到软件效果,这样软件与用户见面的时间较长,增加了一定的风险;二是软件开发前期没有发现的错误,传到后面开发活动中时,错误会扩散,进而可能造成整个项目开发失败;三是在软件需求分析阶段,完全确定用户的所有需求非常困难,甚至可以说是难以达到的目标。

互联网硅谷创业权威保罗·格雷厄姆(Paul Graham)指出:有些创业者希望软件第一版就能推出功能齐全的产品,满足所有的用户需求,这种想法存在致命的错误。美国硅谷创业者最忌讳的就是"完美"。因为,一方面用户需求是多样的,不同人群有不同的需求;另一方面**开发者想象的需求往往和真实的用户需求有偏差**。在美国硅谷,Shipping it 是一个流行词汇,意思是把你的产品从仓库里拿出来给客户;除了字面上的意思,其实还有一种精神层面的意义:你的东西要到客户手中才会有价值,而这是你一直以来追求的目标。

2. 增量模型

使用增量模型时,第一个增量往往是产品的核心,即它实现了系统的基本需求,但很多补充的特征还有待发布。客户对每一个增量功能的使用和评估,都作为下一个增量发布的新特征和功能,这个过程在每一个增量发布后不断重复,直到产生了最终的完善产品。增量模型本质上是迭代的,它强调每一个增量均是一个可操作的产品。

增量模型是刚开始不用投入大量人力资源。它先推出产品的核心部分,如果产品很受欢迎,则增加人员实现下一个增量。此外,增量能够有计划地管理技术风险。

增量模型的缺点是:如果增量包之间的关系没有处理好,就会导致系统的全盘分析和重新建立。这种模型较适应于需求经常改变的软件开发过程。

3. 敏捷开发方法

敏捷开发是近年兴起的一种轻量级软件开发方法,它的价值观是:沟通、简单、反馈、勇气、谦逊。它强调**适应性**而非预测性,强调以人为中心而不是以流程为中心,强调对变化的适应和对人性的关注。敏捷方法强调程序员团队与业务专家之间的紧密协作,**面对面的沟通**,频繁交付新的软件版本,很好地适应需求变化,更加注重软件开发中人的作用。敏捷开发借鉴了软件工程中的迭代与增量开发,敏捷开发方法包括极限编程(XP)、Scrum(短距离赛跑的意思,一种迭代式增量开发)、Crystal(频繁交付和紧密沟通)、上下文驱动测试、精益开发、统一过程等。敏捷开发模型如图 2-31 所示。

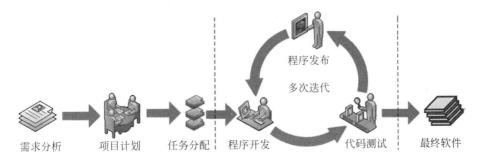

图 2-31　软件"敏捷开发模型"

敏捷开发遵循以下基本原则:

(1) 最重要的是通过尽早和不断交付有价值的软件满足客户需要。

(2) 即使在开发后期,也欢迎用户改变需求,利用变化来为客户创造竞争优势。

(3) 经常交付可以工作的软件,从几星期到几个月,时间尺度越短越好。

(4) 敏捷方法要求尽可能少的文档,最根本的文档应该是程序代码。

(5) 在项目开发期间,业务人员和开发人员必须天天在一起工作。

(6) 文档的作用是记录和备忘,最有效率的信息传达方式是面对面地交谈。

(7) 每隔一定时间,团队需要对开发工作进行反省,并相应地调整自己的行为。

(8) 确定开发中的瓶颈,对于瓶颈处的工作应该尽量加快,减少重复。

敏捷开发也有局限性,如对那些需求不明确,优先权不清楚,或者在"较快、较便宜、较优"三角结构中不能确定优先级的项目,采用敏捷开发方法很困难。

习题 2

2-1　为什么有这么多程序语言?

2-2　举例说明怎样学习程序设计语言。

2-3　程序运行对硬件和软件环境有什么要求?

2-4　简要说明程序中变量命名的原则和方法。

2-5　简要说明 Java、C++、Python、Scala、Prolog 编程语言的特点和应用领域。

2-6　简要说明程序模块化设计的基本原则。

2-7　为什么程序测试遵循"假设程序中隐藏着错误"的测试原则?

2-8　简要说明在程序中如何实现参数传递。

2-9　利用 Python 编程,求 $1+2+\cdots+100$ 的和。

2-10　编写 Python 程序,输入直角三角形的两个直角边的边长,求第 3 条边的长度。

第 **2** 部分　　计 算 思 维

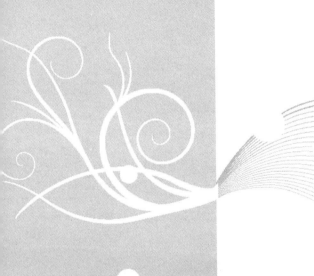

第3章 计算思维和人工智能

计算思维通过广义的计算来描述各类自然过程和社会过程,从而解决各个学科的问题。本章主要从"复杂性、抽象、数学建模、仿真、可计算性"等计算思维概念,讨论各种问题的建模方法、基本算法思想以及人工智能等内容。

3.1 计算思维

3.1.1 计算思维的特征

理论科学、实验科学和计算科学作为科学发现的三大支柱,推动着人类文明进步和科技发展。与三大科学方法对应的是三大科学思维:理论思维、实验思维和计算思维。

1. 计算工具与思维方式的相互影响

计算机科学家迪科斯彻(Edsger Wybe Dijkstra)说过:"**我们使用的工具影响着我们的思维方式和思维习惯,从而也将深刻地影响着我们的思维能力。**"计算的发展也影响着人类的思维方式,从最早的结绳计数,发展到目前的电子计算机,人类思维方式发生了相应的改变。如计算生物学改变着生物学家的思维方式;计算机博弈论改变着经济学家的思维方式;计算社会科学改变着社会学家的思维方式;量子计算改变着物理学家的思维方式。计算思维已成为利用计算机求解问题的一个基本思维方法。

2. 计算思维的定义

"计算思维"是美国卡内基梅隆大学(CMU)周以真(Jeannette M. Wing)教授提出的一种理论。周以真教授认为:**计算思维是运用计算机科学的基础概念去求解问题、设计系统和理解人类行为,它涵盖了计算机科学的一系列思维活动。**

国际教育技术协会(ISTE)和计算机科学教师协会(CSTA)2011年给计算思维做了一个具可操作性的定义,即计算思维是一个问题解决的过程,该过程包括以下特点:

(1) 拟定问题,并能够利用计算机和其他工具的帮助来解决问题;

(2) 要符合逻辑地组织和分析数据;

(3) 通过抽象,如模型、仿真等,再现数据;

(4) 通过算法思想(一系列有序的步骤),支持自动化的解决方案;

（5）分析可能的解决方案，找到最有效的方案，并且有效地应用这些方案和资源；

（6）将该问题的求解过程进行推广，并移植到更广泛的问题中。

3. 计算思维的特征

周以真教授在《计算思维》论文中，提出了以下计算思维的基本特征。

计算思维是人的，不是计算机的思维方式。计算思维是人类求解问题的思维方法，而不是要使人类像计算机那样思考。

计算思维是数学思维和工程思维的相互融合。计算机科学本质上来源于数学思维，但是受计算设备的限制，迫使计算机科学家必须进行工程思考，不能只是数学思考。

计算思维建立在计算过程的能力和限制之上。需要考虑哪些事情人类比计算机做得好？哪些事情计算机比人类做得好？最根本的问题是：什么是可计算的？

为了有效地求解一个问题，我们可能要进一步问：一个近似解是否就够了呢？是否允许漏报和误报？计算思维就是通过简化、转换和仿真等方法，把一个看起来困难的问题，重新阐释成一个我们知道怎样解决的问题。

计算思维采用抽象和分解的方法，将一个庞杂的任务分解成一个适合计算机处理的问题。计算思维是选择合适的方式对问题进行建模，使它易于处理。在我们不必理解系统每一个细节的情况下，就能够安全地使用或调整一个大型的复杂系统。

根据以上周以真教授的分析可以看到：计算思维以设计和构造为特征。计算思维是运用计算机科学的基本概念，进行问题求解、系统设计的一系列思维活动。

3.1.2　数学思维的概念

计算思维包含哪些最基本的概念？目前专家们尚无统一的意见。一般来说，计算思维包含数学思维和工程思维两个部分。数学思维的基本概念有复杂性、抽象、模型、算法、数据结构、可计算性、一致性和完备性等。

1. 复杂性

大问题的复杂性包括二义性（如语义理解等）、不确定性（如哲学家就餐问题、混沌问题等）、关联（如操作系统死锁问题、大学教师排课问题等）、指数爆炸（如汉诺塔问题、旅行商问题等）、悖论（如罗素理发师悖论、图灵停机问题）等概念。计算机科学家迪科斯彻曾经指出"编程的艺术就是处理复杂性的艺术"。

1）程序的复杂性

德国科学家克拉默（Friedrich Crarner）在经典著作《混沌与秩序——生物系统的复杂结构》一书中，给出了几个简单例子，用于分析程序的复杂性。

【例 3-1】　序列 A＝{ aaaaaaa… }

这是一个简单系统，相应程序为：在每一个 a 后续写 a。这个短程序使得这个序列得以随意复制，不管多长都可以编程。

【例 3-2】　序列 B＝{ aabaabaabaab… }

与例 3-1 相比，该例要复杂一些，是一个准复杂系统，但仍可以很容易地写出程序：在两个 a 后续写 b 并重复这一操作。

【例 3-3】 序列 C＝{aabaababbaabaababb⋯}

与例 3-2 相似,也可以用短程序来描述:在两个 a 后续写 b 并重复,每当第 3 次重写 b 时,将第 2 个 a 替换为 b。这样的序列具有可定义的结构,可用相应的程序表示。

【例 3-4】 序列 D＝{ aababbabababbbbabaaaababbab⋯}

例 3-4 中的信息排列毫无规律,如果希望编程解决,就必须将字符串全部列出。这就得出一个结论:**一旦程序大小与试图描述的系统大小相当时,则编程变得没有意义**。当系统结构不能描述,或者说描述它的最小算法与系统本身具有相同的信息比特数时,则称该系统为根本复杂系统。在达到根本复杂之前,人们可以编写出能够解决问题的程序。

2)语义理解的二义性

人们视为智力挑战的问题,计算机做起来未必困难;反而是一些人类觉得简单平常的脑力活动,机器实现起来可能非常困难。例如,速算曾经是人类智力超群的象征,而计算机无论在速度还是准确率上都毫无争议地超过了人类。但是,"为我做一个西红柿炒鸡蛋"这样简单的问题,计算机理解起来就非常困难。因为这个问题存在太多的二义性,如"西红柿"要什么品种,成熟到什么程度,是否要大小基本相同,"一个"的语义是什么,是 1 个西红柿还是 1 斤西红柿,"做"的语义是什么,是"炒"吗,"炒"的语义又是什么,是不停地翻动吗,翻动的频率要多大,炒多长时间,等等。可见概念模糊的命题是不可计算的。

二义性问题在程序设计中会经常遇到。在语言中,二义性是一种语法不完善的说明,在计算机应用中应当避免这种情况。解决二义性有两种方法,方法一是设置一些规则,该规则可在出现二义性的情况下指出哪一个语法是正确的,它的优点是无须修改文法(可能会很复杂)就能够消除二义性;方法二是将文法改变成一个强制正确的格式。

3)复杂系统的 CAP 理论

在分布式系统中,一致性(C)指数据复制到系统 N 台机器后,如果数据有更新,则 N 台机器的数据需要一起更新。可用性(A)指分布式系统有很好的响应性能。分区(P)指分布式系统部分机器出现故障时,系统可以自动隔离到故障分区,并将故障机器的负载分配到正常分区继续工作(容错)。埃瑞克·布鲁尔(Eric Brewer)教授指出:对于分布式系统,数据一致性(C)、系统可用性(A)、分区容错性(P)三个目标(合称 CAP)不可能同时满足,最多只能满足其中两个。CAP 理论给人们以下启示:事物的多个方面往往是相互制衡的,在复杂系统中,冲突不可避免。CAP 理论是 NoSQL 数据库的基石。

在系统设计中,常常需要在各方面达成某种妥协与平衡,因为凡事都有代价。例如,分层会对性能有所损害,不分层又会带来系统过于复杂的问题。很多时候结构就是平衡的艺术,明白这一点,就不会为无法找到完美的解决方案而苦恼。复杂性由需求所决定,既要求容量大,又要求效率高,这种需求本身就不简单,因此很难用简单的算法解决。

4)大问题的不确定性

大型网站往往有成千上万台机器,在这些系统上部署软件和管理服务是一项非常具有挑战性的任务。大规模用户服务往往会涉及众多的程序模块,很多操作步骤。简单性原则就是要求每个阶段、每个步骤、每个子任务都尽量采用最简单的解决方案。这是由于大规模系统存在的不确定性会导致系统复杂性的增加。即使做到了每个环节最简单,但是由于不确定性的存在,整个系统还是会出现不可控的风险。

【例 3-5】 计算机科学家杰夫·迪恩(Jeff Dean)介绍了在大规模数据中心遇到的难题:

假设一台机器处理请求的平均响应时间为 1ms,只有 1％的请求处理时间会大于 1s。如果一个请求需要由 100 个节点机并行处理,那么就会出现 63％的请求响应时间大于 1s,这完全不可接受。面对这个复杂的不确定性问题,Jeff Dean 和 Google 公司做了很多工作。

程序的复杂性来自于大量的不确定性,如需求不确定、功能不确定,由于不确定性的存在,在计算机项目设计中,应当遵循 KISS(保持简单)原则,推崇**简单就是美,任何没有必要的复杂都需要避免**(奥卡姆剃刀原则)。但是要做到 KISS 原则并不容易,人们遇到问题时,往往会从各个方面去考虑,其中难免包含了问题的各种细枝末节,这种思维方式会导致问题变得非常复杂。

2. 抽象

1) 艺术中的抽象

【例 3-6】 在美术范畴内,抽象的表现最简单省力,也最复杂费力。从理论上讲,抽象体现是人为的主观意识,因此抽象画最好画,只要画得怪,都可以称为抽象画。有才华的画家视抽象艺术为最美但又最难画,其中包含的艺术内涵太丰富。如图 3-1 所示,毕加索终生喜欢画牛,年轻时他画的牛体形庞大,有血有肉,威武雄壮。但随着年龄的增长,他画的牛越来越突显筋骨。到他八十多岁时,他画的牛只有寥寥数笔,乍看上去就像一副牛的骨架。而牛外在的皮毛、血肉全部没有了,只剩一副具有牛神韵的骨架了。

图 3-1　毕加索画牛的抽象过程

2) 计算思维中的抽象

计算的根本问题是什么能被有效地自动进行。自动化要求对进行计算的事物进行某种程度的抽象,计算思维中的抽象最终要能够利用机器一步步自动执行。

抽象是对实际事物进行人为处理,抽取所关心的、共同的、本质特征的属性,并对这些事物及其特征属性进行描述,从而大大降低系统元素的数量。计算思维的抽象方法有分解、简化、剪枝、替代、分层、模型化、公式化、形式化等。

【例 3-7】 为了实现程序的自动化计算,需要将问题抽象为一个数学模型。最典型的数学模型有:牛顿力学第二定律 $F=ma$,爱因斯坦质能定律 $E=mc^2$,勾股定理 $a^2+b^2=c^2$ (毕达哥拉斯定理)等,这些数学模型都是对现实世界规律的高度"抽象"。

【例 3-8】 信息有数值、字符、图形、音频、视频等不同表现形式。对这些信息进行表示和存储,二进制数字就是最好的抽象形式;数据之间的关系有顺序、层次、树形、图等类型,数据结构就是对这些关系的抽象；欧拉将哥尼斯堡七桥问题抽象为"图论"问题；我们将解决问题的步骤抽象为算法；程序设计中将数据存储单元地址抽象为变量名；将集成电路的设计抽象为布尔逻辑运算；将三维图形设计抽象为建模和渲染等。

3. 分解

笛卡儿(René Descartes)在《方法论》一书中指出："如果一个问题过于复杂以至于一下子难以解决，那么就将原问题分解成足够小的问题，然后再分别解决。"

1) 利用等价关系进行系统简化

复杂系统可以看成是一个集合，**要使集合的复杂性降低，就要想办法使它有序**。而使集合有序的最好办法，就是按"等价关系"对系统进行分解。通俗地说，就是将一个大系统划分为若干个子系统，使人们易于理解和交流。这样，子系统不仅具有某种共同的属性，而且可以完全恢复到原来的状态，从而大大降低系统的复杂性。

2) 利用分治法思想进行分解

分而治之是指把一个复杂的问题分解成若干个简单的问题，然后逐个解决。这种朴素的思想来源于人们生活与工作的经验，并且完全适合于技术领域。编程人员采用分治法时，应着重考虑：复杂问题分解后，每个子问题能否用程序实现？所有程序最终能否集成为一个软件系统？软件系统能否解决这个复杂的问题？

3.1.3　工程思维的概念

工程思维的基本概念有效率、资源、兼容性、硬件与软件、模型和结构、时间和空间、编码(转换)、模块化、复用、安全、演化、折中与结论等。

1. 效率

效率始终是计算机领域重点关注的问题。例如，为了提高程序执行效率，采用并行处理技术；为了提高网络传输效率，采用信道复用技术；为了提高 CPU 利用率，采用时间片技术；为了提高 CPU 处理速度，采用高速缓存技术等。

【例 3-9】　计算机死锁目前没有完美的解决方法。解决死锁问题(如死锁检测)通常会严重地降低系统效率，以至于得不偿失。因为死锁不是一种经常发生的现象，所以几乎所有操作系统处理死锁问题的方法是采用"鸵鸟算法"，也就是假装什么都不会发生，一旦死锁真正发生就重新启动系统。可见鸵鸟算法是为了效率优先而采用的一种策略。

但是，效率是一个双刃剑，美国经济学家奥肯(Arthur M. Okun)在《平等与效率——重大的抉择》中断言："**为了效率就要牺牲某些平等，并且为了平等就要牺牲某些效率。**"奥肯的论述同样适用计算机系统。

【例 3-10】　计算机"优先"技术有系统进程优先、中断优先、反复执行的指令优先等，它们体现了效率优先的原则；而 FIFO(先到先出)、队列、网络数据包转发等，体现了平等优先的原则。效率与平等的选择需要根据实际问题进行权衡分析。如绝大部分算法都采用效率优先原则，但是也有例外。如"树"的广度搜索和深度搜索中，采用了平等优先原则，即保证树中每个节点都能够被搜索到，因而搜索效率很低；而启发式搜索则采用效率优先原则，它会对树进行"剪枝"处理，因此不能保证树中每个节点都会被搜索到。在实际应用中，搜索引擎同样不能保证因特网中每个网页都会被搜索到；棋类博弈程序也是这样。

2. 兼容性

计算机硬件和软件产品遵循向下兼容的设计原则。在计算机领域,新一代产品总是在老一代产品的基础上进行改进。新设计的计算机软件和硬件,应当尽量兼容过去设计的软件系统,兼容过去的体系结构,兼容过去的组成部件,兼容过去的生产工艺,这就是"向下兼容"。计算机产品无法做到"向上兼容"(或向前兼容),因为老一代产品无法兼容未来的系统,只能是新一代产品来兼容老产品。

【例 3-11】 老式 CRT(阴极射线管)显示器采用电子束逐行扫描方式显示图像,而新型 LCD(液晶显示器)没有电子束,原理上也不需要逐行扫描,一次就能够显示整屏图像。但是为了保持与显卡、图像显示程序的兼容性,LCD 不得不沿用老式的逐行扫描技术。

兼容性降低了产品成本,提高了产品可用性,同时也阻碍了技术发展。各种老式的、正在使用的硬件设备和软件技术(如 PCI 总线、复杂指令系统、串行编程方法等),它们是计算机领域发展的沉重负担。如果不考虑向下兼容问题,设计一个全新的计算机时,完全可以采用现代的、艺术的、高性能的结构和产品,如苹果公司的 iPad 就是典型案例。

3. 硬件与软件

早期计算机中,硬件与软件之间的界限十分清晰。随着技术发展,软件与硬件之间的界限变得模糊不清了。特兰鲍姆(Andrew S. Tanenbaum)教授指出:**"硬件和软件在逻辑上是等同的""任何由软件实现的操作都可以直接由硬件来完成,……任何由硬件实现的指令都可以由软件来模拟"**。某些功能既可以用硬件技术实现,也可以用软件技术实现。

【例 3-12】 硬件软件化。硬件软件化是将硬件的功能由软件来实现,它屏蔽了复杂的硬件设计过程,大大降低了产品成本。例如,在 x86 系列 CPU 内部,用软件的微指令来代替硬件逻辑电路设计。微指令技术增加了指令设计的灵活性,同时也降低了逻辑电路的复杂性。另外,冯·诺依曼计算机结构中的"控制器"部件,目前已经由操作系统取代。目前流行的虚拟机、虚拟仪表、IP 电话、软件无线电等,都是硬件设备软件化的典型案例。

【例 3-13】 软件硬件化。软件硬件化是将软件实现的功能设计成逻辑电路,然后将这些电路集成到集成电路芯片中,由硬件实现其功能。硬件电路的运行速率要大大高于软件,因而,软件硬件化能够大大提升系统的运行速率。例如,实现两个符号的异或运算(如 a ⊕ b)时,软件实现的方法是比较两个符号的值,再经过 if 控制语句输出运算结果;硬件实现的方法是直接利用逻辑门电路实现异或运算。视频数据压缩与解压缩、3D 图形的几何建模和渲染、数据奇偶检验、网络数据打包与解包等,目前都采用专业芯片处理,这些是软件技术硬件化的典型案例。计算机硬件和软件的界限完全是人为划定的,并且经常变化。

【例 3-14】 软件与硬件的融合。在 TCP/IP 网络模型中,信息的比特流传输通过物理层硬件设备实现。而网络层、传输层和应用层的功能是控制比特传输,实现传输的高效性和可靠性等。事实上,应用层的功能主要由软件实现,而传输层和网络层则是软硬件相互融合的。如传输层的设备是交换机,网络层的设备是路由器,在这两种硬件设备上,都需要加载软件(如数据成帧、地址查表、路由算法等),以实现对传输的控制。如果只用硬件设备,会使硬件复杂化,而且不一定能很好地实现控制功能;如果只使用软件,程序也就变得很复杂,而且某些接口功能实现困难,程序运行效率较低,这对有实时要求的应用(如校园网数据中心)是致命的。交换机和路由器是软硬件相互融合、协同工作的例证。

一般来说,**硬件实现某个功能时,具有速度快、占用内存少、可修改性差、成本高等特点;而软件实现某个功能时,具有速度低、占用内存多、可修改性好、成本低等特点。**具体采用哪种设计方案实现功能,需要对软件和硬件进行折中考虑。

4. 折中与结论

在计算机产品设计中,经常会遇到性能与成本、易用性与安全性、纠错与效率、编程技巧与可维护性、可靠性与成本、新技术与兼容性、软件实现与硬件实现、开放与保护等相互矛盾的设计要求。单方面看,每一项指标都很重要,在鱼与熊掌不可兼得的情况下,计算机设计人员必须做出折中并得出结论。

【**例 3-15**】 计算机工作过程中,由于电磁干扰、时序失常等原因,可能会出现数据传输和处理错误。如果每个步骤都进行数据错误校验,则计算机设计会变得复杂无比。因此,是否进行数据错误校验,数据校验的使用频度如何,需要进行性能与复杂性方面的折中考虑。例如,在个人微机中,性能比安全性更加重要,因此内存条一般不采用奇偶校验和 ECC(错误校验),以提高内存的工作效率;但是在服务器中,一旦系统崩溃将造成重大损失(如股票交易服务器的崩溃),因此服务器内存条的安全性要求大于工作效率,奇偶校验和 ECC 校验是服务器内存必不可少的设计要求。

3.1.4 计算机解题方法

利用计算机解决具体问题时,一般需要经过以下几个步骤:一是理解问题,寻找解决问题的条件;二是对一些具有连续性质的现实问题,进行离散化处理;三是从问题抽象出一个适当的数学模型,然后设计或选择一个解决这个数学模型的算法;四是按照算法编写程序,并且对程序进行调试和测试,最后运行程序,直至得到最终解答。

1. 寻找解决问题的条件

1) 界定问题

解决问题首先要对问题进行界定,即弄清楚问题到底是什么,不要被问题的表象迷惑。只有正确地界定了问题,才能找准应该解决的"目标",后面的步骤才能正确地执行。如果找不准目标,就可能劳而无获,甚至南辕北辙。

2) 寻找解题的条件

在"简化问题,变难为易"的原则下,尽力寻找解决问题的必要条件,以缩小问题求解范围。当遇到一道难题时,可以尝试从最简单的特殊情况入手,找出有助于简化问题,变难为易的条件,逐渐深入,最终分析归纳出解题的一般规律。

例如,在一些需要进行搜索求解的问题中,一般可以采用深度优先搜索和广度优先搜索。如果问题的搜索范围太大(如棋类博弈),减少搜索量最有效的手段就是"剪枝"(删除一些对结果没有影响的分支问题),即建立一些限制条件,缩小搜索的范围。如果问题错综复杂,可以尝试从多个侧面分析和寻找必要条件;或者将问题分解后,根据各部分的本质特征,再来寻找各种必要条件。

2．对象的离散化

计算机处理的对象一部分本身就是离散化的,如数字、字母、符号等;但是在很多实际问题中,信息都是连续的,如图像、声音、时间、电压等自然现象,以及一些社会现象。凡是"可计算"的问题,处理对象都是离散型的,因为计算机建立在离散数字计算的基础上。所有连续型问题必须转化为离散型问题后(数字化),才能被计算机处理。

【例3-16】 在计算机屏幕上显示一张图片时,计算机必须将图片在水平和垂直方向分解成一定分辨率的像素点(离散化);然后将每个像素点再分解成红绿蓝(RGB)三种基本颜色;再将每种颜色的变化分解为0~255(1字节)个色彩等级;这样计算机就会得到一大批有特定规律的离散化数字,计算机也就能够任意处理这张图片了,如图片的放大、缩小、旋转、变形、变换颜色等操作。

3．解决问题的算法

求解一个问题时,可能会有多种算法可供选择,选择的标准是算法的正确性、可靠性、简单性;其次是算法所需要的存储空间少和执行速度快等。

1) 问题的抽象描述

遇到实际问题时,首先把它形式化,将问题抽象为一个一般性的数学问题。对需要解决的问题用数学形式描述它,先不要管是否合适。然后通过这种描述来寻找问题的结构和性质,看看这种描述是不是合适,如果不合适,再换一种方式。通过反复地尝试,不断地修正来得到一个满意的结果。遇到一个新问题时,通常都是先用各种各样的小例子去不断地尝试,在尝试的过程中,不断地与问题进行各种各样的碰撞,然后发现问题的关键性质。

2) 理解算法的适应性

需要观察问题的结构和性质,每一个实际问题都有它相应的性质和结构。每一种算法技术和思想,如分治算法、贪心算法、动态规划、线性规划、遗传算法、网络流等,都有它们适宜解决的问题。例如,动态规划适宜解决的问题需要有最优子结构和重复性子问题。一旦我们观察出问题的结构和性质,就可以用现有的算法去解决它。而用数学的方式表述问题,更有利于我们观察出问题的结构和性质。

3) 建立算法

这一步需要建立求解问题的算法,即确定问题的数学模型,并在此模型上定义一组运算,然后对这组运算进行调用和控制,根据已知数据导出所求结果。建立数学模型时,找出问题的已知条件,要求的目标,以及在已知条件和目标之间的联系。算法的描述形式有数学模型、数据表格、结构图形、伪代码、程序流程图等。

获得了问题的算法并不等于问题可解,问题是否可解还取决于算法的复杂性,即算法所需要的时间和空间在数量级上能否被接受。

4．程序设计

图灵在《计算机器与智能》论文中指出:"如果一个人想让机器模仿计算员执行复杂的操作,他必须告诉计算机要做什么,并把结果翻译成某种形式的**指令**表。这种构造指令表的行为称为编程。"算法对问题求解过程的描述比程序粗略,用编程语言对算法经过细化编程后,可以得到计算机程序,而执行程序就是执行用编程语言表述的算法。

3.1.5　数学模型的构建

1. 数学模型

模型是将研究对象通过抽象、归纳、演绎、类比等方法,用适当形式描述的简洁的表达方式。简单地说,模型是系统的简化表示,每个模型都是现实世界的一个近似,没有完美的模型。模型的类型有实体模型(如汽车模型、城市规划模型等),仿真模型(如飞行器实验仿真、天气预测模型等),抽象模型(如数学模型、结构模型、思维模型等)。计算机科学经常采用仿真模型和抽象模型来解决问题。

数学模型是用数学语言描述的问题。数学模型可以是一个数学公式、一组代数方程,也可以是它们的某种组合。数学表达式仅仅是数学模型的主要形式之一,但切不可误认为"数学模型就是数学表达式"。数学模型还可以用符号、图形、表格等形式进行描述。

所有正确的数学模型均可转化为基于计算机的算法和程序。数值型问题相对容易建立数学模型,而非数值型问题则较难。一些无法直接建立数学模型的系统,如抽象思维、社会活动、人类行为等,需要将这些问题符号化,然后再建立它们的数学模型。数学模型应用日益广泛的原因在于:社会生活各个方面日益数字化;计算机的发展为精确化提供了条件;很多无法试验或费用很大的试验,用数学模型进行研究是一个行之有效的方法。

2. 数学建模的一般方法

利用计算机解决问题时,建立数学模型是十分关键的一步,同时也是十分困难的一步。笛卡儿设计了一种希望能够解决各种问题的万能方法,这种万能方法的大致模式是:第一,把任何问题转化为数学问题;第二,把任何数学问题转化为一个代数问题;第三,把任何代数问题归结到解一个方程式。这也是现代数学建模思想的来源。

数学建模的本质是挖掘数据之间的关系和数据的变化规律,而这些"规律"往往隐藏在数据之中,难以发现。在数学建模时,如果能够在繁杂的数据中找到有价值的规律,并加以合理应用,往往可使问题获得简化,便于利用计算机解决问题。建立数学模型的方法很多,没有固定的模式可言。总体上建模方法可分为原理分析法和统计分析法两大类。

采用原理分析方法建模时,往往选择常用算法模型,有针对性地对模型进行综合。

采用统计分析方法建模时,可以通过统计模拟和抽样随机化等方法得到问题的近似数学模型(如语音识别),而且模型解出现错误的概率会随着计算次数的增加而显著减少。

3. 商品定价的数学建模案例

如果能够将问题抽象为数学模型,这个问题就可以利用计算机的方法求解。例如,将"讨价还价"等行为看作一场博弈,则可以将问题抽象成数学模型,然后利用计算机求解。如博弈模型"囚徒困境"就是利用计算机解题的典型案例。

【例 3-17】　商品提价问题如何建立数学模型。商场经营者既要考虑商品的销售额、销售量,同时也要考虑如何在短期内获得最大利润。这个问题与商品的定价有直接关系,定价低时,销售量大但单件利润小;定价高时,单件利润大但销售量减少。假设某商场销售的某种商品单价 25 元,每年可销售 3 万件;设该商品每件提价 1 元,则销售量减少 0.1 万件。如果要使总销售收入不少于 75 万元,求该商品的最高提价。数学模型的建立方法如下。

1) 分析问题

已知条件:单价 25 元×销售 3 万件=销售收入 75 万元;

约束条件 1:每件商品提价 1 元,则销售量减少 0.1 万件;

约束条件 2:保持总销售收入不少于 75 万元。

2) 建立数学模型

设最高提价为 x 元,提价后的商品单价为 $(25+x)$ 元,提价后的销售量为 $(30\,000-1000x/1)$ 件,则:$(25+x)(30\,000-1000x/1) \geqslant 750\,000$,简化后数学模型为:$(25+x)(30-x) \geqslant 750$。

3) 编程求解

对以上问题编程求解后:$x \leqslant 5$,即提价最高不能超过 5 元。

3.2　建模案例

有人认为,建立数学建模需要专业的数学知识。其实不然,很多数学模型并不涉及高深的数学知识,如"平均收入"的安全计算。即使是对复杂性系统的研究(如细胞自动机),有时也只需要几条简单的规则。

3.2.1　囚徒困境:博弈策略建模

1. 博弈论的基本概念

如果有两人以上参与,且双方可以通过不同策略相互竞争的游戏,而且一方采用的策略会对另一方的行为产生影响,这种情况就称为博弈。1944 年,冯·诺依曼和奥斯卡·摩根斯特恩(Oskar Morgenstern)发表了《博弈论和经济行为》著作,首次介绍了博弈论(Game Theory),他们希望博弈论能为经济问题提供数学解答。

博弈论的基本元素有参与者、行动、信息、策略、收益、均衡和结果。博弈包括同时行动和顺序行动两种类型。在同时行动博弈中,参与者在不了解对方行动的情况下采取行动(如囚徒困境、工程竞标等)。顺序行动博弈采用轮流行动方式,先行动者的动作会明确告知后行动者,博弈参与者轮流行动(如象棋比赛、商业谈判、学术辩论等)。

囚徒困境是两个囚徒之间的一种特殊博弈,它说明了为什么在合作对双方都有利时,保持合作也非常困难。囚徒困境也反映了个人最佳选择并非团体最佳选择。虽然囚徒困境只是一个模型,但现实中的价格竞争、商业谈判等,都会频繁出现类似情况。

2. 囚徒困境问题描述

1950 年,兰德公司的梅里尔·弗勒德(Merrill Flood)和梅尔文·德雷希尔(Melvin Dresher)根据博弈论拟定出相关困境的理论,后来由艾伯特·塔克(Albert Tucker)以"囚徒困境"的命题进行阐述。经典的囚徒困境描述如下。

【例 3-18】　警方逮捕了 A、B 两名嫌疑犯,但没有足够证据指控二人有罪。于是警方分开囚禁嫌疑犯,单独与二人见面,并向双方提供以下相同的选择,如图 3-2 所示。

策略	A沉默(合作)	A认罪(背叛)
B沉默	二人同服刑1年	A获释；B服刑10年
B认罪	A服刑10年；B获释	A和B二人同服刑8年

图 3-2 囚徒困境的博弈

(1) 如果一人认罪并作证检举对方("背叛"对方),而对方保持沉默,则此人将获释,沉默者将判监禁 10 年。

(2) 如果二人都保持沉默(互相"合作"),则二人同样判监 1 年。

(3) 如果二人都互相检举(互相"背叛"),则二人同样判监 8 年。

3. 囚徒的策略选择困境

囚徒到底应该选择哪一项策略,才能将自己的刑期缩至最短? 两名囚徒由于隔绝监禁,并不知道对方的选择；即使他们能够交谈,也未必能够相信对方不会反口。就个人理性选择而言,检举对方(背叛)所得到的刑期,总比沉默(合作)要低。困境中两名理性囚徒可能会做出如下选择。

(1) 若对方沉默,背叛会让我获释,所以我会选择背叛。

(2) 若对方背叛我,我也要指控对方才能得到较低刑期,所以也选择背叛。

两个囚徒的理性思考都会得出相同的结论：选择背叛。结果二人服刑 8 年。

在囚徒困境博弈中,如果两个囚徒选择合作,双方都保持沉默,总体利益会更高。而两个囚徒只追求个人利益,都选择背叛时,总体利益反而较低,这就是"困境"所在。

4. 囚徒困境的数学建模

根据囚徒困境的基本博弈思想,可以建立一个数学模型,然后进行编程求解。在社会学和经济学中,也经常采用博弈的形式分析各种论题。以下是囚徒困境建模的一般形式。

1) 策略的符号化

我们对囚徒困境中的各种行为以 T、R、P、S 符号表示；将囚徒由于各种选择而获得的收益和支付转换为数值,就获得了表 3-1 所示的符号表。

表 3-1 囚徒困境的 T、R、P、S 符号表

符号	分数	英文	中文	说明
T	5	Temptation	背叛收益	单独背叛成功所得
R	3	Reward	合作报酬	共同合作所得
P	1	Punishment	背叛惩罚	共同背叛所得
S	0	Suckers	受骗支付	被单独背叛所获

从表 3-1 可见 5>3>1>0,从而得出不等式 $T>R>P>S$。一个经典囚徒困境必须满足这个不等式,不满足这个条件的就不是囚徒困境。但是,以整体获分最高而言,将得出以下不等式: $2R>T+S$(如 $2\times3>5+0$)或 $2R>2P$(如 $2\times3>2\times1$),由此可见合作($2R$)比背叛($T+S$ 或 $2P$)得分高。如果重复进行囚徒困境的博弈,参与者的策略将会从注重 $T>R>P>S$ 转变为注重 $2R>T+S$(即"合作优于背叛"),尤其避免 $2P$(两人均背叛)的出现。

2) 建立收益和支付矩阵

假设根据以下简单规则来确定博弈双方的收益和支付值:

(1) 一人背叛,一人合作时,背叛者得 5 分(背叛收益),合作者得 0 分(受骗支付)。

(2) 二人都合作时,双方各得 3 分(合作报酬)。

(3) 二人都背叛时,各得 1 分(背叛惩罚)。

由此得到的收益和支付矩阵,如表 3-2 所示。

表 3-2　囚徒困境的收益和支付矩阵表

囚徒的收益和支付矩阵			以符号表示的策略		
策略	A 合作	A 背叛	策略	A 合作	A 背叛
B 合作	$A=3,B=3$	$A=5,B=0$	B 合作	R,R	T,S
B 背叛	$A=0,B=5$	$A=1,B=1$	B 背叛	S,T	P,P

3) 建立数学模型

由表 3-2 我们可以建立以下数学模型:

$A=R,B=R$ 时,$A=3,B=3$;

$A=T,B=S$ 时,$A=5,B=0$;

$A=S,B=T$ 时,$A=0,B=5$;

$A=P,B=P$ 时,$A=1,B=1$。

5. 囚徒困境的博弈策略

美国密执根大学的罗伯特·阿克斯罗德(Robert Axelrod)为了研究囚徒困境问题,在 1979 年组织了一场计算机程序比赛。比赛设定了两个前提:一是每个人都是自私的;二是没有权威干预个人决策,每个人可以完全按照自己利益最大化进行决策。他研究的主要问题是:人为什么要合作? 人什么时候合作,什么时候不合作? 如何使别人与自己合作?

参加博弈的有 14 个程序,每个程序循环对局 300 次,得分最高的是加拿大学者阿纳托尔·拉波波特(Anatol Rapoport)编写的"一报还一报"程序。这个程序的博弈策略是:第一次对局采取合作策略,以后每一次对局都采用和对手上一次相同的策略。即对手上一次合作,我这次就合作;对手上一次背叛,我这次就背叛。这个程序只有 4 行 BASIC 语句。

6. 囚徒困境模型的应用

在人类社会或大自然都可以找到类似囚徒困境的例子。经济学,政治学,动物行为学,进化生物学等学科,都可以用囚徒困境模型进行研究分析。

【例 3-19】　商业活动中会出现各种囚徒困境的案例,以广告竞争为例。两个公司互相竞争,两个公司的广告互相影响,即一公司的广告被顾客接受则会夺取对方公司的市场份额；如果两家公司同时发出质量类似的广告，则收入增加很少但成本增加较大。两个公司都面临两种选择：好的策略是互相达成协议，减少广告开支（合作）；差的策略是增加广告开支，设法提升广告质量，压倒对方（背叛）。

如果两家公司互不信任对方，无法合作时，背叛就会成为支配性策略，两家公司将陷入广告战，而广告成本的增加损害了两家公司的收益，这就陷入了囚徒困境。在现实中，要使两个互相竞争的公司达成合作协议是困难的，多数都会陷入囚徒困境中。

人们在生活中处处都可以见证"囚徒困境"现象，如幼儿园小朋友互相分享玩具（给他玩，不给他玩）；情窦初开的男生女生互相表白爱情（表白，不表白）；夫妻双方对家庭的态度（忠诚，不忠诚）；公共走廊卫生的维持（不扔垃圾，扔垃圾）；老板与下属的关系（信任，不信任）；商场上的非正式合同或君子协定（不违约，违约）；竞争对手打价格战（不降价，降价）；国家间的对抗（和平，战争）等。虽然括号内的前者选择都是大家想要达到的目标，自私（理性选择）的结果却是大家不得不接受后者。

3.2.2　机器翻译：统计语言建模

长期以来，人们一直梦想能让机器代替人类翻译语言、识别语音、理解文字。计算机专家在 20 世纪 50 年代开始，一直致力于研究如何让机器对语言做最好的理解和处理。

1. 基于词典互译的机器翻译

早期人们认为只要用一部双向词典和一些语法知识就可以实现两种语言文字间的机器互译，结果遇到了挫折。例如，将英语句子 Time flies like an arrow（光阴似箭）翻译成日语，然后再翻译回来时，竟变成了"苍蝇喜欢箭"；例如，英语句子 The spirit is willing but the flesh is weak（心有余而力不足）翻译成俄语，然后再翻译回来时，竟变成了 The wine is good but the meat is spoiled（酒是好的，肉变质了）。

这些问题出现后，人们发现机器翻译并非想象的那么简单，人们认识到单纯地依靠"查字典"的方法不可能解决机器翻译问题，只有在对语义理解的基础上，才能做到真正的翻译。因此，机器翻译被认为是一个完整性问题，即为了解决其中一个问题，你必须解决全部的问题，哪怕是一个简单和特定的任务。

2. 基于语法分析的机器翻译

1957 年，乔姆斯基（Avram Noam Chomsky）提出了"形式语言"理论。形式语言是用数学方法研究自然语言（如英语）和人工语言（如程序语言等）的理论，乔姆斯基提出了形式语言的表达形式和递归生成方法。

【例 3-20】　用形式语言表示短句"那个穿红衣服的女孩是我的女朋友"。

假设：S＝短句，线条＝改写，V＝动词，VP＝动词词组，N＝名词，NP＝名词词组，D＝限定词，A＝形容词，P＝介词，PP＝介词短语。用形式语言表示的短句如图 3-3 所示。

【例 3-21】　用形式语言表示程序的条件语句：if x＝＝2 then {x＝a＋b}。

用形式语言表示的程序语句如图 3-4 所示。

乔姆斯基提出"形式语言"理论后，人们更坚定了利用语法规则进行机器翻译的信念。为了解决机器翻译问题，人们想到了让机器模拟人类进行学习：这就需要让机器理解人类语言,学习人类的语法,分析语句等。遗憾的是,依靠计算机理解自然语言遇到了极大的困难。例如,运用语法规则处理下面两句话时,计算机就无法判断和翻译。

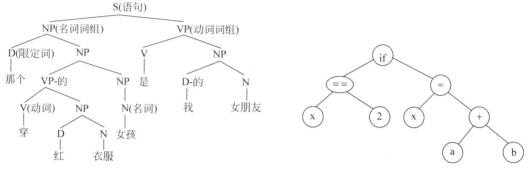

图 3-3　用形式语言表示短句　　　　　　图 3-4　用形式语言表示程序语句

【例 3-22】　The pen is in the box. 钢笔在盒子里。

【例 3-23】　The box is in the pen. 盒子在钢笔里(正确翻译:盒子在围栏里)。

3. 基于概率统计的机器翻译

用不同语言交谈的人们,怎样根据接收的信息来推测说话者的意思呢?以语音识别为例,当人们观测到语音信号为 o_1、o_2、o_3 时,要根据这组信号推测出发送的句子是 s_1、s_2、s_3。显然,应该在所有可能的句子中,找到最有可能性的一个句子。用数学语言描述就是:在已知 $o_1, o_2, o_3, \cdots$ 的情况下,求概率 $P(o_1, o_2, o_3, \cdots | s_1, s_2, s_3, \cdots)$ 达到最大值的句子 $s_1, s_2, s_3, \cdots$。即

$$P(o_1, o_2, o_3, \cdots \mid s_1, s_2, s_3, \cdots) * P(s_1, s_2, s_3, \cdots) \tag{3-1}$$

式中:垂直线 | 之后是性质表述,可读"而且";$P(o_1, o_2, o_3, \cdots | s_1, s_2, s_3, \cdots)$ 表示某句话 s_1, $s_2, s_3, \cdots$ 被读成 $o_1, o_2, o_3, \cdots$ 的可能性(概率值)。而 $P(s_1, s_2, s_3, \cdots)$ 表示字串 $s_1, s_2, s_3, \cdots$ 成为合理句子的可能性(概率值)。

如果我们把 $s_1, s_2, s_3, \cdots$ 当成中文,把 $o_1, o_2, o_3, \cdots$ 当成对应的英文,那么就能利用这个模型解决机器翻译问题;如果把 $o_1, o_2, o_3, \cdots$ 当成手写文字得到的图像特征,就能利用这个模型解决手写体文字的识别问题。

4. N 元统计语言模型的数学建模

20 世纪 70 年代初,美国计算机专家贾里尼克(Fred Jelinek)用两个隐含马尔科夫模型(声学模型和语言模型)建立了统计语音识别数学模型。

统计语言模型是基于概率的模型,计算机借助大容量语料库的概率参数,估计出自然语言中每个句子出现的可能性(概率),而不是判断该句子是否符合语法。常用统计语言模型有 N 元文法模型(N-gram Model)、隐含马尔科夫模型、最大熵模型等。统计语言模型依赖于单词的上下文(本词与上一个词和下一个词的关系)概率分布。例如,当一个句子片段为"他正在认真……"时,下一个词可以是"学习、工作、思考"等,而不可能是"美丽、我、中国"等。学者们发现,许多词对后面出现的词有很强的预测能力,英语这类有严格语序的语言更是如此。汉语语序较英语灵活,但是这种约束关系依然存在。

统计语言模型描述了任意语句 S 属于某种语言集合的可能性(概率 $P(S)$)。例如,P

（他/认真/学习）＝0.02（概率值），P（他/认真/读书）＝0.03，P（他/认真/坏）＝0 等。这里并不要求语句 S 在语法上是完备的，该模型需对任意语句 S 都给出一个概率统计值。

假设一个语句 S 中第 w_i 个词出现的概率，依赖于它前面的 $N-1$ 个词，这样的语言模型称为 N-gram 模型（N 元语言统计模型）。语句 S 出现的概率 $P(S)$ 等于每一个词（w_i）出现的概率相乘。语句 S 出现的概率 $P(S)$ 可展开为

$$P(S) = P(w_1)P(w_2 \mid w_1)P(w_3 \mid w_1 w_2) \cdots P(w_n \mid w_1 w_2 \cdots w_{n-1}) \tag{3-2}$$

其中，$P(w_1)$ 表示第 1 个词 w_1 出现的概率；$P(w_2 \mid w_1)$ 是在已知第 1 个词的前提下，第 2 个词出现的概率；其余依次类推。不难看出，词 w_n 的出现概率取决于它前面所有词。为了预测词 w_n 的出现概率，必须已知它前面所有词的出现概率。从计算来看，各种可能性太多，太复杂了。因此人们假定任意一个词 w_i 的出现概率只与它前面的词 w_{i-1} 有关（马尔科夫假设），于是问题得到了很大的简化。这时 S 出现的概率就变为

$$P(S) = P(w_1)P(w_2 \mid w_1)P(w_3 \mid w_1 w_2) \cdots P(w_n \mid w_1 w_2 \cdots w_{n-1}) \tag{3-3}$$

接下来的问题是如何估计 $P(w_i \mid w_{i-1})$。现在有了大量计算机文本语料库后，这个问题变得很简单，只要数一数这对词（w_{i-1}, w_i）在统计文本中出现了多少次，以及 w_{i-1} 本身在同样文本中前后相邻出现了多少次。简单地说，统计语言模型的计算思维就是：短句 S 翻译成短句 F 的概率是短句 S 中每一个单词翻译成 F 中对应单词概率的乘积。根据式（3-3），可以推导出常见的 N 元模型（假设只有 4 个单词的情况）如下。

一元模型为：$P(w_1 w_2 w_3 w_4) = P(w_1)P(w_2)P(w_3)P(w_4)$

二元模型为：$P(w_1 w_2 w_3 w_4) = P(w_1)P(w_2 \mid w_1)P(w_3 \mid w_2)P(w_4 \mid w_3)$

三元模型为：$P(w_1 w_2 w_3 w_4) = P(w_1)P(w_2 \mid w_1)P(w_3 \mid w_1 w_2)P(w_4 \mid w_2 w_3)$

N 元统计语言模型应用广泛。如以下案例所示，前面语句出现的概率，大大高于后面的语句，因此，根据语言统计模型，正确的选择是前面的语句。

【例 3-24】 中文分词。对语句"已结婚的和尚未结婚的青年"进行分词时：P（已/结婚/的/和/尚未/结婚/的/青年）＞P（已/结婚/的/和尚/未/结婚/的/青年）。

【例 3-25】 机器翻译。对语句"The box is in the pen."进行翻译时：P（盒子在围栏里）＞＞P（盒子在钢笔里）。

【例 3-26】 拼写纠错。P（about fifteen **minutes** from）＞P（about fifteen **minuets** from）。

【例 3-27】 语音识别。P（I saw a van）＞＞P（eyes awe of an）。

【例 3-28】 音字转换，将输入的拼音 gong ji yi zhi gong ji 转换为汉字时：P（共计一只公鸡）＞P（攻击一只公鸡）。

统计语言模型的翻译过程如图 3-5 所示。

5. 三元统计语言模型的应用

N-gram 模型的缺点在于当 N 较大时，需要规模庞大的语料文本统计库（如 Google N-gram 语料库为 1TB 左右）来确定模型的参数。目前使用的 N-gram 模型通常是 $N=2$ 的二元语言模型，或是 $N=3$ 的三元语言模型。以三元模型为例，可以近似的认为任意词 w_i 的出现概率，只与它前面两个词有关。

20 世纪 80 年代，李开复博士用统计语言模型成功地开发了世界上第一个大词汇量连

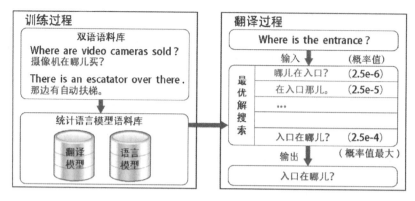

图 3-5　统计语言模型的机器翻译过程

续语音识别系统 Sphinx。哈工大研发的微软拼音输入法也是基于三元统计语言模型。三元统计语言模型现在仍然是实际应用中表现最佳的语言模型。据调查,目前市场上的语音听写系统和拼音输入法都是基于三元模型实现的。

　　统计语言模型有点像天气预报采用的方法。用来估计概率参数的大规模语料库,好比是一个地区历年积累的气象纪录。用三元模型做天气预报,就像根据前两天的天气情况预测今天的天气,这种预报不可能百分之百准确,这也是概率统计方法的一个特点。

　　【例 3-29】　中文分词。分词是文本处理的基础性工作,在 Python 编程领域,"结巴分词"是一款高准确率、高效率的中文分词软件包。结巴分词支持两种分词模式:一是默认模式,它将句子最精确地切开,它适合做文本分析分词;二是全模式,它把句子中所有可以成词的词语都扫描出来,它适合做搜索引擎分词。中文分词 Python 代码如下所示。

```
# -*- coding: utf-8 -*-
import jieba          #导入第三方中文分词包:结巴分词 jieba
seg_list = jieba.cut('我来到北京清华大学',cut_all = True)    #分词文本
print('全模式: ','/ '.join(seg_list))                      #显示全模式分词结果
seg_list = jieba.cut('我来到北京清华大学',cut_all = False)   #分词文本
print('默认模式: ','/ '.join(seg_list))                    #显示默认模式分词结果,以/符号分隔
seg_list = jieba.cut('已结婚的和尚未结婚的青年')             #分词文本
print(', '.join(seg_list))                                #显示分词结果,以,号分隔
```

```
程序运行结果:
全模式: 我/ 来/ 来到/ 到/ 北/ 北京/ 京/ 清/ 清华/ 清华大学/ 华/ 华大/ 大/ 大学/ 学
默认模式: 我/ 来到/ 北京/ 清华大学
已,结婚,的,和,尚未,结婚,的,青年(注:没有分为"已结婚的和尚,未结婚的青年")
```

3.2.3　平均收入:安全计算建模

1. 什么是安全多方计算(SMC)

　　为了说明什么是安全多方计算,我们先介绍几个实际生活中的例子。

　　【例 3-30】　很多证券公司的金融研究组用各种方法,试图统计基金的平均仓位,但得出的结果差异较大。为什么不直接发送调查问卷呢?因为基金经理都不愿意公开自己的真

实仓位。那么如何在不泄漏每个基金真实数据的前提下,统计出平均仓位的精确值呢?

以上案例具有以下共有特点:一是两方或多方参与基于他们各自私密输入数据的计算;二是他们都不想其他方知道自己输入的数据。问题是在保护输入数据私密性的前提下如何实现计算?这类问题是安全多方计算中的"比特承诺"问题。

2. 简单安全多方计算的数学建模

【例3-31】 假设一个班级的大学同学毕业10年后聚会,大家对毕业后同学们的平均收入水平很感兴趣。但基于各种原因,每个人都不想让别人知道自己的真实收入数据。是否有一个方法,在每个人都不会泄漏自己收入的情况下,大家一块算出平均收入呢?

方法是存在的:同学们围坐在一桌,先随便挑出一个人,他在心里生成一个随机数 X,加上自己的收入 N_1 后($S \leftarrow X + N_1$)传递给邻座,旁边这个人在接到这个数(S)后,再加上自己的收入 N_2 后($S \leftarrow S + N_2$),再传给下一个人,依次下去,最后一个人在收到的数上加上自己的收入后传给第一个人。第一个人从收到的数里减去最开始的随机数,就能获得所有人的收入之和。该和除以参与人数就是大家的平均收入。以上方法的数学模型为

$$\mathrm{SR} = (S - X)/n \tag{3-4}$$

其中,SR 为平均收入;S 为全体同学收入累计和;X 为初始随机数;n 为参与人数。

以上是美国数学教授大卫·盖尔(David Gale)提出的案例和数学模型。

3. 合谋问题

在以上方法中,存在以下几个问题:

(1) 模型假设所有参与者都是诚实的,如果有参与者不诚实,则会出现计算错误。

(2) 第1个人可能谎报结果,因为他是"名义上"的数据集成者。

(3) 如果第1个人和第3个人串通,第1个人把自己告诉第2个人的数据同时告诉第3个人,那么第2个人的收入就被泄露了。

问题(1)和(2)属于游戏策略问题。问题(3)是否存在一种数学模型,使得对每个人而言,除非其他所有人一起串通,否则自己的收入不会被泄露呢?我们将在安全计算小节的"同态加密"中讨论数据加密计算问题。

4. 姚氏百万富翁问题

"百万富翁问题"是安全多方计算中著名的问题,它由华裔计算机科学家、图灵奖获得者姚期智教授提出:两个百万富翁想要知道他们谁更富有,但他们都不想让对方知道自己财富的任何信息。如何设计这样一个安全协议?姚期智教授在1982年的国际会议上提出了解决方案,但是这个算法的复杂度较高,它涉及"非对称加密"算法。

百万富翁问题推广为多方参与的情况是:有 n 个百万富翁,每个百万富翁 P_i 拥有 M_i 百万(其中 $1 \leq M_i \leq N$)的财富,在不透露富翁财富的情况下,如何进行财富排名。

【例3-32】 姚氏百万富翁问题的商业应用。假设张三希望向李四购买一些商品,但他愿意支付的最高金额为 x 元;李四希望的最低卖出价为 y 元。张三和李四都希望知道 x 与 y 哪个大。如果 $x > y$,他们都可以开始讨价还价;如果 $x < y$,他们就不用浪费口舌了。但他们都不想告诉对方自己的出价,以免自己在讨价还价中处于不利地位。

解决问题的算法思想是：假设张三和李四设想的价格都低于 100 元，且双方都无意于撒谎（避免囚徒困境）。如图 3-6 所示，准备 100 个编号信封顺序放好，李四回避，张三在小于和等于 x（最高买价）的所有信封内部做一个记号，并且顺序放好；张三回避，李四把顺序放好的第 y（最低卖价）个信封取出，并将其余信封收起来。张三和李四共同打开这个信封，如果信封内部有张三做的记号，则说明 $x>y$ 或 $x=y$；如果无记号则 $x<y$。

图 3-6　商品买卖中的多方安全计算问题示意图

3.2.4　网页搜索：布尔检索建模

1. 信息检索与布尔运算

信息检索是一种从大量数据集合中（通常指存储在计算机中的文档）寻找满足信息需求的非结构化（通常指文本）的数据（通常指文档）。

当用户在搜索引擎中输入查询语句后，搜索引擎要判断后台数据库中，每篇文献是否含有这个关键词。如果一篇文献含有这个关键词，计算机相应地给这篇文献赋值为逻辑值"真"（True 或 1）；否则赋值逻辑值"假"（False 或 0）。

【例 3-33】　用户需要查找有关"原子能应用"的文献，但并不想知道如何造原子弹。我们可以输入查询关键词"原子能 AND 应用 AND（NOT 原子弹）"，表示符合要求的文献必须同时满足三个条件：一是包含"原子能"，二是包含"应用"，三是不包含"原子弹"。

2. 布尔检索的基本工作原理

网页信息搜索不可能将每篇文档扫描一遍，检查它是否满足查询条件，因此需要建立一个索引文件。最简单的索引文件是用一个很长的二进制数，表示一个关键词是否出现在每篇文献中。有多少篇文献，就有多少位二进制数（如 100 篇文献对应 100 位二进制数），每一位二进制数对应一篇文献，1 表示相应的文献有这个关键词，0 表示没有这个关键词。

例如，关键词"原子能"对应的二进制数是 01001000 01100001 时，表示第 2、5、10、11、16（左起计数）号文献包含了这个关键词。同样，假设"应用"对应的二进制数是 00101001 10000001 时，那么要找到同时包含"原子能"和"应用"的文献时，只要将这两个二进制数进行逻辑与运算（AND），即

$$0100\boxed{1}000\ 0110000\boxed{1}\quad //1\ 为\ 1\sim16\ 号文献中包含关键词"原子能"的文献//$$

$$\underline{AND\quad 0010\boxed{1}001\ 1000000\boxed{1}}\quad //1\ 为\ 1\sim16\ 号文献中包含关键词"应用"的文献//$$

$$0000\boxed{1}000\ 0000000\boxed{1}\quad //1\ 为\ 1\sim16\ 号文献中包含关键词"原子能＋应用"的文献//$$

根据以上布尔运算结果，表示第 5、16（左起计数）号文献满足查询要求。

计算机做布尔运算的速度非常快。最便宜的微机都可以一次进行 32bit 布尔运算，1s 进行 20 亿次以上。当然，由于这些二进制数中绝大部分位数都是零，我们只需要记录那些

等于 1 的位数即可。

3. 布尔查询的数学模型

1) 建立"词—文档"关联矩阵数学模型

【例 3-34】 假设网页数据库中的文档(记录)内容如下:

D1＝据报道,感冒病毒近日猖獗…

D2＝小王虽然是医生,但对研究电脑病毒也很感兴趣,最近发现了一种…

D3＝计算机程序发现了艾滋病病毒的传播途径…

D4＝最近我的电脑中病毒了…

D5＝病毒是处于生命与非生命物体交叉区域的存在物…

D6＝生物学家尝试利用计算机病毒来研究生物病毒…

为了根据关键词检索网页,首先建立文献数据库索引文件。表 3-3 就是文献与关键词的关联矩阵数学模型,其中 1 表示文档中有这个关键词,0 表示没有这个关键词。

表 3-3 "词—文档"关联矩阵数学模型

文档	T1＝病毒	T2＝电脑	T3＝计算机	T4＝感冒	T5＝医生	T6＝生物
D1	1	0	0	1	0	0
D2	1	1	0	0	1	0
D3	1	0	1	0	0	0
D4	1	1	0	0	0	0
D5	1	0	0	0	0	0
D6	1	0	1	0	0	1
⋮						

2) 建立倒排索引文件

为了通过关键词快速检索网页,搜索引擎往往建立一个关键词倒排索引表。表每行对应一个关键词,每个关键词后面包含该关键词的文献 ID 号,如表 3-4 所示。

表 3-4 关键词倒排索引表

关键词	文档 ID	文档 ID	文档 ID	文档 ID	文档 ID	文档 ID	附加信息
病毒	D1	D2	D3	D4	D5	D6	出现频率等
电脑		D2		D4			
计算机			D3			D6	
感冒	D1						
医生		D2					
生物						D6	
⋮							

4. 网页搜索过程

1) 建立布尔查询表达式

早期的文献查询系统大多基于数据库,严格要求查询语句符合布尔运算。今天的搜索引擎相比之下要聪明得多,它会自动把用户的查询语句转换成布尔运算的关系表达式。

【例3-35】 假设用户在浏览器中输入的查询语句为"查找计算器病毒的资料"。搜索引擎工作过程如图3-7所示,搜索引擎首先对用户输入的关键词进行检索分析。如进行中文分词(将语句切分为"查找/计算器/病毒/的/资料");过滤停止词(清除"查找、的、资料"等);纠正用户拼写错误(如将"计算器"改为"计算机")等操作。

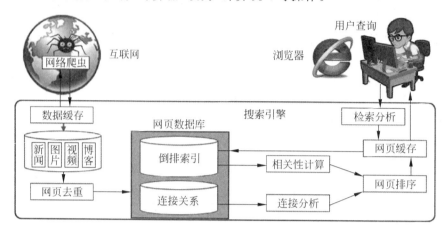

图3-7　搜索引擎工作过程

然后关键词转换为布尔表达式:Q = 病毒 AND(计算机 OR 电脑)AND((NOT 感冒)OR(NOT 医生)OR(NOT 生物))。也就是需要搜索包含"计算机""病毒",不包含"感冒""医生""生物"词语的文档。

2) 进行布尔位运算

对表3-4进行布尔位运算,符合查询要求的网页为D2、D3、D4、D6,如果按这个排名显示网页显然不太合理。因此,网页还需要经过**相关性**计算后再排序显示。

3) 网页排序显示

搜索引擎对查询语句进行关联矩阵运算后,就可以找出含有所有关键词的文档。但是搜索的文档经常会有几十万甚至上千万份,通常搜索引擎只计算前1000个网页的相关性就能满足要求。搜索引擎对网页相关性的计算包括关键词的常用程度、词的频度及密度、关键词的位置、关键词的链接分析及页面权重等内容。经过相关性计算后的排序网页,还需要进行过滤和调整,对一些有作弊嫌疑的页面,虽然按照正常的权重和相关性计算排名靠前,但搜索引擎可能在最后把这些页面调到后面去。所有排序确定后,搜索引擎将原始页面的标题、说明标签、快照日期等数据发送到用户浏览器。

布尔运算最大的好处是容易实现、速度快,这对于海量信息查找至关重要。它的不足是只能给出是与否的判断,而不能给出量化的度量。因此,所有搜索引擎在内部检索完毕后,都要对符合要求的网页根据相关性排序,然后才返回给用户。

3.2.5　生命游戏:细胞自动机建模

1. 细胞自动机的研究

什么是生命? 生命的本质就是可以自我复制、有应激性并且能够进行新陈代谢的机器。

每一个细胞都是一台自我复制的机器,应激性是对外界刺激的反应,新陈代谢是和外界的物质能量进行交换。冯·诺依曼是最早提出自我复制机器概念的科学家之一。

1948年,冯·诺依曼在《自动机的通用逻辑理论》论文中,为模拟生物细胞的自我复制提出了"细胞自动机"(也译为元胞自动机)理论。冯·诺伊曼对各种人造自动机和天然自动机进行了比较,提出了自动机的一般理论和它们的共同规律,并提出了自繁殖和自修复等理论。但是,冯·诺依曼的细胞自动机理论在当时并未受到学术界的重视。直到1970年,剑桥大学何顿·康威(John Horton Conway)教授设计了一个叫作"生命游戏"的计算机程序,美国趣味数学大师马丁·加德纳(Martin Gardner,1914—2010年)通过《科学美国人》杂志,将康威的生命游戏介绍给学术界之外的广大读者,生命游戏大大简化了冯·诺伊曼的思想,吸引了各行各业一大批人的兴趣,这时细胞自动机课题才吸引了科学家的注意。

2. 生命游戏概述

生命游戏没有游戏玩家各方之间的竞争,也谈不上输赢,可以把它归类为仿真游戏。在游戏进行中,杂乱无序的细胞会逐渐演化出各种精致、有形的结构;这些结构往往有很好的对称性,而且每一代都在变化形状。一些形状一经锁定,就不会逐代变化。有时,一些已经成形的结构会因为一些无序细胞的"入侵"而被破坏。但是形状和秩序经常能从杂乱中产生出来。在MATLAB软件下,输入life命令就可以运行"生命游戏"程序。

如图3-8所示,生命游戏是一个二维网格游戏,这个网格中每个方格居住着一个活着或死了的细胞。一个细胞在下一个时刻的生死,取决于相邻8个方格中活着或死了细胞的数量。如果相邻方格活着的细胞数量过多,这个细胞会因为资源匮乏而在下一个时刻死去;相反,如果周围活细胞过少,这个细胞会因为孤单而死去。在游戏初始阶段,玩家可以设定周围活细胞(邻居)的数目和位置。如果邻居细胞数目设定过高,网格中大部分细胞会因为找不到资源而死去,直到整个网格都没有生命;如果邻居细胞数目设定过低,世界中又会因为生命稀少而得不到繁衍。实际中,邻居细胞数目一般选取2或者3;这样整个生命世界才不至于太过荒凉或拥挤,而是一种动态平衡。游戏规则是:当一个方格周围有2或3个活细胞时,方格中的活细胞在下一个时刻继续存活;即使这个时刻方格中没有活细胞,在下一个时刻也会"诞生"活细胞。在这个游戏中,还可以设定一些更加复杂的规则,例如当前方格的状态不仅由父一代决定,而且还考虑到祖父一代的情况。

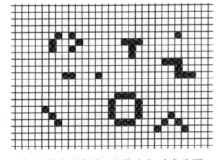

(a) 初始状态(黑色表示细胞为生,白色为死)

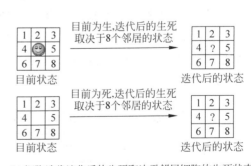

(b) 细胞迭代演化后的生死取决于邻居细胞的生死状态

图3-8　生命游戏是一个二维的细胞自动机

如图3-8(a)所示,每个方格中都可放置一个生命细胞,每个生命细胞只有两种状态:"生"或"死"。在图3-8(a)的方格网中,我们用黑色方格表示该细胞为"生",空格(白色)表示该细胞为"死"。或者说方格网中黑色部分表示某个时候某种"生命"的分布图。生命游戏想要模拟的是:随着时间的流逝,这个分布图将如何一代一代地变化。

3. 生命游戏的生存定律

游戏开始时,每个细胞随机地设定为"生"或"死"之一的某个状态。然后,根据某种规则,计算出下一代每个细胞的状态,画出下一代细胞的生死分布图。

应该规定什么样的迭代规则呢?我们需要一个简单又反映生命之间既协同、又竞争的生存定律。为简单起见,最基本的考虑是假设每一个细胞都遵循完全一样的生存定律;再进一步,我们把细胞之间的相互影响只限制在最靠近该细胞的8个邻居中(如图3-8(b)所示)。也就是说,每个细胞迭代后的状态由该细胞及周围8个细胞目前的状态所决定。作了这些限制后,仍然还有很多方法来规定"生存定律"的具体细节。例如,在康威的生命游戏中,规定了如下生存定律:

(1) 当前细胞为死亡状态时,当周围有3个存活细胞时,则迭代后该细胞变成存活状态(模拟繁殖);若原先为生,则保持不变。

(2) 当前细胞为存活状态时,当周围的邻居细胞低于2个(不包含2个)存活时,该细胞变成死亡状态(模拟生命数量稀少)。

(3) 当前细胞为存活状态时,当周围有2个或3个存活细胞时,该细胞保持原样。

(4) 当前细胞为存活状态时,当周围有3个以上的存活细胞时,该细胞变成死亡状态(模拟生命数量过多)。

可以把最初的细胞结构定义为种子,当所有种子细胞按以上规则处理后,可以得到第1代细胞图。按规则继续处理当前的细胞图,可以得到下一代的细胞图,周而复始。

上面的生存定律当然可以任意改动,发明出不同的"生命游戏"。

4. 生命游戏的迭代演化过程

设定了生存定律之后,根据网格中细胞的初始分布图,就可以决定每个格子下一代的状态。然后,同时更新所有的状态,得到第2代细胞的分布图。这样一代一代地迭代下去,以至无穷。如图3-9中,从第1代开始,画出了4代细胞分布的变化情况。第1代时,图中有4个活细胞(黑色格子),然后,读者可以根据上述生存定律,得到第2、3、4代的情况,观察并验证图3-9的结论。

第1代   第2代   第3代   第4代

图3-9   生命游戏中4代细胞的演化过程

如图 3-10 所示,画出了几种典型的图案演化分布情形,如"蜂窝""小区"和"小船"都属于静止型图案,如果没有外界干扰的话,这类图案一旦出现后,便固定不再变化;而"闪光灯""癞蛤蟆"等图案是由几种图形在原地反复循环地出现而形成的振动型;图中的"滑翔机"和"太空船"则可归于运动类,它们会一边变换图形,一边又移动向前。在生命游戏的程序中,随意试验其他一些简单图案就会发现:某些图案经过若干代演化后,会成为静止、振动、运动中的一种,或者是它们的混合物。

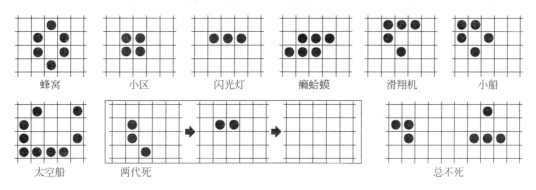

图 3-10　生命游戏中几种特别类型的分布图案

尽管生命游戏中每一个细胞所遵循的生存规律都相同,但它们演化形成的图案却各不相同。这又一次说明了一个计算思维的方法:复杂的事物(即使生命)也可以用几条简单的规则表示。生命游戏为我们提供了一个观察从简单到复杂的方式。

5. 二维细胞自动机数学模型

细胞自动机不是严格定义的数学方程或函数,细胞自动机的构建没有固定的数学公式,而是由一系列规则构成。凡是满足这些规则的模型都可以称为细胞自动机模型。细胞自动机的特点是时间、空间、状态都是离散的,每个变量只取有限个状态,而且状态改变的规则在时间和空间上都是局部的。

1)d 维细胞自动机数学模型

细胞自动机(A)由细胞、细胞状态、邻域和状态更新规则构成,数学模型为

$$A = (L_d, S, N, f) \tag{3-5}$$

其中 L 为细胞空间,d 为细胞空间的维数;S 是细胞有限的、离散的状态集合;N 为某个邻域内所有细胞的集合;f 为局部映射或局部规则。

一个细胞在一个时刻只取一个有限集合的一种状态,如$\{0,1\}$。细胞状态可以代表个体的态度、特征、行为等。空间上与细胞相邻的细胞称为邻元,所有邻元组成邻域。

2)二维细胞自动机数学模型

生命游戏是一个二维细胞自动机。二维细胞自动机的基本空间是二维直角坐标系,坐标为整数的所有网格的集合,每个细胞都在某一网格中,可以用坐标(a,b)表示 1 个细胞。每个细胞只有 0 或 1 两种状态,其邻居是由$(a\pm1,b)$、$(a,b\pm1)$、$(a\pm1,b\pm1)$和(a,b)共 9 个细胞组成的集合。状态函数 f 用图示法表示时如图 3-11 所示。

从左上角先水平后竖直,到右下角给 9 个位置排序,状态函数 f 可以用:$f(000000000)=$

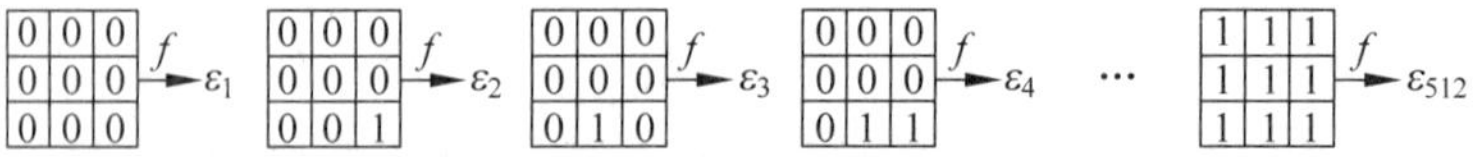

图 3-11　二维细胞自动机的局部规则

ε_1，$f(000000001)=\varepsilon_2$，$f(000000010)=\varepsilon_3$，$\cdots$，$f(111111111)=\varepsilon_{512}$ 表示。

注意：每一个等式对应于图 3-11 中的一个框图，如 $f(111111111)=\varepsilon_{512}$ 对应于图 3-11 最后的框图，$f(111111111)$ 的函数值为 ε_{512}，其中 ε_{512} 或者为 1 或者为 0。

设 $t=0$ 时刻的初始配置是 C_0，对任一细胞 X_0，假设邻域内细胞的状态如图 3-12 所示。

X_1	X_2	X_3
X_4	X_0	X_5
X_6	X_7	X_8

图 3-12　细胞 X_0 的邻居细胞

那么，这个细胞在 $t=1$ 时的状态就是 $f(X_0,X_1,X_2,X_3,X_4,X_5,X_6,X_7,X_8)$。所有细胞在 $t=1$ 时的状态都可以用这种方法得到，合在一起就是 $t=1$ 时刻的配置 C_1。并依次可得到 $t=2,t=3,\cdots$ 时的配置 $C_2,C_3,\cdots$。

从数学模型的角度看，可以将生命游戏模型划分成网格棋盘，每个网格代表一个细胞。网格内的细胞状态为：0=死亡，1=生存；细胞的邻居半径为 $r=1$；邻居类型=Moore（摩尔）型。则二维生命游戏的数学模型为

如果 $S_t=1$，则：
$$S_{t+1}=\begin{cases}1, & S=2,3 \\ 0, & S\neq2,3\end{cases} \tag{3-6}$$

如果 $S_t=0$，则：
$$S_{t+1}=\begin{cases}1, & S=3 \\ 0, & S\neq3\end{cases} \tag{3-7}$$

其中，S_t 表示 t 时刻细胞的状态；S_{t+1} 表示 $t+1$ 时刻细胞的状态；S 为邻居活细胞数。

康威"生命游戏"算法规则是：

(1) 对本细胞周围的 8 个近邻的细胞状态求和；

(2) 如果邻居细胞总和为 2，则本细胞下一时刻的状态不改变；

(3) 如果邻居细胞总和为 3，则本细胞下一时刻的状态为 1，否则状态为 0。

假设细胞为 c_i，它在 t 时刻的状态为 (s_i,t)，它两个邻居的状态为 (s_{i-1},t)、(s_{i+1},t)，则细胞 c_i 在下一时刻的状态为 $(s_i,t+1)$，可以用函数表示为

$(s_i,t+1)=f((s_{i-1},t),(s_i,t),(s_{i+1},t))$，其中 $(s_i,t)\in\{0,1\}$。

6. 细胞自动机的应用

细胞自动机是一种动态模型，它可以作为一种通用性建模的方法。研究内容包括信息传递、构造、生长、复制、竞争与进化等。同时，它为动力学系统理论中有关秩序、紊动、混沌、非对称、分形等系统整体行为与复杂现象的研究，提供了一个有效的模型。细胞自动机的应用几乎涉及社会科学和自然科学的各个领域。

【例 3-36】 1993 年，瓦特（White. R）博士利用细胞自动机数学模型，研究土地利用随时间变更而发展的空间布局。他设计的细胞自动机模型用了纵横各 50 个格栅，每个格栅作为一个细胞，细胞分别表示空地、房屋、工业或商业用地四者当中的一种。为了减轻计算量，

White 制定了一套土地利用的等级制度和限制细胞发展的规则。规则限定土地利用方式只能从低级向高级发展。等级排列顺序为：空地→房屋→工业→商业。该模型经过多次仿真重复，直至城市发展用地扩展到了城市边缘位置，并且使边缘效应越来越强烈。研究结果显示，在细胞般的城市里，工业、商业和住宅的用地分布相对集中。

3.3 解题方法

计算机解题方法是按照一定的步骤，一步一步解决问题的算法思想。因此，计算机解题方法具有具体化、程序化、机械化等特点。

3.3.1 枚举法

1．枚举法基本算法思想

枚举法（也称为穷举法）的算法思想是：先确定枚举对象、枚举的范围和判定条件。然后依据问题的条件确定答案的大致范围，并对所有可能的情况逐一枚举验证，如果某个情况使验证符合问题的条件（真正解或最优解），则为本问题的一个答案；如果全部情况验证完后均不符合问题的条件，则问题无解。

在枚举算法中，枚举对象的选择也是非常重要的，它直接影响算法的时间复杂度，选择适当的枚举对象可以获得更高的运算效率。枚举法通常会涉及求极值（如最大，最小等）问题。在树形数据结构问题的广度搜索和深度搜索中，也广泛使用枚举法。

2．用枚举法求最短路径案例

【例 3-37】 图 3-13 表示 10 个城市之间的交通路网，字母表示城市代码，数字表示城市之间的距离。用枚举法求单向通行时 A～E 之间的最短距离，限制条件是不走回头路。

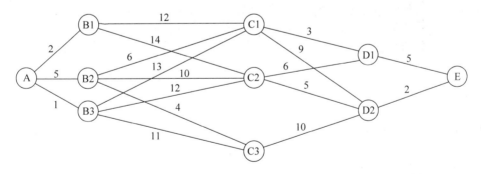

图 3-13 城市之间的路径和距离

以上问题如果用枚举法求出全部路径，则会成为一个旅行商问题，有(10−1)！种走法。为了减小问题规模，我们设定限制条件为：从左到右，并且不走回头路。首先列出和计算从 A～E 的所有局部最短路径和距离，并将计算结果保存在表 3-5 中。然后比较表 3-5 的全部计算结果，可以得出序号 5 为最短路径（A—B2—C1—D1—E），全局最短距离为 19。

表 3-5　用枚举法计算出的所有单向局部最短路径和距离

序号	局部最短路径	距　离	序号	局部最短路径	距　离
1	A—B1—C1—D1—E	$2+12+3+5=22$	8	A—B2—C2—D2—E	$5+10+5+2=22$
2	A—B1—C1—D2—E	$2+12+9+2=25$	9	A—B2—C3—D2—E	$5+4+10+2=21$
3	A—B1—C2—D1—E	$2+14+6+5=27$	10	A—B3—C1—D1—E	$1+13+3+5=22$
4	A—B1—C2—D2—E	$2+14+5+2=23$	11	A—B3—C1—D2—E	$1+13+9+2=25$
5	A—B2—C1—D1—E	$5+6+3+5=19$	12	A—B3—C2—D1—E	$1+12+6+5=24$
6	A—B2—C1—D2—E	$5+6+9+2=22$	13	A—B3—C2—D2—E	$1+12+5+2=20$
7	A—B2—C2—D1—E	$5+10+6+5=26$	14	A—B3—C3—D2—E	$1+11+10+2=23$

3. 枚举法的优化

枚举法的最大的缺点是运算量比较大,解题效率不高,如果枚举范围太大(一般以不超过 200 万次为限),在时间上就难以承受。

枚举法的时间复杂度可以用状态总数×单个状态的耗时来表示,因此优化的主要方法一是减少状态总数,即减少枚举变量数,减少枚举变量的值域,减少重复计算工作;二是降低单个状态的考察代价,即将原问题化解为更小的问题,根据问题的性质进行简化。

4. 枚举法在密码破译领域中的应用

用枚举法破解密码称为暴力破解法。简单来说就是对密码进行逐个验证,直到找出真正的密码为止。如一个由 6 位小写英文字母和数字组成的密码共有 $(26+10)^6=2\,176\,782\,336$ 种密码组合,最多尝试 2 176 782 335 次就能找到真正的密码。理论上用这种方法可以破解任何一种密码,问题在于如何缩短试错时间。

如果破译一个 8 位,而且有大小写字母、数字以及符号组成的密码,用个人计算机可能需要几个月甚至数年的时间,这样的破译显然不可接受。解决办法是运用字典技术,所谓字典是将密码限定在某个范围内,如英文单词和生日数字组合等,所有英文单词大约 10 万个左右,这样就可以大大缩小密码的搜索范围,缩短破译时间。

为了防止密码的暴力破解破解,目前的密码验证机制都会设计一个试错的容许次数(一般为 3 次)。当试错次数达到容许次数时,密码验证系统会自动拒绝继续验证,有些系统甚至还会自动启动入侵警报机制。

3.3.2　分治法

1. 问题的规模与分解

用计算机求解问题时,需要的**计算时间与问题的规模 N 有关**。问题的规模越小,越容易求解,解题所需的计算时间也越少。例如,对 n 个元素进行排序,当 $n=1$ 时,不需任何计算;$n=2$ 时,只要作 1 次比较即可排好序;$n=3$ 时要作 3 次比较即可……而当 $n=100$ 万时,问题就不那么容易处理了。要想直接解决一个大规模的问题,有时相当困难。问题的规模缩小到一定的程度后,就可以很容易地解决。大多数问题都可以满足这一特征,因为问题的复杂性一般是随着问题规模的增加而增加。

分治法就是将一个难以直接解决的大问题,分割成一些规模较小的相同问题,以便各个击破,分而治之。这个技巧是很多高效算法的基础,如排序算法等。

2. 分治法基本算法思想

分治法的算法思想是:将大问题分解为相互独立的子问题求解,然后将子问题的解合并为大问题的解。这一特征涉及分治法的效率,如果各子问题不独立,则分治法要做许多不必要的工作,重复地解公共的子问题,此时虽然可用分治法解决,但是效率不高,一般用动态规划法较好。分治法的算法步骤如下。

(1)分解。将问题分解为若干个规模较小,相互独立,与原问题形式相同的子问题。

(2)求解。若子问题规模较小则直接求解,否则利用递归求解各个子问题。

(3)合并。将各个子问题的解合并为原问题的解。合并是分治法的关键步骤,有些问题的合并方法比较明显,有些问题合并方法比较复杂,或者有多种合并方案;或者是合并方案不明显。究竟应该怎样合并,没有统一的模式,需要具体问题具体分析。

分治与递归像一对孪生兄弟,经常同时应用在算法设计之中,并由此产生了许多高效算法。分治法与软件设计的模块化方法也非常相似。

利用分治法求解的一些经典问题有二分搜索、合并排序、快速排序、大整数乘法、棋盘覆盖、线性时间选择、循环赛日程表、汉诺塔等问题。

3. 用分治法进行排序案例

【例 3-38】 利用分治法进行合并排序。假设数据序列为 49,38,65,97,76,13,27,采用分治法进行归并排序的过程如图 3-14 所示。

可见分治法的排序过程分为 3 个步骤:分解(将问题 n 分解为 2 个 $n/2$,直到能直接解决的基本问题);求解问题(这里是排序);合并(将分解后的问题再合并)。

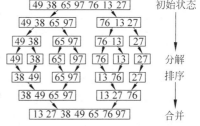

图 3-14 分治法排序过程

4. 用分治法实现大整数的计算

计算机程序设计中,数据有效位长度是规定好的(如双精度浮点数 double 的最大有效数为 16 位)。对超过程序设计语言规定表示范围的大整数,必须采用其他方式处理。

【例 3-39】 在 Excel 2010 中,计算 12 345 000 000 000 000 000＋9999。

计算结果＝12 345 000 000 000 000 000,加数 9999 完全被忽略。这是因为 Excel 只有 16 位有效数,超出 16 位虽然可以表达和计算,但是超出部分将产生计算误差。

目前密码学在计算机中应用广泛,而常用密码算法都是建立在大整数运算的基础上,因此实现大整数的存储和运算是密码学关注的问题。

加密计算中的密钥长度一般大于或等于 512b,转换成十进制数后大约为 512b÷3.4≈150b。对一个 150 个有效位的十进制整数进行存储和计算时,编程语言无法定义这么大的数据类型,也无法直接运算。最简单的方法是用分治法将 150 位整数**分解**成 10 个 15 位的数,或者 75 个 2 位数,然后再进行存储和计算。

如何实现两个 150 位的大整数相加呢？最简单的**计算**方法是采用分治法,模拟小学生列竖式做加法。如部分和 $c[1]=a[1]+b[1]$,部分和大于或等于 100 时,进位数组 $d[2]=1$;部分和小于 100 时,进位数组 $d[2]=0$;第 2 个数字计算时,需要将进位数组累加进来,即部分和为 $c[2]=a[2]+b[2]+d[2]$;最后将所有部分和**合并**在一起,得到大整数最终累加和。以上过程需要编写程序来实现。

【**例 3-40**】 求大整数 12 345 678 901 234 567 890＋97 661 470 000 796 256 798 之和。

用分治法做大整数加法计算的过程如图 3-15 所示。

数组 $a[]$		12	34	56	78	90	12	34	56	78	90
数组 $b[]$	+	97	66	14	70	00	07	96	25	67	98
进位 $d[]$	1	1	0	1	0	0	1	0	1	1	0
部分和 $c[]$	1	10	00	71	48	90	20	30	82	46	88
最后合并	110 007 148 902 030 824 688										

说明：以上计算结果用Excel软件和Python程序验算时，三者结果会不一致。

图 3-15　用分治法实现大整数的加法

3.3.3　贪心法

1. 贪心法的特点

贪心法(又称为贪婪算法)是指对问题求解时,总是做出在当前看来是最好的选择。贪心法是一种不追求最优解,只希望得到较为满意解(次优解)的方法。贪心算法在解决问题的策略上目光短浅,只根据当前已有的信息就做出选择,而且一旦做出了选择,不管将来有什么结果,这个选择都不会改变。换言之,贪心法并不从整体最优考虑,它所做出的选择只是局部最优。贪心算法对于大部分的优化问题都能产生最优解,但不能总获得整体最优解,通常可以获得近似最优解。

如图 3-16 所示,**贪心法只将当前值与下一个值进行比较**,因此不能保证解是全局最优的,不能求最大或最小解问题,只能求满足某些约束条件的可行解。

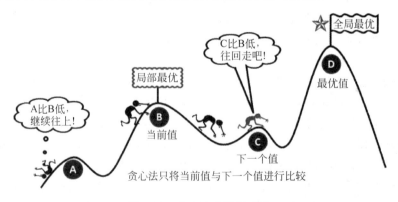

图 3-16　贪心法求解示意图

2．贪心法基本算法思想

贪心法的算法思想如下：

（1）建立数学模型来描述问题。

（2）将求解的问题分成若干个子问题。

（3）对每一子问题求解，得到子问题的局部最优解。

（4）将子问题的局部最优解合成为原来问题的一个解。

3．用贪心法求购物找零案例

【例3-41】　购物找零钱问题。大家在购物找钱时也会用到贪心算法，为了使找回的零钱数量最少，贪心算法不考虑找零钱的所有方案，而是从最大面值的币种开始，按递减的顺序考虑下一个币种。先尽量用大面值的币种，只有当金额不足大面值币种时才考虑下一个较小面值的币种。假设购物需要找给顾客的零钱为RMB 38元时，贪心算法的找零方案为：20元×1＋10元×1＋5元×1＋1元×3＝38元。可见贪心法有时可以得到最优解。

【例3-42】　假设某国的钱币分为1元、3元、4元，如果要找零6元时，按贪心算法：先找1张4元，再找1张3元又多了，只能再找2张1元，一共3张钱。而实际最优找零是2张3元就够了，可见贪心法并不总是能够得到最优解。

4．贪心法的基本要素

对一个具体问题，怎么知道是否可用贪心算法求解，以及能否得到问题的最优解呢？这个问题很难给予肯定回答。但是，许多可以用贪心算法求解的问题一般具有两个重要性质：贪心选择性质和最优子结构性质。

贪心选择性质是指所求问题的整体最优解，可以通过一系列局部最优选择最终获得。也就是说，当需要做出选择时，只考虑对当前问题最佳选择，而不考虑子问题的结果。贪心算法以迭代的方式做出相继的贪心选择，每作一次贪心选择就将所求问题简化为规模更小的子问题。对一个具体问题，要确定它是否具有贪心选择性质，必须证明每一步所做的贪心选择最终都会导致问题的整体最优解。

当一个问题的最优解包含子问题的最优解时，称此问题具有最优子结构性质。问题的最优子结构性质是该问题可用贪心算法求解的关键特征。

5．贪心法的应用

贪心法可以解决一些最优化问题，如求图中的最小生成树（图和树指一种数据结构），求哈夫曼编码等。对于大部分问题，贪心法通常不能找出最佳解（也有例外），因为贪心法没有测试所有可能的解。贪心法容易过早做决定，因而没法达到最佳解。例如，在图着色问题中使用贪心法时，就无法确保得到最佳解。然而，贪心法的优点在于容易设计和很多时候能达到较好的近似解。

3.3.4　动态规划

动态规划中"规划"一词数学上的含义是"优化"的意思。动态规划是将一个复杂问题转化为一系列阶段性问题,然后利用各阶段之间的关系,逐个求解,最终获得问题最优解。

1. 动态规划的特点

动态规划是一种解决问题的方法,不是一种特殊算法,不像搜索或数值计算那样,有一个标准的数学表达式。由于问题的性质不同,确定最优解的条件也不相同,因此,不存在一种万能的动态规划算法,可以获得各类问题的最优化解。

动态规划与贪心法的区别在于:贪心法对每个子问题的解都做出选择,不能回溯。而动态规划会保存子问题的解,并根据这些解判断当前的选择,即具有回溯功能。

2. 动态规划法基本算法思想

动态规划的算法思想是:按照问题的时间或空间特征,将问题分解为若干个阶段或子问题,然后对所有子问题进行解答。计算过程是从小的子问题到较大的子问题,每次解答结果存入一个表格中,作为下面处理问题的基础。每个子问题的解依赖前面一系列子问题的解,最终使得全过程总效益达到最优。动态规划对于重复出现的子问题,只在第一次遇到时加以求解,并把答案保存起来,在需要时再找出已求得的答案,不必重新求解。这样就可以避免大量的重复计算,节省了计算时间。

3. 用动态规划法求最短路径案例

【例 3-43】 采用枚举法求路径最短距离时,10 个城市之间节点只有 4 步就有 14 个解,如果城市节点之间有 40 步,我们就难以用枚举法求解。下面用动态规划法求解单向通行时城市 A 到 E 之间的最短距离,限制条件是不走回头路。

(1) 如图 3-17 所示,由目标状态 E 向左推,将问题求解过程分成 4 个阶段,每个阶段为一个子问题,即 4 个子问题。先求解简单子问题的解,然后根据子问题解来求解另外相关问题的解,每个阶段到 E 的最短距离为本阶段子问题的解。

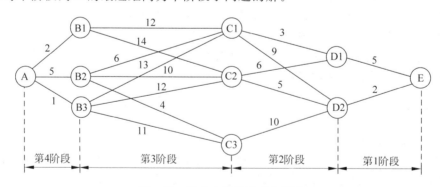

图 3-17　城市之间的路径和距离

(2) 由终点 E 向起点 A 推断,第 1 次输入节点为 D1、D2。它们到 E 只有一条路径,D1 到 E 的距离为 5,D2 到 E 的距离为 2。目前无法确定 D1 和 D2 哪一个点将在全程最优路径上。因此,保存局部解 5 和 2,在第 2 阶段中它们应分别参加计算。

(3) 第 2 次输入的节点是 C1、C2、C3。此时分别计算 C1、C2、C3 到 E 的最短路径。C1

的路径有：C1—D1—E(距离＝3＋5＝8)和 C1—D2—E(距离＝9＋2＝11)，回溯检查两条路径的距离，发现 C1 目前最优决策路径是 C1—D1，将决策路径 C1—D1 保留在表 3-6 中，丢弃路径 C1—D2。同理 C2 路径有 C2—D1—E(距离＝6＋5＝11)和 C2—D2—E(距离＝5＋2＝7)，回溯检查，显然 C2 的最优决策路径是 C2—D2，将这个结果保留在表 3-6 中，丢弃路径 C2—D1。C3 只有 1 条决策路径(不走回头路)：C3—D2—E(距离＝10＋2＝12)，将这个结果保留在表 3-6 中。此时还无法确定在第 2 阶段的路径决策中，C1、C2、C3 中哪个节点在整体最优路径上。

（4）第 3 次输入节点为 B1、B2、B3，按照步骤(3)的方法，计算出决策路径和距离如表 3-6 所示。

表 3-6　用动态规划法计算的所有局部最短路径和距离

序号	阶段	目前节点	子问题解	最短距离	全程路径
1	1	D1	D1—E	5	D1—E
2	1	D2	D2—E	2	D2—E
3	2	C1	C1—D1	3＋5＝8	C1—D1—E
4	2	C2	C2—D2	5＋2＝7	C2—D2—E
5	2	C3	C3—D2	10＋2＝12	C3—D2—E
6	3	B1	B1—C1	12＋8＝20	B1—C1—D1—E
7	3	B2	B2—C1	6＋8＝14	B2—C1—D1—E
8	3	B3	B2—C2	12＋7＝19	B2—C2—D2—E
9	4	A	A—B1	2＋20＝22	A—B1—C1—D1—E
10	4	A	A—B2	5＋14＝19	A—B2—C1—D1—E
11	4	A	A—B3	1＋19＝20	A—B3—C2—D2—E

（5）第 4 次输入节点为 A，按照步骤(3)的方法，可得出整体最优决策路径为 A—B2—C1—D1—E，A—E 最短距离为 19。计算结果如表 3-6 所示。

4. 动态规划的适用条件

任何算法都有一定的局限性，超出了特定条件，它就失去了作用。同样，动态规划也不是万能的。适用动态规划的问题必须满足最优化原理和无后效性。

（1）最优化原理。最优化策略具有这样的性质，不论过去的状态和决策如何，余下的决策必须构成最优策略。简而言之，一个最优化策略的子策略总是最优的。

（2）无后效性。各阶段按次序排列好后，某个给定阶段的状态，无法直接影响它未来的决策。换句话说，每个状态都是过去历史的一个完整总结。

（3）子问题的重叠性。动态规划实质上是一种以空间换时间的算法思想，它在实现过程中，需要存储中间过程的各种状态，所以它的空间复杂度要大于其他算法。

动态规划在经济管理、生产调度、工程技术和最优控制等方面得到了广泛的应用。例如最短路线、项目管理、网络流量优化、资源分配、货物装载等问题，用动态规划方法求解比用其他方法求解更为方便。

3.3.5　筛法求素数

1. 素数的相关知识

一个大于 1 的自然数,如果除了 1 和它本身外,不能被其他自然数整除(除 0 以外),这个数称为素数(或质数);否则称为合数。按规定,1 不算素数,最小的素数是 2,其后依次是 3、5、7、11 等。约公元前 300 年,古希腊数学家欧几里得在《几何原本》中证明了"素数无穷多"。因为素数在正整数中的分布时疏时密、极不规则,迄今为止,没有人发现素数的分布规律,也没有人能用公式计算出所有素数。

美国密苏里大学数学家柯蒂斯•库珀(Curtis Cooper)领导的研究小组,通过一个名为"互联网梅森素数大搜索"(GIMPS)的国际合作项目,于 2016 年发现了目前已知的最大素数:$2^{74\,207\,281}-1$。这是第 49 个梅森素数,该素数有 22 338 618 位。

素数研究中最负盛名的哥德巴赫(C. Goldbach)猜想认为:每个大于 2 的偶数都可写成两个素数之和;大于 5 的所有奇数均是 3 个素数之和。哥德巴赫猜想又称为 1+1 问题。我国数学家陈景润证明了 1+2,即所有大于 2 的偶数都是 1 个素数和只有 2 个素数因子的合数和,国际上称为陈氏定理。素数研究是人类好奇心、求知欲的最好见证。

素数在密码设计、程序设计、分布式计算技术、计算机测试等领域有广泛的应用价值,其他领域素数的应用也很广泛。例如,以素数形式无规律变化的导弹和鱼雷使敌人不易拦截;实验表明,在害虫生长周期与杀虫剂使用中,杀虫剂按素数天数使用最合理,可以用在害虫繁殖的高潮期,而且害虫很难产生抗药性。

2. 判定一个数是否为素数的方法

方法 1:对 n 做 $(2, n)$ 范围内的余数判定(如模运算),如果至少有一个数用 n 取余后为 0,则表明 n 为合数;如果所有数都不能整除 n,则 n 为素数。

方法 2:公元前 250 年,古希腊数学家厄拉多赛(Eratosthenes)提出了一个构造出不超过 N 的素数的算法,称为厄拉多赛筛法。它基于一个简单的性质:对正整数 n,如果用 $2\sim\sqrt{N}$ 之间的所有整数去除,均无法整除,则 n 为素数。

厄拉多赛筛法原理是:假设一个因子 a 能整除 n,那么 n/a 也必定能整除 n。不妨设 $a\leqslant n/a$,则有 $a^2\leqslant n$,即 $a\leqslant\sqrt{n}$(C 语言用 sqrt(n) 表示),所以用方法 1 取余时,范围可以缩小到 $\sqrt{n}$。例如,$n=15$ 时,因子 3 能够能整除 n,5(15/3) 也必定能整除 15,设 $3\leqslant 15/3$,则有 $3^2\leqslant 15$,即 $3\leqslant\sqrt{15}$,用这个方法可以确定素数搜索的终止条件,缩小搜索范围。

方法 3:如果 n 是合数,那么它必然有一个小于等于 $\sqrt{n}$ 的素因子,只需要对 $\sqrt{n}$ 进行素数测试即可。

3. 用穷举法求素数

【例 3-44】　用穷举法列出指定范围内的素数,Python 程序代码如下所示。

```
# - * - coding: utf - 8 - * -          # 设置中文字符编码为 UTF - 8
lower = int(input('输入区间最小值：'))    # 输入查找的起始范围值
upper = int(input('输入区间最大值：'))    # 输入查找的终止范围值
for num in range(lower,upper + 1):      # 外循环,num 最小值开始,逐次递增到最大值终止
    if num > 1:                         # 素数大于 1
        for i in range(2,num):          # 内循环,从 2 开始,变量递增
            if (num % i) == 0:          # 模运算,如果 num = 0 则不是素数
                break                   # 内循环返回到上级(外循环)
        else:                           # 否则(num≠0)num 为素数
            print(num)                  # 输出素数
>>>输入区间最小值：1                                      # 输入区间值
>>>输入区间最大值：100                                    # 输入区间值
>>> 2 3 5 7 11 13 17 19 23 29 31 37 41 43 47 53 59 61 67 71 73 79 83 89 97   # 程序输出
```

这是一个可怕的算法,但是并没有错误。如果 n 很小会耗时不多,但是当 $n=1\ 000\ 000$ 时,机器好长时间都没有结果,所以程序有很大的优化空间。

4. 用筛法求素数的算法分析

步骤1：定义一个大的布尔型数组 prime[ ](筛子),大小为 $n+1$。

步骤2：把数组中所有下标为奇数的标为 true(真),下标为偶数的标为 false(假)。

步骤3：最后输出布尔数组中值为 true 的单元下标,就是所求 n 以内的素数了。

以上算法的基本原理是：利用变量 i 进行递增;当 i 是素数时,i 的所有倍数必然是合数,把这个素数的倍数筛掉;如果 i 不是素数则必为合数,那么将这个合数与它的倍数筛掉;变量 i 递增到 $i \leqslant \sqrt{n}$ 时结束筛选。

【例 3-45】 一个 $n=30$ 的素数筛选算法过程如下：

步骤1：原始数列为 1 2 3 … 28 29 30,定义 31 个布尔数组：prime[0]…prime[30]。

步骤2：将 1 和 2 的倍数 4 6 8 … 26 28 30 数组单元标记为 false,其余为 true。

步骤3：$i=3\sim n$ 的筛选过程如图 3-18 所示。

图 3-18 素数的筛选过程

$i=3$ 时,由于 prime[3]=true,把 3 的倍数 prime [9],[15],[21],[27]单元标为 false;

$i=4$ 时,由于 prime[4]=false,不再继续筛法步骤;

$i=5$ 时,由于 prime[5]=true,把 5 的倍数 prime[25]单元标为 false;

$i=6$ 时,由于 6>sqrt(30),因此素数筛选结束。

步骤4：输出布尔数组 prime[](筛子)数组下标值为 true 的数。

输出素数为 2 3 5 7 11 13 17 19 23 29。

素数筛法采用了逐步求精的算法思想。对于寻找 100 万以内的素数,用筛法可以大大降低算法的时间复杂度。

3.3.6   随机化算法

1. 随机化算法的特征

有些问题的求解如果采用确定性算法,在可以忍受的时间内无法得到需要的结果。这时可以通过统计和抽样的随机化方法得到问题的近似解。从计算思维角度来说,这就是以时间换取求解正确性的提高。

随机化算法的基本特征是:对某个问题求解时,用随机化算法求解多次后,所得到的结果可能会有很大差别。**解可能既不精确也不是最优,但从某种意义上说是充分的。**

随机数在随机化算法设计中扮演着十分重要的角色。在现实中,计算机目前还无法产生理论上真正的随机数。因此,在随机化算法中使用的随机数都是在一定程度上随机的,即**伪随机数**。线性同余法是产生伪随机数的最常用的方法。

2. 随机化算法的类型

1) 数值随机化算法

这类算法常用于数值问题求解,得到的往往都是近似解,近似解的精度随计算时间的增加而不断提高。

2) 蒙特卡罗算法

蒙特卡罗(Monte Carlo,著名赌城)算法由冯·诺依曼和乌拉姆(Ulam)提出,目的是为了解决当时核武器中的计算问题。蒙特卡罗算法以概率和统计学的理论为基础,用于求得问题的近似解。蒙特卡罗算法能够求得问题的一个解,但是这个解未必是精确的。蒙特卡罗算法求得精确解的概率依赖于算法执行时间,计算时间越多,求得精确解的概率越高。

3) 拉斯维加斯算法

拉斯维加斯(Las Vegas,美国著名赌城)算法绝不会返回错误的解,一旦找到解,一定是正确的,但是有时会找不到解。拉斯维加斯算法找到解的概率依赖于算法执行时间,计算时间越多,找到解的概率越高。

4) 舍伍德算法

有些确定性算法在最坏情况下的计算复杂性,与平均情况下的计算复杂性有较大差异(如快速排序算法)。舍伍德算法(Sherwood)就是在确定性算法中引入随机性,用来降低最坏情况出现的概率。因此,舍伍德算法每次运行都能得到问题的正确解。

3. 蒙特卡罗算法应用案例

蒙特卡罗算法的基本方法是首先建立一个概率模型,使所求问题的解正好是该模型的参数或其他有关的特征量。然后通过模拟试验,即多次随机抽样试验,统计出某事件发生的百分比。只要试验次数很大,该百分比就会接近于事件发生的概率。蒙特卡罗算法在游戏、机器学习、物理、化学、生态学、社会学、经济学等领域都有广泛应用。

【例 3-46】 用蒙特卡罗投点法计算 π 值。

如图 3-19 所示,正方形内部有一个半径为 R 的内切圆,它们的面积之比是 $\pi/4$。向该正方形内随机均匀地投掷 n 个点,设落入圆内的点数为 k。当投点 n 足够大时,$k:n$ 之值也逼近"圆面积:正方形面积"的值,从而可以推导出:$\pi \approx 4k/n$。

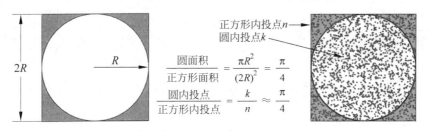

$$\frac{\text{圆面积}}{\text{正方形面积}} = \frac{\pi R^2}{(2R)^2} = \frac{\pi}{4}$$

$$\frac{\text{圆内投点}}{\text{正方形内投点}} = \frac{k}{n} \approx \frac{\pi}{4}$$

图 3-19 蒙特卡罗投点法计算 π 值

蒙特卡罗算法计算 Pi 值的 Python 程序如下。

```
# - * - coding: utf - 8 - * -            # 定义字符集编码
from random import *                     # 导入内置伪随机数模块
from time import *                       # 导入内置计时模块
def MC(n) :                              # 定义蒙特卡罗函数
    k = 0;                               # 初始化计数器
    for i in range(n) :                  # 循环生成随机投点坐标
        x = random()                     # 随机生成投点的 x 坐标
        y = random()                     # 随机生成投点的 y 坐标
        if (x * x + y * y) <= 1 :        # 判断投点是否落在圆中
            k = k + 1                    # 落在圆中的投点数累加
    return 4 * k/n                       # Pi = 落在圆中的点/总投点数
def main() :                             # 定义主函数
    n = input("请输入模拟次数,n = ")       # 输入投点次数
    n = int(n)                           # 对输入的投点次数取整
    t0 = clock()                         # 计时开始
    print("蒙特卡罗算法模拟的 Pi 值为: ", MC(n))  # 输出 Pi 的模拟计算值
    t1 = clock()                         # 计时结束
    print("程序处理时间为: %.2fs" % (t1 - t0))  # 输出计算时间(2 位小数, % 为占位符)
main()                                   # 执行主函数

>>>请输入模拟次数,n = 1000000             # 输入总投点数
蒙特卡罗算法模拟的 Pi 值为: 3.14352        # 输出 Pi 模拟值
程序处理时间为: 6.11s                      # 输出计算时间
```

从以上实验结果可以得出以下结论:

(1) 随着投点次数的增加,圆周率 Pi 值的准确率也在增加。

(2) 投点次数达到一定规模时,准确率精度增加减缓,因为随机数是伪随机的。

(3) 做两次 100 万个投点时,由于算法本身的随机性,每次实验结果会不同。

4. 蒙特卡罗算法与智能算法的区别

蒙特卡罗算法与遗传算法、粒子群算法等智能优化算法有相似之处,都属于随机近似算

法,都不能保证得到最优解,但它们也有着本质的差别。一是遗传算法等属于仿生智能算法,比蒙特卡罗算法复杂;二是蒙特卡罗是一种模拟统计方法,如果问题可以描述成某种统计量的形式,就可以用蒙特卡罗算法来解决。而遗传算法等则适用于大规模的组合优化问题,以及复杂函数求最值、参数优化等。

3.4 图灵机与人工智能

3.4.1 图灵机的结构与原理

1. 图灵机的基本结构

1936 年,年仅 24 岁的图灵发表了《论可计算数及其在判定问题中的应用》论文。论文中,图灵构造了一台抽象的"计算机",科学家称它为"图灵机"。图灵机是一种结构十分简单但计算能力很强的计算模型,它可以用来计算所有能想象到的可计算函数。

如图 3-20 所示,图灵机由控制器(P)、指令表(I)、读写头(R/W)、存储带(M)组成。其中,存储带是一个无限长的带子,可以左右移动,带子上划分了许多单元格,每个单元格中包含一个来自有限字母表的符号。控制器中包含了一套指令表(控制规则)和一个状态寄存器,指令表就是一个图灵机程序,状态寄存器则记录了机器当前所处的状态,以及下一个新状态。读写头则指向存储带上的格子,负责读出和写入存储带上的符号,读写头有写1、写0、左移、右移、改写、保持、停机 7 种行为状态(有限状态机)。

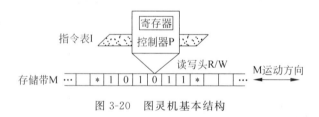

图 3-20 图灵机基本结构

图灵机的工作原理是:存储带每移动一格,读写头就读出存储带上的符号,然后传送给控制器。控制器根据读出的符号以及寄存器中机器当前的状态(条件),查询应当执行程序的哪一条指令,然后根据指令要求,将新符号写入存储带(动作),以及在寄存器中写入新状态。读写头根据程序指令改写存储带上的符号,最终计算结果就在存储带上。

2. 专用图灵机的运算过程

图灵机怎样进行运算呢?我们下面构造一个用于做二进制数 $f(x)=(x+1)$ 运算的专用图灵机,简单说明图灵机的工作原理。

1) 图灵机的程序设计

【例 3-47】 设计一个直观可计算函数 $f(x)=(x+1)$ 的图灵机程序,要求计算完成时读写头回归原位。设图灵机的有限符号集为 $\{*\ 0\ 1\}$,图灵机程序如表 3-7 所示。

2) 初始化图灵机

首先在图灵机存储带 M 上写入 x 值,为了简单说明起见,我们假设 $x=5=[101]_2$(当

然图灵机并不知道 x 等于多少）。然后将图灵机读写头 R/W 的起始位置置于最右端的 *
单元格，如图 3-21 所示。

表 3-7　计算 $f(x)=(x+1)$ 的图灵机程序

指令序号	条件		动作		
	寄存器当前状态	M 当前值	M 新值	M 移动	寄存器新状态
0	初始	*	*	不动	启动
1	启动	*	*	右移	加法
2	加法	0	1	左移	返回
3	加法	1	0	右移	进位
4	加法	*	*	左移	停机
5	进位	0	1	左移	返回
6	进位	1	0	右移	进位
7	进位	*	1	右移	溢出
8	溢出	空	*	左移	返回
9	返回	1	1	左移	返回
10	返回	0	0	左移	返回
11	返回	*	*	不动	停机

3）图灵机的运算过程

步骤 1：图灵机启动后，首先执行"指令 0"，这时控制器读出寄存器当前状态为"初始"，
读写头读出当前存储带 M 的内容为 *；因此控制器根据当前的条件，执行程序（表 3-7 所
示）的"指令 0"；即读写头在存储带 M 写入 *，读写头不动，并将寄存器新状态设置为"启
动"，此时图灵机状态如图 3-21 所示。

步骤 2：控制器读出当前寄存器状态为"启动"，读写头读出当前存储带 M 内容为 *；
因此控制器根据当前条件，执行程序（表 3-7 所示）中"指令 1"；即在存储带 M 写入 *，然后
存储带向右移一格，并将寄存器新状态设置为"加法"，此时图灵机状态如图 3-22 所示。

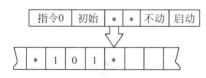

图 3-21　$x+1$ 图灵机初始化状态

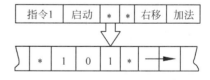

图 3-22　指令 1 执行后的状态

步骤 3：控制器读出当前寄存器状态为"加法"，读写头读出当前存储带 M 的内容为 1；
图灵机根据当前条件，执行程序（表 3-7 所示）中"指令 3"；即在存储带 M 写入 0，存储带向
右移一格，并将寄存器新状态设置为"进位"。此时图灵机状态如图 3-23 所示。

步骤 4：控制器读出当前寄存器的状态为"进位"，读写头读出当前存储带 M 的内容为
0；因此控制器根据当前的条件，执行程序（表 3-7 所示）中的"指令 5"；即在存储带 M 写入
1，存储带向左移一格，并将寄存器新状态设置为"返回"（$x+1$ 运算已经完成）。此时图灵机
状态如图 3-24 所示。

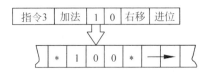

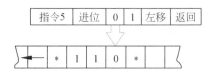

图 3-23　指令 3 执行后的状态　　　　图 3-24　指令 5 执行后的状态

步骤 5：控制器读出当前寄存器状态为"返回"，读写头读出当前存储带 M 内容为 0；因此控制器根据当前条件，执行程序（表 3-7 所示）中"指令 10"；即在存储带 M 写入 0，存储带向左移一格，并将寄存器新状态设置为"返回"。此时图灵机状态如图 3-25 所示。

步骤 6：控制器读出当前寄存器的状态为"返回"，读写头读出当前存储带 M 的内容为 *；因此控制器根据当前的条件，执行程序（表 3-7 所示）中的"指令 11"；即在存储带 M 写入 *，存储带不移动，并将寄存器新状态设置为"停机"。此时图灵机状态如图 3-26 所示，图灵机完成计算工作，进入停机状态，存储带上的内容就是计算的答案。

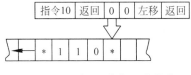

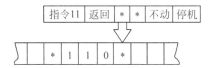

图 3-25　指令 10 执行后的状态　　　　图 3-26　指令 11 执行后的状态（停机）

以上图灵机是一个专用的图灵机，只能做 $x+1$ 的运算，它的运行过程就是不断执行程序（如表 3-7 所示）的过程。

从以上讨论中发现，虽然图灵机可以实现 $x+1$ 的计算功能，但是它的工作流程理解起来与人们日常的计算过程并不相同，甚至与现代计算机的计算原理也相差较大。这是因为与现代计算机相比，图灵机的计算方式还有局限性，由于图灵机每次只能读入一个数据，或者改写所读入的数据，而现代计算机可以同时读入多个数据、改写其他数据，所以也就增加了对图灵机算法理解的难度。

3. 图灵机的特点

在上面案例中，图灵机使用了 0、1、* 等符号，可见图灵机由有限符号构成。如果图灵机的符号集有 11 个符号，如 { 0,1,2,3,4,5,6,7,8,9,* }，那么图灵机就可以用十进制来表示整数值。但这时的程序要长得多，确定当前指令要花更多的时间。符号表中的符号越多，用机器表示的困难就越大。

图灵机可以依据程序对符号表要求的任意符号序列进行计算。因此，同一个图灵机可以进行规则相同、对象不同的计算，具有数学上函数 $f(x)$ 的计算能力。

如果图灵机初始状态（读写头的位置、寄存器的状态）不同，那么计算的含义与计算的结果就可能不同。每条指令进行计算时，都要参照当前的机器状态，计算后也可能改变当前的机器状态。而状态是计算机科学中非常重要的一个概念。

在图灵机中，虽然程序按顺序来表示指令序列，但是程序并非顺序执行。因为指令中关于下一状态的指定，说明了指令可以不按程序的顺序执行。这意味着，程序的三种基本结构（顺序、判断、循环）在图灵机中得到了充分体现。

4. 通用图灵机

专用图灵机将计算对象、中间结果和最终结果都保存在存储带上，程序保存在控制器中（程序和数据分离）。由于控制器中的程序是固定的，那么专用图灵机只能完成规定的计算（输入可以多样化）。

存在一台图灵机能够模拟所有其他图灵机吗？答案是肯定的，能够模拟其他所有图灵机的机器称为"通用图灵机"。通用图灵机可以把程序放在存储带上（程序和数据混合在一起），而控制器中的程序能够将存储带上的指令逐条读进来，再按照要求进行计算。

通用图灵机一旦能够把程序作为数据来读写，就会产生很多有趣的情况。首先，会有某种图灵机可以完成自我复制，例如计算机病毒就是这样。其次，假设有一大群图灵机，让它们彼此之间随机相互碰撞。当碰到一块时，一个图灵机可以读入另一个图灵机的编码，并且修改这台图灵机的编码，那么在这个图灵机群中会产生什么情况呢？美国圣塔菲研究所的实验得出了惊人的结论：在这样的系统中，会诞生自我繁殖的、自我维护的、类似生命的复杂组织，而且这些组织能进一步联合起来构成更大的组织。

5. 图灵机的重大意义

图灵机不是一台具体的机器，它是一种理论思维模型。图灵机完全忽略了计算机的硬件特征，考虑的核心是计算机的逻辑结构。图灵机的内存是无限的，而实际机器的内存是有限的，所以图灵机并不是实际机器的准确模型（图灵本人也没有给出图灵机结构图），图灵机模型也并没有直接带来计算机的发明。但是图灵机具有以下重大意义。

（1）图灵机证明了通用计算理论，肯定了计算机实现的可能性。图灵机可以分析什么是可计算的，什么是不可计算的。一个问题能不能解决，在于能不能找到一个解决这个问题的算法，然后根据这个算法编制程序在图灵机上运行，如果图灵机能够在有限步骤内停机，则这个问题就能解决。如果找不到这样的算法，或者这个算法在图灵机上运行时不能停机，则这个问题无法用计算机解决。图灵指出：**"凡是能用算法解决的问题，也一定能用图灵机解决；凡是图灵机解决不了的问题，任何算法也解决不了。"**

（2）图灵机模型引入了读/写、算法、程序语言等概念，极大地突破了过去计算机器的设计理念。通用图灵机与现代计算机的相同之处是：**程序可以和数据混合在一起**。图灵机与现代计算机的不同之处在于：图灵机的内存无限大，并且没有考虑输入和输出设备（所有信息都保存在存储带上）。

（3）图灵机模型是计算学科最核心的理论，因为计算机的极限计算能力就是通用图灵机的计算能力，很多问题可以转化为图灵机这个简单的模型来考虑。通用图灵机可以模拟其他任何一台解决某个特定数学问题的图灵机的工作状态。

6. 图灵完备的编程语言

在可计算理论中，当一组数据的操作规则满足任意数据按照一定的顺序可以计算出结果，就称为图灵完备。"图灵完备性"只是用来衡量某个计算模型的可计算能力，如果一个计算模型具有和图灵机同等的计算能力，那么它就可以称作是图灵完备的。判定图灵完备的简单方法是看该编程语言或机器能否模拟出图灵机，非图灵完备编程语言通常没有判断

(if)、循环(for)等语句,因此无法模拟出图灵机。目前绝大部分编程语言都是图灵完备的,如 C/C++、Java、Python、PHP 等;也有一部分编程语言是非图灵完备的,如 SQL、HTML、XML 等(它们没有 if、for 等跳转指令)。具有图灵完备性的语言(如 Brainfuck 编程语言)不一定都有用,而非图灵完备的编程语言(如 HTML 语言)也不一定没有用。

3.4.2　不完备性与可计算性

计算理论研究的三个传统核心领域是自动机、可计算性和复杂性。通过"计算机的基本能力和局限性是什么?"这一问题将这三个领域联系在一起。在计算复杂性理论中,将问题分成容易计算和难计算。在可计算理论中,把问题分成可解和不可解。自动机是指具有状态转换特征,能够对处理对象的数据进行表示、加工、变换、接收、输出的数学机器;自动机模型有有穷自动机模型和上下文无关文法模型。

1. 哥德尔不完备性定理

20 世纪以前,大部分数学家认为所有问题都有算法,关于计算问题的研究就是找出解决各类问题的算法。1928 年,德国著名数学家希尔伯特(Hilbert David)提出一个问题:是否有一个算法能对所有的数学原理自动给予证明。这个美好的希望不久就被打破了,1931年,奥地利数学家哥德尔(Kurt Gödel)给出了证明:任何无矛盾的公理体系,只要包含初等数论,则必定存在一个不可判定命题,用这组公理不能判定其真假。通俗地说就是:一个理论如果不自相矛盾,那么这种性质在该理论中不可证明。

哥德尔不完备性定理说明,**任何一个形式系统,它的一致性和完备性不可兼得**。或者说,如果一个形式系统是一致的,那么这个系统必然是不完备的,二者不可兼得。

2. 什么是可计算性

物理学家阿基米德曾经宣称:"给我足够长的杠杆和一个支点,我就能撬动地球"。在数学上也同样存在类似的问题:是不是只要给数学家足够长的时间,通过"有限次"简单而机械的演算步骤,就能够得到最终答案呢? 这就是"可计算性"问题。

什么是可计算的? 什么又是不可计算的呢? 要回答这一问题,关键是要给出"可计算性"的精确定义。20 世纪 30 年代,一些著名数学家和逻辑学家从不同角度分别给出了"可计算性"概念的确切定义,为计算科学的发展奠定了重要基础。

计算问题均可通过自然数编码的方法,用"函数"的形式加以表示,因此可以通过定义在自然数集上的"直观可计算函数"(也称为一般递归函数)来理解"可计算性"的概念。凡是可以从某些初始符号串开始,在有限步骤内得到计算结果的函数都是直观可计算函数。

1935 年,丘奇(Alonzo Church)为了精确定义可计算性,提出了 λ 演算。丘奇认为,λ 演算可定义函数类与直观可计算函数类相同。λ 演算为函数式语言提供了理论基础。

1936 年,哥德尔(Gödel)、丘奇(Church)等人定义了递归函数。丘奇论题指出:一切直观可计算函数都是递归函数。简单地说,计算就是符号串的变换。凡是可以从某些初始符号串开始,在有限步骤内可以得到计算结果的函数都是一般递归函数。可以从简单的、直观上可计算的一般函数出发,构造出复杂的可计算函数。1936 年,图灵也提出:图灵机可计算函数与直观可计算函数相同。

一个显而易见的事实是：数学精确定义的直观可计算函数都是可计算的。问题是直观可计算函数是否恰好就是这些精确定义的可计算函数呢？对此丘奇认为：凡直观可计算函数都是 λ 可定义的；图灵证明了图灵可计算函数与 λ 可定义函数是等价的，著名的"丘奇-图灵论题"(丘奇是图灵的老师)认为：任何能直观计算的问题都能被图灵机计算。如果证明了某个问题使用图灵机不可计算，那么这个问题就是不可计算的。

由于直观可计算函数不是一个精确的数学概念，因此丘奇-图灵论题不能加以证明，也因此称为"丘奇-图灵猜想"，该论题被普遍假定为真。

3. 图灵机的不完备性

哥德尔不完备性定理说明，在任何一个数学系统内，总有一些命题的真伪无法通过算法来确定。总是存在这样的函数，由于过于复杂以致没有严格定义的、逐步计算的过程能够根据输入值来确定输出值。也就是说，这种函数的计算超出了任何算法的能力。

图灵提出图灵机模型后，也发现了有些问题图灵机无法计算。例如定义模糊的问题，如"人生有何意义"；或者缺乏数据的问题，如"明天彩票的中奖号是多少"，它们的答案无法计算出来；而且，还有一些定义完美的计算问题，它们也是不可解的，这类问题称为不可计算问题，如"停机问题"。

3.4.3　停机问题与 NP 问题

1. 不可计算问题的类型

不可计算的问题有两类：一类是理论意义上不可计算问题，由丘奇-图灵论题确定的所有非递归函数都是不可计算的。具体问题有停机问题、丢番图(Diophantus,古希腊)方程整数解问题、零函数判定问题等，这些问题都是计算机的理论限制。第二类是现实意义上难以计算的问题，由于现实中计算机的速度和存储空间都是有限的，因此尽管一个问题在理论上是可计算的，但如果计算它的时间长达几百年，那么这个问题实际上还是无法计算的。如"汉诺塔问题""密码破解问题""旅行商问题"等。为了寻找这些问题的解决方案，便产生了计算复杂性理论。

2. 停机问题——理论上不可计算的问题

停机问题是：对于任意的图灵机和输入，是否存在一个算法，用于判定图灵机在接收初始输入后，可达到停机状态。若能找到这种算法，停机问题可解；否则不可解。通俗地说，停机问题就是：能不能编写一个用于检查并判定另一个程序是否会运行结束的程序呢？图灵在 1936 年证明了：解决停机问题不存在通用算法。

【例 3-48】　以反证法证明"停机问题"超出了图灵机的计算能力，无算法解。

如图 3-27(a)所示，设计一个停机程序 T，在 T 中可以输入外部程序，并对外部程序进行判断。如果输入的程序是自终止的，则程序 T 中的 $x=1$；如果输入的程序不能自终止，则程序 T 中的 $x=0$。如图 3-27(b)所示，修改停机程序为 P，程序 P＝停机程序 T＋循环结构。

如图 3-27(c)所示，在图灵机中运行程序 P，并将程序 T 自身作为输入；如果输入的外

(a) 停机程序T

(b) 构造程序P

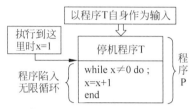

(c) 悖论A：如果输入的程序是自终止的，
则x=1，那么程序不能自终止

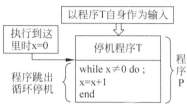

(d) 悖论B：如果输入程序不是自终止的，
则x=0，那么它能自终止

图 3-27　简要证明停机程序悖论的示意图

部程序为自终止程序，则 $x=1$，程序 P 陷入死循环。这导致悖论 A：自终止程序不能停机。

如图 3-27(d)所示，如果输入的外部程序为非自终止程序，则 $x=0$，这时程序 P 在循环条件判断后，结束循环进入停机状态。这导致悖论 B：不能自终止的程序可以停机。

以上结论显然自相矛盾，因此，可以认为停机程序是不可计算的。

停机程序悖论（逻辑矛盾）在于存在"指涉自身"的问题。简单地说，人们不能判断匹诺曹（《木偶奇遇记》中的主角）说"我在说谎"这句话时，他的鼻子是否会变长？

停机问题说明了计算机是一个逻辑上不完备的形式系统。计算机不能解一些问题并不是计算机的缺点，因为停机问题本质上是不可解的。

3. 停机问题的实际意义

是否存在一个程序能够检查所有其他计算机程序会不会出错？这是一个非常实际的问题。为了检查程序的错误，我们必须对这个程序进行人工检查。那么能不能发明一种聪明的计算机程序，输进去任何一段其他程序，这个程序就会自动检查输入的程序是否有错误？这个问题被证明和图灵停机问题实质上相同，不存在这样的聪明程序。

图灵停机问题也和复杂系统的不可预测性有关。我们总希望能够预测出复杂系统的运行结果。那么能不能发明一种聪明程序，输入某些复杂系统的规则，输出这些规则运行的结果呢？从原则上讲，这种事情是不可能的，它也和图灵停机问题等价。因此，要想弄清楚某个复杂系统运行的结果，唯一的办法就是让这样的系统实际运作，没有任何一种计算机算法能够事先给出这个系统的运行结果。

以上强调的是**不存在一个通用的程序能够预测所有复杂系统的运行结果**，但并没有说不存在一个特定的程序能够预测某个或者某类复杂系统的结果。那怎么得到这种特定的程序呢？这就需要人工编程，也就是说存在着某些机器做不了的事情，而人能做。

4. 汉诺塔问题——现实中难以计算的问题

法国数学家爱德华·卢卡斯曾编写过一个印度的古老传说：印度教天神汉诺（Hanoi）

在创造地球时,建了一座神庙,神庙里竖有三根宝石柱子,柱子由一个铜座支撑。汉诺将 64 个直径大小不一的金盘子,按照从大到小的顺序依次套放在第一根柱子上,形成一座金塔,即汉诺塔。天神让庙里的僧侣们将第一根柱子上的 64 个盘子借助第二根柱子,全部移到第三根柱子上,即将整个塔迁移,同时定下了三条规则:一是每次只能移动一个盘子;二是盘子只能在三根柱子上来回移动,不能放在他处;三是在移动过程中,三根柱子上的盘子必须始终保持大盘在下,小盘在上。汉诺塔问题全部可能的状态数为 3^n 个(n 为盘子数),最佳搬动次数为 2^n-1。

【例 3-49】 只有 3 个盘子的汉诺塔问题解决过程如图 3-28 所示。3 个盘子的最佳搬移次数为 $2^3-1=7$ 次。

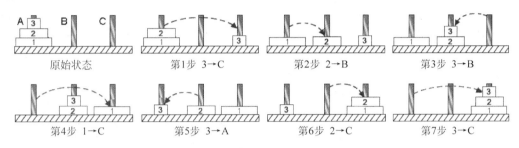

图 3-28 3 个盘子时汉诺塔的解题过程

如果汉诺塔 3 个柱子名为 A、B、C,n 个盘子递归求解的 Python 程序如下所示。

```
# - * - coding:utf - 8 - * -          #定义字符编码
def hanoi(n,a,b,c):                    #定义 hanoi()函数
    if n == 1:                         #如果只有一个盘子
        print(a,'-->',c)               #将盘子从 a 柱移到 c 柱
    else:                              #否则
        hanoi(n-1,a,c,b)               #将前 n-1 个盘子从 a 柱移到 b 柱上
        hanoi(1,a,b,c)                 #将最底下的最后一个盘子从 a 柱移到 c 柱上
        hanoi(n-1,b,a,c)               #将 b 柱上的 n-1 个盘子移到 c 柱上
n = int(input('请输入汉诺塔的盘子数:'))  #接收用户输入的数据
hanoi(n,'a','b','c')                   #递归调用 hanoi()函数

>>>请输入汉诺塔的盘子数:3         #执行程序后,运行结果如下
a -->c    a -->b    c -->b    a -->c    b -->a    b -->c    a -->c
```

汉诺塔有 64 个盘子时,盘子最少移动次数为 $2^{64}-1=18\,446\,744\,073\,709\,551\,615$。从汉诺塔问题可以看出,理论上可以计算的问题,在实际中并不一定能行。

计算的复杂性包括空间和时间两方面的复杂性,计算的组合爆炸问题体现了时间的复杂性。从以上分析可以知道,并不都是所有问题都是可计算的;即使是可计算的问题,也要考虑计算量是否超过了目前计算机的计算能力。

5. P 与 NP 问题

1)P 问题

有些问题是确定性的,如加减乘除计算,只要按照公式推导,就可以得到确定的结果,这

类问题是 P(Polynomially，多项式)问题。P 问题是指算法能在多项式时间内找到答案的问题，这意味着计算机可以在有限的时间内完成计算。P 问题有计算最大公约数、排序问题、图搜索问题、最短路径问题、最小生成树问题等，这些问题都能够在多项式时间内解决。

2）NP 问题

有些问题是非确定性问题，如寻找大素数问题，目前没有一个现成的公式，套公式就可以推算出下一个素数是多少，这类问题就是 NP(Nondeterministic Polynomially，非确定性多项式)问题。NP 问题不能确定是否能够在多项式时间内找到答案，但是可以确定在多项式时间内验证答案是否正确。

【例 3-50】　对方程 $x^{10}+2x+7=1035$ 求解很难，但是验算 $x=2$ 很容易。

3）NPC 问题

简单地说，如果任何一个 NP 问题能通过一个多项式时间算法转换为某个其他 NP 问题，那么这个 NP 问题就称为 NPC(NP-Complete，NP 完全)问题。可见 NPC 是 NP 里更难的问题。

NPC 问题目前没有多项式算法，只能用穷举法一个一个地检验，最终得到答案。但是穷举算法的复杂性为指数关系，计算时间随问题的复杂程度成指数级增长，很快问题就会变得不可计算了。目前已知的 NPC 问题有 3000 多个，如国际象棋的 n 皇后问题、密码学中的大素数分解问题、多核 CPU 的流水线调度问题、汉密尔顿回路问题、旅行商问题、最大团问题、最大独立集合问题、背包问题等。

4）NP-hard 问题

除 NPC 问题外，还有一些问题连验证解都不能在多项式时间内解决，这类问题被称为 NP-hard(NP 难)问题。NP-hard 太难了，如围棋或象棋的博弈问题、怎样找到一个完美的女朋友等都是 NP-hard 问题。计算机科学中难解问题之间的关系如图 3-29 所示。

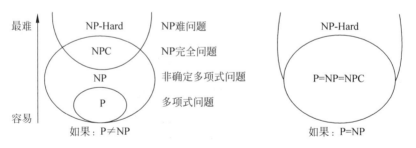

图 3-29　计算机科学中的难解问题

【例 3-51】　棋类博弈问题。考察棋局所有可能的布局状态时，国际跳棋有 10^{40} 种状态，信息论创始人香农在 1950 年第一个估计出国际象棋的穷举法复杂度大概有 10^{120} 种状态；中国象棋估计有 10^{160} 种状态；中国围棋达到了惊人的 10^{360} 种状态。事实上大部分棋类的计算复杂度都呈指数级。作为比较，目前可观测到宇宙中的原子总数估计只有 10^{75} 个。

5）P＝NP? 问题

目前不能在多项式时间内求解的 NP 问题，会不会将来某一天，有个"天才"发明了一个算法，把这些问题都在多项式时间内解决呢？也就是说，会不会所有的 NP 问题，其实都是 P 问题，只是人类尚未发现它们的算法呢？或者说 NP＝P？

解决 NP＝P 的猜想无非有两种可能，一种是找到一个这样的算法；另一种可能是这个算法不存在,那么就需要从数学理论上证明它为什么不存在。

有专家证明,所有 NP 问题都能在多项式时间内归约到 NPC 上。所谓归约是指,若 A 转换为 B,B 很容易解决,则 A 也很容易解决。显然,如果有任何一个 NPC 问题在多项式时间内解决了,那么所有的 NP 问题就都成了 P 问题,NP=P 就得到证明了。

但是,迄今为止这类问题还没有找到一个有效的算法。P=NP? 是一个既没有证实,也没有证伪的问题。科学家认为:**找一个问题的解很困难,但验证一个解很容易(证比解易)**,用数学公式表示就是 P≠NP。问题难于求解,易于验证,这与人们日常经验是相符的。因此,人们倾向于接受 P≠NP 这一猜想。

6. 不可计算问题的解决方法

无论是理论上不可计算还是现实中难以计算的问题,都是指无法得到公式解、解析解、精确解或最优解;但是这并不意味着不能得到近似解、概率解、局部解或弱解。 计算机科学家对待理论上或现实中不可解的问题通常采取两个策略:一是不去解决一个过于普遍性的问题,而是通过弱化有关条件,将问题限制得特殊一些,来解决这个普遍性问题的一些特例或范围窄小的问题;二是寻求问题的近似算法、概率算法。就是说,对于不可计算或不可判定的问题,人们并不是束手无策,而是可以从计算的角度有所作为。

美国纽约大学施瓦茨(Schwartz)教授指出:数学上有些问题解的边界极不规则,如图 3-30 所示,就像油田开采一样,在某个位置钻井有油,偏离一点就没有油。问题的可解性也很类似,某个问题在某些条件下是易解的,但是如果条件稍微改变一点点就很难解,甚至不可解。确定有效求解问题的边界是计算机科学的重要工作。

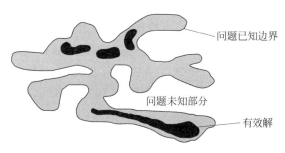

图 3-30 难解问题的油田模型

3.4.4 图灵测试与人工智能

1. 图灵测试

1947 年,图灵在一次计算机会议上做了题为"智能机器"的报告,详细地阐述了他关于思维机器的思想,第一次从科学的角度指出:"与人脑的活动方式极为相似的机器是可以制造出来的。"1950 年,图灵发表了著名的论文《计算机器与智能》,他逐条反驳了各种机器不能思维的论点,做出了肯定的回答。在论文中提出了著名的"图灵测试"。

图灵测试由 3 人来完成:一个男生(A);一个女生(B);一个性别不限的提问者(C)。提问者待在与其他两个测试者相隔离的房间里。图灵测试没有规定问题的范围和提问的标准。测试的目标是,让提问者通过对其他两人的提问,来鉴别其中回答问题的对象是男生还是女生。为了避免提问者通过声音、语调轻易地作出判断。因此,规定提问者和测试者之间只能通过电传打字机进行沟通。

如图 3-31 所示,如果将上面测试中的男生(A)换成机器,提问者在机器与女生的回答中作出判断,如果机器足够"聪明",就能够给出类似于人类思考后得出的答案,而且在5min的交谈时间内,人类裁判如果没有识破对方,那么这台机器就算通过了图灵测试。图灵指出:"如果机器在某些现实条件下,能够非常好地模仿人回答问题,以至于提问者在相当长时间里误认它不是机器,那么机器就可以认为是能够思维的。"

图 3-31　图灵测试示意图

2. 图灵测试的尝试与实现

图灵在《计算机器与智能》论文中,逐一反驳了科学、哲学、宗教等各个领域对"机器思维"的反对观点。论文发表后,引起了轩然大波,图灵遭到了不同领域的猛烈攻击。

图灵测试不要求接受测试的机器在内部构造上与人脑一样,它只是从功能的角度来判定机器是否能思维,也就是从行为主义的角度对"机器思维"进行定义。图灵的论文标志着计算机人工智能问题研究的开始,而计算机的终极目标也是达到机器的人工智能。

图灵预言,到2000年左右将会出现足够好的计算机,在长达5min交谈中,人类裁判在图灵测试中的准确率会下降到70%或更低(或机器欺骗成功率达到30%)。

【例 3-52】　2014 年,在国际图灵测试挑战赛中,俄罗斯人弗拉基米尔·维西罗夫(Vladimir Veselov)设计的人工智能软件尤金·古斯特曼(Eugene Goostman)通过了图灵测试。这个程序欺骗了 33% 的评判者,让其误以为屏幕另一端是一位 13 岁的乌克兰男孩。尤金程序在 150 场对话里,骗了 30 个评委中的 10 个。尤金程序的成功也带来了一些争议,有专家认为:尤金程序的设计思路并不是"一台在智力行为上表现得和人无法区分"的机器,而是一台"能够在 5min 长度对话内尽可能骗过人类"的机器。

【例 3-53】　在博弈领域,图灵测试也取得了成功。1997 年,IBM 公司的"深蓝"计算机战胜了俄罗斯国际象棋世界冠军卡斯帕罗夫(Гарри Кимович Каспаров)。深蓝计算机在与卡斯帕罗夫的博弈中,它采用了最笨、最简单的办法:搜索再搜索,计算再计算。我们可以嘲笑计算机的愚蠢,但必须承认它很有效。**计算机试图用一种勤能补拙的方式与人类抗衡**,通过不厌其烦地将最简单的逻辑重复重复再重复,来完成人类的智力分析过程。

【例 3-54】　AlphaGo(阿尔法狗)围棋程序由谷歌公司开发。2016 年,AlphaGo 与围棋世界冠军、职业九段选手李世石(韩国)进行人机大战,并以 4∶1 的总分获胜;2017 年初,AlphaGo 在网站上与中日韩数十位围棋高手进行快棋对决,连续 60 局无一败绩。

AlphaGo 程序的核心技术是"**蒙特卡洛树搜索**"+"**深度学习**"。它成功的秘诀是巧妙地利用了两个深度学习模型,一个用于预测下一手棋的最佳走法,另一个用于判断棋局形势。预测的结果降低了搜索的宽度,而棋局形势判断则减小了搜索深度。深度学习技术从人类的经验中学习到了围棋的"棋感"和"大局观"这种主观性很强的经验。

3. 人工智能的定义

人工智能(Artificial Intelligence,AI)的定义可以分为"人工"和"智能"两部分,"人工"比较好理解,争议也不大;关于什么是"智能",问题就多了。"智能"涉及意识、自我、心灵、无意识的精神等问题。目前我们对自身智能的理解非常有限,对构成人类智能的必要元素也了解有限,所以很难定义什么是"人工"制造的"智能"。

美国麦卡锡(John McCarthy)教授在 1956 年提出了人工智能的早期定义:人工智能就是要让机器的行为看起来就像是人所表现出的智能行为一样。

3.4.5　人工智能研究与应用

1. 人工智能研究的流派

人工智能(AI)的研究主要有三大学术流派:符号主义、连接主义和行为主义。

(1) 符号主义学派认为:人类认知和思维的基本单元是符号,而认知过程就是在符号表示上的一种运算。从符号主义的观点看,知识是构成智能的基础,知识表示、知识推理、知识运用是 AI 的研究核心。知识可用符号表示,认知就是符号的处理过程,推理就是采用启发式搜索对问题求解的过程(如图 3-32 左所示);而推理过程又可以用某种形式化的语言来描述,因此有可能建立基于知识的机器智能理论体系。符号主义的思想可以简单地归结为"认知即计算"。符号主义的发展过程为:启发式算法→专家系统→知识工程。其代表性成果为启发式程序 LT(逻辑理论家),它证明了 38 条数学定理。但是,符号主义遇到了不确定事物知识表示的难题,而且研究者们发现,要总结出知识系统实在太难了。

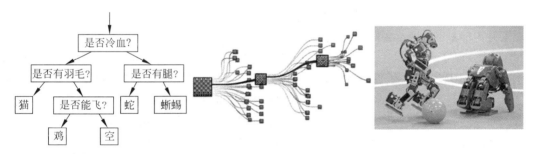

图 3-32　左:知识的符号推理　　中:围棋博弈的神经网络　　右:机器人的感知和行为

(2) 连接主义(仿生学派)的主要方法是**人工神经网络**。人类大脑的思维方式分为抽象(逻辑)思维、形象(直观)思维和灵感(顿悟)思维三种基本方式,神经网络就是模拟人的直观思维方式。1943 年,生理学家麦卡洛克(W. Mcculloch)和数理逻辑学家皮茨(W. Pitts)在分析总结神经元基本特性的基础上,提出神经元数学模型(如图 3-33 所示),此模型沿用至今。神经网络的特色在于信息的分布式存储和并行协同处理。国际象棋的博弈过程就类似一个神经网络。神经网络代表性研究成果是 AlphaGo 围棋程序。

(3) 行为主义又称为进化主义或控制论学派,其原理为控制论及"感知—动作"控制系统。行为主义把神经系统、信息理论、控制理论、逻辑以及计算机联系起来,模拟人在控制过程中的智能行为。如自寻优、自适应、自镇定、自组织和自学习等(如图 3-32 右所示)。这一

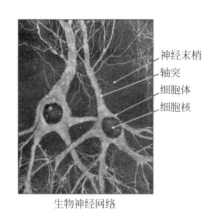

生物神经网络

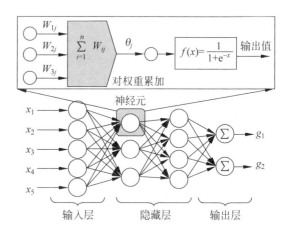

图 3-33   左：生物神经网络   右：人工神经网络模型

学派的代表作首推布鲁克斯（Brooks）制作的六足行走机器人，它是一个基于"感知—动作"模式，模拟昆虫行为的控制系统。

2. 人工智能的关键技术：机器学习

1）机器学习的案例

计算机的能力是否能超过人类？很多持否定意见的人（如爱达）主要论据是：**机器是人造的，其性能和动作完全由设计者规定，因此无论如何能力也不会超过设计者本人**。这种意见对不具备学习能力的计算机来说也许是正确的，但是对具备学习能力的计算机就值得另外考虑了，因为具有学习能力的计算机可以在应用中不断地提高它们的智能，过一段时间之后，设计者本人也不知道它的能力到了何种水平。

【例 3-55】   20 世纪 50 年代，美国 IBM 公司工程师塞缪尔（Arthur Lee Samuel）设计了一个《跳棋》程序，这个程序具有学习能力，它可以在不断的对弈中改善自己的棋艺。《跳棋》程序运行于 IBM704 大型通用电子计算机中，塞缪尔称它为"跳棋机"，"跳棋机"可以记住17 500 张棋谱，实战中能自动分析猜测哪些棋步源于书上推荐的走法。首先塞缪尔自己与"跳棋机"对弈，让"跳棋机"积累经验；1959 年"跳棋机"战胜了塞缪尔本人；3 年后，"跳棋机"一举击败了美国一个州保持 8 年不败纪录的跳棋冠军；后来"跳棋机"终于被世界跳棋冠军击败。这个程序向人们展示了机器学习的能力，提出了许多令人深思的社会与哲学问题。

【例 3-56】   2012 年，微软公司在中国天津的一次活动中，演示了一个全自动同声传译系统，讲演者用英文演讲，后台的计算机一气呵成自动完成语音识别、英-中机器翻译，以及中文语音合成，效果非常流畅，这个同声传译系统的关键技术就是机器深度学习。

2）机器学习的基本特征

机器学习（ML）是一门多领域交叉学科，它涉及概率论、统计学、算法复杂度等多门学科。计算机科学家汤姆·米切尔（Tom Mitchell）在《机器学习》一书中，对机器学习的定义是"机器学习是对能通过经验自动改进的计算机算法的研究"。

传统计算机的工作是遵照程序指令一步一步执行，非常明确。而机器学习是一种让计算机利用数据而不是指令进行工作的方法。例如，一个用来识别手写数字的分类算法，通过大样本数据训练后，不用修改程序代码就可以用来将电子邮件分为垃圾邮件和普通邮件。

算法没有变,但是输入的训练数据变了,因此机器学习到了不同的分类逻辑。

3)机器学习的过程

从实践的角度看,机器学习是一种通过大样本数据,训练出模型,然后用模型预测的一种方法。机器学习过程与人类对历史经验的归纳过程如图 3-34 所示。在机器学习过程中,首先需要在计算机中存储大量的历史数据;接着将这些数据通过机器学习算法进行处理,这个过程称为"训练",处理的结果可以用来对新的数据进行预测,这个结果称为"模型"(如决策树、神经网络、贝叶斯网等),对新数据的出现称为"预测"。训练与预测是机器学习的两个过程,模型则是过程的中间输出结果,训练产生模型,模型指导预测。

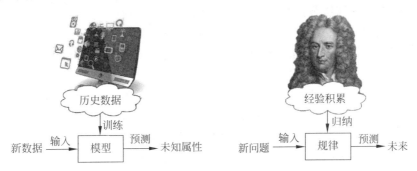

图 3-34　机器学习与人类思考的对比

由于机器学习不是基于编程形成的结果,因此**机器学习的处理过程不是因果逻辑,而是通过统计归纳思想得出的相关性结论。**

3. 人工智能的热门研究领域

1)模式识别

识别是人和生物的基本智能之一,人们几乎时时刻刻在对周围环境进行识别。模式识别是指用计算机对物体进行识别,物体指文字、符号、图形、图像、语音、声音及传感器信息等形式的实体对象;但是不包括概念、思想、意识等抽象或虚拟对象,后者的识别属于心理、认知、哲学等学科的研究范畴。

应用领域:指纹识别、人脸识别、笔迹识别、文字识别、车牌识别、语音识别、DNA 识别、眼动识别、运动识别等(如图 3-35 所示)。

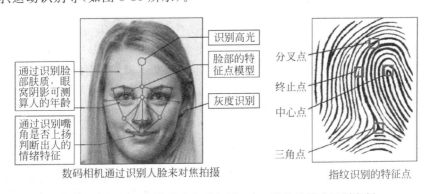

图 3-35　左:人脸的模式识别案例　右:指纹的模式识别案例

2) 增强学习

增强学习是智能体(Agent)如何在环境中采取一系列行为,从而获得最大的累积回报。通过试错的方法,一个智能体应该知道在什么状态下应该采取什么行为,从而发现最优的行为策略。它的优点是数据的价值会不断积累,而且获取成本很低。例如,Google 公司利用增强学习系统优化数据中心集群系统的能源效率,将原来的能源消耗降低了 40%。

应用领域:对新环境有举一反三能力的智能体、自动驾驶、同声翻译等。

3) 生成模型

生成模型主要用于在训练样本中学习概率分布,这意味着当利用生成模型去训练人脸样本时,它可以输出与训练数据类似的合成图像。例如,Ian Goodfellow 介绍了一种称为生成对抗网络的新型结构,它包含两个部分:一部分是生成器,它用于将输入的噪声综合为一定的内容(如图像);另一部分称为判决器,它会学习真正的图像是什么样子的,并判断生成器产生的图像是不是真实的图像。

应用领域:图像识别、图像生成、文学写作、艺术风格变换、人机交谈等。

4) 微数据模型

深度学习需要大量的训练数据才能达到优异的表现。例如 ImageNet 的大规模视觉识别挑战赛,每个队伍需要识别的对象包括 120 万张 1000 类人工标注的图像。如果没有大规模的数据训练,深度学习模型无法达到最优的表现。如果利用 AI 解决一个问题,但是这一问题的数据又十分有限,或者数据很难获取,这样一个能从小样本数据中学习出解决问题的模型就十分重要。一个可行的解决方法是:将处理先前任务的机器学习模型的知识转移到现在的模型中,这称为迁移学习。

应用领域:用浅层网络模拟在大规模数据集上训练好的神经网络、机器翻译等。

5) 硬件并行计算

神经网络的训练需要数量巨大的计算过程,将 GPU(图形处理单元)应用于大规模神经网络的训练是明智之选。与 CPU 串行处理不同,GPU 提供了数量巨大的并行处理单元,它可以同时处理很多个任务。GPU 有很高的计算精度,并且不会经常受到内存带宽的限制和数据溢出的困扰。例如谷歌公司就开发了一款可以处理高维机器学习问题的芯片,新型芯片具有更宽的内存带宽、更高的计算密度和计算功效。

应用领域:模型快速训练、能耗效率提升、使用 AI 的物联网设备(如可通过语音交互的物联网设备)、云服务、自动驾驶、无人飞机和机器人等。

6) 模拟环境

一个模拟真实世界物理情景和行为模型的电子虚拟世界可以为 AI 提供一个测试环境,同时训练它的适应能力。在模拟环境中进行训练有助于理解 AI 如何学习,如何提高和改进 AI 系统,同时为我们提供了可以转换为在真实世界中应用的模型。

应用领域:学习驾驶、制造业、工业设计、游戏开发、智慧城市等。

4. 人工智能存在的问题

人类擅长形象思维,灵感和直觉也很管用,对团队合作也非常在行,但是对大量数据的处理非常头疼。而计算机则擅长于逻辑思维,即使长时间重复做同一件事,也不会疲劳和出错,但是形象思维和创新思维则比人类要"笨拙"得多,并且无法进行自主性团队合作。

【**例 3-57**】 人类在回答"树上有 10 只鸟,被人用枪打下 1 只,问树上还剩下几只鸟?"这类脑筋急转弯问题时,就会利用到联想和直觉等方面的能力。计算机在处理这类问题时,答案往往令人啼笑皆非,如图 3-36 所示。

图 3-36 "树上有几只鸟"问题的机器推理示意图

5. 强人工智能和弱人工智能的争论

强 AI 观点认为有可能制造出真正能推理和解决问题的智能机器,并且这种机器被认为是有知觉、有自我意识的。强 AI 有两类:一种是类人的 AI,即机器的思考和推理就像人的思维一样;另一种是非类人的 AI,即机器产生了与人完全不一样的知觉和意识,使用与人类完全不同的推理方式。

弱 AI 观点认为不可能制造出能真正地推理和解决问题的智能机器,这些机器只不过看起来像是智能的,但是并不真正拥有智能,也不会有自主意识。持这一观点的代表人物是美国哲学家约翰·希尔勒(John Rogers Searle)。他设计了一个"**中文房间**"的思想实验,用来推翻强人工智能的理论。如图 3-37 所示,实验过程是:一位只会说英语的人身处一个房间之中,房间除了有一个小窗口外,全部都是封闭的,他带有一本中文翻译的书。当中文纸片通过小窗口送入房间中时,房间中的人可以使用书来翻译这些文字并用中文回复。虽然他完全不会中文,房间外的人都会以为他会说流利的中文。希尔勒认为:如果一台机器的唯一工作原理就是转换编码数据,那么这台机器不可能具有思维能力。

图 3-37 希尔勒"中文房间"思想实验

英国哲学家西门·布莱克伯恩(Simon Blackburn)在哲学著作《思考》里谈道:一个人看起来是"智能"的行为,并不能真正说明这个人就是智能的。我永远不可能知道另一个人是否真的像我一样是智能的，还是说他仅仅看起来是智能的。基于这个论点，既然弱人工智能认为可以令机器看起来像是智能的，那就不能完全否定这个机器真的具有智能。

弱 AI 和强 AI 并非完全对立。即使强 AI 是不可能的，弱 AI 仍然是有意义的。

6. 计算机会超过人类吗

人的能力可以分为体力和脑力。从最能代表人类体力极限的世界纪录（如跳高、举重等），可以看到人体力相当有限。人类的脑力也有限，如果能像体育运动那样明确比赛规则，我们就不得不接受人类脑力处于同一个数量级的事实。

【例 3-58】 计算 $1+2+3+\cdots+N=$？ 时，如果规定算法必须是一步一步相加，当 N 确定时，不同的人所花费时间大致在一个数量级之中。

既然人的体力和脑力极其有限，那如何解释人类在认知和改造世界中所产生的巨大力量？答案在于依靠工具，人类能创造工具又能使用工具。尽管人类未能跳过 2.5m 的高度，手工计算的速度也不快。如果使用工具（如飞机），人可以飞得很高；使用计算机可以在较短的时间内，解决一些复杂的问题。而工具的发明和使用依赖于人类的创造性思维。

目前，计算机在计算速度、计算准确度、记忆能力、逻辑推理方面已经超过了人类。例如，"深蓝"计算机与卡斯帕罗夫的较量，既然国际象棋是人类发明用来一较智力高下的游戏，那么就不得不承认这台机器拥有了智力，甚至已经超过了人类。然而计算机在创新思维、自我意识等方面的研究目前进展不大。计算机的智能最终是否会超过人类？图灵在《计算机器与智能》论文中给出的答案是：**"有可能人比一台特定的机器聪明，但也有可能别的机器更聪明，如此等等。"**

习题 3

3-1　简要说明什么是计算思维。

3-2　简要说明计算机解决问题的主要步骤。

3-3　简要说明分治法的算法思想。

3-4　简要说明枚举法的算法思想

3-5　计算机领域哪些问题不可计算，如何解决这类问题？

3-6　写出"石头剪刀布"游戏的博弈策略矩阵。

3-7　大四学生面临找工作或考研究生的选择，用贪心法分析认为找工作较好，用动态规划分析认为考研究生较好，你会选择哪种算法？ 为什么选择这种算法？

3-8　如何利用统计语音数学模型，将宠物狗的肢体语言翻译为人类语言？

3-9　一个可以坐 120 人的教室，学生随机就座，教师可能随机走动。如果某个学生对课程内容不感兴趣，他坐在哪个位置较好？请建立一个数学模型进行描述。

3-10　一个黑白图像局部区域有 1000 个随机数据，如 10001101…，现在需要 1 转换为 0，将 0 转换为 1，请用图灵机程序实现以上功能（要求进行程序注释）。

第 4 章 算法基础和数据结构

算法是解决问题的一系列步骤,也是计算思维的核心概念。本章主要从"算法"等计算思维概念,讨论递归、迭代、排序、查找等基本算法思想;以及用"抽象"的方法,建立非数值计算型问题的数据结构。

4.1 算法的特征

4.1.1 算法的定义

1. 算法的基本定义

算法(Algorithm)被公认为是计算机科学的灵魂。最早的算法可追溯到公元前 2000 年,古巴比伦留下的陶片显示,古巴比伦的数学家提出了一元二次方程及其解法。

科尔曼(Thomas H. Cormen)教授指出:"**算法就是任何定义明确的计算步骤**,它接收一些值或集合作为输入,并产生一些值或集合作为输出。这样,算法就是将输入转换为输出的一系列计算过程。"

算法用某种编程语言写出来就是程序,但程序不一定都是算法。程序不一定满足有穷性。例如,操作系统是一个大型程序,只要整个系统不遭到破坏,它可以不停地运行;即使没有作业需要处理,它仍处于动态等待中。虽然操作系统在设计中采用了很多算法,但是它本身不是一个算法。另一方面,程序中的指令必须是机器可执行的,而算法中的指令则无此限制。算法代表了对问题的求解方法,而程序是算法在计算机上的实现。

算法与数据结构关系紧密,在算法设计时先要确定相应的数据结构,而在讨论某一种数据结构时也必然会涉及相应的算法,不同的数据结构会直接影响算法的运算效率。

2. 算法的基本特征

(1)有穷性。一个算法必须在有穷步之后结束,即算法必须在有限时间内完成。这种有穷性使得算法不能保证一定有解,结果有以下几种情形:有解;无解;有理论解,但算法的运行没有得到;不知有无解,但是在算法的有穷执行步骤中没有得到解。

(2)确定性。算法中每一条指令必须有确切含义,无二义性,不会产生理解偏差。算法可以有多条执行路径,但是对某个确定的条件值只能选择其中的一条路径执行。

(3)可行性。算法是可行的,描述的操作都可以通过基本的有限次运算实现。

（4）输入。一个算法有 0 个或多个输入,输入取自某些特定对象的集合。有些输入在算法执行过程中输入,有些算法不需要外部输入,输入量被嵌入在算法之中了。

（5）输出。一个算法有 1 个或多个输出,输出与输入之间存在某些特定的关系。不同的输入可以产生不同或相同的输出,但是**相同的输入必须产生相同的输出**。

4.1.2　算法的表示

算法可以用自然语言、伪代码、流程图、N-S 图、PAD 图、UML 等进行描述。

1. 用自然语言表示算法

自然语言描述算法的优点是简单,便于人们对算法的阅读。但是自然语言表示算法时文字冗长,容易出现歧义;而且,用自然语言描述分支和循环结构时不直观。

【例 4-1】 用自然语言描述计算并输出 $z = x \div y$ 的流程,自然语言描述如下:

步骤 1:输入变量 x,y;

步骤 2:判断 y 是否为 0;

步骤 3:如果 $y = 0$,则输出出错提示信息;

步骤 4:否则计算 $z = x/y$;

步骤 5:输出 z。

2. 用伪代码表示算法

用编程语言描述算法过于烦琐,常常需要借助注释才能使人明白。为了解决算法理解与执行两者之间的矛盾,人们常常采用伪代码进行算法思想描述。伪代码忽略了编程语言中严格的语法规则和细节描述,使算法容易被人理解。伪代码是一种算法描述语言。用伪代码写算法并无固定的、严格的语法规则(没有标准规范),只要把意思表达清楚,并且书写格式清晰易读即可。因此,大部分教材对伪代码做如下约定。

（1）伪代码语句可以用英文、汉字、中英文混合表示算法,一般用编程语言中的部分关键字来描述算法。例如进行条件判断时,用 if-then-else-end if 语句,这种方法既符合人们正常的思维方式,并且转化成程序设计语言时也比较方便。

（2）伪代码每一行或几行表示一个基本操作。每一条指令占一行(if 语句例外),语句结尾不需要任何符号(C 语言以分号结尾)。语句的缩进表示程序中的分支结构。

（3）伪代码中,变量名和保留字不区分大小写,变量的使用也不需要先声明。

（4）伪代码用符号←表示赋值语句,例如 x←exp 表示将 exp 的值赋给 x,其中 x 是变量,exp 是与 x 同数据类型的变量或表达式。在 C/C++、Java 程序语言中,用＝进行赋值,如 x＝0,a＝b+c,n＝n+1,ts＝"请输入数据"等。

（5）伪代码的选择语句用 if-then-else-end if 表示。循环语句一般用 while 或 for 表示,用 end while 或 end for 表示循环结束,语法与 C 语言类似。

（6）函数值利用"return (变量名)"语句来返回,如 return(z);调用方法用"call 函数名(变量名)"语句来调用,如 call Max(x,y)。

【例 4-2】 从键盘输入 2 个数,输出其中最大的数,用伪代码描述如下。

```
Begin                           ♯算法伪代码开始
input  A,B                      ♯输入变量 A、B
  if  A>B  then  Max←A          ♯如果 A 大于 B,则将 A 赋值给 Max
  else  Max←B                   ♯否则将 B 赋值给 Max
  end if                        ♯结束 if 语句
output  Max                     ♯输出最大数 Max
End                             ♯算法伪代码结束
```

3．用流程图表示算法

流程图由一些特定意义的图形、流程线及简要的文字说明构成,它能清晰地表示程序的运行过程。在流程图中,一般用圆边框表示算法开始或结束;矩形框表示各种处理功能;平行四边形框表示数据的输入或输出;菱形框表示条件判断;圆圈表示连接点;箭头线表示算法流程;文字 Y(真)表示条件成立,N(假)表示条件不成立。用流程图描述的算法不能够直接在计算机上执行,如果要将它转换成可执行的程序还需要进行编程。

【例 4-3】 用流程图表示:输入 x、y,计算 $z=x\div y$,输出 z。流程图如图 4-1 所示。

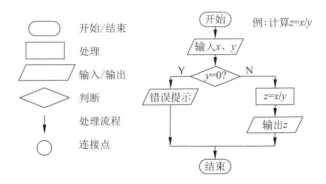

图 4-1 左:流程图基本符号 右:计算 $z=x\div y$ 的算法流程图

4．用 N-S 图表示算法

1973 年,美国学者 I. Nassi 和 B. Sneiderman 提出了一种新的流程图形式。流程图中去掉了带箭头的流程线,全部算法写在一个矩形框内,在框内还可以包含其他的从属于它的框。这种流程图称为 N-S 流程图(N 和 S 是两位美国学者的英文姓氏的首字母)。

如图 4-2 所示,在 N-S 图中,每个"处理步骤"用一个盒子表示,"处理步骤"可以是语句

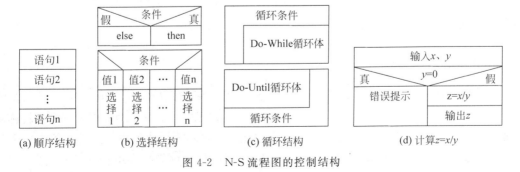

图 4-2 N-S 流程图的控制结构

或语句序列。需要时,盒子中还可以嵌套另一个盒子,嵌套深度一般没有限制,只要整张图在一页纸上能容纳得下,由于只能从上边进入盒子然后从下边走出,除此之外没有其他的入口和出口,所以,N-S图限制了随意的控制转移,保证了程序的良好结构。

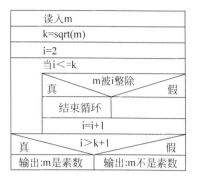

图 4-3   N-S 流程图表示的算法

N-S图形象直观,如循环范围、条件语句范围都一目了然。很容易理解设计意图,为编程和测试带来了方便。N-S图的缺点是修改麻烦,这是 N-S 图使用较少的主要原因。

【例 4-4】   输入整数 m,判断它是否为"素数"。素数是大于 1 的整数,除了能被自身和 1 整除外,不能被其他整数整除。算法的 N-S 流程图如图 4-3 所示。

5. 用 PAD 图表示算法

1974 年,日本二村良彦等人提出了 PAD(问题分析图),它是一种用于描述程序详细设计的图形表示工具。它用二维树形结构图表示程序的控制流程,用 PAD 图转换为程序代码比较容易。一个判断三角形性质的 PAD 图如图 4-4 所示。

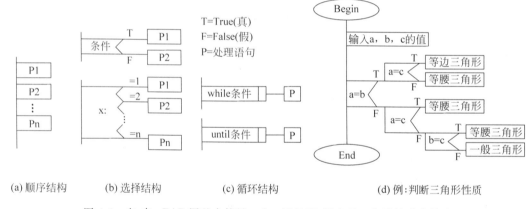

(a) 顺序结构   (b) 选择结构   (c) 循环结构   (d) 例:判断三角形性质

图 4-4   左-中:PAD 图基本符号   右:用 PAD 图表示三角形性质的算法

PAD 图最左端的纵线是程序的主干线,对应程序的第一层结构;每增加一层 PAD 图,则向左扩展一条纵线,PAD 图的纵线数等于程序层次数。程序的执行从 PAD 图最左主干线上端节点开始,自上而下、自左向右依次执行,程序终止于最左边的主干线。

4.1.3   算法的评估

1. 算法的评价标准

衡量算法优劣的标准有正确性、可读性、健壮性、效率与低存储量。

(1) 正确性。在给定有效输入后,算法经过有限时间的计算并产生正确的答案,就称算法是正确的。算法是否"正确"包含以下四个层次:一是不含语法错误;二是对多组输入数据能够得出满足要求的结果;三是对精心选择的、典型的、苛刻的多组输入数据,能够得出满足要求的结果;四是对一切合法的输入都可以得到符合要求的解。

(2)可读性。算法主要用于人们的阅读与交流,其次才是用于程序设计,因此算法应当易于理解;另一方面,晦涩难读的算法难以编程,并且程序调试时容易导致较多错误。算法简单则程序结构也会简单,这样容易验证算法的正确性,便于程序调试。

(3)健壮性。算法应具有容错处理。当输入非法数据时,算法应当恰当地做出反应或进行相应处理,而不是产生莫名其妙的输出结果。算法应具有以下健壮性(鲁棒性):一是对输入的非法数据或错误操作给出提示,而不是中断程序的执行;二是返回表示错误性质的特征值,以便程序在更高层次上进行出错处理。

(4)效率。一个问题可能有多个算法,每个算法的计算量都会不同(如例4-5所示)。要在保证一定运算效率的前提下,力求得到简单的算法。

【例4-5】 赝品金币问题。9个外观完全一样的金币,其中有一个是赝品(重量较轻)。请问,如果用天平来鉴别真伪,一共需要称几次?

算法1:天平左边金币固定不变,不断变换右边的金币,最多称7次可鉴别出假币。

算法2:天平两边各一个金币,每次变换两边的金币,最多称4次可鉴别出假币。

算法3:天平左边3个,右边3个,留下3个,最多称2次可鉴别出假币。

2.评估算法复杂度的困难

对算法的复杂度进行评估时,存在以下影响因素。

(1)硬件速度。如CPU的工作频率、内核数、内存的容量等。

(2)问题规模。如搜索100与搜索1 000 000以内的素数时,运行的时间不同。

(3)公正性。测试环境和测试数据的选择,很难做到对各个算法都公正。

(4)编程精力。对多个算法编程和测试,需要花费很大的时间和精力。

(5)程序质量。可能会因为程序编写得好,而没有体现出算法本身的质量。

(6)编译质量。编译程序如果对程序代码优化较好,则生成的执行程序质量高。

在以上各种因素都不确定的情况下,很难客观地评估各种算法之间的复杂度。目前国际上对复杂问题和高效算法主要采用基准测试(benchmark)的方法对实例做性能测试,如世界500强计算机采用的Linpack基准测试。因为能够分析清楚的算法,要么是简单算法,或者是低效算法,难题和高效算法很难分析清楚。

4.1.4　算法复杂度

计算机科学家高德纳指出"**计算复杂性理论研究计算模型在各种资源(时间、空间等)限制下的计算能力**"。算法复杂度是衡量算法计算难度的一种尺度,它反映了算法消耗资源的情况,算法分析就是分析算法复杂度的过程。算法的复杂度包括时间复杂度和空间复杂度。算法复杂度有最好、最坏、平均几种情况,通常着重最坏情况下的算法复杂度。

1.算法时间复杂度的表示

算法时间复杂度指程序运行从开始到结束所需要的时间。如果问题的规模是 n,解决这个问题的算法所需时间为 $T(n)$,$T(n)$ 称为这一算法的"时间复杂度"。当输入量 n 逐渐加大时,时间复杂度的极限情形称为算法的"渐近时间复杂度"(简称为时间复杂度)。

常用大 O(读[big-oh]或[大圈])表示一个算法的时间复杂度。大 O 表示这个算法复杂度的上界;如果某个算法的复杂度到达了这个问题复杂性的下界,就称这个算法是最佳算法。

　　算法的时间复杂度与输入数据的大小规模有关。大 O 表示法中的基本参数 n 即问题实例的规模,这里 O 表示量级(Order)。例如,二分查找算法复杂度是 $O(\log n)$ 量级,表示二分查找需要"通过 $\log n$ 量级的运算步骤,去查找一个规模为 n 的数组"。算法复杂度为 $O(f(n))$ 时,表示当 n 增大时,运行时间最多将以正比于 $f(n)$ 的速度增长。

　　注意:大 O 表示法是时间递增数量级的表示方法,注意"递增"两个字,并不是说复杂度为 $O(1)$ 的算法消耗的时间一定比复杂度为 $O(n)$ 的算法少。

　　常见算法复杂度级别如图 4-5 和表 4-1 所示。

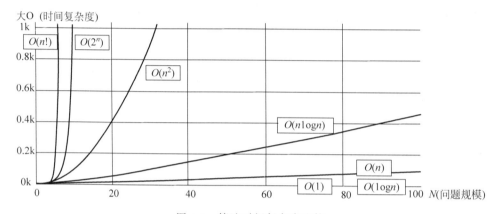

图 4-5　算法时间复杂度比较

表 4-1　常见的算法复杂度等级

类型	复杂度	说明	案　例
多项式解 (P 类问题)	$O(1)$	常数阶	如向数组中写入数据,总能在一个确定的时间内返回结果
	$O(\log n)$	对数阶	如对排序后的数据,用二分查找法确定位置
	$O(n)$	线性阶	如在一队无序的数据列表中,用顺序查找的方法确定位置
	$O(n\log n)$	线性对数阶	如快速排序,一般情况为 $O(n\log n)$,最坏情况为 $O(n^2)$
	$O(n^2)$	平方阶	2 层循环,如 4×4 矩阵要计算 16 次;如简单排序的复杂度
	$O(n^3)$	立方阶	3 层循环,如 $4\times4\times4$ 矩阵要计算 64 次
指数解 (NP 类问题)	$O(2^n)$	指数阶	如汉诺塔问题,密码暴力破解问题
	$O(N!)$	阶乘阶	如旅行商问题,汉密尔顿回路问题

　　说明:通常对数必须指明基数,如 $x=\log_b n$,该等式等价于 $b^x=n$。而 $\log_b n$ 的值随基数 b 的改变而乘以相应的常数倍,所以写成 $f(n)=O(\log n)$ 时不再指明基数,因为最终要忽略常数因子。

　　复杂度为指数阶和阶乘阶的情况很少见,因为设计算法时,要避免"指数级递增"这种复杂度的出现。指数复杂度常见的案例是密码的暴力破解。

　　【例 4-6】　密码的暴力破解。假设密码全部由小写英文字母构成,一共有 6 位,那么穷举法破解时尝试密码的次数最多为 $26^6=309\,815\,776$ 次;但是用户只要多增加 1 位密码,则密码尝试的最多次数将是原来的 26 倍,密码破解工作量呈指数级增长。

2. 算法时间复杂度计算案例

【例4-7】 时间复杂度 $T(n)=O(1)$ 的情况。程序片段如"temp=i; i=j; j=temp"等。

以上3个语句的执行时间是与问题规模 n 无关的常数,算法的时间复杂度为常数时,记作 $T(n)=O(1)$。如果算法的执行时间不随问题规模 n 的增加而增长,即使算法中有上千条语句,其执行时间也不过是一个较大的常数,这类算法的时间复杂度均为 $O(1)$。

【例4-8】 时间复杂度 $T(n)=O(n)$ 的情况。程序片段如下。

```
a = 0                    # 计算频度 = 1 次
b = 100                  # 计算频度 = 1 次
for i <= n:              # 计算频度 = n 次
    s = a + b            # 计算频度 = n − 1 次
```

因此,以上算法的时间复杂度为 $T(n)=2+n+(n-1)=O(n)$。

【例4-9】 时间复杂度 $T(n)=O(\log n)$ 的情况。程序片段如下。

```
i = 1                    # 计算频度 = 1 次
while i <= 100:          # 计算频度 = f(n) 次
    i = i * 2            # 计算频度 = n − 1 次
```

设语句2的频度是 $f(n)$,则 $f(n)<=n, f(n)<=\log n$,取最大值 $f(n)=\log n$;因此,这个算法的时间复杂度为 $T(n)=O(\log n)$。

【例4-10】 时间复杂度 $T(n)=O(n^2)$ 的情况。如双重循环,Python 程序如下。

```
# test.py  [打印乘法口诀表]       # 注释语句不执行 = 0 次
for i in range(1, 10):            # 计算频度 = n 次
    for j in range(1, i + 1):    # 计算频度 = n² 次
        print(i, '*', j, '=', i * j)   # 计算频度 = n² 次
print('')                        # 计算频度 = 1 次
```

以上算法的时间复杂度为 $T(n)=n+n^2+n^2+1=O(n^2)$。

3. 算法的空间复杂度

算法的空间复杂度是指程序运行从开始到结束所需的存储空间。它包括以下两部分。

(1) 固定部分。这部分存储空间与所处理数据的大小和数量无关,或者称与问题的实例无关。主要包括程序代码、常量、简单变量、定长成分的结构变量所占的空间。

(2) 可变部分。这部分存储空间大小与算法在某次执行中,处理数据的大小和规模有关。例如100个数据的排序与1000个数据的排序所需存储空间显然是不同的。

空间复杂度与时间复杂度的概念类同,计算方法相似,而且空间复杂度分析相对简单些,所以一般主要讨论时间复杂度。

4.2 递归与迭代

4.2.1 递归算法思想

1. 递归的概念

在计算机科学中,递归是指函数调用自身的方法。在一些编程语言(如 Scheme)中,递归是进行循环的一种方法。递归一词也常用于描述以自相似方法重复事物的过程,**递归具有自我描述、自我繁殖的特点。**

【例 4-11】 德罗斯特效应(Droste Effect,荷兰著名巧克力品牌)是递归的一种视觉形式,图 4-6 中,女性手持的物体中有一幅她本人手持同一物体的小图片,进而小图片中还有更小的一幅她手持同一物体的图片。递归也可以理解为自我复制的过程。

图 4-6　图形中自我描述和自我繁殖的递归现象

【例 4-12】 语言中也同样存在递归现象,童年时,小孩央求大人讲故事,大人有时会讲这样的故事:"从前有座山,山上有个庙,庙里有个老和尚和小和尚,老和尚给小和尚讲故事,讲的是:从前有座山,山上有个庙,……"。这是一个永远也讲不完的故事,因为故事中有故事,无休止地循环,讲故事的人利用了语言结构的递归性。

上例充分反映了递归自我描述的特点。我们将例 4-12 以伪代码的形式描述如下。

```
Begin                                          #算法伪代码开始
    def story( n )                             #定义故事函数
        print( "从前有座山,山上有个庙,庙里有个老和尚    #函数体
        和小和尚,老和尚给小和尚讲故事,讲的是:" )
        call story( m )                        #在函数 story()内部调用自身
End                                            #算法伪代码结束
```

由以上伪代码程序可以看到:程序中没有对递归深度进行控制,这会导致程序的无限循环执行,这也充分反映了递归自我繁殖的特点。由于每次输出的内容都需要占用一定的存储空间,程序运行到一定次数后,就会因为存储单元不足导致数据溢出而死机。其实,计算机病毒程序和蠕虫程序正是利用了递归函数自我繁殖的特点。

那么可以自我描述和自我繁殖的程序(递归)是否符合算法规范?会不会导致图灵机的停机问题?科学家们已经证明:满足一定规范的自调用或自描述程序,从数学本质上看是

正确的,不会产生悖论。第一个实现递归功能的程序设计语言是 Algol 60。

2. 递归的定义与方法

在一个函数的定义中出现了对自己本身的调用,称为直接递归;或者一个函数 p 的定义中包含了对函数 q 的调用,而 q 的实现过程又调用了 p,即函数形成了环状调用链,这种方式称为间接递归。递归的基本思想是:将一个大型复杂的问题,分解成为规模更小的、与原问题有相同解法的子问题来求解。递归只需要少量的程序,就可以描述解题过程需要的多次重复计算。设计递归程序的困难之处在于需要考虑正在编写的递归函数可以自调用。

递归的执行分为递推和回溯两个阶段。在递推阶段,将较复杂问题(规模为 n)的求解,递推到比原问题更简单一些的子问题(规模小于 n)求解。在递归中,必须要有终止递推的**边界条件**,否则递归将陷入无限循环之中。在回溯阶段,利用基本公式进行计算,逐级回溯,依次得到复杂问题的解。

【例 4-13】 怎样才能移动 100 个箱子? 方法是首先移动 1 个箱子,并记下它移动的位置(边界条件);然后再移动其余 99 个箱子,将问题变为怎样移动 1 个箱子(基本公式)。

3. 递归的终止条件

在递归中,当边界条件不满足时,递归就前进;当边界条件满足时,递归就开始回溯。可见递归实现了某种类型的螺旋状循环。循环体每次执行时必须取得某种进展,逐步迫近循环终止条件。

递归函数在每次递归调用后,必须越来越接近边界条件;当递归函数符合这个边界条件时,它便不再调用自身,递推就会停止,并且开始回溯。如果递归函数无法满足边界条件,则程序会因为内存单元溢出而失败退出。

4. 阶乘的递归过程分析

【例 4-14】 以阶乘 3! 的计算为例,说明递归的执行过程。

对 $n>1$ 的整数,阶乘的边界条件是 $0!=1$;基本公式是 $n!=(n*\text{fac}(n-1))$。

(1)递推过程。如图 4-7 所示,利用递归方法计算 3! 阶乘时,可以先计算 2!,将 2! 的计算值回代就可以求出 3! 的值($3!=3*2!$);但是程序并不知道 2! 的值是多少,因此需要先计算 1! 的值,将 1! 的值回代就可以求出 2! 的值($2!=2*1!$);而计算 1! 的值时,必须先计算 0!,将 0! 的值回代就可以求出 1! 的值($1!=1*0!$)。这时 $0!=1$ 是阶乘的边界条件,递归满足这个边界条件时,也就达到了子问题的基本点,这时递推过程结束。

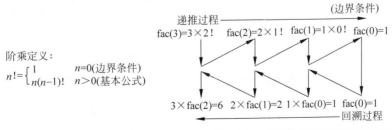

图 4-7 左:阶乘的基本公式和递归条件 右:阶乘递归函数的递推和回溯过程示意图

（2）回溯过程。递归满足边界条件后，或者说达到了问题的基本点后，递归开始进行回溯，即（0！＝1）→（1！＝1＊1）→（2！＝2＊1）→（3！＝3＊2）；最终得出 3！＝6。

从上例看，用手工方法计算递归需要花费更长的时间，处理过程更加复杂；但是利用计算机处理递归过程则会变得更简单，并且使程序更清晰和容易理解。

5. 递归的应用

（1）递归适用的问题。一是数据按递归定义的（如阶乘、Fibonacci 函数）；二是问题可以按递归算法求解（如回溯）；三是数据结构是按递归定义的（如树遍历等）。递归在函数式编程语言中得到了普遍应用。如在 Haskell 编程语言中，不存在 while、for 等循环控制语句，Haskell 语言强迫程序员使用递归等函数式编程的思维去解决问题。

（2）递归的基本条件。有些问题本质上是递归的，如"汉诺塔""快速排序"等，在非数值计算中（如描述表格及树形结构等）也经常采用递归结构。不是所有问题都能用递归解决，递归解决问题必须满足两个条件：一是通过递归调用可以缩小问题的规模，而且子问题与原问题有相同的形式，即存在递归基本公式；二是需要存在边界条件，递归达到边界条件时退出。如果问题不满足以上两个条件，那么就不能用递归来解决这个问题。

（3）递归的缺点。递归解决方案在时间和空间上的代价都很大。一是递归算法比常用算法（如循环等）运行效率低；二是在递归调用过程中，递归函数每进行一次新调用时，都将创建一批新变量，计算机系统必须为每一层的返回点、局部变量等开辟内存单元来存储，如果递归次数过多，很容易造成内存单元不够而产生数据溢出故障。

6. 递归算法程序设计案例

【例 4-15】　用 Python 语言编写一个递归函数，求正整数 n 的阶乘值 $n!$。

用 $\mathrm{fac}(n)$ 表示 n 的阶乘值，阶乘的数学定义如下：

$$\mathrm{fac}(n) = n! = \begin{cases} 1 & n = 0 \quad \text{（边界条件）} \\ n * \mathrm{fac}(n-1) & n \geqslant 1 \quad \text{（基本公式）} \end{cases}$$

利用递归函数求阶乘值 $n!$ 的 Python 程序如下：

```
# - * - coding:utf - 8 - * -          #采用 UTF - 8 编码
def fac(n):                           #定义递归函数 fac(n)
    if n == 0:                        #判断边界条件,如果 n = 0
        return 1                      #返回值 = 1
    return n * fac(n - 1)             #按基本公式计算,将值返回给 fac(n)

>>> fac(5)                            #运行程序,调用递归函数 fac(5)
120                                   #输出 5!的阶乘值
```

4.2.2　迭代算法思想

1. 迭代的概念

迭代是利用变量的原值推算出变量的新值。如果递归是自己调用自己，迭代则是 A 不停地调用 B。迭代利用计算机运算速度快,适合做重复性操作的特点,让计算机对一组指令重复执行,在每次执行这组指令时,都从变量的原值推出它的一个新值。如图 4-8 所示,迭代现象广泛存在于工作和生活中。

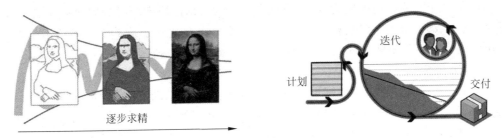

逐步求精

迭代

计划

交付

图 4-8　迭代过程在各个领域的应用

2. 迭代的基本策略

利用迭代解决问题时,需要做好以下三个方面的工作。

(1) 确定迭代模型。在可以用迭代解决的问题中,至少存在一个直接或间接地不断由旧值递推出新值的变量,这个变量就是迭代变量。

(2) 建立迭代关系式。迭代关系式是指从变量前一个值推出下一个值的基本公式。迭代关系式的建立是解决迭代问题的关键。

(3) 迭代过程的控制。不能让迭代过程无休止地重复执行(死循环)。迭代过程的控制分为两种情况:一是迭代次数是确定值时,可以构建一个固定次数的循环来实现对迭代过程的控制;二是迭代次数无法确定时,需要在程序循环体内判断迭代结束的条件。

4.2.3　递归与迭代的区别

1) 实现方式

递归和迭代都是重复执行某段程序代码,递归通过重复性的自身调用来实现;而迭代采用循环实现。递归是从结果向初始值递推和回溯的过程;而迭代是从一个初始值开始,经过有限次数的循环,得到一个结果。递归是从未知结果到已知初始值,再到所求的结果;迭代是从初始值到结果。简单地说,递归需要回溯,迭代不需要回溯。

2) 终止条件

对于迭代,不符合循环条件时就结束迭代;而递归则是当达到边界条件时,开始回溯过程,直到递归结束。

3) 内存资源

迭代中,程序变量占用的内存是一次性的,空间复杂度为 $O(1)$;在递归函数调用时,程序变量产生的临时数据都要存入堆栈(回溯时需要),空间复杂度是 $O(n)$。递归每深入一层,就需要占用一块内存区域(堆栈)来保存临时数据,对嵌套层数较深的一些递归算法,会因为存储空间资源耗尽导致内存系统崩溃。

4) 运行效率

理论上递归和迭代在时间复杂度方面是等价的,实际上递归效率比迭代低。递归带来了大量的函数调用,这需要许多额外的时间开销,所以在递归深度较大时程序运行效率不高;迭代程序运行效率高,运行时间只与循环次数相关,没额外的开销。

5)适应性

递归适用于需要回溯的问题(如迷宫问题),因为之前的决定会影响后面的决定,而且无法保证每一步都是对的(如迷宫搜索时可能走错路),递归适用于结果空间为树形结构的问题;迭代适用于不需要回溯的问题,即保证每一步都在接近答案,没有岔路。

6)算法转换

从理论上说,所有递归函数都可以转换为迭代函数,反之亦然。从算法结构来说,递归结构并不总是能够转换为迭代结构,原因是复杂的,这就像动态的东西并不总是可以用静态的方法实现一样。一个典型案例是链表,链表使用递归定义时极其简单;但是使用数组定义(迭代的需要)时,其定义及调用处理变得很晦涩。因此,从实际上看,所有迭代都可以转换为递归;但所有递归不一定可以转换为迭代。

4.2.4　递归与迭代的应用

1. 利用递归算法生成分形图

自然界普遍存在分形现象,如蜿蜒曲折的海岸线、起起伏伏的山川、树木、雪花、复杂的生命现象等,都表现了客观世界丰富的分形现象。一切复杂的对象看似杂乱无章,但他们具有某种相似性。如果把复杂对象的某个局部放大,其形态与整体基本相似。

1)分形几何学的特征

分形几何学是研究不规则形态的几何学。1973 年,芒德布罗(B. B. Mandelbrot)首次提出了分维和分形的设想。分形具有以下特征:一是分形图在任意小的尺度上都能保持丰富**精细的结构**;二是分形图**不太规则**,难以用传统的欧氏几何语言描述;三是**分形图具有某种整体与局部的自相似形式**,例如树权分支的形状与树的形状非常相似。

2)Koch(科赫)曲线的算法思想

如图 4-9 所示,首先将一个线段三等分;其次将中间段的直线去掉,换成一个去掉底边的等边三角形;然后在每条直线上重复以上操作,如此进行下去;直到达到预定的递归深度停止,这样就得到了 Koch 分形曲线。

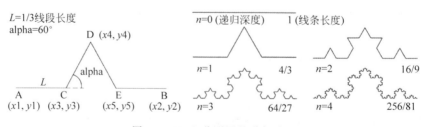

图 4-9　Koch 分形图的递归过程

如图 4-9 所示,Koch 曲线的长度每次都是原来的 4/3。如果最初的线段长为 1 个单位,那么第 1 次递归操作后总长度变成了 4/3;第 2 次递归操作后总长增加到 16/9;第 n 次递归操作后的长度为 $(4/3)^n$。如果递归操作无限进行下去,这条 Koch 曲线将达到无限长。难以置信的是这条无限长的曲线却始终保持某个固定的大小。

3）科赫曲线分形图生成案例

【例 4-16】 程序的输入为：递归深度 k（整数）、线段长度 L、起点坐标、终点坐标、旋转角度等参数。Koch 曲线递归算法的 Python 程序如下所示。

```
from turtle import *              # 导入画图内置模块 turtle
def koch(k, L):                   # 定义科赫函数,k = 递归深度,L = 线段长度(形参)
    if(k == 0):                   # 判断边界条件,如果 n = 0 则开始回溯画图
        forward(L)                # 调用海龟函数绘制线段
    else:                         # 否则计算计算分形图参数
        for angle in (60, -120, 60, 0):  # 计算不同角度的坐标值(改变值可改变曲线形状)
            koch(k-1, L/3)        # 调用科赫函数计算各个参数
            left(angle)           # 以角度函数 angle 为参数
koch(3, 250)                      # 调用递归函数 koch(k, L),3、250 为实参
```

2．迭代算法应用案例

【例 4-17】 阿米巴细菌以简单分裂的方式繁殖,它分裂一次需要 3min。将若干个阿米巴细菌放在一个盛满营养液的容器内,45min 后容器内就充满了阿米巴细菌。已知容器最多可以装阿米巴细菌 2^{20} 个。请问,开始的时候往容器内放了多少个阿米巴细菌?

根据题意,阿米巴细菌每 3min 分裂一次,那么从开始将阿米巴细菌放入容器里面,到 45min 后充满容器,需要分裂 $45/3 = 15$ 次。而"容器最多可以装阿米巴细菌 2^{20} 个",即阿米巴细菌分裂 15 次以后得到的个数是 2^{20}。不妨用倒推的方法,从第 15 次分裂之后的 2^{20} 个,倒推出第 14 次分裂之后的个数,再进一步倒推出第 13 次分裂之后,第 12 次分裂之后, ……,第 1 次分裂之前的个数。

设第 1 次分裂之前的阿米巴细菌个数为 x_0 个,第 1 次分裂之后的个数为 x_1 个,第 2 次分裂之后的个数为 x_2 个,……,第 15 次分裂之后的个数为 x_{15} 个,则有

$$x_{14} = x_{15}/2, \quad x_{13} = x_{14}/2, \cdots\cdots, x_{n-1} = x_n/2 \quad (n \geqslant 1)$$

因为第 15 次分裂之后的个数 x_{15} 是已知的,如果定义迭代变量为 x,则可以将上面的倒推公式转换成如下的迭代基本公式:

$$x = x/2 (x \text{ 的初值为第 15 次分裂之后的个数 } 2^{20}, \text{即 } x = 2^{20})$$

让这个迭代基本公式重复执行 15 次,就可以倒推出第 1 次分裂之前的阿米巴个数。因为所需的迭代次数是个确定的值,我们可以使用一个固定次数的循环来实现对迭代过程的控制。Python 程序代码如下所示。

```
# - * - coding: UTF - 8 - * -     # 设置中文编码
x = 2 ** 20                       # 最终阿米巴细菌数量赋值给 x(迭代初始条件)
for i in range(1, 15):            # 设置循环(迭代)终止条件
    x = x / 2                     # 利用迭代基本公式进行计算
    i = i + 1                     # 循环次数控制
print('初始阿米巴细菌数量为: ', x)   # 输出初始阿米巴细菌数

>>>初始阿米巴细菌数量为: 64.0      # 输出程序运行结果
```

4.3 排序与查找

　　将杂乱无章的数据,通过一定的方法按关键字顺序排列的过程称为排序。常见的排序算法有冒泡排序、插入排序、快速排序、选择排序、堆排序、归并排序等。查找是利用计算机的高性能,有目的地穷举一个问题解的部分或所有可能情况,从而获得问题的解决方案。排序通常是查找的前期操作。常见的查找算法有顺序查找、二分查找、索引查找(分块查找)、广度优先搜索(BFS)、深度优先搜索(DFS)、启发式搜索等。

4.3.1 冒泡排序

1. 排序算法的基本操作

　　所有排序都有两个基本操作:一是关键字值大小的比较;二是改变元素的位置。排序元素的具体处理方式依赖于元素的存储形式,对于顺序存储型元素,一般移动元素本身;而对于采用链表存储的元素,一般通过改变指向元素的指针实现重定位。

　　为了简化排序算法的描述,绝大部分算法只考虑对元素的一个关键字进行排序(如对职工工资数据进行排序时,只考虑应发工资,忽略其他关键字);其次,一般假设排序元素的存储结构为数组或链表;另外,一般约定排序结果为关键字的值递增排列(升序)。

2. 冒泡排序算法案例分析

　　【例4-18】　初始数列为{7,2,5,3,1},要求排序后按升序排列。

　　冒泡排序是最简单的算法。采用冒泡排序时,最小的元素跑到顶部(左端),最大的元素沉到底部(右端)。冒泡排序过程如图4-10所示。

　　冒泡排序的算法思想是将2个相邻的元素相互比较,如果比较发现次序不对,则将2个元素的位置互换。依次由左往右(由下往上)比较,最终较大的元素会向上浮起,犹如冒泡一般。冒泡排序过程和Python程序如下。

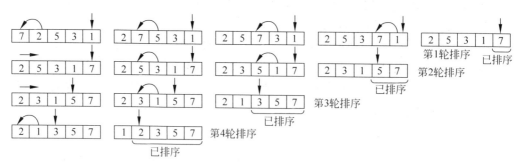

图 4-10　冒泡排序过程

```
# - * - coding:utf - 8 - * -          # 设置中文编码
def bubbleSort(nums):                  # 定义冒泡排序函数
    for i in range(len(nums) - 1):     # 外循环控制排序轮数(元素个数 - 1)
```

```
    for j in range(len(nums) - i-1):          # 内循环负责 2 个元素的比较,j 为下标
        if nums[j] > nums[j + 1]:             # 判断 2 个元素大小
            nums[j], nums[j + 1] = nums[j + 1], nums[j]   # 交换 2 个元素的位置
    print(nums)                               # 输出每一轮冒泡排序的结果
    return nums                               # 函数返回
nums = [7,2,5,3,1]                            # 定义初始元素列表
print(bubbleSort(nums))                       # 调用冒泡排序函数,输出排序结果
>>> [2, 5, 3, 1, 7][2, 3, 1, 5, 7][2, 1, 3, 5, 7][1, 2, 3, 5, 7][1, 2, 3, 5, 7]     # 输出
```

3. 冒泡排序算法分析

冒泡排序是一种效率低下的排序方法,在元素规模很小时可以采用。元素规模较大时,最好用其他排序方法。

冒泡排序法不需要占用太多的内存空间,仅需要一个交换时进行元素暂存的临时变量存储空间,因此空间复杂度为 $O(1)$,不浪费内存空间。

在最好的情况下,元素列表本来就是有序的,则一趟扫描即可结束,共比较 $n-1$ 次,无需交换。在最坏的情况下,元素逆序排列,则一共需要做 $n-1$ 次扫描,每次扫描都必须比较 $n-i$ 次,因此一共需做 $n(n-1)/2$ 次比较和交换,时间复杂度为 $O(n^2)$。

4.3.2 插入排序

1. 扑克牌的排序方法

插入排序非常类似于玩扑克牌时的排序方法。开始摸牌时,左手是空的,牌面朝下放在桌上。接着,右手从桌上摸起一张牌,并将它插入左手牌中的正确位置(如图 4-11 所示)。为了找到这张牌的正确位置,要将它与手中已有的牌从右到左进行比较。无论什么时候,左手中都是已经排好序的扑克牌。

例如,我们左手中已经有 10、J、Q、A 四张牌,右手现在抓到一张 K,这时我们将 K 和左手中的牌从右到左依次比较,K 比 A 小,因此再往左比较,这时 K 比 Q 大,好,就插在这里。为什么比较了 A 和 Q 就可以确定 K 的位置了? 因为这里有一个重要的前提:左手的牌已经排序好

图 4-11　扑克牌的插入排序过程

了。因此插入 K 之后,左手的牌仍然是排好序的,下次抓到牌还可以用以上方法插入。插入排序算法也是同样道理,与扑克牌不同的是不能在两个相邻元素之间直接插入一个新元素,而是需要将插入点之后的元素依次往右移动一个存储单元,腾出 1 个存储单元来插入新元素。

2. 插入排序算法案例分析

【例 4-19】　假设元素的初始列表为｛7,2,5,3,1｝,要求按升序排列。

直接插入排序过程如表 4-2 所示。

表 4-2　插入排序过程

指针	元素插入排序过程						说　明
数组	$a[0]$	$a[1]$	$a[2]$	$a[3]$	$a[4]$	$a[5]$	数组 $a[i]$ 作为元素存储单元,key 为临时变量
初始状态		7	2	5	3	1	
$i=1$	7		2	5	3	1	key=7,将 key 左移到 $a[0]$,作为已排序好的元素
$i=2$	2	7		5	3	1	key=2,比较 key<7,7 左移,key 插入 $a[0]$
$i=3$	2	5	7		3	1	key=5,比较 2<key<7,7 左移,key 插入 $a[1]$
$i=4$	2	3	5	7		1	key=3,比较 2<key<5<7,5-7 左移,key 插入 $a[1]$
$i=5$	1	2	3	5	7		key=1,key<2<3<5<7,2-3-5-7 左移,key 插入 $a[0]$

插入排序过程和 Python 程序如下。

```
# - * - coding:utf - 8 - * -                                    #设置中文编码
def insertSort(nums):                                          #定义插入排序函数
    for i in range(len(nums)):                                 #外循环控制排序轮数(元素个数)
        key = i                                                #插入元素指针 key 赋值
        while key > 0:                                         #内循环负责 2 个元素的比较
            if nums[key - 1]> nums[key]:                       #判断 2 个元素大小
                nums[key - 1], nums[key] = nums[key], nums[key - 1]   #交换 2 个元素的位置
            key -= 1                                           #移动指针 key 位置,key = key - 1
        print(nums)                                            #输出每一轮插入排序的结果
    return nums                                                #函数返回
nums = [7,2,5,3,1]                                             #定义初始元素列表
print(insertSort(nums))                                        #调用插入排序函数,输出排序结果

>>> [7, 2, 5, 3, 1] [2, 7, 5, 3, 1] [2, 5, 7, 3, 1] [2, 3, 5, 7, 1] [1, 2, 3, 5, 7] [1, 2, 3, 5, 7]
                                                              #输出
```

3. 插入排序算法分析

插入排序的元素比较次数和元素移动次数与元素的初始排列有关。最好的情况下,列表元素已按关键字从小到大有序排列,每次只需要与前面有序元素的最后一个元素比较 1次,移动 2 次元素,总的比较次数为 $n-1$,元素移动次数为 $2(n-1)$,算法复杂度为 $O(n)$;在平均情况下,元素的比较次数和移动次数约为 $n^2/4$,算法复杂度为 $O(n)$;最坏的情况是列表元素逆序排列,其时间复杂度是 $O(n^2)$。

直接插入排序是一种稳定的排序方法,它最大的优点是算法思想简单,在元素较少时,是比较好的排序方法。

4.3.3　快速排序

快速排序是东尼·霍尔(C. R. A. Hoare,1980 年获图灵奖)提出的排序算法。快速排

序由于排序效率高,因此广泛应用于各种数据库排序、列表排序、查询排序中。很多软件公司的笔试和面试(如腾讯,微软等IT公司)都喜欢考这个算法。

1. 快速排序算法案例分析

【例4-20】　对数列{3,6,4,2,11,10,5}中7个元素进行快速排序。

步骤1:第1轮快速排序。如图4-12所示,首先在数列中找一个数作为基准数 P (用来参照的数,起哨兵作用)。为了方便,选择左边第1单元数3作为基准数。每次右指针 r 先移动(很重要)。

初始状态下,基准数 P 在左边第1位,我们的目标是将基准数 P 挪到中间某个位置,并以这个位置为分界点,分别对数列左边和右边的数进行排序。

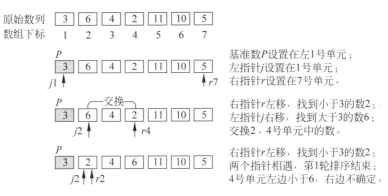

图4-12　第1轮快速排序

回顾图4-12排序过程,可见右指针 r 的任务是要找小于基准数的元素,而左指针 j 的任务是要找大于基准数的元素,直到指针 j 和 r 相遇,这轮排序终止。

步骤2:第2轮快速排序。经过第1轮排序后,元素6将序列拆分成了2个部分。左边序列是3,2,4,右边序列是11,10,5。接下来处理数元素6左边的序列。第2轮排序过程如图4-13所示。

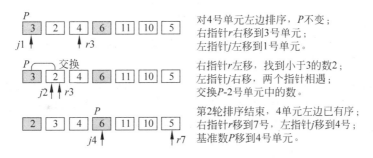

图4-13　第2轮快速排序

步骤3:第3轮快速排序。第3轮排序主要处理数元素6右边的序列,这时1～3号单元已经有序,因此需要将基准数 P 移到4号单元。第3轮排序过程如图4-14所示。经过第3轮排序,数列快速排序完成。

快速排序Python程序如下。

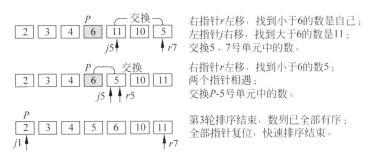

图 4-14   第 3 轮快速排序

```
# - * - coding:utf-8 - * -            # 设置中文编码
def quickSort(num, L, R):              # 定义快排函数,num = 元素列表,L = 左指针,R = 右指针
    if L > = R:                        # 如果只有一个元素则结束递归
        return                         # 函数返回
    flag = L                           # 左边第 1 个元素作为基准数
    for i in range(L + 1, R + 1):      # 循环比较,从第 2 个元素开始
        if num[flag] > num[i]:         # 比较 2 个元素
            tmp = num[i]               # 元素存入临时变量
            del num[i]                 # 删除元素,后面的元素索引减 1
            num.insert(flag, tmp)      # 将元素插入到指定元素前面 1 个位置,指定元素向后移位
            flag += 1                  # 基准数指针自动 + 1
    quickSort(num, L, flag - 1)        # 将基准数左边部分递归排序
    quickSort(num, flag + 1, R)        # 将基准数右边部分递归排序
num = [3, 6, 4, 2, 11, 10, 5]         # 元素列表
quickSort(num, 0, 6)                   # 调用快速排序函数(7 个元素排序)
print(num)                             # 输出排序结果
>>> [2, 3, 4, 5, 6, 10, 11]           # 程序执行输出
```

2. 快速排序算法分析

快速排序每次交换都是跳跃式的,因此比较快。

快速排序法的效率与原始数据排列有关,因此属于不稳定的排序法。在最坏情况下,可能是相邻的两个数进行了交换。

在平均状态下,快速排序 n 个元素要做 $O(n\log n)$ 次比较,其时间复杂度为 $O(n\log n)$。在最坏状态下需要做 $O(n^2)$ 次比较,但这种状态并不常见。事实上,快速排序明显比其他复杂度为 $O(n\log n)$ 的算法更快,因为它的内部循环效率很高。

4.3.4   二分查找

1. 二分查找算法分析案例

在列表中查找一个元素的位置时,如果列表是无序的,我们只能用穷举法一个一个顺序查找。但如果列表是**有序**的,就可以用二分查找(折半查找、二分搜索)算法。如图 4-15 所示,假设要查找的数字是 58,则二分查找过程如下。

【例 4-21】 假设有序列表元素为{12,15,21,33,34,42,55,58,60,80},需要查找元素 58。二分查找的算法思想如图 4-15 所示。

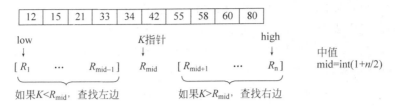

图 4-15   二分查找算法示意图

二分查找过程和 Python 程序如下。

```
# - * - coding: UTF - 8 - * -                      # 设置中文编码
def search_data(list, data_find):                 # 定义二分查找函数
    mid = int(len(list) / 2)                       # 中间值 = 列表长度/2
    if list[mid] > = 1:                            # 从 1 开始的列表内查找
        if list[mid] > data_find:                  # 如果要找的元素比中间值小
            print('您要找的元素比中间值[ % s]小...' % list[mid])   # 显示查找中间结果
            search_data(list[:mid], data_find)     # 在中间值左侧继续查找
        elif list[mid] < data_find:                # 如果要找的元素比中间值大
            print('您要找的元素比中间值[ % s]大...' % list[mid])   # 显示查找中间结果
            search_data(list[mid:], data_find)     # 在中间值右侧继续查找
        else:                                      # 否则
            print('找到了您需要找的元素[ % s]!' % list[mid])        # 输出找到信息
    else:                                          # 否则
        print('不好意思,没有找到您需要的元素.')      # 输出没有找到信息
if __name__ == '__main__':                        # 构造函数
    list = [12,15,21,33,34,42,55,58,60,80]        # 创建元素列表
    search_data(list, 58)                          # 调用函数查找 58 这个元素
```
```
>>>您要找的元素比中间值[42]大...                    # 输出中间结果
找到了您需要找的元素[58]!                           # 输出最终结果
```

2．二分查找算法分析

二分查找算法是不断将列表进行对半分割,每次拿中间元素和查找元素进行比较。如果匹配成功则宣布查找成功,并指出查找元素的位置;如果匹配不成功,则继续进行二分查找;如果最后一个元素仍然没有匹配成功,则宣布查找的元素不在列表中。

二分查找算法的平均复杂度为 $O(\log n)$,而顺序查找的平均复杂度为 $O(n/2)$,当 n 非常大时,二分查找算法的优势也就越来越明显。

二分查找算法的优点是比较次数少,查找速度快,平均性能好。缺点是要求待查列表为有序表。二分查找算法适用于不经常变动而查找频繁的有序列表。

4.3.5   索引查找

索引查找又称为分块查找(或分组查找),它是对顺序查找的一种改进算法。索引查找

适用于记录个数非常大的情况，如大型数据库记录查找。

1）索引查找时的存储结构

索引查找需要对数据列表建立一个主表和一个索引表。

主表结构。将主表 R[1..n]均分为 b 块，前 b−1 块中节点数为 $s=[n/b]$，第 b 块的节点数小于等于 s；每一块中的关键字不一定有序，但前一块中的最大关键字必须小于后一块中的最小关键字，即主表是"分块有序"的。

索引表结构。抽取各块中的关键字最大值和它的起始地址构成一个索引表 ID[i..b]，即 ID[i]（1≤i≤b）中存放第 i 块的关键字最大值和该块在表 R 中的起始地址。由于表 R 是分块有序的，所以索引表是一个递增有序表。

【例 4-22】   如图 4-16 所示，其中主表 R 有 18 个节点，被分成 3 块，每块 6 个节点。第 1 块中最大关键字 22 小于第 2 块中最小关键字 24，第 2 块中最大关键字 48 小于第 3 块中最小关键字 49，第 3 块中的最大关键字 86。

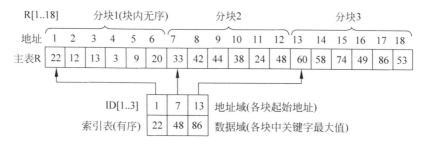

图 4-16   索引查找的数据存储结构

2）索引查找的基本算法思想

步骤 1：查找索引表。由于索引表是有序表，可采用二分查找或顺序查找，以确定待查的节点在哪一块。

步骤 2：在已确定的块中进行顺序查找。由于主表分块内为无序状态，因此只能进行顺序查找。

【例 4-23】   如图 4-16 所示，查找关键字 K=24 的节点。

首先将 K 依次与索引表中各个关键字进行比较。找到索引表第 1 个关键字的值小于 K 值，因此节点不在主表第 1 块中。由于 K<48，所以关键字为 24 的节点如果存在的话，则必定在第 2 块中。然后，找到第 2 块的起始地址为 7，从该地址开始在主表 R[7..12]中进行顺序查找，直到 R[11]=K 为止。

【例 4-24】   如图 4-16 所示，查找关键字 K=30 的节点。

先确定在主表第 2 块，然后在该块中查找。由于在该块中查找不成功，因此说明表中不存在关键字为 30 的结点，给出出错提示。

3）索引查找的特点

在实际应用中，主表不一定要分成大小相等的若干块，可根据主表的特征进行分块。例如，一个学校的学生登记表，可按系号或班号分块。

索引查找算法的效率介于顺序查找和二分查找之间。

索引查找的优点是：块内记录随意存放，插入或删除较容易，无须移动大量记录。

索引查找的代价是增加了一个辅助数组的存储空间，以及初始表的分块排序运算。

4.4 数据结构

可以想象,将一大堆杂乱无章的数据交给计算机处理是很不明智的,结果是计算机处理的效率非常低,有时甚至根本无法进行处理。于是人们开始考虑如何更有效地描述、表示、存储数据,这就是数据结构需要解决的问题。

4.4.1 基本概念

1. 数据结构的发展

早期计算机的主要功能是处理数值计算问题。由于当时涉及的运算对象是简单的整数(整型)、实数(浮点型数值)或布尔类型的逻辑数据,因此人们的主要精力集中于程序设计的技巧上,而无须重视数据结构。随着计算机应用领域的不断扩大,非数值计算问题越来越广泛。非数值计算问题涉及的数据类型更为复杂,数据之间的相互关系很难用数学方程式加以描述。因此,解决非数值计算问题的数学模型不再是数学分析和计算方法,而是要设计出合适的数据结构,才能有效地解决问题。

1968 年,高德纳(Donald Ervin Knuth)开创了数据结构的最初体系,他所著的《计算机程序设计艺术》第一卷《基本算法》是第一本系统阐述数据结构的著作。瑞士计算机科学家尼古拉斯·沃斯(Niklaus Wirth,1984 年获图灵奖)在 1976 年出版的著作中指出:算法+数据结构=程序,可见数据结构在程序设计中的重要性。

2. 实际工作中的数据结构问题

对无法用数学公式描述的非数值计算问题,其数学模型集中在数据结构的建立。在解决现实中的许多非数值型问题时,数据结构发挥了非常重要的作用。

【例 4-25】 利用表对问题进行描述。如表 4-3 所示,学生基本情况表记录了一个班学生的学号、姓名等信息。表中每个学生的各项信息排在一行中,这一行称为记录,这个表就是一个数据结构。对整个表来说,每个记录就是一个节点,只有一个开始节点(它的前面无记录)和一个终端节点(它的后面无记录),其他记录的前面和后面均只有一个记录,因此这些关系确定了这个表在逻辑上是线性结构。对于表中的一条记录来说,学号、姓名等数据元素,也符合一一对应的线性关系。这个表可以用一片连续的内存单元(如数组)来存放这些记录,也可以用链表的形式随机存放各个记录,这就是数据的存储结构。在这个存储结构的基础上,可实现对表中的数据进行查询、修改、删除等操作。

表 4-3 学生基本情况表

学号	姓名	专业	年级	成绩 1
G2013060102	聂东海	土木工程	2013	85
G2013060104	孙锡文	土木工程	2013	80
G2013060105	丁长城	土木工程	2013	90
G2013060110	曾文祥	土木工程	2013	82

【例 4-26】　利用树形结构描述问题。计算机文件系统中，根目录下有很多子目录和文件，每个子目录又包含多个下级子目录和文件，但每个子目录只有一个父目录。这是一种典型的树形结构，数据与数据之间成一对多的关系（一个目录下存在多个文件），这是一种典型的非线性关系结构。在各种棋类活动中，存在不同的棋盘状态、不同的前景预测、不同的对弈策略，这些状态和方法很难用数学公式进行表达，因为棋局之间的关系往往不是线性的，因此需要用非数值型数据进行描述，而利用"树形结构"描述棋盘状态，非常有利于问题分析和解决。树形结构案例如图 4-17 所示。

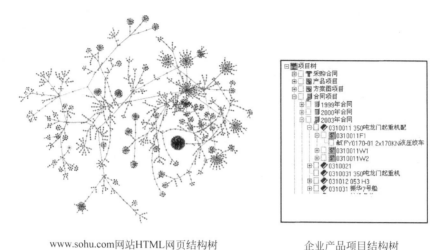

www.sohu.com网站HTML网页结构树　　　　企业产品项目结构树

图 4-17　树形结构在实际工作中的应用

【例 4-27】　利用图形结构对问题进行描述。美国化学与生物工程师阿马尔（Luis Amaral）发明了一种足球评分系统，在模型中，球队被看作网络，球员就是其中的节点，模型重点分析球员之间的传球而不是个人表现。图 4-18 中的传球线路构成了一个网状图形结构，节点与节点之间成多对多的关系，是一种非线性结构。另外，交叉路口交通灯的管理问题、哥尼斯堡七桥问题、逻辑电路设计问题、数据库管理系统等问题，用传统的数学模型无法进行描述，必须采用数据结构中的"图"进行描述。

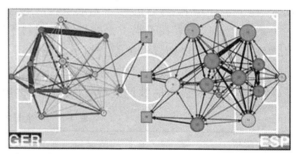

图 4-18　足球运动员传球和射门的网状模型

由以上案例可见，描述非数值计算问题的数学模型不再是数学方程式，而是表、树、图之类的数据结构。

3. 数据结构的定义

数据是计算机处理符号的总称。数据可以是数值型数据，也可以是非数值型数据。数值数据主要有整数和浮点数等，它们主要用于工程计算和科学计算。非数值数据则包括字母、表格、程序代码、符号序列、图形，以及工程问题中的树、图、网、节点等。

数据元素之间的关系称为"结构"，数据结构是研究数据的逻辑结构和物理存储结构以及它们之间的相互关系，并对这种结构定义相应的运算，而且确保经过这些运算后所得到的新结构仍然是原来的结构类型。如图 4-19 所示，数据结构主要研究三个方面的内容：数据的逻辑结构；数据的物理存储结构；对数据的操作（或运算）。算法的设计取决于数据的逻辑结构，算法的实现取决于数据的物理存储结构。

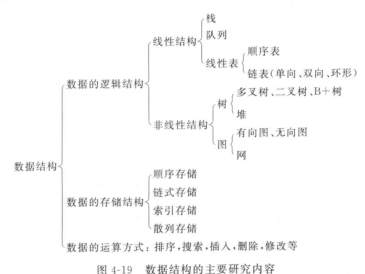

图 4-19　数据结构的主要研究内容

4. 数据结构的类型

在任何问题中，数据元素之间都不会是孤立的，在它们之间都存在这样或那样的关系，这种数据元素之间的关系称为结构。如图 4-20 所示，根据数据元素间关系的不同特性，数据的逻辑结构有 4 种基本类型：集合结构（无序的松散关系）、线性结构（一一对应关系）、树形结构（一对多关系）和图形结构（多对多关系）。

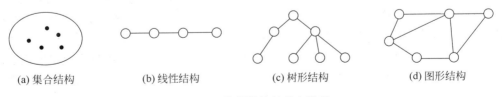

(a) 集合结构　　　(b) 线性结构　　　(c) 树形结构　　　(d) 图形结构

图 4-20　数据结构的基本类型

1）集合结构

集合结构中，数据元素之间的关系是"属于同一个集合"。由于集合是数据元素之间关系极为松散的一种结构，因此也可用其他数据结构来表示。

2）线性结构

线性数据结构的数据元素之间存在一对一关系。线性数据结构有线性表(一维数组、顺序表、链表等)、栈、队列等。

数组的优点是数据插入速度快。数组的缺点是查找慢、删除慢、大小固定。因此,数组主要用于数据量较小,或数据量大小事先可预测的情况。如果对插入速度要求高,可以使用无序数组;如果查找速度很重要,可以使用有序数组,并用二分查找算法。在有序数组中进行遍历很快,而无序数组不支持这种功能。

链表的优点是在空间上,链表可以随意扩大,动态地添加或删除元素,不会引起元素的移动,因为元素增减只需要调整指针即可。顺序链表的缺点是查找不方便,只能通过指针顺序访问,不能随机查找。如果需要存储的数据不能预知,或者需要频繁插入和删除数据时,可以考虑使用链表。当有新的元素加入时,链表可以开辟新的存储空间。

栈的优点是提供后进先出的存取方式;缺点是存取数据项很慢。

队列提供先进先出的存取方式;缺点是存取数据项很慢。

3）树形结构

树形数据结构的数据元素之间存在一对多的关系。树形数据结构有二叉树、B 树、B+树(注意没有 B−树)、最优二叉树(哈夫曼树)、二叉搜索树(二叉排序树)、红黑树等。树是一种最常用的高效数据结构,许多高效算法可以用这种数据结构来实现。树的优点是查找、插入、删除都很快(如果树保持平衡);缺点是删除算法复杂。

4）图形结构

图形数据结构的数据元素之间存在多对多的关系,图形结构有无向图和有向图。如果图形结构中的边具有不同的值,这种图形结构称为网形结构。图的优点是对现实世界建模方便;缺点是算法相对复杂。

4.4.2 线性结构

线性表是最简单、也是最常用的一种数据结构。线性表中数据元素之间的关系是一对一的关系,即除了第一个和最后一个数据元素之外,其他数据元素都是首尾相接的。在实际应用中,线性表的形式有字符串、一维数组、栈、队列、链表等数据结构。

1. 栈

栈(Stack)也称为“堆栈”,但不能称为“堆”,“堆”是另外的概念。栈的特点是先进后出。栈是一种特殊的线性表,栈中数据插入和删除都在栈顶进行。允许插入和删除的一端称为栈顶,另一端称为栈底。如图 4-21 所示,元素 $a1, a2, \cdots, an$ 顺序进栈,因此栈底元素是 $a1$,栈顶元素是 an。不含任何数据元素的栈称为空栈。栈的存储结构可用数组或单向链表。

栈常见操作有初始化、进栈(Push)、出栈(Pop)、取最栈顶元素(Top)判断栈是否为空。在程序的递归运算中,经常需要用到栈这种数据结构。

2. 队列

队列(Queue)和栈的区别是:栈是先进后出,队列是先进先出(如图 4-22 所示)。队列也是一种运算受限的线性表,在队列中,允许插入的一端称为队尾,允许删除的一端称为队首。新插入的元素只能添加到队尾,被删除的元素只能是排在队首的元素。

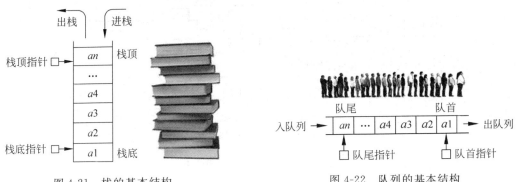

图 4-21　栈的基本结构　　　　　　　　图 4-22　队列的基本结构

队列与现实生活中的购物排队十分相似。排队的规则是不允许"插队",新加入的成员只能排在队尾,而且队列中全体成员只能按顺序向前移动,当到达队首并获得服务后离队。人员排队中任何成员可以中途离队,但这对于队列来说是不允许的。

队列经常用作"缓冲区",例如有一批从网络传输来的数据,处理需要较长的时间,而数据到达的时间间隔并不均匀,有时快,有时慢;如果采用先来先处理,后来后处理的算法,可以创建一个队列,用来缓存这些数据,出队一笔,处理一笔,直到队列为空。

3. 单向链表

链表由一连串节点组成,每个节点包含一个存储数据的数据域(data)和一个后继存储位置的指针域(next)。如图 4-23 所示,链表类型有单向链表、双向链表和环形链表。

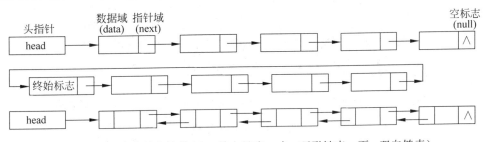

图 4-23　链表的基本结构(上:单向链表　中:环形链表　下:双向链表)

链表的优点是存储单元可以是连续的,也可以是不连续的;而且允许在链表的任意节点之间插入和删除节点;链表克服了数组需要预先知道数据多少的缺点,链表可以灵活地实现内存动态管理。链表存储的缺点是不能随机读取数据,查找一个数据时,必须从链表头开始查找,十分麻烦;其次链表由于增加了节点的指针域,存储空间开销较大。

链表作为一种基础数据结构,可以用来生成其他类型的数据结构。链表可以在多种编程语言中实现,像 Lisp 和 Scheme 编程语言的内建数据类型中就包含了链表的存取操作。C/C++和 Java 等程序语言需要依靠其他数据类型(如数组和指针等)来生成链表。

环形链表有一个终始标志,这个节点不存储数据,链表末尾指针指向这个节点,形成一个"环形链表",这样无论在链表的哪里插入新元素,不必判断链表的头和尾。

如图 4-24 所示,如果知道了插入节点的位置,可以进行节点的插入和删除操作。

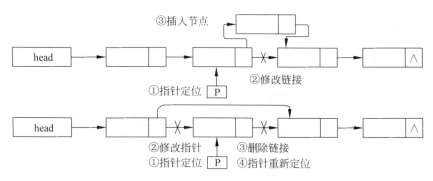

图 4-24　在链表中插入和删除节点

4.4.3　树形结构

树形结构广泛存在于客观世界中，如族谱、目录、社会组织、各种事物的分类等，都可用树形结构表示。树形结构在计算机领域应用广泛，如操作系统中的目录结构；源程序编译时，可用树表示源程序的语法结构；在数据库系统中，树结构也是信息的重要组织形式之一。简单地说，**一切具有层次关系或包含关系的问题都可用树形结构描述**。

1．树的基本概念和特征

如图 4-25 所示，该图看上去像一棵倒置的树，"树"由此得名。图示法表示树形结构时，通常根在上，叶在下。树的箭头方向总是从上到下，即从父节点指向子节点；因此，可以简单地用连线代替箭头，这是画树形结构时的约定。

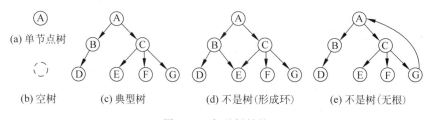

图 4-25　各种树结构

一棵树由 $n(n \geqslant 0)$ 个元素组成的有限集合，其中每个元素称为节点；树有一个特定的根节点(root)；除根节点外，其余节点被分成 $m(m \geqslant 0)$ 个互不相交的子集(子树)。

如图 4-26 所示，树上任一节点所拥有子树的数量称为该节点的度。图 4-26 中节点 C 的度为 3，节点 B 的度为 1，节点 D、H、F、I、J 的度为 0。度为 0 的节点称为叶子或终端节点，度大于 0 的节点称为非终端节点或分支点。树中节点 B 是节点 D 的直接前趋，因此称 B 为 D 的父节点，称 D 为 B 的孩子或子节点。与父节点相同的节点互称为兄弟，如 E、F、G 是兄弟节点。一棵树或子树上的任何节点（不包括根本身）称为根的子孙。树中节点的层数（或深度）从根开始算起：根的层数为 1，其余节点的层数为双亲节点层数加 1。在一棵树中，如果从一个节点出发，按层次自上而下沿着一个个树枝到达另一个节点，则称它们之间存在一条路径，路径的长度等于路径上的节点数减 1。森林指若干棵互不相交树的集合，实际上，一棵树去掉根节点后就成为森林。

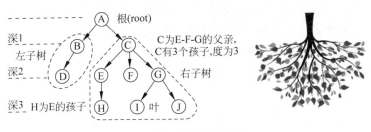

图 4-26 树的基本特征

树是一种"分支层次"结构。所谓"分支"是指树中任一节点的子孙,可以按它们所在子树的不同划分成不同的"分支";所谓"层次"是指树上所有节点,可以按层划分成不同的"层次"。在实际应用中,树中的一个节点可用来存储实际问题中的一个数据元素,而节点之间的逻辑关系往往用来表示数据元素之间的某种重要关系。

【例 4-28】 在 3D 游戏中,经常把游戏场景组织在一个树结构中,这是为了可以快速判断出游戏的可视区域。其算法思想是:如果当前节点完全不可见,那么它的所有子节点也必然完全不可见;如果当前节点完全可见,那么它的所有子结点也必然完全可见;如果当前节点部分可见,就必须依次判断它的子节点,这是一个递归的算法。

树的基本运算包括建树(CREATE)、树遍历、剪枝(DELETE)、求根(ROOT)、求双亲(PARENT)、求孩子(CHILD)等操作。

2. 二叉树的存储结构

1) 二叉树

二叉树的特点是除了叶以外的节点都有 2 个子树,如图 4-27 所示。二叉树的 2 个子树有左右之分,颠倒左右就是不一样的二叉树了,所以二叉树左右不能随便颠倒。由此还可以推出三叉树、四叉树、五叉树、六叉树等。

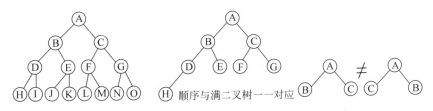

图 4-27 二叉树的形式(左:满二叉树 中:完全二叉树 右:不同的二叉树)

2) 二叉树的链表存储结构

二叉树有两类存储结构:链式存储结构和顺序存储结构。最常用的是二叉树节点链表存储结构(简称为二叉树链表),存储结构如图 4-28 所示。

左孩子指针域	数据域	右孩子指针域
Lchild	Data	Rchild

图 4-28 二叉树节点链表存储结构

链表存储结构中,Data 称为数据域,用于存储节点中的数据元素,Lchild 称为左孩子域,用于存放指向本节点左孩子的指针(简称为左指针);与此类似,Rchild 称为右指针;每个二叉树链表还有一个指向根节点的指针,该指针称为根指针。根指针具有标识二叉树链表的作用,对二叉树链表的访问从根指针开始。图 4-29 分别表示一棵二叉树及其相应的二叉树链表。值得注意的是,二叉树链表中每个存储节点的每个指针域必须有一个值,这个值或者是指向该节点一个孩子的指针,或者是空标志(null 或^)。

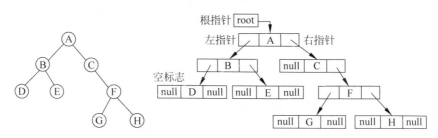

图 4-29   左:二叉树   右:二叉树的链表存储结构

二叉树的多数基本运算(如求根、求左右子树等)很容易实现。但求双亲运算(PARENT)比较麻烦,而且时间性能不高。如果在实际问题中需要经常做求双亲运算,则采用二叉树链表为存储结构显然不合适。这时可以采用三叉树链表作为存储结构。

3)二叉树的顺序存储结构

程序设计语言中并没有"树"这种数据类型,因此二叉树的顺序存储结构由一维数组构成,二叉树的节点按次序分别存入数组的各个单元。一维数组的下标就是节点位置指针,每个节点中有一个指向各自父亲节点的数组下标。显然,节点的存储次序很重要,存储次序应能反映节点之间的逻辑关系(父子关系),否则二叉树的运算就难以实现。为了节省查询时间,可以规定儿子的数组下标值大于父亲的数组下标值,而兄弟节点的数组下标值随兄弟从左到右递增,如图 4-30 所示。

图 4-30   左:完全二叉树   右:完全二叉树的顺序存储结构

在顺序存储结构中,由于节点的存储位置就是它的编号(即下标),因此节点之间可通过它们的下标确定关系。如果二叉树不是完全二叉树,就必须将其转化为完全二叉树。如图 4-31 所示,可通过在二叉树"残缺"位置上增设"虚节点"的方法,将其转化成一棵完全二叉树。然后对得到的完全二叉树重新按层编号,然后再按编号将各节点存入数组,各个"虚节点"在数组中用空标志 ∧ 表示。经过变换的顺序存储结构,可以用完全二叉树类似的方法实现二叉树数据结构的基本运算。显然,上述方法解决了非完全二叉树的顺序存储问题,但同时也造成了存储空间的浪费。可见这是一种以空间换取性能的计算思维方式。

3. 二叉树的遍历

树的遍历是指沿着某条搜索路线,依次对树中每个节点访问一次且仅访问一次。树的

数组元素	A	B	C	D	∧	E	F	∧	G
数组下标	1	2	3	4	5	6	7	8	9

(a) 非完全二叉树　　　　(b) 二叉树"完全化"　　　　　(c) 二叉树顺序存储

图 4-31　二叉树的"完全化"和顺序存储结构

遍历方法有广度优先遍历和深度优先遍历。二叉树访问一个节点就是对该节点的数据域进行某种处理,处理内容依具体问题而定。

二叉树由三部分组成:根(N)、左子树(L)和右子树(R)。遍历运算的关键在于访问节点的"次序",二叉树的遍历可分解成三项子任务:访问根节点;遍历左子树(依次访问左子树的全部节点);遍历右子树(依次访问右子树的全部节点)。树的遍历方法主要有"广度优先遍历"和"深度优先遍历"。通常限定为"先左后右",这样就减少了一些遍历方法。如图 4-32 所示,树的深度优先遍历又可分为前序遍历(NLR,根—左—右),后序遍历(LRN,左—右—根)和中序遍历(LNR,左—根—右),其中中序遍历只有对二叉树才有意义。

图 4-32　树的遍历方法

4. 决策树

下棋、打牌、商业活动、战争等竞争性智能活动都是一种博弈。任何一种双人博弈行为都可以用决策树(也称为博弈树)来描述,并通过决策树的搜索策略寻找最佳解。例如,决策树上的第一个节点对应一个棋局,树的分支表示棋的走步,根节点表示棋局的开始,叶节点表示棋局的结束。一个棋局的结果可以是赢、输或者和局。

如图 4-33 所示,可以用与或图表示的决策过程。决策树中的"或"节点(加弧线表示)和"与"节点逐层交替出现。自己一方扩展的节点是"或"关系,对方扩展的节点是"与"关系。为了降低最优决策搜索的复杂度,往往对一些低概率分支做"剪枝"处理。

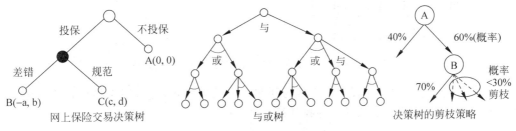

图 4-33　决策树案例

例如,在象棋博弈中,当轮到 A 方走棋时,则可供 A 方选择的若干个行动方案之间是"或"的关系。轮到 B 方走棋时,B 方也有若干个可供选择的行动方案,但此时这些行动方案对 A 方来说它们之间是"与"的关系。

博弈中,当某一方有多个行动方案可供选择时,他总是选择对自己最有利,而对对方最不利的行动方案。假设博弈双方为 A 和 B,然后为其中一方(如 A)搜索一个最优行动方案。为了搜索到最优行动方案,需要对各个方案可能产生的结果进行比较,并计算可能的得分。为了计算得分,需要根据问题定义一个估价函数,用来估算当前博弈树各个端节点的得分。此时估算出来的得分称为静态估值。当端节点估值计算出来后,再推算父节点的得分。如果一个行动方案能获得最大的得分值,那么它就是当前最好的行动方案。

决策树的优点是简单、易懂、直观,缺点是可能会建立过于复杂的规则。为了避免这个问题,有时需要对决策树进行剪枝、设置叶节点最小样本数量、设置树的最大深度。最优决策树是一个 NPC 问题,所以,实际决策树算法是基于试探性的算法。例如在每个节点实现局部最优值的贪心算法,贪心算法无法保证返回一个全局最优的决策树。

决策树算法模型经常用于机器学习,主要用于对数据进行分类和回归。算法的目标是通过推断数据特征、学习决策规则,从而创建一个预测目标变量的模型。

5. 树的搜索技术

在人工智能领域,对问题求解有两大类方法,一是对于知识(信息)贫乏系统,主要依靠搜索技术来解决问题,这种方法简单,但是缺乏针对性,效率低。二是对于知识丰富系统,可以依靠推理技术解决问题,基于丰富知识的推理技术直截了当,效率高。

许多智力问题(如汉诺塔问题、旅行商问题、八数码问题、博弈问题、走迷宫问题等)和实际问题(如路径规划、机器人行动规划等)都可以归结为状态空间的搜索。如图 4-34 所示,可以将问题的状态空间表示为一棵搜索树,然后对树进行搜索求解。

搜索方法有盲目搜索和启发式搜索。盲目搜索又称为穷举式搜索,它只按照预先规定的控制策略进行搜索,没有任何中间信息来改变这些控制策略。如采用穷举法进行的广度优先搜索和深度优先搜索,遍历节点的顺序都是固定的,因此是一种盲目搜索。

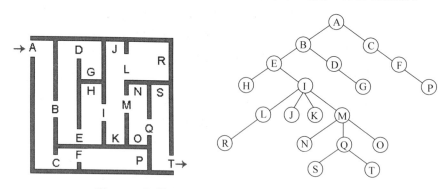

图 4-34　机器人走迷宫的状态空间与对应的搜索树

启发式搜索是在搜索过程中加入了与问题有关的启发式信息,用于指导搜索朝着最有希望的方向前进,加速问题的求解并找到最优解。

6. 树的广度优先搜索案例

【例 4-29】　如图 4-35 所示,通过挪动积木块,希望从初始状态达到目标状态,即三块积木堆叠在一起。积木 A 在顶部,B 在中间,C 在底部。积木移动规则是:被挪动积木的顶部必须为空;如 Y 是积木(不是桌面),则积木 Y 的顶部也必须为空;同一状态下,操作的次数不得多于一次。请画出按广度优先搜索策略产生的搜索树。

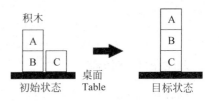

图 4-35　积木的初始状态和目标状态

假设积木的移动函数为 Move(X, Y),即积木 X 搬到 Y(积木或桌面)上面。如移动积木 A 到桌面可以表示为 Move(A, Table)。积木广度优先搜索的过程如图 4-36 所示。

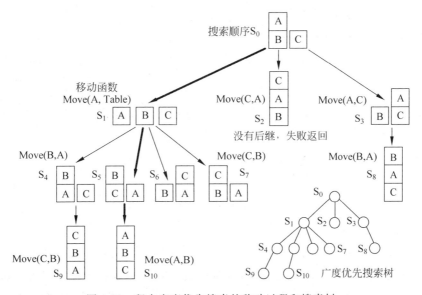

图 4-36　积木广度优先搜索的移动过程和搜索树

4.4.4　图形结构

1. 图的基本概念

图由顶点和顶点之间边的集合组成,通常表示为 $G(V, E)$,其中 G 表示一个图,V 是图 G 中顶点的集合,E 是图 G 中边的集合。图中的数据元素称为顶点(Vertex),顶点之间的逻辑关系用边来表示。图中的边按有无方向分为无向图和有向图,无向图由顶点和边组成,有向图由顶点和弧构成(如图 4-37 所示)。如果图中的边没有权值关系时,一般定义边长为 1;如果图中的边有权值,则构成的图称为网图。

如果图中两个顶点之间存在路径则说明图是连通的,如果路径最终回到起始点则称为环。如果任意两个顶点都是连通的,则图是连通图。

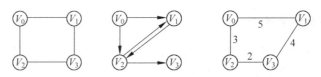

图 4-37 图的类型(左:无向图 中:有向图 右:网图)

2. 图的存储结构

储存图的方法主要采用邻接矩阵和邻接表,然后用一维和二维数组存储邻接矩阵和邻接表。邻接矩阵的缺点是空间耗费比较大,因为它用一个二维数组来储存图的顶点和边的信息。如果图有 N 个顶点,则需要 N^2 的储存空间。因此,如果图是稀疏的,就可以用邻接表来储存它,充分发挥链表的动态规划空间的优点。

1) 用邻接矩阵存储图

邻接矩阵存储方式是用两个数组来存储图的元素,一个一维的数组存储图中顶点信息,另外一个二维数组(称为邻接矩阵)存储图中的边或弧的信息,如图 4-38 所示。

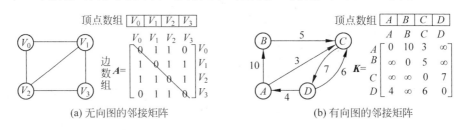

(a) 无向图的邻接矩阵   (b) 有向图的邻接矩阵

图 4-38 图的邻接矩阵存储形式

2) 用邻接表存储图

邻接矩阵是不错的图存储结构,但是对边数和顶点较少的图,这种结构存在对存储空间的浪费。图的另外一种存储结构是邻接表,即数组与链表相结合的存储方法。邻接表的存储方法是:一是图中的顶点(V_i)用一维数组存储,另外在顶点数组中,每个数据元素都需要存储指向第一个邻接点的指针,以便于查找该顶点邻接边的信息。二是图中每个顶点 V_i 的所有邻接点构成一个线性表,节点包括 1 个邻接点域(adjvex,指向数组下标)和 1 个指针域(next,指向下一个节点)。图 4-39 所示是一个无向图的邻接表存储结构。

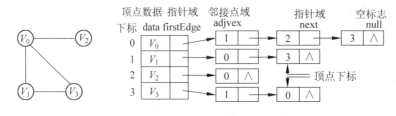

图 4-39 无向图(左)和无向图的邻接表存储形式(右)

对于带权值的网图,可以在边、表、节点定义中再增加一个数据域,存储权值信息。

【例 4-30】 南方主要省份高速公路干线如图 4-40(a)所示,用邻接表存储图结构时,首先将初始顶点(假设以上海为起始)标记为①,假设遍历路径如图 4-40(b)所示:上海①→杭州②→福州③→…。根据遍历顺序的序号,就可以得到如图 4-41 所示的邻接表。

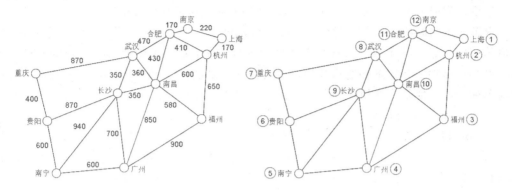

图 4-40 南方主要省份高速公路主干交通示意图(左)和主干交通网图的遍历示意图(右)

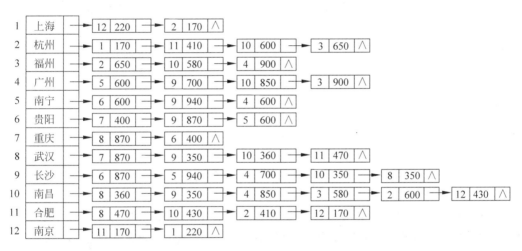

图 4-41 主干交通图邻接表存储形式

3. 图的广度优先遍历

图的遍历和树的遍历类似,从图中某一顶点出发,访遍图中所有顶点,并且使每一个顶点仅被访问一次,这一过程就称为图的遍历。

1) 图广度优先遍历存在的问题

图的广度优先遍历需要识别出图中每个顶点属于的层次,即给每个顶点编一个层次号。但是图本身是非层次结构,一般无层次而言。因此我们需要在保持原图逻辑结构的同时,将原图变换成为一个有层次的图。分层时,先确定一个初始顶点,然后根据图的逻辑关系(顶点之间边的关系),将它们变换成为一个有层次的图。

在树的广度优先遍历中不存在回路,但图中的顶点之间可能有多个边,会存在不同的路径,并且可能形成回路。因此,当沿回路进行扫描时,一个顶点可能被扫描多次,这可能会导致死循环。为了避免这种情形,在广度优先遍历中,应为每个顶点设立一个访问标志,每扫描到一个顶点,都要检查它的访问标志,如果标志为"未访问",则按正常方式进行处理(如访问或转到它的邻接点等),否则放过它,扫描下一个顶点。

深度优先遍历一般用递归进行描述，但广度优先遍历不同，使用递归反而会使问题复杂化。广度优先遍历是一种分层处理方式，因此一般采用队列存储结构。

求解城市之间的最优路径时（TSP问题），先建立一个data.txt文件，用于存放城市之间边的权值信息。利用贪心法获得最优路径的方法是：在程序中读入城市数据文件data.txt；然后一条边一条边地构造这棵树；再根据某种量度标准来选择将要计入的下一条边，最简单的量度标准是选择使得迄今为止计入的那些边的成本的和有最小增量的那条边。

2）广度优先遍历案例

【例4-31】 如图4-42所示，城市间有数条道路相连接。我们暂时不考虑边长，并且假设上海为初始顶点，我们根据图的逻辑关系，将图4-40变形成图4-42所示（计算思维的抽象过程），这样图的层次感就出来了。下面对图4-42进行广度优先遍历。

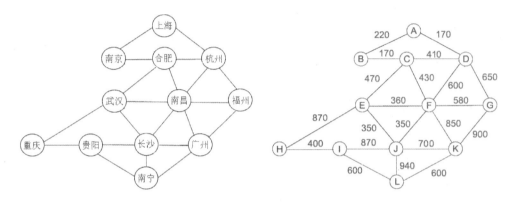

图4-42　南方主干交通图的广度优先遍历

步骤1：初始化。首先定义一个队列Q，用来储存等待考察的顶点，由于我们并不确切知道队列的长度，因此考虑到图中有12个顶点，我们定义一个长度大于12的队列；然后定义一个设队列首指针closed，以及队列尾指针open。为了不重复考察顶点，还需要一个储存已经考察过顶点的数组。

步骤2：先从图4-42中第1层的顶点上海（A）开始，上海进入队列，队列中只有一个顶点，上海访问过后出队列。

步骤3：进入图4-42的第2层，第2层的顶点有南京（B）、合肥（C）、杭州（D）。南京、合肥、杭州进入队列。访问第2层第1个点南京后，继续访问第2层的其他节点合肥、杭州，节点访问完成后，南京、合肥、杭州出队列，队列前移。

不断重复以上步骤，直到每层的所有顶点都访问过为止。

4.4.5　文件结构

1. 文件的基本概念

文件是按一定格式保存在外部存储介质上相关信息的集合。按文件形式而言，有磁盘文件和设备文件；按文件内容而言，有文本文件、数据文件、图片文件、视频文件等。

文件由文件控制块和文件内容组成。文件控制块（也称为文件头）包含文件名、文件扩展名、文件起始位置、文件长度、文件建立或修改日期等属性。

2．文件的逻辑结构

文件的逻辑结构是从用户观点看到的文件组织形式，它与存储介质特性无关。文件的逻辑结构有流式文件（如视频文件等）和记录式文件（如数据库文件等）两种形式。

流式文件对文件内的信息不划分单位，它由一串字符流构成。如果需要对文件内的信息进行访问，只能通过穷举搜索的方式。流式文件管理简单，用户可以方便地进行操作，如源程序文件、音频文件、图像文件等都是流式文件。

记录式文件是将文件信息划分为记录，一个文件由 0 到多条记录组成。用户可以对记录进行查找、修改、追加、删除等操作。记录式文件有数据库文件、索引文件等。

3．文件的物理结构

文件的物理结构是从实现的观点出发，指文件在外存中的存储组织形式，它与存储介质的特性有很大关系。文件的物理结构有 3 种形式：顺序文件、链接文件和索引文件。

1）顺序文件

将一个文件中逻辑上连续的信息，存放到存储介质上依次相邻的存储块中所形成的文件称为顺序文件（也称为连续文件）。顺序文件的结构如图 4-43 所示。

图 4-43　文件的逻辑结构（左）和顺序文件的物理结构（右）

顺序文件中的记录一个接一个顺序排列，记录可以是定长的或变长的，可以顺序存储或以链表形式存储。顺序文件有以下两种结构。

第一种是串结构，记录之间的顺序与关键字无关。通常按记录存入时间的先后排列，最先存入的数据作为第 1 个记录，其次存入的为第 2 个记录，依此类推。查询串结构结构文件时必须从头开始，直到找到指定的记录或查完所有记录为止，检索效率很低。

第二种是顺序结构，文件中的所有记录按关键字顺序排列。记录长度相等的顺序文件存取时非常简单。读操作在读出文件第 1 个记录的同时，自动将记录读指针指向下一次要读出记录的位置。记录长度不等的顺序文件，每个记录的长度信息存放在记录前面一个单元中。读记录时，先根据指针值读出存放记录长度的单元，然后根据该记录的长度把当前记录读出来，同时修改读指针。写入时，则可把记录长度信息连同记录一起写到写指针指向的记录位置，同时调整写指针值。

2）链接文件

将文件存储到外存上时，不要求为整个文件分配连续的存储空间，而是可以存储在离散的多个磁盘块中，然后利用链接指针将这些离散的磁盘块链接成一个队列，这样形成的物理文件称为链接文件。链接文件的优点一是克服了顺序文件不适宜于增、删、改记录的缺点；二是解决了存储空间的"碎片"问题，提高了存储空间利用率。缺点是对文件进行随机存取时,必须按链接指针进行,访问速度较慢。

链接文件是把一个文件分成若干个逻辑块,每个块的大小与磁盘物理块的大小相同,并为逻辑块从1～n进行编号,再把每一个逻辑块存放到一个物理块中。在每一个磁盘块中设置一个链接指针,通过这些指针把存放了该文件的物理块链接起来,如图4-44所示。由于链接指针是隐含在存放文件的物理块中,所以也称为隐式链接。

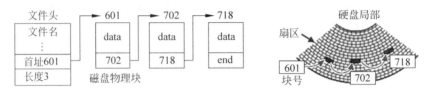

图4-44   链接文件的物理结构

3) 索引文件

索引结构是另一种非连续分配的文件存储结构。系统为每个文件建立一张索引表,索引表是文件逻辑块号和磁盘物理块号的对照表。此外,在文件控制块中设置了索引表指针,它指向索引表的起始地址,索引表存放在磁盘中。当索引表较大时,需要占用多个磁盘块时,可通过链接指针将这些磁盘块链接起来,如图4-45所示。

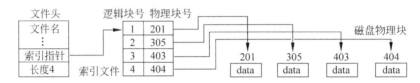

图4-45   索引文件物理结构

访问索引文件的步骤是:先查询文件的索引表,由逻辑块号得到物理块号,再由物理块号访问所请求的文件信息。索引文件克服了顺序文件和链接文件的不足,既能方便迅速地实现随机存取,又能满足文件动态增长的需要。但是如果文件很大,索引表就会很大,对索引表的存储又会成为一个新的问题,一种解决方案是采用多级索引结构。

4. 文件的数据结构

1) B树

B树(B-Tree)又称为平衡多路查找树。B树中的每个节点可以包含大量的关键字信息,这样树的深度就降低了,这意味着查找一个元素只要很少节点从可以磁盘中读入内存,很快访问到要查找的数据,这比二叉树速度更有优势(**二叉树深度太大,需要多次读写**)。

为了描述B树,定义一个数据记录为二元组[key,data],key为记录的键值(如序号、学号等),不同记录的key值互不相同;data为记录除key之外的其他数据(如姓名、成绩等)。图4-46是一个简单的B树示意图。在B树中按key检索数据的算法非常直观:首先从根节点进行二分查找,如果找到则返回对应节点的data,否则对相应区间指针指向的节点递归进行查找,直到找到节点或找到null指针,前者查找成功,后者查找失败。

B树是一个高效的索引数据结构。但是,插入或删除记录的操作会破坏B树的性质,因此需要对B树进行分裂、合并、转移等操作,以保持B树的性质。

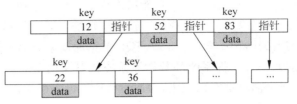

图 4-46　左：文件的逻辑结构　右：文件的 B 树结构

2）B+树

B+树(B+Tree)是 B 树的变种，在 B+树中，有 n 棵子树的节点中含有 n 个键值，每个键值(key)不保存数据(data)，只用来索引，数据都保存在叶子节点上。一个简单的 B+树如图 4-47 所示，B+树中叶子节点和内节点一般大小不同。虽然 B 树中不同节点存放的键值 key 和指针可能数量不同，但是每个节点的域和上限是一致的，所以 B 树往往对每个节点申请同等大小的空间。B 树和 B+树的区别在于 B 树是有序数组＋平衡多叉树，数据存储在非叶子的节点上；而 B+树是有序数组链表＋平衡多叉树，数据只存储在叶子上。

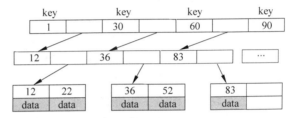

图 4-47　左：文件的逻辑结构　右：文件的 B+树结构

3）B+树的优化

数据库系统和文件系统使用的 B+树结构，都在经典 B+树的基础上进行了优化，增加了顺序访问指针，如图 4-48 所示。

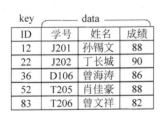
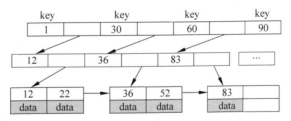

图 4-48　左：文件的逻辑结构　右：增加了顺序访问指针的 B+树结构

如图 4-48 所示，在 B+树的每个叶子节点增加一个指向相邻叶子节点的指针，就形成了有顺序访问指针的 B+树，这样提高了区间访问性能。例如，要查询 key＝12～83 的所有记录，当找到 key＝12 后，只需要顺着节点和指针顺序遍历(12→22→36→52→83)，就可以一次性访问到所有数据节点，极大地提高了区间查询效率。

4）B 树和 B+树的优点

数据查询是数据库最主要的功能之一，我们希望查询数据的速度越快越好，最简单的查询算法是顺序查找，这种算法在数据量很大时，查找效率显然很糟糕。优秀的查找算法(如二分查找、二叉树查找等),都只能用于特定的数据结构。例如,二分查找要求被检索的数据有序,因此只能采用二叉查找树。数据库系统需要满足特定查找算法的数据结构,数据库常用的查询数据结构是索引,如 MySQL 数据库就采用 B+树来实现索引结构。

目前大部分文件系统和数据库系统普遍采用 B+树作为索引结构。因为,索引本身很大,不可能全部存储在内存中,因此索引往往以索引文件的形式存储的磁盘上。这样索引查找过程中就要产生磁盘 I/O(读写)消耗,相对于内存读写,I/O 存取的消耗要高几个数量级,因此,索引结构要尽量减少查找过程中磁盘 I/O 的存取次数。B+树是多路查找树,而且分支多层数少,因此比二叉树减少了磁盘 I/O 次数,避免了磁盘频繁地查找数据。

习题 4

4-1　简要说明算法的定义。

4-2　简要说明算法的基本特征。

4-3　算法是否正确包含哪些要求?

4-4　算法运行所需要的时间取决于哪些因素?

4-5　计算 200~500 以内被 5 整除的数,请写出算法流程图。

4-6　说明数列 A={6,8,5,7,4}的冒泡排序步骤。

4-7　简要说明快速排序算法思想。

4-8　简要说明数据结构的主要研究内容。

4-9　利用欧几里得算法可以求出两个整数的最大公约数和最小公倍数,写出它们的算法思想;写出算法流程图;编制 Python 语言程序。

4-10　某个文本有 10 亿个随机排列的中文关键词(有重复),请找出其中出现频率最高的 10 个关键词,用伪代码进行算法描述。

第 3 部分　计 算 技 术

第5章 信息编码和逻辑运算

计算机只能处理 0 和 1 的数字信号,因此必须对各种信息进行编码,将它们转换为计算机能够接收的形式。本章从"抽象、编码、转换"等计算思维概念,讨论数值和字符的编码方法;以及信息压缩编码,数据检错编码等方法;并且讨论数理逻辑的基本形式。

5.1 数值信息编码

5.1.1 二进制编码特征

1. 信息的二进制数表示

一切信息编码都包括**基本符号**和**组合规则**两大要素。信息论创始人香农(Claude Elwood Shannon)指出:通信的基本信息单元是符号,而最基本的信息符号是二值符号。最典型的二值符号是二进制数,它以 1 或 0 代表两种状态。香农提出,信息的最小度量单位为比特(bit)。任何复杂信息都可以根据结构和内容,按一定编码规则,最终变换为一组 0、1 构成的二进制数据,并能无损地保留信息的含义。

信息可以用十进制或二进制的数字来表示。例如,当我们和别人谈话时,说的每个字都是字典中的一个。如果将字典中所有单词从 1 开始顺序编号,我们就可以精确地使用数字进行交谈,而不使用单词。当然,对话的两个人需要一本给每个单词编过号的字典以及足够的耐心,人与计算机之间的交谈也是这个道理。

2. 二进制编码的优点

如果计算机采用十进制数作信息编码,则加法运算需要 10 个(0～9)运算符号,加法运算有 100 个运算规则(0+0=0,0+1=1,0+2=2,…,9+9=18)。如果采用二进制编码,则运算符号只需要 2 个(0 和 1),加法一共只有 4 个运算规则(0+0=0,0+1=1,1+0=1,1+1=10)。另外,用二进制做逻辑运算也非常方便,可以用 1 表示逻辑命题值"真"(True),用 0 表示逻辑命题值"假"(False)。基于二进制的计算机并不意味着非黑即白,计算机采用二进制只是为了物理实现的简单化和逻辑推理的方便,降低计算机设计的复杂性。

也许我们可以指出,由于加法运算服从交换律,0+1 与 1+0 具有相同的运算结果,这样十进制运算规则可以减少到 50 个;但是对计算机设计来说,结构还是过于复杂。

也许我们还能指出,十进制 1+2 只需要做一位加法运算;而转换为 8 位二进制数后,至少需要做 8 位加法运算(如 0000001＋00000010),可见二进制数大大增加了计算工作量。但是目前普通的计算机(4 核 2.0GHz 的 CPU)每秒钟可以做 80 亿次以上的 64 位二进制加法运算,可见计算机最善于做大量的、机械的、重复的高速计算工作。

3. 计算机中二进制编码的含义

当计算机接收到一系列二进制符号(0 和 1 字符串流)时,它并不能直接"理解"这些二进制符号的含义。**二进制数据的具体含义取决于程序对它的解释。**

【例 5-1】 简单地问二进制数 01000010 在计算机中的含义是什么。这个问题无法给出简单的回答,这个二进制数的意义要看它的编码规则是什么。如果这个二进制数是采用原码编码的数值,则表示为十进制数＋65;如果采用 BCD 编码,则表示为十进制数 42;如果采用 ASCII 编码,则表示字符 A;另外,它还可能是一个图形数据,一个视频数据,一条计算机指令的一部分,或者其他含义。

4. 任意进制数的表示方法

任何一种进位制都能用有限几个基本数字符号表示所有数。进制称为**基数**,如十进制的基数为 10,二进制的基数为 2。任意 R 进制数,基本数字符号为 R 个,任意进制数可以用公式(5-1)表示:

$$N = A_{n-1} \times R^{n-1} + A_{n-2} \times R^{n-2} + \cdots + A_0 \times R^0 + A_{-1} \times R^{-1} + \cdots + A_{-m} \times R^{-m} \quad (5\text{-}1)$$

式中: A 为任意进制数字; R 为基数; n 为整数的位数和权; m 为小数的位数和权。

【例 5-2】 将二进制数 1011.0101 按位权展开表示。

$$[1011.0101]_2 = 1 \times 2^3 + 1 \times 2^1 + 1 \times 2^0 + 1 \times 2^{-2} + 1 \times 2^{-4}$$

5. 二进制数运算规则

计算机内部采用二进制数进行存储、传输和计算。用户输入的各种信息,由计算机软件和硬件自动转换为二进制数,在数据处理完成后,再由计算机转换为用户熟悉十进制数或其他信息。二进制数的基本符号为 0 和 1,二进制数的运算规则是"逢二进一,借一当二"。二进制数的运算规则基本与十进制相同,四则运算规则如下:

(1) 加法运算:0＋0＝0,0＋1＝1,1＋0＝1,1＋1＝10(有进位)。

(2) 减法运算:0－0＝0,1－0＝1,1－1＝0,0－1＝1(有借位)。

(3) 乘法运算:0×0＝0,1×0＝0,0×1＝0,1×1＝1。

(4) 除法运算:0÷1＝0,1÷1＝1(除数不能为 0)。

【例 5-3】 二进制数与十进制数四则运算的比较如图 5-1 所示。

二进制数用下标 2 或在数字尾部加 B 表示,如 $[1011]_2$ 或 1011B。

6. 十六进制数编码

二进制表示一个大数时位数太多,计算机专业人员辨认困难。早期程序员采用八进制来简化二进制,以后又采用十六进制数来表示二进制数。十六进制的符号是 0、1、2、3、4、5、6、7、8、9、A、B、C、D、E、F。运算规则是"逢 16 进 1,借 1 当 16"。计算机内部并不采用十六进制数进行存储和运算,引入十六进制数的原因是让计算机专业人员可以很方便地将十六

二进制计算	十进制验算	二进制计算	十进制验算
$1001+10=1011$	$9+2=11$	$1110-1001=101$	$14-9=5$

二进制计算：
$$1001 + 10 = 1011$$
十进制验算：$9 + 2 = 11$

二进制计算：
$$1110 - 1001 = 101$$
十进制验算：$14 - 9 = 5$

二进制计算：
$$101 \times 10 = 1010$$
十进制验算：$5 \times 2 = 10$

二进制计算：
$$1010 \div 10 = 101$$
十进制验算：$10 \div 2 = 5$

图 5-1　二进制数与十进制数四则运算比较

进制数转换为二进制数。

为了区分数制,十六进制数用下标 16 或在数字尾部加 H 表示。如 $[18]_{16}$ 或 18H;更多时候用前置 0x 的形式表示十六进制数,如 0x000012A5 表示十六进制数 12A5。

常用数制之间的基本特征和对应关系如表 5-1、表 5-2 所示。

表 5-1　计算机常用数制的基本特征

基本特征	十 进 制 数	二 进 制 数	十六进制数
运算规则	逢十进一,借一当十	逢二进一,借一当二	逢十六进一,借一当十六
基数	$R=10$	$R=2$	$R=16$
数符	$0,1,2,\cdots,9$	$0,1$	$0,1,2,\cdots,9,A,B,C,D,E,F$
权	10^n	2^n	16^n
数制标识符	D	B	H 或 0x

表 5-2　常用数制与编码之间的对应关系

十进制数	十六进制数	二进制数	BCD 编码
0	0	0000	0000
1	1	0001	0001
2	2	0010	0010
3	3	0011	0011
4	4	0100	0100
5	5	0101	0101
6	6	0110	0110
7	7	0111	0111
8	8	1000	1000
9	9	1001	1001
10	A	1010	0001 0000
11	B	1011	0001 0001
12	C	1100	0001 0010
13	D	1101	0001 0011
14	E	1110	0001 0100
15	F	1111	0001 0101

5.1.2 不同数制的转换

1. 二进制数与十进制数之间的转换

在二进制数与十进制数的转换过程中,要频繁地计算2的整数次幂。表5-3和表5-4给出了2的整数次幂和十进制数值的对应关系。

表 5-3   2 的整数次幂与十进制数值的对应关系

2^n	2^9	2^8	2^7	2^6	2^5	2^4	2^3	2^2	2^1	2^0
十进制数值	512	256	128	64	32	16	8	4	2	1

表 5-4   二进制数与十进制小数的关系

2^n	2^{-1}	2^{-2}	2^{-3}	2^{-4}	2^{-5}	2^{-6}	2^{-7}	2^{-8}
十进制分数	1/2	1/4	1/8	1/16	1/32	1/64	1/128	1/256
十进制小数	0.5	0.25	0.125	0.0625	0.031 25	0.015 625	0.007 812 5	0.003 906 25

二进制数转换成十进制数时,可以采用按权相加的方法,这种方法是按照十进制数的运算规则,将二进制数各位的数码乘以对应的权再累加起来。

【例 5-4】 将 $[1101.101]_2$ 按位权展开转换成十进制数。

二进制数按位权展开转换成十进制数的运算过程如图5-2所示。

二进制数	1	1	0	1	.	1	0	1	
位权	2^3	2^2	2^1	2^0	.	2^{-1}	2^{-2}	2^{-3}	
十进制数值	8 +	4 +	0 +	1 +		0.5 +	0 +	0.125	=13.625

图 5-2   二进制数按位权展开过程

【例 5-5】 将二进制整数 $[11010101]_2$ 转换为十进制数整数,Python 指令如下。

```
>>> int('11010101', 2)          # 将二进制整数 11010101 转换为十进制数
213                             # 输出转换结果
```

2. 十进制数与二进制数转换

十进制数转换为二进制数时,整数部分与小数部分必须分开转换。整数部分采用除2取余法,就是将十进制数的整数部分反复除2,如果相除后余数为1,则对应的二进制数位为1;如果余数为0,则相应位为0;逐次相除,直到商小于2为止。转换为整数时,第一次除法得到的余数为二进制数低位(第 K_0 位),最后一次余数为二进制数高位(第 K_n 位)。

小数部分采用乘2取整法。就是将十进制小数部分反复乘2;每次乘2后,所得积的整数部分为1,相应二进制数为1,然后减去整数1,余数部分继续相乘;如果积的整数部分为0,则相应二进制数为0,余数部分继续相乘;直到乘2后小数部分等于0为止,如果乘积的小数部分一直不为0,则根据数值的精度要求截取一定位数即可。

【例 5-6】 将十进制 18.8125 转换为二进制数。

整数部分除 2 取余，余数作为二进制数，从低到高排列。小数部分乘 2 取整，积的整数部分作为二进制数，从高到低排列。竖式运算过程如图 5-3 所示。

运算结果为 $[18.8125]_{10} = [10010.1101]_2$

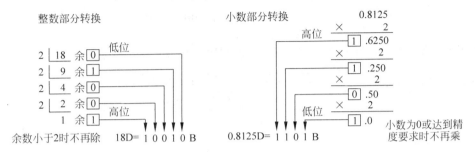

图 5-3 十进制数转换为二进制数的运算过程

【例 5-7】 将十进制整数 234 转换为二进制数，Python 指令如下。

>>> bin(234)	♯ 将十进制整数 234 转换为二进制数整数
'0b11101010'	♯ 输出转换结果，前缀 0b 表示二进制数

3. 二进制数与十六进制数转换

对于二进制整数，自右向左每 4 位分为一组，当整数部分不足 4 位时，在整数前面加 0 补足 4 位，每 4 位对应一位十六进制数；对二进制小数，自左向右每 4 位分为一组，当小数部分不足 4 位时，在小数后面（最右边）加 0 补足 4 位，然后每 4 位二进制数对应 1 位十六进制数，即可得到十六进制数。

【例 5-8】 将二进制数 111101.010111 转换为十六进制数。

$[111101.010111]_2 = [00111101.01011100]_2 = [3D.5C]_{16}$，转换过程如图 5-4 所示。

0011	1101	0101	1100
3	D	5	C

图 5-4 例 5-8 题图

【例 5-9】 将二进制整数 $[11010101]_2$ 转换为十六进制数整数，Python 指令如下。

>>> hex(int('11010101', 2))	♯ 先转换为十进制整数，再转换为十六进制数
'0xd5'	♯ 输出转换结果，前缀 0x 表示十六进制数

4. 十六进制数与二进制数转换

将十六进制数转换成二进制数非常简单，只要以小数点为界，向左或向右每一位十六进制数用相应的四位二进制数表示，然后将其连在一起即可完成转换。

【例 5-10】 将十六进制数 4B.61 转换为二进制数。

$[4B.61]_{16}=[01001011.01100001]_2$,转换过程如图 5-5 所示。

4	B	6	1
0100	1011	0110	0001

图 5-5　例 5-10 题图

【例 5-11】 将十六制整数 4B 转换为二进制数整数,Python 指令如下。

>>> bin(int('4b',16))	♯ 先转换为十进制整数,再转换为二进制数
'ob1001011'	♯ 输出转换结果,前缀 0b 表示二进制数

5. BCD 编码

计算机经常需要将十进制数转换为二进制数,利用以上转换方法存在两方面的问题:一是数值转换需要多次做乘法和除法运算,这大大增加了数制转换的复杂性。二是小数转换需要进行浮点运算,而浮点数的存储和计算都较为复杂,运算效率低。

BCD 码是一种二-十进制编码,BCD 码用 4 位二进制数表示 1 位十进制数。BCD 有多种编码方式,8421 码是最常用的 BCD 编码,它各位的权值为 8、4、2、1,与 4 位二进制编码不同的是,它只选用了 4 位二进制编码中前 10 组代码。BCD 编码与十进制数的对应关系如表 5-2 所示。当数据有很多 I/O 操作时(如计算器,每次按键都是一个 I/O 操作),通常采用 BCD 编码,因为 BCD 编码更容易将二进制数转换为十进制数。

二进制数使用 0000~1111 全部编码,而 BCD 数仅仅使用 0000~1001 十组编码,编码到 1001 后就产生进位,而二进制编码到 1111 才产生进位。

【例 5-12】 将十进制数 10.89 转换为 BCD 码。

$10.89=[0001\ 0000.1000\ 1001]_{BCD}$ 对应关系如图 5-6 所示。

十进制数	1	0	8	9
BCD码	0001	0000	1000	1001

图 5-6　例 5-12 题图

【例 5-13】 将 BCD 码 $[0111\ 0110.1000\ 0001]_{BCD}$ 转换为十进制数。

$[0111\ 0110.1000\ 0001]_{BCD}=76.81$ 对应关系如图 5-7 所示。

BCD码	0111	0110	1000	0001
十进制数	7	6	8	1

图 5-7　例 5-13 题图

【例 5-14】 将二进制数 111101.101 转换为 BCD 编码。

如图 5-8 所示,**二进制数不能直接转换为 BCD 码**,因为编码方法不同,可能会出现非法编码。可以将二进制数 $[111101.101]_2$ 转换为十进制数 $[61.625]_{10}$ 后,再转换为 BCD 码。

常用数制之间的转换方法如图 5-9 所示。

二进制数	0011	1101	1010
非法BCD码	~~0011~~	~~1101~~	~~1010~~
正确BCD码	0110	0001	0110 0010 0101

图 5-8 例 5-14 题图

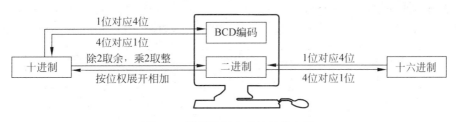

图 5-9 常用数制之间的转换方法

5.1.3 二进制整数编码

计算机以字节(Byte)组织各种信息,字节是计算机用于存储、传输、计算的基本计量单位,一个字节可以存储 8 位(bit)二进制数。

1. 无符号二进制整数编码形式

计算过程中,如果运算结果超出了数据表示范围称为"溢出"。如例 5-15 所示,8 位无符号整数运算结果大于 255 时,就会产生"溢出"问题。

【例 5-15】 $[11001000]_2 + [01000001]_2 = \boxed{1}\,00001001$(8 位存储时,最高位溢出)。

解决数据溢出最简单的方法是增加数据的存储长度,数据存储字节越长,数值表示范围越大,越不容易产生溢出现象。如果小数字(小于 255 的无符号整数)采用 1 字节存储,大数字(大于 255 的无符号整数)采用多字节存储,这种变长存储会使存储和计算复杂化,因为每个数据都需要增加一个字节来表示数据长度;更麻烦的是计算机需要对每个数据进行长度判断。解决数据不同存储长度的方法是建立不同的数据类型,程序设计时首先声明数据类型,计算机对同一类型数据采用统一存储长度,如整型(int)数据的存储长度为 4 个字节,长整型数据的存储长度为 8 个字节。这样,小数字的数据虽然会浪费一些存储空间,但是等长存储提高了整体运算速度,这是一种"以空间换时间"的计算思维方式。

【例 5-16】 如图 5-10 所示,无符号数 $[22]_{10} = [10110]_2$ 在计算机中的存储形式如下。

用1字节存储时:	00010110		
用2字节存储时:	00000000	00010110	
用4字节存储时:	00000000	00000000	00000000	00010110

图 5-10 数据的不同存储长度

2. 带符号二进制整数编码形式

数值有"正数"和"负数"之分,数学中用+表示正数(常被省略),-表示负数。但是计算机只有0和1两种状态,为了区分二进制数+-符号,符号在计算机中也必须"数字化"。当用一个字节表示一个数值时,将该字节的最高位作为符号位,用0表示正数,用1表示负数,其余位表示数值大小。

"符号化"的二进制数称为机器数或原码,没有符号化的数称为真值。机器数有固定的长度(如8、16、32、64位等),当二进制数位数不够时,整数在左边(最高位前面)用0补足,小数在右边(最低位后面)用0补足。

【例5-17】 $[+23]_{10}=[+10111]_2=[00010111]_2$,如图5-11所示,最高位0表示正数。

真值	8位机器数(原码)	16位机器数(原码)
+10111	00010111	00000000 00010111

图 5-11 例 5-17 题图

【例5-18】 $[-23]_{10}=[-10111]_2=[10010111]_2$,如图5-12所示,最高位1表示负数。二进制数-10111真值与机器数的区别如图5-12所示。

真值	8位机器数(原码)	16位机器数(原码)
-10111	10010111	10000000 00010111

图 5-12 例 5-18 题图

5.1.4 二进制小数编码

1. 定点数编码方法

定点数是小数点位置固定不变的数。如图5-13所示,定点数假设小数点固定在最低有效位后面(隐含)。在计算机中,整数用定点数表示,小数用浮点数表示。当十进制整数很大时(有效数大于10位),一般也用浮点数表示。

【例5-19】 十进制数-73的二进制数真值为-1001001,如果用2个字节存储,最高位(符号位)用0表示"+",1表示"-",则二进制数原码的存储格式如图5-13所示。

图 5-13 16位定点整数的存储格式

在32位计算机系统中,整型数(int)用4个字节表示,最高位用于表示数值的符号,其余31位表示数据。如果数据运算结果超出了31位,就会产生**溢出**问题。

2. 浮点数的表示

实数是最常见的自然数,实数中的小数在计算机中的存储和运算是一个非常复杂的事情。目前已有两位计算机科学家因为研究浮点数(小数)的存储和运算而获得图灵奖。小数点位置浮动变化的数称为浮点数,浮点数采用指数表示,二进制浮点数的表示公式为

$$N=\pm M \times 2^{\pm E} \tag{5-2}$$

式中，N 为浮点数；M 为小数部分，称为"尾数"；E 为原始指数。浮点数中，**原始指数 E 的位数决定数值范围，尾数 M 的位数决定数值精度**。

【例 5-20】 $[1001.011]_2 = [0.1001011]_2 \times 2^4$。

【例 5-21】 $[-0.0010101]_2 = [-0.10101]_2 \times 2^{-2}$。

3. 二进制小数的截断误差

1）浮点数存储空间不够引起的截断误差

如式（5-2）所示，假设用 1 个字节表示和存储浮点数 N，原始指数 E 的符号和数字本身需要 2 位，尾数 M 符号为 1 位，尾数 M 本身为 3 位。将二进制数 10.101 存储为浮点数时，尾数由于存储空间不够，最右边的 1 位数据（1）就会丢失（如例 5-22 所示）。这个现象称为**截断误差**（舍入误差）。由于尾数空间不够，导致部分数值丢失时，可以通过使用较长的尾数域来减少截断误差的发生。

【例 5-22】

0	10	0	1010

1（存储长度为 8b 时，最后一位产生截断误差）。

2）数值转换引起的截断误差

截断误差的另外一个来源是无穷展开式问题。例如，将十进制数 1/3 转换为小数时，无论用多少位数字，总有一些数值不能精确地表示出来。二进制记数法与十进制记数法的区别在于，**二进制记数法中有无穷展开式的数值多于十进制**。

【例 5-23】 十进制小数 0.8，转换为二进制时为 0.11001100…，后面还有无数个 1100，这说明十进制的有限小数转换成二进制时，不能保证精确转换；二进制小数转换成十进制也遇到同样的问题。

【例 5-24】 将十进制数值 1/10 转换为二进制数时，也会遇到无穷展开式问题，总有一部分数不能精确地存储。编程语言在涉及浮点数运算时，会尽量计算精确一些，但是也会出现截断误差的现象。例如 Python 运算的截断误差如下。

```
>>> 0.1 + 0.1 + 0.1                          ＃3 个 0.1 相加
0.30000000000000004                          ＃ 输出（出现截断误差）
>>> .1 + .1 + .1 + .1 + .1 + .1 + .1 + .1     ＃8 个 0.1 相加
0.7999999999999999                           ＃ 输出（出现截断误差）
```

在十进制小数转换成二进制小数时，整个计算过程可能会无限制地进行下去，这时可根据精度要求，取若干位二进制小数作为近似值，必要时采用"**0 舍 1 入**"的规则。

3）浮点数的运算误差

浮点数加法中相加的顺序很重要，如果一个大数加上一个小数，那么小数就可能被截断。因此，多个数相加时，应当先相加小数字，将它们累计成一个大数字后，再与其他大数相加，避免截断误差。对大部分用户，大多数商用软件提供的计算精度已经足够了。

一些特殊应用领域（如导航系统等），很小的误差可能在运算中不断累加，最终产生严重的后果。如浮点数乘方运算中，当指数很大时，很小的误差将会呈指数级放大。

【例 5-25】 $1.01^{365} = 37.8$；$1.02^{365} = 1377.4$；$0.99^{365} = 0.026$；$0.98^{365} = 0.0006$。

4. 规格化浮点数的表示与存储

计算机中的实数采用浮点数存储和运算。浮点数并不完全按式（5-2）进行表示和存储。

如表 5-5 所示,计算机中的浮点数严格遵循 IEEE 754 标准。

表 5-5　IEEE 754 标准规定的浮点数规格

浮点数规格	码长/b	S 符号/b	e 阶码/b	M 尾数/b	十进制数有效位
单精度(float)	32	1	8	23	6~7
双精度(double)	64	1	11	52	15~16
扩展双精度数 1	80	1	15	64	20
扩展双精度数 2	128	1	15	112	34

说明:表中阶码 e 与公式(5-2)中的原始指数 E 并不相同;尾数 M 与公式(5-2)中的 M 也有所区别。

1) IEEE 规格化浮点数

浮点数的表示方法多种多样,因此 IEEE 对浮点数的表示进行了严格规定。IEEE 规格化浮点数规定:小数点左侧整数必须为 1(如 1.xxxxxxxx),指数采用阶码表示。

【例 5-26】　1.75D=1.11B,用科学计数法表示时,小数点前一位为 0 还是 1 并不确定,IEEE 规格化浮点数规定小数点前一位为 1,即规格化浮点数为 $1.75D=1.11B=1.11\times2^{0}$。

浮点数规格化的目的有两个:一是整数部分恒为 1,这样在存储尾数 M 时,就可以省略小数点和整数 1(与公式(5-2)的区别),从而用 23 位尾数域表达了 24 位尾数;二是尾数域最高有效位固定为 1 后,尾数能以最大数的形式出现,即使遭遇类似截断的操作,仍然可以保持尽可能高的精度。

2) 数据混淆问题

整数部分的 1 舍去后,会不会造成两个不同数据的混淆呢? 例如,A=1.010 011 中的整数部分 1 在存储时被舍去了,那么会不会造成 A=0.010 011(整数 1 已舍去)与 B=0.010 011 两个数据的混淆呢? 其实不会,仔细观察就会发现,数据 B 不是一个规格化浮点数,数据 B 可以改写成 1.0011×2^{-2} 的规格化形式。所以省略小数点前的 1 不会造成任何两个浮点数的混淆。但是浮点数运算时,省略的整数 1 需要还原,并参与浮点数相关运算。

3) 浮点数的阶码

原始指数 E 可能为正数或负数,但是 IEEE 754 标准没有定义指数 E 的符号位(如表 5-5 所示)。这是因为二进制数规格化后,纯小数部分的指数必为负数,这给运算带来了复杂性。因此,IEEE 规定指数部分用阶码 e 表示,阶码 e 采用移码形式存储。阶码 e 的移码值等于原始指数 E 加上一个偏移值,32 位浮点数(float)的偏移值为 127;64 位浮点数(double)的偏移值为 1023。经过移码变换后,阶码 e 变成了正数,可以用无符号数存储。阶码 e 的表示范围是 1~254,阶码 0 和 255 有特殊用途。阶码为 0 时,表示浮点数为 0 值;阶码为 255 时,若尾数为全 0 表示无穷大,否则表示无效数字。

4) IEEE 浮点数的存储形式

IEEE 标准浮点数的存储格式如图 5-14 所示,编码方法是:省略整数 1、小数点、乘号、基数 2;从左到右采用:符号位 S(1 位,0 表示正数,1 表示负数)+阶码位 e(余 127 码或余 1023 码)+尾数位 M(规格化小数部分,长度不够时从最低位开始补 0)。

实数转换为 IEEE 标准浮点数的步骤是:将数字转换为二进制数→在 S 中存储符号值→将二进制数规格化→计算出移码 e 和尾数 M→最后连接[SeM]即可。

图 5-14 IEEE 754 规格化浮点数存储格式

【例 5-27】 将十进制实数 26.0 转换为 32 位 IEEE 规格化二进制浮点数。

实数 $26.0=11010B=1.1010\times2^4$,规格化浮点数的转换方法如图 5-15 所示。

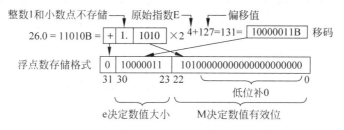

图 5-15 32 位规格化浮点数的转换方法和存储格式

【例 5-28】 将浮点数 11000001 11001001 00000000 00000000 B 转换成十进制数。

步骤 1:把 32 位浮点数分割成三部分:1 10000011 1001001 00000000 00000000 B,可得符号位 S=1B;阶码 e=10000011B;尾数 M=1001001 00000000 00000000B。

步骤 2:还原原始指数 E:E=e-127=10000011B-01111111B=100B=4。

步骤 3:还原尾数 M 为规格化形式:M=1.1001001B$\times2^4$(1.从隐含位而来)。

步骤 4:还原为非规格化形式为 N=S1.1001001B$\times2^4$=S11001.001B(S=符号位)。

步骤 5:还原为十进制数形式为 N=S11001.001B=-25.125(S=1,说明是负数)。

5) 浮点数能表示的最大十进制数

32 位浮点数(float)尾数 M 为 23 位,加上隐含的 1 个整数位,尾数部分共有 24 位,可以存储 6~7 位十进制有效数(如表 5-5 所示)。由于阶码 e 为 8 位,IEEE 规定原始指数 E 的表示范围为-126~+127,这样 32 位浮点数可表示的最大正数为$(2-2^{-23})\times2^{127}=3.4\times10^{38}$(有效数 6~7 位),可表示的最小正数为$2^{-126}=1.17\times10^{-38}$(有效数 6~7 位)。

注意:最大/最小数涉及计算溢出问题;有效位涉及计算精度问题。

在 32 位浮点数中,原始指数 E 超过 128 怎么处理?0 的浮点数为 0.0 时怎么处理?十进制有效数为什么是 6~7 位?自然数转换为浮点数的基本公式是什么?浮点数如何进行四则运算?这些问题将在更深入的课程中讨论。总之,小数的处理过程非常复杂。浮点运算通常是对计算机性能的考验,世界 500 强计算机都是按浮点运算性能进行排序。

5.1.5 二进制补码运算

1. 原码在二进制数运算中存在的问题

用原码表示二进制数简单易懂,易于与真值的转换。但二进制数原码进行加减运算时存在以下问题:一是做 $x+y$ 运算时,首先要判别两个数的符号,如果 x、y 同号,则相加;如果 x、y 异号,就要判别两数绝对值的大小,然后将绝对值大的数减去绝对值小的数;显然,这种运算方法不仅增加了运算时间,而且使计算机结构变得复杂了。二是在原码中,由于规定最高位是符号位,"0"表示正数,"1"表示负数,这会出现:$[00000000]_2 = [+0]_2$,$[10000000]_2 = [-0]_2$ 的现象,而 0 有两种形式产生了"二义性"问题。三是两个带符号的二进制数原码运算时,在某些情况下,符号位会对运算结果产生影响,导致运算出错。

【例 5-29】　$[01000010]_2 + [01000001]_2 = [10000011]_2$(进位导致的符号位错误)。

【例 5-30】　$[00000010]_2 + [10000001]_2 = [10000011]_2$(符号位相加导致的错误)。

计算机需要一种可以带符号运算,而运算结果不会产生错误的编码形式,而"补码"具有这种特性。因此,计算机中整数普遍采用二进制补码进行存储和计算。

2. 二进制数的反码编码方法

二进制正数的反码与原码相同,负数的反码是对该数的**原码除符号位外各位取反**。

【例 5-31】　二进制数字长为 8 位时,$[+5]_{10} = [00000101]_原 = [00000101]_反$。

【例 5-32】　二进制数字长为 8 位时,$[-5]_{10} = [10000101]_原 = [11111010]_反$。

3. 补码运算的概念

两个数相加时,计算结果的有效位(即不包含进位)为 0 时,称这两个数互补。如 10 以内的**补码对**有 1-9、2-8、3-7、4-6、5-5;100 以内的补码对有 1-99,2-98,…,50-50 等。十进制数中,正数 x 的补码为正数本身 $[x]_补$,负数的补码为 $[y]_补 = [模-|y|]_补$。如图 5-16 所示,+4 的补码为 +4,-1 的补码为 +9(10-|1|=9)。

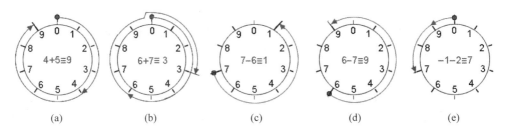

图 5-16　模=10 的十进制数模运算示意图(顺时针方向为+,逆时针方向为-)

"模"是指计量系统的计数范围,例如时钟的计量范围是 0~12,模=12。十进制数中,1 位数的模为 10,2 位数的模为 100,其余以此类推。模运算具有以下特征:任何有关模的计算,均可将减法转换为加法运算。下面利用模运算将减法简化为加法运算。

【例 5-33】　$4+5 \equiv [4]_补 + [5]_补 = [9]_补$ mod 10=9(如图 5-16(a)所示)。

【例 5-34】　$6+7 \equiv [6]_补 + [7]_补 = [13]_补$ mod 10=3(如图 5-16(b)所示)。

【例 5-35】　$7-6 \equiv [7]_补 + [10-6]_补 = [11]_补$ mod 10=1(如图 5-16(c)所示)。

【例 5-36】　$6-7 \equiv [6]_补 + [10-7]_补 = [9]_补$ mod 10=9(如图 5-16(d)所示)。

【例 5-37】　$-1-2 \equiv [10-1]_补 + [10-2]_补 = [17]_补$ mod 10=7(如图 5-16(e)所示)。

【例 5-38】　$12-12 \equiv [12]_补 + [100-12]_补 = [100]_补$ mod 100=0。

4. 二进制数的补码编码方法

二进制正数的补码就是原码。负数的补码等于正数原码"**取反加 1**",即按位取反,末位加 1。**负数的最高位(符号位)为 1**,不管是原码、反码还是补码,符号位都不变。

【**例 5-39**】 $[10]_{10}$ 的二进制原码为 $[10]_{10}=[00001010]_原$(最高位 0 表示正数)。

$[-10]_{10}$ 的二进制原码为 $[-10]_{10}=[10001010]_原$(最高位 1 表示负数)。

【**例 5-40**】 $[10]_{10}$ 的二进制反码为 $[10]_{10}=[00001010]_反$(最高位 0 表示正数)。

$[-10]_{10}$ 的二进制反码为 $=[11110101]_反$(最高位 1 表示负数)。

【**例 5-41**】 $[10]_{10}$ 的二进制补码为 $[10]_{10}=[00001010]_补$(最高位 0 表示正数)。

$[-10]_{10}$ 的二进制补码为 $[-10]_{10}=[11110110]_补$(最高位 1 表示负数)。

计算机中,二进制数各种编码的表示方法如表 5-6 所示。

表 5-6 8 位二进制数特殊值的编码方法

十进制数	二进制数真值	二进制数原码	二进制数反码	二进制数补码
0	0	00000000	00000000	00000000
0	0	10000000	11111111	00000000
+1	+1	00000001	00000001	00000001
−1	−1	10000001	11111110	11111111
−127	−1111111	11111111	10000000	10000001
−128	−10000000	—	—	10000000

5. 补码运算规则

补码运算的算法思想是: 把正数和负数都转换为补码形式,使减法变成加一个负数的形式,从而使加减法运算转换为单纯的加法运算。补码运算在逻辑电路设计中实现容易。当补码运算结果不超出表示范围(不溢出)时,可得出以下重要结论。

用补码表示的两数进行加法运算时,其结果仍为补码。补码的符号位可以与数值位一同参与运算。运算结果如有进位,则判断是否为"溢出",如果不是"溢出",就将进位舍去不要。不论对正数和负数,补码都具有以下性质。

$$[A]_补+[B]_补=[A+B]_补 \tag{5-3}$$

$$[[A]_补]_补=[A]_原 \tag{5-4}$$

式中,A、B 为正整数、负整数、0 均可。

【**例 5-42**】 $A=[-70]_{10}$,$B=[-55]_{10}$,求 A 与 B 相加之和。

先将 A 和 B 转换为二进制数的补码,然后进行补码加法运算,最后将运算结果(补码)转换为原码即可。原码、反码、补码在转换中,要注意**符号位不变**的原则。

$[-70]_{10}=[-(64+4+2)]_{10}=[11000110]_原=[10111001]_反+[00000001]=[10111010]_补$

$[-55]_{10}=[-(32+16+4+2+1)]_{10}=[10110111]_原=[11001000]_反+[00000001]=[11001001]_补$

$$10111010$$
$$+ \quad 11001001$$

没有溢出时,进位 1 自然丢失 → $\boxed{1}$ 10000011

相加后补码为$[10111010]_\text{补}+[11001001]_\text{补}=[10000011]_\text{补}$,进位 1 作为模丢失。为什么要丢弃进位呢?因为加法器设计中,本位值与进位由不同逻辑电路实现(参见图 5-48)。

由补码运算结果再进行一次求补运算(取反加 1)就可以得到真值:

$$[10000011]_\text{补}=[11111100]_\text{反}+[00000001]_2=[11111101]_\text{原}=[-125]_{10}$$

通过以上案例可以看到,进行补码加法运算时,不用考虑数值的符号,直接进行补码加法即可。减法可以通过补码的加法运算实现。如果运算结果不产生溢出,且最高位(符号位)为 0,则表示结果为正数;如果最高位为 1,则结果为负数。

6. 补码运算的特征

补码设计的目的一是使符号位能与有效值一起参加运算,从而简化运算规则;二是使减法运算转换为加法运算,进一步简化 CPU 中加法器的设计。

所有复杂计算(如线性方程组、矩阵、微积分等)都可以转换为四则运算,四则运算理论上都可以转换为补码的加法运算。实际设计中,CPU 为了提高计算效率,乘法和除法采用了移位运算和加法运算。CPU 内部只有加法器,没有减法器,所有减法都采用补码加法进行。程序编译时,编译器将数值进行了补码处理,并保存在计算机存储器中。补码运算完成后,计算机将运行结果转换为原码或十进制数据输出给用户。CPU 对补码完全不知情,它只按照编译器给出的机器指令进行运算,并对某些溢出标志位进行设置。

5.2　非数值信息编码

5.2.1　英文字符编码

计算机除了用于数值计算外,还要处理大量非数值信息,其中字符信息占有很大比重。字符信息包括西文字符(字母、数字、符号)和汉字字符等。它们需要进行二进制数编码后,才能存储在计算机中并进行处理,如果每个字符对应一个唯一的二进制数,这个二进制数就称为字符编码。西文字符与汉字字符由于形式不同,编码方式也不同。

1. BCDIC 编码

早期计算机的 6 位字符编码系统 BCDIC(二进制数与十进制数交换编码)从霍尔瑞斯(Herman Hollerith)卡片发展而来,后来逐步扩展为 8 位 EBCDIC 码,并一直是 IBM 大型计算机的编码标准,但没有在其他计算机中使用。

2. ASCII 编码

ASCII(读[阿斯克],美国信息交换标准码)制定于 1967 年。由于当时数据存储成本很高,专家们最终决定采用 7 位字符编码。ASCII 编码如表 5-7 所示。

表 5-7　ASCII 码表（部分字符）

字符	ASCII 码			字符	ASCII 码		
	二进制	十进制	十六进制		二进制	十进制	十六进制
0	0110000	48	30	A	1000001	65	41
1	0110001	49	31	B	1000010	66	42
2	0110010	50	32	C	1000011	67	43
3	0110011	51	33	⋮	⋮	⋮	⋮
4	0110100	52	34	Z	1011010	90	5A
5	0110101	53	35	⋮	⋮	⋮	⋮
6	0110110	54	36	a	1100001	97	61
7	0110111	55	37	b	1100010	98	62
8	0111000	56	38	⋮	⋮	⋮	⋮
9	0111001	57	39	z	1111010	122	7A

ASCII 编码用 7 位二进制数对 1 个字符进行编码。由于基本存储单位是字节（8b），计算机用 1 个字节存放 1 个 ASCII 字符编码。

【例 5-43】　Hello 的 ASCII 编码。

查 ASCII 表可知，"Hello"的 ASCII 码如图 5-17 所示。

H	e	l	l	o
1001000	1100101	1101100	1101100	1101111

图 5-17　例 5-43 题图

【例 5-44】　求字符 A 和 a 的 ASCII 编码，Python 指令如下。

```
>>> ord('A')                    ＃计算字符 A 的 ASCII 编码
65                              ＃输出字符 A 的十进制编码
>>> chr(97)                     ＃计算 ASCII 编码＝97 的字符
'a'                             ＃输出字符
```

3. 扩展 ASCII 码

ASCII 码（ANSI 码）最大的问题在于它是一个典型的美国标准，它不能很好地满足其他非英语国家的需要。例如，它无法表示英镑符号（£）；英语中的单词很少需要重音符号（读音符号），但是在使用拉丁字母语言的许多欧洲国家中，在语言中使用重音符号很普遍（如 é）；还有一些国家不使用拉丁字母语言，如希伯来语、阿拉伯语、俄语、汉语等。

由于 1 个字节有 8 位，而 ASCII 码只用了 7 位，还有 1 位多出来。于是很多人就想到"我们可以使用 128～255 的码字来表示其他东西"。这样麻烦来了，这么多人同时出现了这样的想法，而且将它付诸实践。1981 年 PC 推出时，显卡的 ROM 芯片中就固化了一个 256 字符的字符集，它包括一些欧洲语言中用到的重音字符，还有一些画图的符号等。所有计算机厂商都开始按照自己的方式使用高位的 128 个码字。例如，有些 PC 上编码 130 表示 é，而在以色列的计算机中,它可能表示希伯来字母 λ。当 PC 在美国之外销售时,这些扩展的 ASCII 码字符集就完全乱套了。

最终 ANSI(美国国家标准学会)结束了这种混乱。ANSI 标准支持 1~4 个字节的编码,并规定每个字节低位的 128 个码字采用标准 ASCII 编码;高位的 128 个码字,根据用户所在地语言的不同采用"码页"处理方式。如最初的 IBM 字符集码页为 CP437,以色列使用的码页是 CP862,中国使用的码页是 CP936 等。

5.2.2　中文字符编码

1. 双字节字符集

亚洲国家常用文字符号有大约 2 万多个,如何容纳这些语言的文字而保持和 ASCII 码的兼容性呢?8 位编码无论如何也满足不了需要,解决方案是采用双字节字符集(DBCS)编码,即用 2 个字节定义 1 个字符,理论上可以表示 $2^{16} = 65\,535$ 个字符。当编码值低于 128 时为 ASCII 码,编码值高于 128 时,为所在国家语言符号的编码。

【例 5-45】　早期双字节汉字编码中,1 个字节最高位为 0 时,表示一个标准的 ASCII 码;字节最高位为 1 时,用 2 个字节表示一个汉字,即有的字符用 1 个字节表示(如英文字母),有的字符用 2 个字节表示(如汉字),这样可以表示 $2^{16-2} = 16\,384$ 个汉字。

双字节字符集虽然缓解了亚洲语言码字不足的问题,但是也带来了新的问题。

(1) 在程序设计中处理字符串时,指针移动到下一个字符比较容易,但移动到上一个字符就非常危险了,于是程序设计中 s++或 s——之类的表达式不能使用了。

(2) 一个字符串的存储长度不能由它的字符数来决定,必须检查每个字符,确定它是双字节字符,还是单字节字符。

(3) 丢失 1 个双字节字符中的高位字节时,后续字符会产生"乱码"现象。

(4) 双字节字符在存储和传输中,高字节还是低字节在前面?没有统一标准。

互联网的出现让字符串在计算机之间的传输变得非常普遍,于是所有的混乱都集中爆发了。非常幸运的是 Unicode(国际统一码)字符集适时而生。

2. 汉字编码

英文为拼音文字,所有英文单词均由 52 个英文大小写字母组合而成,加上数字及其他标点符号,常用字符仅 95 个,因此 7 位二进制数编码就够用了。汉字由于数量庞大,构造复杂,这给计算机处理带来了困难。汉字是象形文字,每个汉字都有自己的形状。所以,每个汉字在计算机中需要一个唯一的二进制编码。

1) GB 2312—80 字符集的汉字编码

1981 年,我国颁布了《GB 2312—80 信息交换用汉字编码字符集·基本集》(简称国标码)。GB 2312—80 标准规定:一个汉字用两个字节表示,每个字节只使用低 7 位,字节最高位为 0。GB 2312—80 标准共收录 6763 个简体汉字、682 个符号,其中一级汉字 3755 个,以拼音排序,二级汉字 3008 个,以偏旁排序。GB 2312—80 标准的编码方法如表 5-8 所示。

表 5-8 GB 2312—80 中国汉字编码标准表（部分编码）

位码 区码		第 2 字节编码							
		00100001	00100010	00100011	00100100	00100101	00100110	00100111	00101000
第 1 字节	区/位	位 01	位 02	位 03	位 04	位 05	位 06	位 07	位 08
00110000	16 区	啊	阿	埃	挨	哎	唉	衰	皑
00110001	17 区	薄	雹	保	堡	饱	宝	抱	报
00110010	18 区	病	并	玻	菠	播	拨	钵	波
00110011	19 区	场	尝	常	长	偿	肠	厂	敞
00110100	20 区	础	储	矗	搐	触	处	揣	川

【例 5-46】 "啊"字的国标码如图 5-18 所示。

2）内码

国标码每个字节的最高位为"0"，这与国际通用的 ASCII 码无法区分。因此，在早期计算机内部，汉字编码全部采用内码（也称机内码）表示，早期内码是将国标码两个字节的最高位设定为"1"，这样解决了国标码与 ASCII 码的冲突，保持了中英文的良好兼容性。目前 Windows 系统内码为 Unicode 编码，字节高位"0""1"兼有。

【例 5-47】 "啊"字的内码如图 5-19 所示。

00110000	00100001
30H	21H

图 5-18 "啊"字的国标码

10110000	10100001
B0H	A1H

图 5-19 "啊"字的内码

早期在 DOS 操作系统内部，字符采用 ASCII 码；目前操作系统内部基本采用 Unicode 字符集的 UTF 编码。为了利用英文键盘输入汉字，还需要对汉字编制一个键盘输入码，主要输入码有拼音码（如微软拼音）、字形码（如五笔字型）等。

3）互联网汉字编码体系

目前互联网上使用的汉字编码体系主要有四种，一是中国大陆使用的 GBK 码；二是中国港台地区使用的 BIG5 码；三是新加坡、美国等海外华语地区使用的 HZ 码；四是国际统一码 Unicode。同一语言文字在信息交流中存在如此大的差异，这给信息处理带来了复杂性。

3. 点阵字体编码

ASCII 码和 GB 2312 汉字编码主要解决了字符信息的存储、传输、计算、处理（录入、检索、排序等）等问题，而字符信息在显示和打印输出时，需要另外对"字形"进行编码。通常将字体（字形）编码的集合称为**字库**，将字库以文件的形式存放在硬盘中，在字符输出（显示或打印）时，根据字符编码在字库中找到相应的字体编码，再输出到外设（显示器或打印机）中。汉字的风格有多种形式，如宋体、黑体、楷体等，因此计算机中有几十种中、英文字库。由于字库没有统一的标准进行规定，同一字符在不同计算机中显示和打印时，可能字符形状会有所差异。字体编码有点阵字体和矢量字体两种类型。

点阵字体是将每个字符分成 16×16（或其他分辨率）的点阵图像，然后用图像点的有无（一般为黑白）表示字体的轮廓。点阵字体最大的缺点是不能放大，一旦放大后字符边缘就会出现锯齿现象。

【例 5-48】 图 5-20 是字符"啊"的点阵图，每行用 2 个字节表示，共用 16 行、32 个字节来表达一个 16×16 点阵的汉字字体信息。

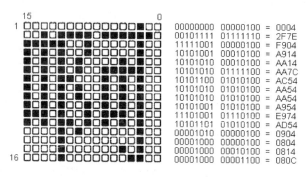

图 5-20　左：字符"啊"的点阵字体　左：字符"啊"的编码

4. 矢量字体编码

矢量字体保存的是每个字符的数学描述信息，在显示和打印矢量字体时，要经过一系列的运算才能输出结果。矢量字体可以无限放大，笔画轮廓仍然保持圆滑。

字体绘制可以通过 FontConfig＋FreeType＋PanGo 三者协作来完成，其中 FontConfig 负责字体管理和配置，FreeType 负责单个字体的绘制，PanGo 则完成对文字的排版布局。

矢量字体有多种格式，其中 TrueType 字体应用最为广泛。TrueType 是一种字体构造技术，要让字体在屏幕上显示，还需要字体驱动引擎，如 FreeType 就是一种高效的字体驱动引擎。FreeType 是一个字体函数库，它可以处理点阵字体和多种矢量字体。

如图 5-21 所示，矢量字体重要的特征是轮廓（outline）和字体精调（hint）控制点。

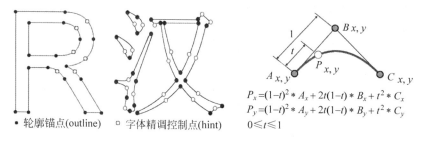

图 5-21　左-中：矢量字体轮廓和控制点　右：二次贝塞尔曲线计算公式示意图

轮廓是一组封闭的路径，它由线段或贝塞尔（Bézier）曲线（二次或三次贝塞尔曲线）组成。字形控制点有轮廓锚点和精调控制点，缩放这些点的坐标值将缩放整个字体轮廓。

轮廓虽然精确描述了字体的外观形式，但是数学上的正确对人眼来说并不见得合适。特别是字体缩小到较小的分辨率时，字体可能变得不好看，或者不清晰。字体精调就是采用一系列技术，用来精密调整字体，让字体变得更美观，更清晰。

计算机大部分时候采用矢量字体显示。矢量字体尽管可以任意缩放，但字体缩得太小时仍然存在问题。字体会变得不好看或者不清晰，即使采用字体精调技术，效果也不一定好，或者这样处理太麻烦了。因此，小字体一般采用点阵字体来弥补矢量字体的不足。

矢量字体的显示大致需要经过以下步骤:加载字体→设置字体大小→加载字体数据→字体转换(旋转或缩放)→字体渲染(计算并绘制字体轮廓、填充色彩)等。可见在计算机显示一整屏文字时,计算工作量比我们想象的要大得多。

5.2.3 国际字符编码

1. 国际通用字符集

国际统一码主要有 Unicode 联盟编制的 Unicode 字符集和 ISO(国际标准化组组织)编制的 UCS(通用字符集)字符集。Unicode 与 UCS 在 1991 年合并,目前两个组织独立公布各自的标准,但是都同意保持两者标准码表的兼容(编码相同)。

早期 Unicode 字符集采用 16 位编码,共有 65 536 个码字;UCS 字符集采用 32 位编码,共有 42 亿个码字;合并后的 Unicode 字符集共 1 112 064 码字。截止 Unicode 5.0 标准为止,大概使用了 25 万个码字,其中汉字为 7 万多个码字(汉字单字大约有 9 万多个)。Unicode 字符集的编码空间如图 5-22 所示。

图 5-22 Unicode 字符集的编码空间

UTF-16 是对 Unicode 字符集的编码,它用 2 个或 4 个字节表示一个字符,并且支持增补字符编码。UTF-32 是对 Unicode 字符集的编码,统一用 4 个字节表示一个字符。UTF-8 是对 Unicode 字符集的编码,用 1~6 个字节表示一个字符(变长编码)。

UCS-2 是对 UCS 字符集的编码,用 2 个字节表示 1 个字符,编码与 UTF-16 相同,不同之处是 UCS-2 不能表示增补字符。UCS-4 对所有字符编码都采用 4 个字节。

Unicode 对每个字符赋予了一个正式的名称,方法是在一个代码点值(十六进制数)前面加上 U+,如字符 A 的名称是 U+0041;字符"中"名称是 U+4E2D。

目前 Unicode 字符集获得了网络、操作系统、编程语言等领域的广泛的支持。当前所有主流操作系统都支持 Unicode 字符集,如 Windows 和 Linux 等。

2. Unicode 字符的存储和传输问题

1) 大端与小端字节序

英国讽刺小说家斯威夫特(Jonathan Swift)在《格列佛游记》中写道:小人国的内战源于吃鸡蛋时,究竟从大端(Big Endian)敲开还是从小端(Little Endian)敲开,由此曾发生过六次叛乱,其中一个皇帝送了命,另一个丢了王位。

斯威夫特虚构的故事却在计算机中真实地发生了。计算机字符编码的存储和传输过程中,同样遇到了大端与小端的问题。例如,"汉"字 Unicode 编码是 U+6C49,那么写入文件时,究竟是将 6C(高端字节)写在前面,还是将 49(低端字节)写在前面? 将 6C 写在前面是大端字节序(BE,高位在前);而将 49 写在前面是小端字节序(LE,低位在前)。x86 计算机的数据存储和传输采用小端字节序;Linux 和 TCP/IP 协议采用大端字节序。

【例 5-49】 字符串 Hello 在 Unicode 编码中,不同字节序的编码形式如下。

大端字节序编码:U+0048 U+0065 U+006C U+ 006C U+006F(用于 Linux);

小端字节序编码:U+4800 U+6500 U+6C00 U+6C00 U+6F00(用于 Windows)。

2) UBOM 字节序标识符

计算机在不清楚数据的字节序是大端还是小端的情况下,程序如何进行数据识别呢?解决方法是在每一个 Unicode 字符文本的最前面增加 2 个字节,用"FE FF"表示大端字节序(BE),用"FF FE"表示小端(LE)字节序,程序在读取到这些标识符后就知道字节序了。由于"FE FF"和"FF FE"不是 Unicode 规定的字符编码,正常情况下不会用到,所以不用担心出现与字符编码冲突的问题,这就是 UBOM(Unicode Byte Order Mark)字节序标识符。

3. UTF-16 编码

1) UTF-16 编码方法

早期 Unicode 字符集的 UTF-16 编码长度固定为 2 个字节,一共可以表示 $2^{16}=65\ 535$ 个字符。显然,它无法覆盖世界上的全部文字。Unicode 4.0 标准考虑到这种情况,定义了 45 960 个增补字符,增补字符用 4 个字节表示。目前的 UTF-16 编码就是 Unicode 字符集加上增补字符集。UTF-16 编码主要用于 Windows 操作系统。

UTF-16 编码有 2 个和 4 个字节的不同编码长度,这给字符的存储和计算带来了麻烦。因此 UTF-16 编码规定,要么用 2 个字节表示,要么是 4 个字节表示。

2) UTF-16 编码字节序

UTF 系列编码的字节序有 LE、BE、BOM、无 BOM 几种编码方法。

【例 5-50】 字符串"中国"的各个版本 UTF-16 字节序编码如表 5-9 所示。

表 5-9   UTF-16 编码的各种字节序案例

不同字节序的编码标准	"中国"字符的编码序列	说 明
UTF-16BE	4E 2D 56 FD	大端字节序编码
UTF-16LE	2D 4E FD 56	小端字节序编码
UTF-16(BOM,BE)	FE FF 4E 2D 56 FD	大端字节序标识符+大端编码
UTF-16(BOM,LE)	FF FE 2D 4E FD 56	小端字节序标识符+小端编码

3) UTF-16 编码在类 UNIX 操作系统下的问题

在类 UNIX 系统下使用 UTF-16 编码会导致非常严重的问题,因为 UTF-16 编码的头 256 个字符的第 1 个字节都是 00H,而在类 UNIX 系统中(如 C 语言),00H 有特殊意义,如 \0 和/在文件名和 C 语言库函数里有特别的含义;其次,大多数使用 ASCII 码文件的类 UNIX 下的软件,如果不进行重大修改,会无法读取 16 位字符。基于这些原因,UTF-16 不适合作为类 UNIX 的内码,而采用 UTF-8 编码就可以避免这些问题。

4. UTF-8 编码

1) UTF-16 编码对存储空间的浪费

在 UTF-16 编码中,英文符号是在 ACSII 码的前面加上一个编码为 0 的字节。如 A 的 ASCII 码为 41,而它的 UTF-16 编码是 U+0041。这样,英文系统就会出现大量为 0 的字节。而美国程序员无法忍受这种字符串所占空间的翻倍,而且以前大堆的文档使用的是 ASCII 字符集,谁去转换它们? 于是程序员的选择是忽略 Unicode 字符集,继续走自己的老路,这显然会让事情变得更加糟糕。解决这个问题的方法是采用 UTF-8 编码。

2) UTF-8 编码方法

UTF-8 编码遵循了一个非常聪明的设计思想:**不要试图去修改那些没有坏或你认为不够好的东西,如果要修改,只去修改那些出问题的部分**。在 UTF-8 编码中,0~127 之间的码字用 1 个字节存储,超过 128 的码字用 2~4 个字节存储。也就是说,UTF-8 编码的长度是可变的。ASCII 码中每个字符的编码在 UTF-8 编码中保持完全一致,都是 1 个字节长,这就解决了美国程序员的烦恼。一般来说,欧洲字符长度为 1~2 个字节,亚洲大部分字符则是 3 个字节,附加字符为 4 个字节。

【例 5-51】　如图 5-23 所示,字符"中"在 UTF-8 编码中占 3 个字节。

字符	GB 2312—80	GBK	BIG5	UCS-2	UTF-16	UTF-8
中	D6 D0	D6 D0	A4 A4	4E 2D	4E 2D	E4 B8 AD
国	B9 FA	B9 FA	—	56 FD	56 FD	E5 9B BD

图 5-23　字符"中国"的各种编码形式(十六进制表示)

【例 5-52】　字符串 Hello 的 UTF-8 编码为 48 65 6C 6C 6F。它与 ASCII 编码标准完全相同。这有非常好的效果,因为英文文本使用 UTF-8 编码时,完全与 ASCII 码一致。而 UTF-16 编码对字符串 Hello 的编码为 0048 0065 006C 006C 006F(大端字节序),可见存储空间会增加大量冗余的 00 编码。

【例 5-53】　以 I am Chinese 为例,用 ANSI 存储 12 字节;用 UTF-8 存储 12 字节;用 UFT-16 存储＝24＋2 字节(字节序);用 UTF-32 存储 48＋4 字节(字节序)。

【例 5-54】　以"我是中国人"为例,用 ANSI 存储 10 字节;用 UTF-8 存储 15 字节;用 UTF-16 存储 10＋2 字节(字节序);用 UTF-32 存储 20＋4 字节(字节序)。

3) UTF-8 编码的应用

类 UNIX 系统普遍采用 UTF-8 编码,如 Linux 系统的内码是 UTF-8。TCP/IP 网络协议、HTML 网页,大多数浏览器软件都采用 UTF-8 编码。而 Windows 操作系统和 Java 语言的内码是 UTF-16 编码,但是应用软件采用其他编码系统(如 GBK、UTF-8 等)时,操作系统会自动识别编码系统。例如,Python 语言源代码一般采用 UTF-8 编码,Windows 系统会识别并显示 UTF-8 编码的文档。但是,应用软件一般不具有这种编码识别功能。因此编写 Python3 程序时,程序源代码必须保存为 UTF-8 格式(可在 IDE 中设置),并且在源代码首行声明编码格式(# -*- coding：utf-8 -*-),否则容易产生中文乱码问题。

注意:在 Windows 下,文本文件(如.txt、.log、.py、.java、.cpp 等)有 4 种编码方式:ANSI(简体中文 Windows 系统中,ANSI 代表 GBK 编码),Unicode(小端 UTF-16 编码),Unicode big endian(大端 UTF-16 编码),UTF-8 编码。由于这 4 种编码都与 ASCII 编码兼容,所以有些人错误地认为文本文件就是采用 ASCII 编码的文件。

5.2.4　声音的数字化

在计算机中,数值和字符都转换成二进制数来存储和处理。同样,声音、图形、视频等信息也需要转换成二进制数后,计算机才能存储和处理。在计算机中,将模拟信号转换成二进制数的过程称为数字化处理。

1. 声音处理的数字化过程

声音是连续变化的模拟量。例如对着话筒讲话时(如图 5-24(a)所示),话筒根据它周围空气压力的不同变化,输出连续变化的电压值。这种变化的电压值是对声音的模拟,称为模拟音频(如图 5-24(b)所示)。要使计算机能存储和处理声音信号,就必须将模拟音频数字化。

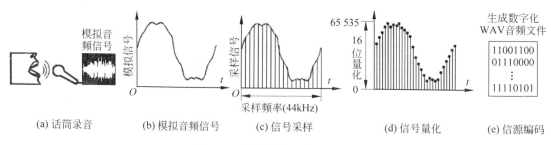

(a) 话筒录音　　(b) 模拟音频信号　　(c) 信号采样　　(d) 信号量化　　(e) 信源编码

图 5-24　音频信号的数字化过程

1) 采样

任何连续信号都可以表示成离散值的符号序列,存储在数字系统中。因此,模拟信号转换成数字信号必须经过采样过程。采样过程是在固定的时间间隔内,对模拟音频信号截取一个振幅值(如图 5-24(c)所示),并用定长的二进制数表示(如 16b),将连续的模拟音频信号转换成离散的数字音频信号。截取模拟信号振幅值的过程称为采样,所得到的振幅值为采样值。单位时间内采样次数越多(采样频率越高),数字信号就越接近原声。

奈奎斯特(Nyquist)采样定理指出:模拟信号离散化采样频率达到信号最高频率 2 倍时,可以无失真地恢复原信号。人耳听力范围在 20Hz～20kHz 之间。声音采样频率达到40kHz(每秒钟采集 4 万个数据)就可以满足要求,声卡采样频率一般为 44.1kHz 或更高。

2) 量化

量化是将信号样本值截取为最接近原信号的整数值过程,例如,采样值是 16.2 就量化为 16,如果采样值是 16.7 就量化为 17。音频信号的量化精度(也称为采样位数)一般用二进制数位数衡量,如声卡量化位数为 16 位时,有 $2^{16}=65\ 535$ 种量化等级(如图 5-24(d)所示)。目前声卡大多为 24 位或 32 位量化精度(采样位数)。

音频信号采样量化时,一些系统的信号样本全部在正值区间(如图 5-24(b)所示),这时编码采用无符号数存储;另一些系统的样本有正值、0、负值(如正弦曲线),编码时用样本值最左边的位表示采样区间的正负符号,其余位表示样本绝对值。

3) 编码

如果每秒钟采样速率为 S,量化精度为 B,它们的乘积为**位率**。例如,采样速率为40kHz,量化精度为 16 位时,位率$=40\ 000\times16=640$kb/s。位率是信号采集的重要性能指标,如果位率过低,就会出现数据丢失的情况。

数据采集后得到了一大批原始音频数据,对这些数据进行压缩编码(如 wav、mp3 等)

后,再加上音频文件格式的头部,就得到了一个数字音频文件(如图 5-24(e)所示)。这项工作由声卡和音频处理软件(如 Adobe Audition)共同完成。

2. 声音信号的输入与输出

数字音频信号可以通过网络、光盘、数字话筒、电子琴 MIDI 接口等设备输入计算机。模拟音频信号一般通过模拟信号话筒和音频输入接口(Line in)输入计算机,然后由声卡转换为数字音频信号,这一过程称为模/数转换(A/D)。需要将数字音频播放出来时,可以利用音频播放软件将数字音频文件解压缩,然后通过声卡或音频处理芯片,将离散的数字量再转换成为连续的模拟量信号(如电压),这一过程称为数/模转换(D/A)。

3. 编解码器

编解码器是对信号或者数据流进行变换的设备或者程序。这里的变换既包括对信号进行模/数或数/模转换,也包括对数据流进行压缩或解压缩操作。编解码器经常用在音频或视频等应用中,大多数编解码器对数据流进行了有损压缩,目的是为了得到更小的文件。

多媒体数据流往往同时包含了音频数据、视频数据,以及用于音频和视频数据同步的数据。这三种数据流可能会被不同的程序或者硬件处理,但是它们在传输或者存储时,这三种数据通常被封装在一起,这种封装通过文件格式来实现。例如,常见的音频格式有 wav、mp3、ac3 等;视频格式有 avi、mov、mp4、rmvb、3gp 等。这些格式中,有些只能使用特定的编解码器,而更多的格式能够以容器的方式使用各种编解码器。要播放某种格式的音频或视频文件,就需要支持该格式的解码器。台式计算机一般采用软件解码器解出音频或视频数据;而智能手机、数字电视、视频录像机等设备往往采用硬件编解码器。

5.2.5　图像的数字化

1. 图像的数字化

数字图像(Image)可以由数码照相机、数码摄像机、扫描仪、手写笔等设备获取,这些图形处理设备按照计算机能够接受的格式,对自然图像进行数字化处理,然后通过设备与计算机之间的接口传输到计算机,并且以文件的形式存储在计算机中。当然,数字图像也可以直接在计算机中进行自动生成或人工设计,或由网络、U 盘等设备输入。

当计算机将数字图像输出到显示器、打印机、电视机等设备时,又必须将离散化的数字图像合成为一幅图形处理设备能够接受的自然图像。

2. 图像的编码

1) 二值图的编码

只有黑、白两色的图像称为二值图。图像信息是一个连续的变量,离散化的方法是设置合适的取样分辨率(采样),然后对二值图像中每一个像素用 1 位二进制数表示,就可以对二值图进行编码。一般将黑色点编码为 1,白色点编码为 0(量化),如图 5-25 所示。

图像分辨率(采样精度)是指单位长度内包含像素点的数量,分辨率单位有 dpi(点/英寸)等。图像分辨率为 1024×768 时,表示每一条水平线上包含 1024 个像素点,垂直方向有

768 条线。分辨率不仅与图像的尺寸有关,还受到输出设备(如显示器点距等)等因素的影响。分辨率决定了图像细节的精细程度,图像分辨率越高,包含的像素就越多,图像就越清晰,图像输出质量也越好。同时,太高的图像分辨率会增加文件占用的存储空间。

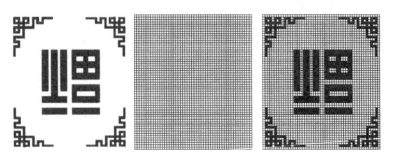

图 5-25　左:二值图　中:确定分辨率　右:二值图的数字化处理

2) 灰度图像的编码

灰度图的数字化方法与二值图相似,不同的是将白色与黑色之间的过渡灰色按对数关系分为若干亮度等级,然后对每个像素点按亮度等级进行量化。为了便于计算机存储和处理,一般将亮度分为 0~255 个等级(量化精度),而人眼对图像亮度的识别小于 64 个等级,因此对 256 个亮度等级的图像,人眼难以识别出亮度差。图像中每个像素点的亮度值用 8 位二进制数(1 个字节)表示,如图 5-26 所示。

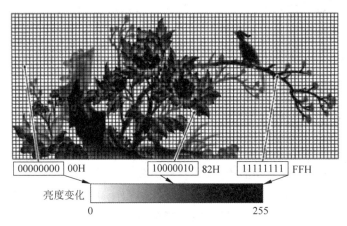

图 5-26　灰度图像的编码方式

3) 彩色图像的编码

显示器上的任何色彩,都可以用红绿蓝(RGB)三个基色按不同比例混合得到。因此,图像中每个像素点可以用 3 个字节进行编码。如图 5-27 所示,红色用 1 个字节表示,亮度范围为 0~255 个等级($R=0$~255);绿色和蓝色也同样处理($G=0$~255,$B=0$~255)。

【例 5-55】 如图 5-27 所示,一个白色像素点的编码为 $R=255,G=255,B=255$;一个黑色像素点的编码为 $R=0,G=0,B=0$;一个红色像素点的编码为 $R=255,G=0,B=0$;一个桃红色像素点的编码为 $R=236,G=46,B=140$ 等。

采用以上编码方式,一个像素点可以表达的色彩范围为 $2^{24}=1670$ 万种色彩,这时人眼

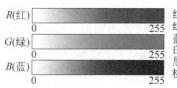

红色：$R=255, G=0, B=0$
绿色：$R=0, G=255, B=0$
蓝色：$R=0, G=0, B=255$
白色：$R=255, G=255, B=255$
黑色：$R=0, G=0, B=0$
桃红色：$R=236, G=46, B=140$

图 5-27　彩色图像的编码方式

已很难分辨出相邻两种颜色的区别了。一个像素点总计用多少位二进制数表示，称为色彩深度（量化精度），例如，上述案例中的色彩深度为 24 位。目前大部分显示器的色彩深度为 32 位，其中，8 位记录红色，8 位记录绿色，8 位记录蓝色，8 位记录透明度（Alpha）值，它们一起构成一个像素的显示效果。

【例 5-56】 对分辨率为 1024×768，色彩深度为 24 位的图片进行编码。

如图 5-28 所示，对图片中每一个像素点进行色彩取值（量化精度），其中某一个橙红色像素点的色彩值为 $R=233, G=105, B=66$，如果不对图片进行压缩，则将以上色彩值进行二进制编码就可以了。形成图片文件时，还必须根据图片文件格式加上文件头部。

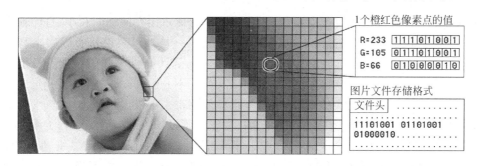

图 5-28　24 位色彩深度图像的编码方式（没有压缩时的编码）

3. 点阵图像的特点

点阵图像由多个像素点组成，二值图、灰度图和彩色图都是点阵图像（也称为位图或光栅图），简称为"图像"。图像放大时，可以看到构成整个图像的像素点，由于这些像素点非常小（取决于图像的分辨率），因此图像的颜色和形状显得是连续的；一旦将图像放大观看，图像中的像素点会使线条和形状显得参差不齐。缩小图像尺寸时，也会使图像变形，因为缩小图像是通过减少像素点来使整个图像变小的。

大部分情况下，点阵图像由数码相机、数码摄像机、扫描仪等设备获得，也可以利用图像处理软件（如 Photoshop 等）创作和编辑图像。

4. 矢量图形的编码

矢量图形（Graphic）使用直线或曲线来描述图形，矢量图以几何图形居多，它是一种面向对象的图形。矢量图形采用特征点和计算公式（如图 5-21 所示的二次贝塞尔曲线计算公式）对图形进行表示和存储。矢量图形保存的是每一个图形元件的描述信息，如一个图形元件的起始、终止坐标、特征点等。在显示或打印矢量图形时，要经过一系列的数学运算才能输出图形。矢量图形在理论上可以无限放大,图形轮廓仍然能保持圆滑。

如图 5-29 所示,矢量图形只记录生成图形的算法和图上的某些特征点参数。矢量图形中的曲线是由短的直线逼近的(插补),通过图形处理软件,可以方便地将矢量图形放大、缩小、移动、旋转、变形等。矢量图形最大的优点是无论进行放大、缩小或旋转等操作,图形都不会失真、变色和模糊。由于构成矢量图形的各个部件(图元)是相对独立的,因而在矢量图形中可以只编辑修改其中的某一个物体,而不会影响图中其他物体。

图 5-29　左:AutoCAD 矢量图　中:3DMAX 矢量图　右:分形矢量图示例

矢量图形只保存算法和特征点参数(如分形图),因此占用存储空间较小,打印输出和放大时图形质量较高。但是,矢量图形也存在以下缺点:一是难以表现色彩层次丰富的逼真图像效果;二是无法使用简单廉价的设备,将图形输入到计算机中并矢量化;三是矢量图形目前没有统一的标准格式,大部分矢量图形格式存在不开放和知识产权问题,这造成了矢量图形在不同软件中进行交换的困难,也给多媒体应用带来了极大不便。

矢量图形主要用于线框形图片、工程制图、二维动画设计、三维物体造型、美术字体设计等。大多数绘图软件(如 Visio)、计算机辅助设计软件(如 AutoCAD)、二维动画软件(如 Flash CS)、三维造型软件(如 3DMAX)等,都采用矢量图形作为基本图形存储格式。矢量图形可以很好地转换为点阵图像,但是,点阵图像转换为矢量图形时效果很差。

5.3　压缩与纠错编码

5.3.1　信息量的度量

1. 熵的概念和熵递增原理

1854 年,德国科学家克劳修斯(Rudolf Clausius)首先引入熵(希腊语"变化"的意思)的概念,它是表示封闭体系中杂乱程度的一个量。

熵递增原理指出:在一个孤立系统中(无外力作用时),当熵处于最小值时,系统处于最有序的状态;但熵会自发性地趋于增大,随着熵的增加,有序状态会逐步变为无序状态,并且不能自发地产生新的有序结构。这就像懒人的房间,如果没有人替他收拾打扫,房间只会杂乱下去,决不会变得整齐。熵递增原理是自然界的基本规律,生物也离不开"熵递增原理",生物需要从体外吸收负熵来抵消熵的增大。

热力学指出,对任何已知孤立的物理系统,热熵只会增加,不会减少。而信息熵则相反,信息熵只会减少,不会增加。热熵和信息熵互为负量,目前已证明,任何系统要获得信息必须增加热熵来补偿。因此,获取信息必然伴随着能量的损失。

同样,一个大型系统软件随着功能越来越多,模块调用量的急剧增长,整个系统会逐渐碎片化,变得越来越无序,导致系统最终无法维护和扩展。因此,系统运行一段时间后,需要对系统进行有序化重构(版本升级),不断减少系统的"熵",使系统不断进化。

【例5-57】 网站设计中,一个 ASP 或 JSP 页面里,HTML 和脚本程序往往混合在一起,这时网站脚本代码越多,网站系统越混乱(熵增加),最终连开发者自己都无法理解。这时就需要对系统重新架构,可以引入新的开发模式(如 View Helper、视图助手),分离HTML 代码和脚本语言,HTML 分离为视图,脚本分离为帮助类,然后整合在一起。通过重新分合,整个系统变得层次清晰,职责明确,系统的无序度大大降低。同时不同的开发人员(如前端设计员和后端程序员)可以负责不同部分,有效提高了软件开发效率。

2. 信息的定义

信息是什么? 维纳(Norbert Wiener)在《控制论》一书中指出:"**信息就是信息,既非物质,也非能量。**"这个定义对信息未作正面回答。香农(Claude Elwood Shannon)绕过了这个难题,他基于概率统计,从计算的角度研究信息的量化。香农信息论的特点是:只考虑信息符号本身出现的概率,与信息内容无关。

信息量大小与它的不确定性有关。例如,要搞清楚一件非常不确定的事,或是人们一无所知的事情,就需要了解大量的信息。信息是个抽象的概念,人们常常说信息很多,或者信息较少,但很难说清楚信息到底有多少。例如一本 50 万字的书籍到底有多少信息量? 直到1948 年,香农提出了"信息熵"的概念,才解决了对信息的度量问题。

3. 信息熵的计算

1948 年,香农发表了《通信的数学原理》论文,第一次将熵的概念引入到信息论中。香农创造了 bit 这个单词,用于表示二进制的"位"。香农对信息的定义是:"**信息是用来消除随机不确定性的东西。**"香农提出,如果系统 S 内存在多个事件 $S=\{E1, E2, \cdots, En\}$,每个事件的概率分布为 $P=\{p_1, p_2, \cdots, p_n\}$,则事件的信息熵(Entropy)为

$$H(X) = -\sum_{i=1}^{n} P_i \log_2 P_i \tag{5-5}$$

式中,$H(X)$ 是信息熵,单位是比特(bit);P_i 是每个随机事件的发生概率。信息熵的单位与公式中对数的底有关。不同对数底之间的转换关系为 $\log_a X = \log_b X / \log_b a$。

1) 等概率事件对信息熵计算的简化

每个事件发生的概率相等(等概率事件)时,可以将信息熵计算过程简化。

【例5-58】 π 是一个无限循环小数,如果希望 π 值的精度是十进制数的 30 位,那么最少需要多少位二进制数(信息熵)表示才能满足精度要求。

假设 π 值中每个数字符号出现的概率相同(等概率事件),根据对数换底公式:

$$\log_2(0)\log_{10}(10)/\log_{10}(2) = 1/0.301\ 03 = 3.3219;$$

$$\log_2(2) = \log_{10}(2)/\log_{10}(2) = 1;$$

一位十进制数转换为二进制数需要的二进制符号位(信息熵)为

$$k = -\log_2(10)/-\log_2(2) = 3.3219/1 = 3.3219 \approx 3.4(余量稍留大一点)$$

由以上计算可知,每位十进制数转换为二进制数时,信息熵大约需为 3.4b。30 位十进制数 π 值转换成二进制数时,最少需要 30×3.4b=102b。

2) 事件发生概率不同的信息熵计算

在实际的情况中,每种可能情况出现的概率并不相同,所以必须用信息熵来衡量整个系统的平均信息量。因此,信息熵也可以理解为不确定性。

【例 5-59】 假设足球世界杯决赛的是巴西队和美国队,根据经验,巴西队夺冠的概率是 80%,美国队夺冠的概率是 20%,根据信息熵公式,猜测谁能获得冠军需要的信息量为

$$H(X) = -(0.8 \times \log_2(0.8) + 0.2 \times \log_2(0.2))$$
$$= -(0.8 \times (-0.3219) + 0.2 \times (-2.3219))$$
$$= -((-0.257) + (-0.464)) = 0.721b$$

通过计算可以发现,巴西队夺冠的概率越高,信息熵就越小,因为不确定性减少了。越是确定的事件,不确定性越小,信息量也越少。如果巴西队 100% 夺冠,那么信息熵等于 0,相当于没有任何信息。当两队夺冠概率都是 50% 时,信息熵达到了最大值 1b。

3) 信息熵与编码长度

信息熵的总量也称为信息量,但是它与我们日常语境中的信息量是不同的概念。日常语境的信息量往往是指信息的质量和信息表达的效率。或者说,日常语境中的信息量与信息内容相关,而信息熵与信息内容无关,只与字符的编码长度有关。统计数据表明,几种语言单个字母的平均信息熵为法语 3.98b;英语 4.03b;汉语 9.65b。

【例 5-60】 $S_1 =$ "秋高气爽"(4),$S_2 =$ "秋天晴空万里,天气凉爽"(11),$S_3 =$ The autumn sky is clear and the air is crisp(44)。计算它们的信息熵:

$$H_1 = 9.65 \times 4 = 38.6b, \quad H_2 = 9.65 \times 11 = 106.15b, \quad H_3 = 4.03 \times 44 = 177.32b$$

在日常语境中,S_1、S_2、S_3 三个短语表达了同一个语义,它们的信息量大致相同。但是,在信息熵计算中,S_2 的信息熵比 S_1 高 1 倍以上,S_3 的信息熵比 S_1 高 3 倍以上,也就说,在同一语义下,S_2 和 S_3 的编码长度要大大高于 S_1。

4. 最大信息熵原理

1957 年,杰尼斯(E. T. Jaynes)提出了最大熵原理,它的主要思想是:根据不完整的信息进行推断时,符合已知条件的概率分布可能不止一个时,应该选取符合这些条件,并且信息熵最大的概率分布。

最大熵原理指出,当需要对一个随机事件的概率分布进行预测时,我们的预测应当满足全部已知条件,而且对未知事物不做任何主观假设,没有任何偏见。在这种情况下,概率分布最均匀,预测风险最小,因为这时概率分布的信息熵最大。我们常说,不要把所有的鸡蛋放在一个篮子里,其实就是最大信息熵原理的一个朴素说法。匈牙利数学家希萨(Csiszar)证明,对任何一组不自相矛盾的信息,最大熵模型不仅存在,而且是唯一的。

【例 5-61】 拼音转汉字的概率判断。假如输入的拼音是 wang-xiao-bo,利用语言模型,根据有限的上下文(如前 2 个词),我们能给出 2 个最常见的名字"王小波"和"王晓波"。至于要唯一确定是哪个名字就难了,即使利用较长的上下文也做不到。根据最大熵原理,我们可以判断:如果通篇文章是介绍文学作品,作家王小波的可能性(概率)较大;如果文章是讨论台海两岸关系时,台湾学者王晓波的可能性(概率)会较大。

5.3.2 无损压缩编码

对于多媒体信息,可以通过数据压缩来消除原始数据中的冗余性,将它们转换成较短的数据序列,达到减少数据存储空间的目的。在保证信息质量的前提下,**压缩比**(压缩比=压缩前数据的长度∶压缩后数据的长度)越高越好。

1. 无损压缩的特征

无损压缩的基本原理是:相同的信息只需要保存一次。例如一幅蓝天白云的图像压缩时,首先会确定图像中哪些区域是相同的,哪些是不同的。蓝天中数据重复的图像就可以压缩,只需要记录同一颜色区域的起始点和终止点。但是蓝色可能还会有不同的深浅,天空有时也可能被树木、山峰或其他对象掩盖,这些部分数据需要另外记录。从本质上看,无损压缩可以删除一些重复数据,大大减少图像的存储容量。

无损压缩的优点是可以完全恢复原始数据,而不引起任何数据失真。无损压缩算法一般可将文件压缩到原来的 1/2～1/4(压缩比 2∶1～4∶1)大小。但是,无损压缩并不会减少数据占用的内存空间,因为读取压缩文件时,软件会对丢失的数据进行恢复填充。

2. 常用压缩编码方法

常用的压缩编码算法如图 5-30 所示。

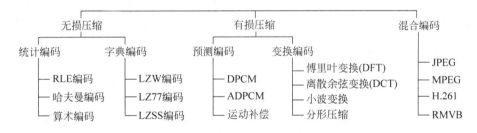

图 5-30 常用压缩编码算法

LZW、LZ77 编码属于字典模型的压缩算法,而 RLE、哈夫曼编码和算术编码都属于统计模型压缩算法。字典模型压缩算法与原始数据的排列次序有关,而与数据出现频率无关;统计模型压缩算法正好相反,它与数据的排列次序无关,而与数据出现的频率有关。这两类压缩算法各有所长,相互补充。许多压缩软件结合了这两类算法。如 WinRAR 就采用了字典压缩编码和哈夫曼压缩编码算法。

3. RLE 压缩编码原理

RLE(行程长度编码,也称为游程编码)是对重复的数据序列用重复次数和单个数据值来代替,重复的次数称为"游程"。

RLE 是一种变长编码,RLE 用一个特殊标记字节指示重复字符开始,非重复节可以有任意长度而不被标记字节打断,标记字节是字符串中不出现的符号(或出现最少的符号,如@)。RLE 编码方法如图 5-31 所示。

标记字节	字符重复次数	字符

图 5-31　RLE 编码方法

【**例 5-62**】　对文本字符串 AAAAABACCCCBCCC,采用 RLE 编码后为 @5ABA@4C
B@3C。标记字节 @ 说明重复字符的开始,@ 后面的数字表示字符重复的次数,数字后面是
被重复字符;没有重复的字符采用直接编码,不需要标记字节。

　　RLE 编码简单直观,编码和解码速度快,尽管 RLE 算法压缩效率很低,它还是得到了
广泛应用。RLE 编码适用于信源字符重复出现概率很高的情况。许多图形和视频文件(如
BMP、AVI 等),以及 Winzip、WinRAR 等压缩软件,经常会用到 RLE 编码算法。

4. 哈夫曼压缩编码原理

　　哈夫曼(David A. Huffman)编码算法的基本原理是:频繁使用的字符用较短的编码代
替,较少使用的字符用较长的编码代替,每个字符的编码各不相同,而且编码长度是可变的
(变长编码)。例如在英文中,字母 e、t、a 的使用频率要大于字母 z、q、x,在对字母进行编码
时,可以用较短的编码表示常用字母,用较长的编码表示不常用字母,这样每一个字母都有
一个唯一的编码。编码的长度是可变的,而不是像 ASCII 码那样都用 8 位表示。哈夫曼编
码现在广泛用于数据压缩、数据通信、多媒体技术等各个领域。

【**例 5-63**】　对字符串"I am a teacher"进行哈夫曼编码。

　　设信号源字符串为:$X=\{$空格,a,e,I,m,t,c,h,r$\}$(按字符出现概率大小排列)。假设
每个字符对应的概率为:$p=\{$ 0.22,0.22,0.14,0.07,0.07,0.07,0.07,0.07,0.07 $\}$,哈夫
曼编码过程如图 5-32 所示。

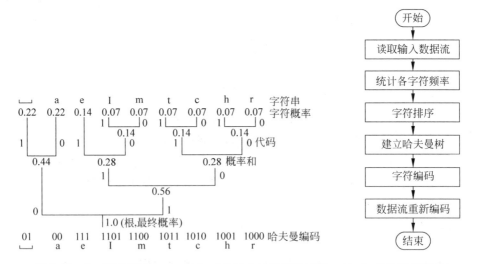

图 5-32　左:字符串"I am a teacher"的哈夫曼树编码过程　右:哈夫曼编码流程

　　哈夫曼编码算法步骤如下:

　　步骤 1:如图 5-32 所示,按符号在文本中出现的概率由大到小顺序排列。

　　步骤 2:将概率小的两个符号组成一个节点,如空格和 a,I 和 m,t 和 c 等。

步骤3：将相邻两个概率组合相加，形成一个新概率(如0.22+0.22=0.44)，将新出现的概率与未编码的字符一起重新排序(如0.44与0.56)。

步骤4：重复步骤2~3，直到出现的概率和为1(如根节点)，形成"哈夫曼树"。

步骤5：代码分配。代码从根节点(哈夫曼树底部)开始向上分配(如空格编码=01)。代码左边标1或0无关紧要，因为结果仅仅是代码不同，而代码平均长度是相同的。

最终，每个字符的哈夫曼编码为：(空格)=01,a=00,e=111,I=1101,m=1100,t=1011,c=1010,h=1001,r=1000。

字符串"I am a teacher"共14个字符，如果用ASCII码传送，每个字符8位，共需112位(14×8)。如果字符串9个不同符号采用4位二进制编码表示，传送该字符串要56位。如果采用哈夫曼编码，只需要42位，哈夫曼编码与ASCII码的比较如图5-33所示。

压缩文本	I		a	m		a		t	e	a	c	h	e	r
哈夫曼码	1101	01	00	1100	01	00	01	1011	111	00	1010	1001	111	1000
ASCII码	49	20	61	6D	20	61	20	74	65	61	63	68	65	72

图5-33 哈夫曼编码(二进制)与ASCII码(十六进制)的比较

5. 字典压缩编码算法

1) 日常生活中的字典编码

人们日常生活中经常使用字典压缩方法。例如，"奥运会"、PC等词汇，说者和听者都明白它们是指"奥林匹克运动会""个人计算机"，这实际就是信息压缩。人们之所以能够使用这种压缩方式而不产生语义上的误解，是因为在说者和听者心目中都有一个事先定义好的缩略语字典，人们在对信息进行说(压缩)和听(解压缩)过程中，都对字典进行了查询操作。字典压缩编码就是基于这一计算思维设计的。

2) 字典编码算法思想

字典(严格说是词典)压缩编码是把信息中出现频率较高的数字组合做成一个对应的字典列表，并用特殊代码来表示这个数字。字典编码有以下两种实现方法。

第一种是查找正在压缩的字符序列是否在前面出现过，如果是则用"指针"指向出现过的字符串，替代重复出现的字符串。采用这个算法思想的有LZ77和LZSS算法。

第二种方法是对输入字符创建一个"短语字典"，在编码过程中，如果遇到在字典中出现的"短语"时，就输出字典中短语的"索引号"，而不是短语本身。LZ78和LZW算法采用这种算法思想。

3) LZW压缩编码算法

LZW算法由Lemple、Ziv、Welch三人共同创造，用他们的名字命名。LZW算法中，首先建立一个字典(字符串表)，把每一个第一次出现的字符串放入字典中，并用一个数字标号来表示(一般在7位ASCII码上进行扩展)，压缩文件只存储数字标号，不存储字符串。这个数字标号与此字符串在字典中的位置有关，这个字符串再次出现时，可用字典中的数字标号来代替，并将这个数字标号存入压缩文件中，压缩完成后将字典丢弃。解压缩时，可根据压缩数据重新生成字典。

【例 5-64】 如 print 字符串,如果压缩时用数字标号 129(扩展 ASCII 码)表示,只要它再次出现,均用 129 表示,并将 print 字符串和数字标号 129 存入字典中。解码时遇到数字标号 129,即可从字典中查出 129 所代表的字符串是 print。

【例 5-65】 对文本"good good study,day day up"进行 LZW 算法压缩编码。

对原始文本中的字符串进行扫描,生成的字典如图 5-34 所示。为了容易理解起见,下面的数字标号没有采用扩展 ASCII 码,而采用顺序数字编码表示。

字符串	g	o	d		good	s	t	u	y	,	a	day	p	。	…
数字标号	1	2	3	4	5	6	7	8	9	10	11	12	13	14	…

图 5-34 LZW 算法扫描文本后生成的字典

利用 LZW 算法,对文本信息进行压缩的最终编码如图 5-35 所示。

压缩文本	good		good		study	,	day		day		up	。
压缩编码	1223	4	5	4	67839	10	3119	4	12	4	813	14

说明:第1个单词good不采用编码5涉及扫描窗口等问题,不详述。

图 5-35 利用 LZW 算法对文本信息进行压缩的编码

如图 5-34 所示,随着新字符串不断被发现,字典的数字标号也会不断地增长。如果字符数量过大,生成的数字标号也会越来越大,这时就会产生编码效率问题。如何避免这个问题呢?GIF 图像压缩采用的方法是:当数字标号"足够大"时,就干脆从头开始进行数字标号,并且在字典这个位置插入一个**清除标志**(CLEAR),表示从这里重新开始构造字典,以前所有数字标号作废,开始使用新数字标号。问题是"足够大"是多大?理论上数字标号集越大,则压缩比率越高,但系统开销也越高。LZW 算法的字典一般在 7 位 ASCII 字符集上进行扩展,扩展后的数字标号可用 12 位(4096 个编码)甚至更多位来表示。

LZW 算法适用范围是原始数据中最好有大量的子串多次重复出现,重复越多,压缩效果越好,反之则越差。一般情况下 LZW 算法可实现 2:1~3:1 的压缩比。

目前流行的 GIF、TIF 等图像文件采用了 LZW 压缩算法;WinRAR,Winzip 等压缩软件也采用了 LZW 算法,微软公司 CAB 压缩文件也采用了 LZW 编码机制。甚至许多硬件(如网络设备)中,也采用了 LZW 压缩算法。LZW 算法广泛用于文本数据、程序和特殊应用领域的图像数据(如指纹图像、医学图像等)压缩。

【例 5-66】 将某一个子目录下所有文件进行压缩的 Python 程序如下。

```
import zipfile                                          # 导入内置压缩包
import os                                               # 导入内置系统包
f = zipfile.ZipFile('my.zip','w',zipfile.ZIP_DEFLATED)  # my.zip = 压缩文件名,w = 写入
startdir = 'd:/test/pic'                                # ZIP_DEFLATED = 压缩,f = 临时变量
for dirpath, dirnames, filenames in os.walk(startdir):  # 压缩 pic 目录下所有子目录和文件
    for filename in filenames:                          # 循环向压缩文件中添加文件和文件夹
        f.write(os.path.join(dirpath,filename))         # 将临时变量写入压缩文件
f.close()                                               # 关闭文件
```

5.3.3 有损压缩技术

1. 有损压缩的特征

经过有损压缩的对象进行数据重构时,重构后的数据与原始数据不完全一致,是一种不可逆的压缩方式。如图像、视频、音频数据的压缩就可以采用有损压缩,因为其中包含的数据往往多于人们的视觉系统和听觉系统所能接收的信息,丢掉一些数据而不至于对声音或者图像所表达的意思产生误解,但可以大大提高压缩比。图像、视频、音频数据的压缩比高达 10 : 1~50 : 1,可以大大减少数据在内存和磁盘中占用的空间。因此多媒体信息编码技术主要侧重于有损压缩编码的研究。

有损压缩的算法思想是:**通过有意丢弃一些对视听效果相对不太重要的细节数据进行信息压缩**。这种压缩方法一般不会严重影响视听质量。

2. JPEG 图像压缩标准

国际标准化组织(ISO)和国际电信联盟(ITU)共同成立的联合图片专家组(JPEG),1991 年提出了"多灰度静止图像的数字压缩编码"(简称 JPEG 标准)。这个标准适用于彩色和灰度图像的压缩处理。JPEG(读[J-peg])标准包含两部分:第一部分是无损压缩,采用差分脉冲编码调制(DPCM)的预测编码;第二部分是有损压缩,采用离散余弦变换(DCT)和哈夫曼(Huffman)编码。

JPEG 算法的思想是:**恢复图像时不重建原始画面,而是生成与原始画面类似的图像,丢掉那些没有被注意到的颜色**。JPEG 压缩利用了人的心理和生理特征,因而非常适合真实图像的压缩。对于非真实图像(如线条图、卡通图像等),JPEG 压缩效果并不理想。JPEG 对图像的压缩比为一般为 10 : 1~25 : 1。

3. JPEG 图像编码原理

JPEG 图像编码原理非常复杂,压缩编码分为以下 4 个步骤,如图 5-36 所示。

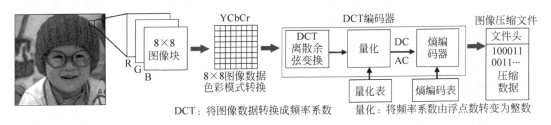

图 5-36 JPEG 图像压缩编码流程

步骤 1:颜色模型转换及采样。JPEG 采用 YCbCr(Y 亮度,Cb 色度,Cr 饱和度)色彩模型,因此需要将 RGB(红绿蓝)色彩的图像数据转换为 YCbCr 色彩的数据。

步骤 2:DCT(离散余弦变换)。将图像数据转换为频率系数(原理复杂,不详述)。

步骤 3:量化。将频率系数由小数转换为整数。

步骤 4:熵编码。其编码原理和过程更加复杂(不详述)。

4. MPEG 动态图像压缩标准

视频是随空间(图像)和时间(一系列图像)变化的信息。视频图像由很多幅静止画面(称为帧)组成,如果采用 JPEG 压缩算法,对每帧图像画面进行压缩,然后将所有图像帧组合成一个视频图像,这种计算思维方法可行吗?

【例 5-67】 一幅分辨率为 640×480 的彩色静止图像,没有压缩时的理论大小为$(640 \times 480 \times 24b)/8 = 900KB$,假设经过 JPEG 压缩后大小为 50KB(压缩比 18:1)。按 JPEG 算法压缩一部 120min 的影片,则影片文件大小为 $50KB \times 30fps \times 60s \times 120min = 10.3GB$。显然,完全采用 JPEG 算法压缩视频图像时,还是存在文件太大的问题。

运动图像专家组开发了视频图像的数据编码和解码标准 MPEG(读[M-peg])。目前已经开发的 MPEG 标准有 MPEG-1、MPEG-2、MPEG-4 等。MPEG 算法除了对单幅视频图像进行编码压缩外(帧内压缩),还利用图像之间的相关特性,消除了视频画面之间的图像冗余,大大提高了数字视频图像的压缩比,MPEG-2 的压缩比可达到 20:1~50:1。

5. MPEG 压缩算法原理

MPEG 压缩编码基于运动补偿和离散余弦变换(DCT)算法。算法思想是:在一帧图像内(空间方向),数据压缩采用 JPEG 算法来消除冗余信息;在连续多帧图像之间(时间方向),数据压缩采用运动补偿算法来消除冗余信息。

计算机视频的播放速率为 30 帧/秒,也就是 1/30s 显示一幅画面,在这么短的时间内,相邻两个画面之间的变化非常小。据统计,在灰度视频图像中,大部分相邻图像帧之间,同一位置的像素,数据绝对值之差超过 3 的数据不大于 4%,可见相邻帧之间存在极大的数据冗余。在视频图像中,可以利用前一帧图像来预测后一帧图像,以实现数据压缩。帧间预测编码技术广泛应用于 H.261、H.263、MPEG-1、MPEG-2 等视频压缩标准。

图像帧之间的预测编码有以下方法。

1) 隔帧传输

对于静止图像或活动很慢的图像,可以少传输一些帧(如隔帧传输);没有传输的图像帧则利用帧缓存中前一图像帧的数据作为该图像帧的数据。

2) 帧间预测

不直接传送当前图像帧的像素值,而是传送画面中像素 X_1 与前一画面(或后一画面)同一位置像素 X_2 之间的数据差值。

【例 5-68】 在一段太阳升起的视频中,第 n 帧图像中,太阳中 X_1 点的像素值为 $R=200$(橙红色);在 $n+1$ 帧图像中,该点 X_2 的像素值改变为 $R=205$(稍微深一点的橙红色)。这时可以只传输两个像素之间的差值 5,图像中没有变化的像素无须传输数据。

3) 运动补偿预测

如图 5-37 所示,视频图像中一个画面大致分为 3 个区域:一是背景区(相邻两个画面的背景区基本相同);二是运动物体区(可以视为由前一个画面某一区域的像素移动而成);三是暴露区(物体移动后显露出来曾被遮盖的背景区域)。运动补偿预测就是将前一个画面的背景区+平移后的运动物体区,作为后一个画面的预测值。

图 5-37　视频画面的三个基本区域

6. MPEG 视频图像排列

MPEG 标准将图像分为 3 种类型：帧内图像 I 帧(关键帧)、预测图像 P 帧(预测计算图像)和双向预测图像 B 帧(插值计算图像)。

1) 关键帧 I

I 帧包含内容完整的图像，它用于其他图像帧的编码和解码参考，因此称为**关键帧**。I帧的采用类似 JPEG 的压缩算法，I 帧的压缩比较低。I 帧图像可作为 B 帧和 P 帧图像的预测参考帧。I 帧周期性出现在视频图像序列中，出现频率可由编码器选择，一般为 2 次/秒(2Hz)。对于高速运动的视频图像，I 帧的出现频率可以选择高一些，B 帧可以少一些；对于慢速运动的视频图像，I 帧出现的频率可以低一些，B 帧图像可以多一些。

2) 预测帧 P

P 帧是利用相邻图像帧统计信息进行预测的图像帧。也就是说 P 帧和 B 帧采用相对编码，即不对整个画面帧进行编码，只对本帧与前一帧画面不同的地方编码。P 帧采用运动补偿算法，所以 P 帧图像的压缩比相对较高。由于 P 帧是预测计算的图像，因此计算量非常大，在高分辨率(1080P)视频中计算量很大，对计算机的要求很高。

3) 双向插值帧 B

B 帧是双向预测插值帧，它利用 I 帧和 P 帧做参考，进行运动补偿预测计算。B 帧不能用来作为对其他帧进行运动补偿预测的参考帧。

典型的 MPEG 视频图像帧序列如图 5-38 所示，在 1s 时间里，30 帧画面有 28 帧需要进行运动补偿预测计算，可见视频图像的计算量非常大。

5.3.4　信号纠错编码

1. 信道差错控制编码

数据传输要通过各种物理信道，由于电磁干扰、设备故障等因素的影响，传送的信号可能发生失真，使信息遭到损坏，造成接收端信号误判。为了提高信号传输的准确性，除了提高信道抗噪声干扰外，还必须在通信中采用检错和纠错编码。采用信道差错控制编码的目的是为了提高信号传输的可靠性，改善通信系统的传输质量。

差错控制编码是数据在发送之前，按照某种关系附加一个校验码后再发送。接收端收到信号后，检查信息位与校验码之间的关系，确定传输过程中是否有差错发生。**差错控制编码提高了通信系统的可靠性，但它以降低通信系统的效率为代价。**

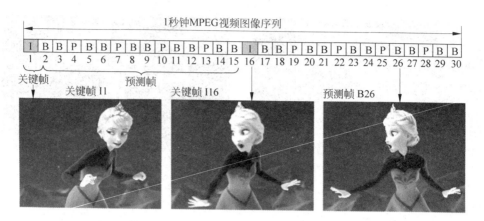

图 5-38　典型 MPEG 视频图像帧显示序列

差错控制编码有两类,一类是 ARQ(自动请求重发),另一类是 FEC(前向纠错)。纠错码使用硬件实现时,速度比软件快几个数量级;纠错码使用软件实现不需要另外增加设备,特别适合于网络通信。绝大多数情况下,计算机使用检错码,出现错误后请求对方重发(ARQ);只有在单工信道情况下,才会使用纠错编码。

2. 出错重传的差错控制方法

ARQ 采用出错重传的算法思想。如图 5-39 所示,在发送端对数据进行检错编码,通过信道传送到接收端,接收端经过译码处理后,只检测数据有无差错,并不自动纠正差错。如果接收端检测到接收的数据有错误时,则利用信道传送反馈信号,请求发送端重新发送有错误的数据,直到收到正确数据为止。ARQ 通信方式要求发送方设置一个数据缓冲区,用于存放已发送出去的数据,以便出现差错后,可以调出数据缓冲区的内容重新发送。在计算机通信中,大部分通信协议采用 ARQ 差错控制方式。

图 5-39　ARQ 差错控制方式

3. 奇偶校验方法

奇偶校验是一种最基本的检错码,它分为奇校验或偶校验。奇偶校验可以发现数据传输错误,但是它不能纠正数据错误。奇偶校验的编码规则如表 5-10 所示。

表 5-10　奇偶校验规则表

奇　校　验		偶　校　验	
数据位中 1 的个数	校验值	数据位中 1 的个数	校验值
奇数个	0	偶数个	0
偶数个	1	奇数个	1

【例 5-69】　字符 A 的 ASCII 码为 01000001,其中有两位码元值为 1。如果采用奇校验编码,由于这个字符的编码中有偶数个 1,所以校验位的值为 1,其 8 位组合编码为 10000011,前 7 位是信息位,最低位是奇校验码。同理,如果采用偶校验,可知校验位的值为 0,其 8 位组合编码为 10000010。接收端对 8 位编码中 1 的个数进行检验时,如有不符,就可以判定传输中发生了差错。

如果通信前,通信双方约定采用奇校验码,接收端对传输数据进行校验时,如果接收到编码中 1 的个数为奇数时,则认为传输正确;否则就认为传输中出现了差错。在传输中有偶数个比特位(如 2 位)出现差错时,这种方法就检测不出来了。所以,奇偶校验只能检测出信息中出现的奇数个错误,如果出错码元为偶数个,则奇偶校验不能奏效。

奇偶校验容易实现,而且一个字符(8 位)中 2 位同时发生错误的概率非常小,所以信道干扰不大时,奇偶校验的检错效果很好。计算机广泛采用奇偶校验进行检错。

4. 一个简单的前向纠错编码案例

在前向纠错(FEC)通信中,发送端在发送前对原始信息进行差错编码,然后发送。接收端对收到的编码进行译码后,检测有无差错。接收端不但能发现差错,而且能确定码元发生错误的位置,从而加以自动纠正。前向纠错不需要请求发送方重发信息,发送端也不需要存放以备重发的数据缓冲区。虽然前向纠错有以上优点,但是纠错码比检错码需要使用更多的冗余数据位。也就是说编码效率低,纠错电路复杂。因此,大多应用在单向传输或实时要求特别高的领域。例如,地球与火星之间距离太远,美国火星探测器"机遇号"的信号传输一个来回差不多要 20min,这使得信号的前向纠错非常重要。

计算机领域常用的前向纠错编码是海明码(R. W. Hamming),可以利用海明码进行检测并纠错。下面我们用一个简单的例子来说明纠错的基本原理,它虽然不是海明码,但是它们是算法思想相同,都是利用冗余编码来达到纠错的目的。

【例 5-70】　如图 5-40 所示,发送端 A 将字符 OK 传送给接收端 B,字符 OK 的 ASCII 码=79,75。如果接收端 B 通过奇偶校验发现数据 D2 在传输过程中发生了错误,最简单的处理方法就是通知发送端重新传送出错数据 D2,但是这样会降低传输效率。

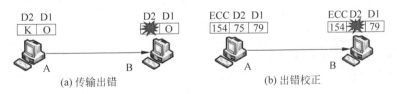

(a) 传输出错　　　　　　　　　(b) 出错校正

图 5-40　传输出错与出错校正示意图

如图 5-40(b)所示,如果发送端将两个原始数据相加,得出一个错误校验码 ECC(ECC=D1+D2=79+75=154),然后将原始数据 D1、D2 和校验码 ECC 一起传送到接收端。接收端通过奇偶校验检查没有发现错误,就丢弃校验码 ECC;如果接收端通过奇偶校验发现数据 D2 出错了,就可以利用校验码 ECC 减去另外一个正确的原始数据 D1,这样就可以得到正确的原始数据 D2(D2=ECC−D1=154−79=75),不需要发送端重传数据。

5. CRC 校验编码

CRC(循环冗余校验)编码是最常用的一种差错校验码,它的特点是检错能力极强,开销小,易于用编码器或检测电路实现。从检错能力来看,它的出错概率非常小。从性能上和开销上考虑,CRC 编码远远优于奇偶校验编码。因此,在数据存储和数据通信领域,CRC 编码无处不在。例如,以太网、WinRAR 软件等采用了 CRC-32 编码;磁盘文件校验采用了 CRC-16 编码;GIF、TIFF 等图像文件也采用 CRC 编码作为检错手段。

1) CRC 校验原理

CRC 校验的算法思想是:先在待发送的数据帧后面附加一个数(校验码),生成一个新数据帧发送给接收端。当然,这个附加的校验码不是随意的,校验码要使生成的新数据帧能与发送端和接收端共同选定的某个特定数整除。数据帧到达接收端后,对接收的数据帧除以这个选定的除数(模 2 除法,即异或运算)。因为发送端已对附加的校验码做了"去余"处理,所以校验结果应该没有余数。如果有余数,则表明该数据帧在传输过程中出现了差错。

2) 生成多项式

CRC 校验的除数可以随机选择,也可按国际标准选择(如表 5-10 所示),但最高位和最低位系数必须为 1。除数通常以多项式表示,称为"生成多项式"。为了简化表示生成多项式,一般只列出二进制值为 1 的位,其他位为 0。

【例 5-71】 码组 1100101 可以表示为:$1 \cdot x^6 + 1 \cdot x^5 + 0 \cdot x^4 + 0 \cdot x^3 + 1 \cdot x^2 + 0 \cdot x + 1$,为了简化表达式,生成多项式省略了码组中为 0 的部分,即记为:$G(x) = x^6 + x^5 + x^2 + 1$。

生成多项式按最高阶数 m,将 CRC 称为 CRC-m。如 CRC-8、CRC-16 等。生成多项式 $G(x)$ 一般按标准进行选择,常用的 CRC 生成多项式标准如表 5-11 所示。

表 5-11　常用 CRC 生成多项式国际标准

标准名称	生成多项式	十六进制简记式 *	应用案例
CRC-4-ITU	$x^4 + x + 1$	0x3	ITU-G. 704
CRC-8-ITU	$x^8 + x^2 + x + 1$	0x07	ATM,HEC,ISDN,HEC
CRC-16	$x^{16} + x^{15} + x^2 + 1$	0x8005	IBM SDLC
CRC-16-ITU	$x^{16} + x^{12} + x^5 + 1$	0x1021	ISO HDLC,ITU-X. 25,V. 34,PPP-FCS
CRC-32	$x^{32} + x^{26} + x^{23} + \cdots + x^2 + x + 1$	0x04C11DB7	IEEE 802.3,RAR,ZIP,IEEE 1394

说明: * 生成多项式的最高幂次系数固定为 1,在简记式中,通常将最高位的 1 去掉了。如 CRC-8-ITU 的简记式: 0x07 实际上是 0x107,对应的二进制码为 0x07=107H=1 0000 0111B。

3) CRC 校验码计算案例

【例 5-72】 为了说明简单起见,假设待发送的数据为字符 a,a 的 ACSII 码=0110 0001;假设收发双方选择的生成多项式为 CRC-16-ITU,计算字符 a 的 CRC 校验码。

步骤 1:将生成多项式转换成二进制数。

CRC-16-ITU $=G(x) = x^{16} + x^{12} + x^2 + 1 = 11021H = 1\ 0001\ 0000\ 0010\ 0001B$。

步骤 2:CRC 校验码位数=生成多项式位数-1=17-1=16 位。在原始数据 0110 0001 后面加 16 个 0(16 位校验码),得到被除数为 0110 0001 ⌈0000 0000 0000 0000⌉。

步骤 3：如图 5-41 所示，将步骤 2 得到的数作为被除数，生成多项式作为除数，进行模 2 除法(异或运算)，得到的余数 0111 1100 1000 0111 即为 CRC 校验码。

```
(生成多项式做除数)         商在这里没有用途，不用写
1 0001 0000 0010 0001   0110 0001 0000 0000 0000 0000      0110 0001 = a的ASCII码
          异或运算        100 0100 0000 1000 01             16个0 = 校验码位置
      (相同为0，相异为1)   ────────────────────────
                         010 0101 0000 1000 0100 0000
                         10 0010 0000 0100 001
                         ────────────────────────
                         00 0111 0000 1100 0110 0000
                            100 0100 0000 1000 01
                         ────────────────────────
                            011 0100 1100 1110 0100
                            10 0010 0000 0100 001
                         ────────────────────────
                            01 0110 1100 1010 0110
                             1 0001 0000 0010 0001        (计算到最低位对齐止)
                         ────────────────────────
字符a的CRC校验码 = 0 0111 1100 1000 0111 = 7C87
```

图 5-41　字符 a 的 CRC 校验码计算

步骤 4：将得到的 CRC 校验码附在原始数据帧 0110 0001 后面，得到的新数据帧为 0110 0001 **0111 1100 1000 0111**（阴影部分为 CRC 校验码），然后把新数据帧发送到接收端。

步骤 5：新数据帧到达接收端后，接收端会把这个数据帧再用上面选定的除数 1 0001 0000 0010 0001(生成多项式)进行异或运算，验证余数是否为 0。如果余数=0，则证明该数据帧在传输过程中没有出错；如果余数≠0，则说明传输过程中数据帧出现了差错。

从以上讨论来看，CRC 校验似乎非常麻烦，其实用逻辑电路实现非常简单。

【例 5-73】　将指定字符串生成 CRC 检验编码，Python 指令如下。

```
>>> import zlib                   ♯ 导入内置压缩包
>>> s = b'hello,word!'           ♯ 字符串赋值，前缀 b 说明字符串数据类型为字节(Byte)编码
>>> print(zlib.crc32(s))          ♯ 进行 CRC32 校验编码
3035098857                        ♯ 输出 CRC32 编码
```

4) CRC 校验码的特征

CRC 校验码能检错和纠错，但是纠错效率不高，或者说对计算资源要求过高。计算机网络大多采用 CRC 进行检错，发现错误后则采用出错重传(ARQ)技术。

采用 CRC 编码时，信息码长度可任意选定，校验码长度取决于选用的生成多项式。

采用 CRC 编码时，传送信号任一位发生错误时，生成多项式做除法后余数不为 0。

采用 CRC 编码时，传送信号不同位发生错误时，生成多项式做除法后余数不同。

采用 CRC 编码时，对生成多项式做除法后的余数继续做除法时，余数会循环出现。

5.4　逻辑运算与应用

5.4.1　基本逻辑运算

德国数学家莱布尼兹(Leibniz)首先提出了用演算符号表示逻辑语言的思想；英国数学家乔治·布尔(George Bool)1847 年创立了布尔代数；美国科学家香农(Shannon)将布尔代

数用于分析电话开关电路。布尔代数为解决工程实际问题提供了坚实的理论基础。

1. 逻辑运算的特点

在布尔代数中,逻辑变量和逻辑值只有 0 和 1,它们不表示数值的大小,只表示事物的性质或状态。例如,命题判断中的“真”与“假”,程序流程图中的“是”与“否”,工业控制系统中的“开”与“关”,数字电路中的“低电平”与“高电平”等。

布尔代数有三种最基本的逻辑运算:与运算(AND),或运算(OR),非运算(NOT)。通过这三种基本逻辑运算,可组合出任何其他逻辑关系,在逻辑运算中,非运算的优先级最高,与运算次之,或运算最低。

一个逻辑关系往往有多种不同的逻辑表达式,可以利用布尔代数的基本规律和一些常用的逻辑恒等式,对逻辑表达式进行化简操作,以简化数字电路的设计。

逻辑运算与算术运算的规则大致相同,但是逻辑运算与算术运算存在以下区别。

(1) 逻辑运算是一种位运算,逐位按规则运算即可。

(2) 逻辑运算中不同位之间没有任何关系,当然也就不存在进位或借位问题。

(3) 逻辑运算由于没有进位,因此不存在溢出问题。

(4) 逻辑运算没有符号问题,逻辑值在计算机中以原码形式表示和存储。

逻辑运算由于具有以上特性,因此特别适合用于计算机的逻辑电路设计。

2. 与运算

与运算(AND)相当于逻辑的乘法运算,它的逻辑表达式为:$Y=A \cdot B$。与运算规则是:全 1 为 1,否则为 0(真真得真)。真值表是描述逻辑关系的直观表格。如果利用电子元件制造出符合与运算规则的电子器件,我们将这个器件为“与门”,与门的表示符号如图 5-42 所示(GB 为国家标准)。与运算常用于对某位二进制数进行复位(设置为 0)运算。

与运算规则

0×0=0
0×1=0
1×0=0
1×1=1

与运算真值表

A	B	Y
0	0	0
0	1	0
1	0	0
1	1	1

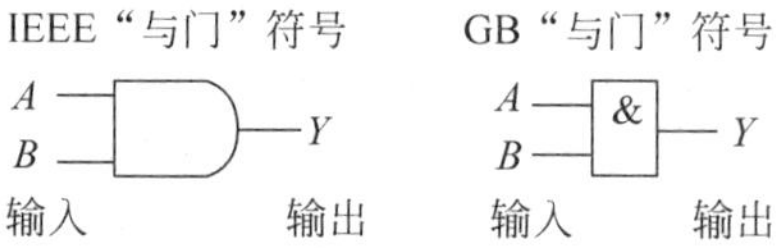

图 5-42 与运算规则和表示符号

【例 5-74】 10011100 AND 00111001=00011000。

```
     10011100    (输入 A)
AND  00111001    (输入 B)
     --------
     00011000    (输出 Y)
```

3. 或运算

或运算(OR)相当于逻辑的加法运算,它的逻辑表达式为:$Y=A+B$。或运算规则是:全 0 为 0,否则为 1(假假得假)。如果利用电子元件制造出符合或运算规则的电子器件,我们将这个器件为“或门”,或门的表示符号如图 5-43 所示。或运算常用于对某位二进制数进行置位(设置置为 1)运算。

或运算规则	或运算真值表	IEEE "或门"符号	GB "或门"符号

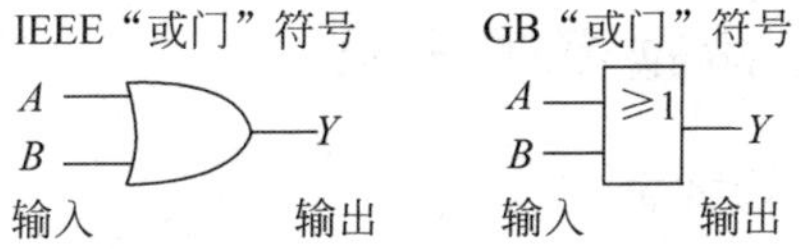

图 5-43　或运算规则和表示符号

【例 5-75】 10011100 OR 00111001＝10111101。

$$
\begin{array}{ll}
\phantom{\text{OR}\ \ }10011100 & （输入\ A） \\
\underline{\text{OR}\ \ \ \ \ 00111001} & （输入\ B） \\
\phantom{\text{OR}\ \ }10111101 & （输出\ Y）
\end{array}
$$

4．非运算

非运算(NOT)是逻辑值取反运算(也称为"反相")，逻辑表达式为：$Y=\overline{A}$，非运算也称为"取反"，规定在逻辑运算符上方加上画线"—"表示。非运算可以理解为逻辑值取反。利用电子元件制造出符合非运算规则的电子器件称为"非门"，非门表示符号如图 5-44 所示。在逻辑门符号中，一般用"小圆圈"表示逻辑值取反。非运算常用于对某部分($1\sim n$ 字节)二进制数进行全部反转(求全反)运算。

非运算规则	非运算真值表	IEEE "非门"符号	GB "非门"符号

图 5-44　非运算规则和表示符号

【例 5-76】 NOT(10011100)＝01100011。

$$
\begin{array}{ll}
\underline{\text{NOT}\ \ 10011100} & （输入\ A） \\
\phantom{\text{NOT}\ \ }01100011 & （输出\ Y）
\end{array}
$$

5．异或运算

异或(XOR)是一种应用广泛的逻辑运算，异或运算通常用符号⊕表示，运算规则为：$0\oplus0=0,0\oplus1=1,1\oplus0=1,1\oplus1=0$。可以简单理解为：相同为 0，相异为 1(同假异真)。异或门符号和真值表如图 5-45 所示。异或运算的应用是对某位二进制数进行反转运算。

异或运算真值表	IEEE "异或"符号	GB "异或"符号

图 5-45　异或运算真值表和表示符号

【例 5-77】 10011100 XOR 00111001＝10100101。

$$
\begin{array}{ll}
\phantom{\text{XOR}\ \ }10011100 & （输入\ A） \\
\underline{\text{XOR}\ \ \ \ 00111001} & （输入\ B） \\
\phantom{\text{XOR}\ \ }10100101 & （输出\ Y）
\end{array}
$$

5.4.2　命题逻辑演算

1. 数理逻辑概述

1）数理逻辑的定义

逻辑是探索有效推理的学科，最早由古希腊学者亚里士多德创建。莱布尼茨曾经设想过创造一种"通用的科学语言"，可以将推理过程像数学一样利用公式来进行计算。

数理逻辑（又称为符号逻辑）既是数学的一个分支，也是逻辑学的一个分支。数理逻辑是用数学方法研究形式逻辑的学科，所谓数学方法是指数学采用的一般方法，包括使用符号和公式，以及形式化、公理化等数学方法。通俗地说，数理逻辑就是对逻辑概念进行符号化后（形式化），对证明过程用数学方法进行演算。

2）数理逻辑与计算机科学的关系

数理逻辑的研究分包括古典数理逻辑（命题逻辑和谓词逻辑）和现代数理逻辑（递归论、模型论、公理集合论、证明论等）。递归论主要研究可计算性的理论，模型论主要研究形式语言与数学模型之间的关系，公理化集合论主要研究集合论中无矛盾性问题。数理逻辑和计算机科学有许多重合之处，两者都属于模拟人类认知机理的科学。许多计算机科学的先驱者既是数学家，又是数理逻辑学家，如阿兰·图灵、布尔等。

数理逻辑和计算机的发展有着密切的联系，它为机器证明、自动程序设计、计算机辅助设计等计算机应用和理论研究提供必要的理论基础。例如，程序语言学、语义学的研究从模型论衍生而来，而程序验证则从模型论的模型检测衍生而来。柯里-霍华德（Haskell Brooks Curry-William Alvin Howard）同构理论（对一个函数计算结果的断言可类比于一个逻辑定理，计算这个值的程序可类比于这个定理的证明）说明了"证明"和"程序"的等价性。柯里-霍华德同构经常被表述为"证明即程序"。

3）计算的基本逻辑操作

现代数理逻辑已经证明，当逻辑状态多于两种时，其通用模型的基本逻辑有两个：一个是从一种状态变为另一种状态（逻辑开关）；另外一个是在两种状态中，按照某种规则（如比较大小）有倾向性的选择其中一种状态（逻辑比较器）。依据这两种逻辑，可以表达任意多状态的任意逻辑关系，即任意多状态的逻辑是完备的。任何数学运算都可以用两个运算关系来联合表达：加法和比较大小（减法可以通过补码的加法来实现）。

2. 数理逻辑中的命题

数理逻辑主要研究推理过程，而推理过程必须依靠命题来表达，**命题是能够判断真假的陈述句**。命题判断只有两种结论：命题结论为真或为假，命题真值和假值通常用大写英文字母 T（True）和 F（False）表示。表达单一意义的命题称为"原子命题"，原子命题可通过"连接词"构成"复合命题"。**论述一个命题为真或为假的过程称为证明。**

【**例 5-78**】　下列陈述句都是命题。

8 小于 10。　　　　　　　　　＃命题真值为真

8 大于 10。　　　　　　　　　＃假命题也是命题，是真值为假的命题

一个自然数不是合数就是素数。　＃命题真值为假，1 不是合数和素数

明年 10 月 1 日是晴天。　　　　　♯真值目前不知道,但真值是确定的

公元 1100 年元旦下雨。　　　　　♯可能无法查明真值,但真值是确定的

【例 5-79】 下列句子不是命题。

8 大于 10 吗?　　　　　♯疑问句,非陈述性语句,不是命题

天空多漂亮!　　　　　♯感叹句,非陈述性语句,不是命题

禁止喧哗。　　　　　♯命令句,非陈述性语句,不是命题

x>10　　　　　♯x 值不确定,因此命题真值不确定

$c^2 = a^2 + b^2$　　　　　♯方程不是命题

这句话是谎言。　　　　　♯悖论不是命题

3. 逻辑连接词

1) 逻辑连接词的含义

命题演算是研究命题如何通过一些逻辑连接词,构成更复杂的命题。命题演算利用计算思维中"**抽象**"的方法,把命题看作运算对象,如同代数中的数字、字母或代数式,而把逻辑连接词看作运算符号,就像代数中的"加、减、乘、除"那样,那么由简单命题组成复合命题的过程,就可以看作逻辑运算的过程,也就是命题的演算。

数理逻辑运算也和代数运算一样,满足一定的运算规律。例如满足数学的交换律、结合律、分配律;同时也满足逻辑上的同一律、吸收律、双否定律、狄摩根定律、三段论定律等。利用这些定律可以进行逻辑推理,简化复合命题。在数理逻辑中,与其说注重的是论证本身,不如说注重的是论证的形式。

将命题用合适的符号表示称为命题符号化(形式化)。数理逻辑规定了用逻辑连接词表示命题的推理规则(如表 5-12 所示)。使用连接词可以将若干个简单句组合成复合句。

表 5-12 逻辑连接词与含义

连接词符号	说　　明	命题案例	命题读法	命题含义
¬	非(NOT)	¬P	非 P	P 的否定(逻辑取反)
∧	与(AND)	P∧Q	P 并且 Q	P 和 Q 的合取(逻辑乘)
∨	或(OR)	P∨Q	P 或者 Q	P 和 Q 的析取(逻辑加)
→	如果……则……(if-then)	P→Q	若 P 则 Q	P 蕴含 Q(单向条件)
↔	当且仅当	P↔Q	P 当且仅当 Q	P 等价 Q(双向条件)

命题的真值可以用图表来说明,这种表称为真值表,如表 5-13 所示。

表 5-13 逻辑运算真值表

命题前件	命题后件	不同逻辑命题运算的真值					
P	Q	P∧Q	P∨Q	¬P	¬Q	P→Q	P↔Q
0	0	0	0	1	1	1	1
0	1	0	1	1	0	1	0
1	0	0	1	0	1	0	0
1	1	1	1	0	0	1	1

2）连接词的优先级

连接词的优先级按"否定→合取→析取→蕴含→等价"由高到低。

同级的连接词，优先级按出现的先后次序（从左到右）排列。

如果运算要求与优先次序不一致时，可使用括号，括号中的运算优先级最高。

连接词连接的是两个命题真值之间的连接，而不是命题内容之间的连接，因此命题的真值只取决于原子命题的真值，而与它们的内容无关。

4. 逻辑连接词"蕴含"（→）的理解

1）前提与结论

日常生活中，命题的前提和结论之间必含有某种因果关系；但在数理逻辑中，允许前提和结论之间无必然因果关系，只要可以判断逻辑值的真假即可。

【例 5-80】 如果关羽叫阵，则秦琼迎战。

显然，这个命题在日常生活中是荒谬的，因为他们之间没有因果关系。但是，在数理逻辑中，设 P=关羽叫阵，Q=秦琼迎战，命题：$P \rightarrow Q$ 成立。

2）善意推定

日常生活中，当前件为假时（$P=0$），$P \rightarrow Q$ 没有实际意义，因为整个语句的意义往往无法判断，故人们只考虑 $P=1$ 的情形。但在数理逻辑中，当前件 P 为假时（$P=0$），无论后件 Q 为真或假（$Q=0$ 或 $Q=1$），$P \rightarrow Q$ 总为真命题（即 $P \rightarrow Q=1$），这有没有道理呢？

【例 5-81】 李逵对戴宗说："我去酒肆一定帮你带壶酒回来。"

可以将这句话表述为命题 $P \rightarrow Q$（P=李逵去酒肆，Q=带壶酒回来）。后来李逵因有事没有去酒肆（即 $P=0$），但是按数理逻辑规定（如表 5-12 所示），命题 $P \rightarrow Q$ 为真（即李逵带壶酒回来了），这合理吗？我们应理解为李逵讲了真话，即他要是去酒肆，我们相信他一定会带壶酒回来。这种理解在数理逻辑中称为"善意推定"，因为前件不成立时，很难区分前件与后件之间是否有因果关系，只能做善意推定。

5. 命题逻辑的演算

【例 5-82】 将下列命题用命题逻辑表示。

（1）今天会下雨或不上课。

令 P=今天下雨，Q=今天不上课，符号化命题为：$P \vee Q$。

命题演算 1：如果 $P=1$（真），$Q=0$（假）；则 $P \vee Q=1 \vee 0=1$（命题为真）。

命题演算 2：如果 $P=0$（假），$Q=0$（假）；则 $P \vee Q=0 \vee 0=0$（命题为假）。

（2）mm 既漂亮又会作。

令 P=mm 漂亮，Q=mm 会作，符号化命题为：$P \wedge Q$。

（3）骑白马的不一定是王子。

令 P=骑白马的一定是王子，符号化命题为：$\neg P$。

（4）若 $f(x)$ 是可以微分的，则 $f(x)$ 是连续的。

令 $P=f(x)$ 是可以微分的，$Q=f(x)$ 是连续的，符号化命题为：$P \rightarrow Q$。

（5）只有在老鼠灭绝时，猫才会哭老鼠。

令 P=猫哭老鼠，Q=老鼠灭绝，符号化命题为：$P \leftrightarrow Q$。

（6）铁和氧化合，但铁和氮不化合。

令 P＝铁和氧化合，Q＝铁和氮化合，符号化命题为：$P \land (\neg Q)$。

（7）如果上午不下雨，我就去看电影，否则我就在家里看书。

令 P＝不下雨看电影，Q＝在家看书，符号化命题为：$\neg P \rightarrow Q$。

（8）人不犯我，我不犯人；人若犯我，我必犯人。

令 P＝人犯我，Q＝我犯人，符号化命题为：$(\neg P \rightarrow \neg Q) \land (P \rightarrow Q)$。

5.4.3 谓词逻辑演算

1. 命题函数

命题逻辑不能充分表达计算机科学中的许多陈述，如"n 是一个素数"就不能用命题逻辑来描述。因为它的真假取决于 n 的值，当 $n=5$ 时，命题为真；当 $n=6$ 时，命题为假。

计算机程序中常见的语句如："$x>5$""$x=y+2$""计算机 x 被攻击"等，当变量值未知时，这些语句既不为真，也不为假；但是当变量为确定值时，它们就成了一个命题。

【例 5-83】 在语句 $x>5$ 中，包含了两个部分，第一部分变量 x 是语句的主语，第二部分是谓词"大于 5"。我们用 $p(x)$ 表示语句 $x>5$，其中 p 表示谓词>5，而 x 是变量。一旦将变量 x 赋值，$p(x)$ 就成了一个命题函数。例如，当 $x=0$ 时，变量有了确定的值，因此命题 $p(0)$ 为假；当 $x=8$ 时，命题 $p(8)$ 为真。

【例 5-84】 令 $G(x,y)$ 表示"x 高于 y"，而 $G(x,y)$ 是一个二元谓词（2 个变量）。如果将"张飞"代入 x，"李逵"代入 y，则 $G(张飞，李逵)$ 就是命题"张飞高于李逵"。可见在 x、y 中代入确定的个体后，$G(x,y)$ 命题函数就可以形成一个具体的命题。

2. 个体和谓词

原子命题是最简单的谓词逻辑命题，它由个体词和谓词两部分组成。在谓词公式 $P(x)$ 中，P 称为谓词，x 称为变量（或个体变元）。

（1）**个体是独立存在的物体**，它可以是抽象的，也可以是具体的。例如，人、学生、桌子、自然数等都可以作为个体，个体也可以是抽象的常量、变量、函数。在谓词演算中，个体通常在命题里表示思维对象。

（2）**表示个体之间关系的词称为谓词**。表示一个个体的性质（一元关系）称为一元谓词；表示 n 个个体之间的关系称为 n 元谓词。如"x 是素数"是一元谓词，"大于"是二元谓词；"在…之间"是三元谓词，如"x 大于 a，小于 b"就是三元谓词。

【例 5-85】 "$x=y+2$"表示了两个变量之间的关系（二元谓词），其中谓词是"$()=()+2$"。当 $x=7，y=5$ 时，命题函数 $p(x,y)$ 表示 $7=5+2$，命题 $p(7,5)$ 为真；当 $x=2，y=3$ 时，命题函数 $p(x,y)$ 表示 $2=3+2$，命题 $p(2,3)$ 为假。

3. 谓词逻辑的符号表示

在谓词逻辑的形式化中，一般使用如下符号进行表示。

（1）常量符号一般用 $a,b,c,\cdots$ 表示，它可以是集合中的某个元素。

（2）变量符号一般用 $x,y,z,\cdots$ 表示，集合中任意元素都可代入变量符号。

（3）函数符号一般用 $f,g,\cdots$ 表示，n 元函数表示为 $f(x_1,x_2,\cdots,x_n)$。

（4）谓词符号一般用 $P,Q,R,\cdots$ 表示，n 元谓词表示为 $P(x_1,x_2,\cdots,x_n)$。

4. 量词

除了个体词和谓词外，组成命题的成分还有量词。量词是命题中表示数量的词，它分为全称量词和存在量词。例如，在"所有阔叶植物是落叶植物""有的水生动物是肺呼吸的"这两个命题中，"所有""有的"都是量词，其中"所有"是全称量词，"有的"是存在量词。

在汉语中，"所有""一切""凡"等表示全称量词；"有的""有""至少有一个"等表示存在量词。全称量词一般用符号"$\forall x$"表示，读作"对任一 x"或"所有 x"。存在量词一般用符号"$\exists x$"表示，读作"有的 x"或"存在一个 x"。在一个公式前面加上量词，称为量化式，如 $(\forall x)F(x)$ 称为全称量化式，表示"对所有 x，x 就是 F"（即一切事物都是 F）；$(\exists x)F(x)$ 称为存在量化式，表示"有一个 x，x 就是 F"（即有一事物是 F）。在谓词逻辑中，命题符号化必须明确个体域，无特别说明时，默认为全总个体域，一般使用全称量词。

5. 命题公式

用量词（$\forall$、$\exists$）和命题连接词（$\wedge$、$\vee$、$\rightarrow$等）可以构造出各种复杂的命题公式。例如，"5是素数""7 大于 3"这两个原子命题的公式为：$F(x)$ 和 $G(x,y)$。例如，陈述 n 个个体间有某关系的原子命题，可用公式 $F(x_1,x_2,\cdots,x_n)$ 表示。谓词逻辑中的命题比命题逻辑更为复杂，数量也非常多，相应公式的数量是无穷的。

【例 5-86】 用谓词逻辑表示以下命题的公式。

命题"所有阔叶植物是落叶植物"的公式为 $(\forall x)(F(x) \rightarrow G(x))$。

命题"有的水生动物是肺呼吸的"的公式为 $(\exists x)(F(x) \wedge G(x))$。

命题"一切自然数有大于它的自然数"的公式为 $(\forall x)(F(x) \rightarrow (\exists y)(F(y) \wedge G(x,y)))$。

谓词公式只是一个符号串，并没有具体的意义，但是，如果给这些符号串一个解释，使它具有真值，这就变成了一个命题。

谓词演算只涉及符号、符号序列、符号序列的变换等，完全没有涉及符号和公式的意义。这种不涉及符号、公式意义的研究称为语法研究。例如，定理、可证明性等概念，都是语法概念。而对符号和公式的解释，以及公式和它的意义等，都属于语义研究的范围。例如，个体域、解释、赋值、真假、普遍有效性、可满足性等，都是语义概念。

【例 5-87】 用谓词逻辑表示：ZhangFei 是计算机专业的学生，他不喜欢编程。

定义：$\text{COMPUTER}(x)$ 表示 x 是计算机系的学生；

定义：$\text{LIKE}(x,y)$ 表示 x 喜欢 y；

谓词公式为：$\text{COMPUTER}(\text{ZhangFei}) \wedge \neg \text{LIKE}(\text{ZhangFei, Programing})$。

【例 5-88】 设机器人（robot）在教室（room），A、B 为两张桌子（table），桌子 A 上放了一个盒子（box），让机器人把盒子从 A 放到 B 上，试用谓词逻辑描述状态。

定义谓词：$\text{TABLE}(x)$ 表示 x 是桌子；$\text{EMPTY}(y)$ 表示 y 手中是空的；$\text{AT}(y,z)$ 表示 y 在 z 旁边；$\text{HOLD}(y,w)$ 表示 y 手中拿着 w；$\text{ON}(w,x)$ 表示 w 放在 x 上。其中变量的取值范围是 $x\{A,B\}$；$z\{A,B,\text{alcove}\}$；$w\{\text{box}\}$；$y=\{\text{robot}\}$。谓词逻辑描述如下：

初始状态的谓词逻辑：		目标状态的谓词逻辑：	
AT(robot, room)	♯机器人在教室里	AT(robot, room)	♯机器人在教室里
EMPTY(robot)	♯机器人手中是空的	EMPTY(robot)	♯机器人手中是空的
ON(box, A)	♯盒子放在 A	ON(box, B)	♯盒子放在 B
TABLE(A)	♯A 是桌子	TABLE(A)	♯A 是桌子
TABLE(B)	♯B 是桌子	TABLE(B)	♯B 是桌子

6．谓词逻辑的特点

1）谓词逻辑的优点

可以简单地说明和构造复杂的事物，并且分离了知识和处理知识的过程；谓词逻辑与关系数据库有密切的关系；一阶谓词逻辑具有完备的逻辑推理算法；逻辑推理可以保证知识库中新旧知识在逻辑上的一致性和所得结论的正确性；逻辑推理方法不依赖于任何具体领域，具有较大的通用性。

2）谓词逻辑的缺点

难于表示过程和启发式的知识，不能表示具有不确定性的知识；由于缺乏组织原则，使得知识库难于管理；当事实的数量增大时，在证明过程中可能产生计算的"组合爆炸"问题；内容与推理过程的分离，使内容包含的大量信息被抛弃，使得处理过程效率低。

5.4.4 逻辑运算应用

逻辑运算广泛用于计算机各个领域，如计算机硬件电路都采用逻辑器件进行设计；在程序设计中，逻辑运算得到了广泛应用；程序编译时，采用逻辑推理来分析程序语法。

1．逻辑运算在数据库查询中应的用

逻辑运算中的"与""或""非"可以用来表示日常信息中的"并且""或者""除非"等思想。例如，我们需要在数据库中查询信息时，就会要用到逻辑运算语句。

【例 5-89】 查询某企业中基本工资高于 5000 元，并且奖金高于 3000 元，或者应发工资高于 8000 元的职工。

查询语句为：基本工资＞5000.00 AND 奖金＞3000.00 OR 应发工资＞8000.00

2．逻辑运算在图形处理中的应用

逻辑运算通常用于对图形做某些操作。如图 5-46 所示，将 2 个相交的图形进行或运算时，可以将 2 个图形合并成一个图形；将 2 个相交的图形进行异或运算时，可以提取 2 个图形中的一个子图；将 2 个相交的图形进行与运算时，可以提取其中相交部分的子图；将一个图形进行非运算时，就可以得到与这个图形色彩相反（反相）的图形。

3．逻辑运算在集合中的应用

【例 5-90】 如图 5-47 所示，设集合 A 包含"全集"中所有偶数（2 的倍数），集合 B 包含"全集"中所有 3 的倍数；集合 A 与集合 B 的交集 $A \bigcap B$（在集合 A AND B 中所有的元素）

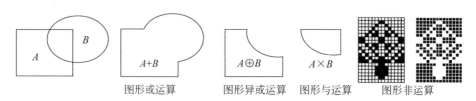

图形或运算　图形异或运算　图形与运算　图形非运算

图 5-46　逻辑运算在图形处理中的应用

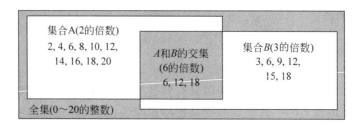

图 5-47　集合 A 和集合 B 之间的逻辑关系

将是"全集"中所有 6 的倍数。

4. 逻辑运算在加法器电路设计中的应用

计算机的基本运算包括算术运算、移位运算、逻辑运算,它们由 CPU 内部的算术逻辑运算单元(ALU)进行处理。加法运算是最基本的算术运算,因此加法器是 CPU 的核心单元。我们利用前述的逻辑门电路,设计一个能实现两个 1 位二进制数做算术加法运算的电路,这个电路称为"半加器",利用"半加器"就可以设计出"全加器"逻辑电路。

1) 半加器逻辑电路设计

在半加器中,暂时不考虑低位进位的情况。半加器有两个输入端:加数 A、被加数 B;两个输出端:和 S,进位 C。半加器逻辑电路如图 5-48 所示,它由一个"异或门"和一个"与门"组成,考察真值表中 C 与 A、B 之间的关系是"与"的关系,即 $C=A\times B$;再看 S 与 A、B 之间的关系,也可看出这是"异或"关系,即 $S=A\oplus B$。因此,可以用"与门"和"异或门"来实现真值表的要求。

【例 5-91】　在图 5-48 半加器电路中,验证两个 1 位二进制数相加结果是否正确。

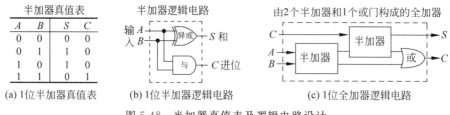

(a) 1位半加器真值表　　(b) 1位半加器逻辑电路　　(c) 1位全加器逻辑电路

图 5-48　半加器真值表及逻辑电路设计

设 $A=0$,$B=0$;$S=A\oplus B=0\oplus 0=0$;$C=A\times B=0\times 0=0$;逻辑电路正确;
设 $A=1$,$B=0$;$S=A\oplus B=1\oplus 0=1$;$C=A\times B=1\times 0=0$;逻辑电路正确;
设 $A=0$,$B=1$;$S=A\oplus B=0\oplus 1=1$;$C=A\times B=0\times 1=0$;逻辑电路正确;
设 $A=1$,$B=1$;$S=A\oplus B=1\oplus 1=0$;$C=A\times B=1\times 1=1$;逻辑电路正确。

2）全加器逻辑电路设计

全加器有多种逻辑电路形式。如图 5-48 所示，可用 2 个半加器和 1 个或门组成一个全加器，也可以利用其他逻辑电路组成全加器。逻辑电路可采用 VHDL 语言设计。

【例 5-92】 用 VHDL 语言设计 1 个一位二进制全加器逻辑电路。

```
library IEEE;                            -- 调用 IEEE 库函数(-- 为 VHDL 注释符)
use IEEE.STD_LOGIC_1164.all;             -- 调用运算程序包
entity adder is port(a, b,ci : in bit;   -- 加法器实体定义,a、b、ci 为输入接口
    sum, co : out bit);                  -- sum 为输出接口
end adder;                               -- 加法器实体定义结束

architecture all_adder of adder is       -- 加法器结构体
begin                                    -- 结构体开始
    sum <= a xor b xor ci;               -- 和 sum 逻辑关系,<= 为赋值运算,xor 为异或逻辑
    co<= ((a or b) and ci) or ( a and b);-- 进位 co 逻辑关系,or 为或逻辑,and 为与逻辑
end all_adder;                           -- 结构体结束
```

3）4 位加法器电路设计

如图 5-49 所示，如果要搭建一个 4 位加法器，只需将 4 个一位全加器连接即可。

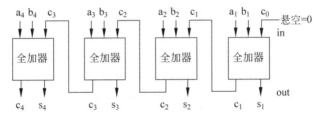

图 5-49　4 位加法器逻辑电路框图

将 n 个一位加法器串行连接在一起，可搭建一个 n 位加法器，这种加法器称为行波进位加法器，加法器输出的稳定时间为：$(2n+4)\Delta$。

可以利用 4 位加法器逻辑电路，设计出 8 位、16 位、32 位、64 位等长度的二进制整数加法器。目前 CPU 中的整数加法器为 64 位，原理与以上相同，但结构要复杂得多。

5. 谓词逻辑为数据库提供理论基础

关系代数中，可以用并运算和差运算表示插入和删除操作。在谓词逻辑中，并运算相当于连接词"或者"；差运算相当于连接词"并且"。如果设

$$R = \{(x_1,x_2,\cdots,x_n) \mid P(x_1,x_2,\cdots,x_n)\}$$
$$S = \{(x_1,x_2,\cdots,x_n) \mid Q(x_1,x_2,\cdots,x_n)\}$$

则有如表 5-14 所示关系。

表 5-14　对应关系

基本操作	关系代数	逻辑公式
插入	$R \cup S$	$\{(x_1,x_2,\cdots,x_n) \mid P(x_1,x_2,\cdots,x_n) \vee Q(x_1,x_2,\cdots,x_n)\}$
删除	$R-S$	$\{(x_1,x_2,\cdots,x_n) \mid P(x_1,x_2,\cdots,x_n) \wedge \neg Q(x_1,x_2,\cdots,x_n)\}$

修改由删除和插入两个操作组合而成，因此删除、插入既然可由谓词描述，修改也就可以由谓词描述。同样，投影、选择、笛卡儿乘积都可以用谓词公式表示。

这样，我们把关系数据库中的数据子语言变成数理逻辑中的谓词公式，因而可以用谓词公式研究数据子语言，也可用谓词公式对数据子语言进行优化。由于关系代数、谓词逻辑、数据库三者之间建立了联系，使得关系数据库具有了坚实的理论基础。

习题 5

5-1　计算机对同一类型的数据采用相同的数据长度进行存储，如 1 和 12345678 都采用 4 字节存储；为什么不对 1 采用 1 个字节存储，12345678 采用 4 字节存储？

5-2　学生成绩评定等级有：优秀、良好、中等、及格、不及格，需要几位二进制数表示？

5-3　为什么说四则运算理论上都可以转换为补码的加法运算？

5-4　为什么中文 Windows 系统内部采用 UTF-16（UCS-2）编码，而不使用 ASCII 码？

5-5　音频信号采样频率为 8kHz，样本用 256 级表示，采样率多大时不会丢失数据？

5-6　简要说明有损压缩的算法思想。

5-7　视频图像帧之间的预测编码有哪些方法？

5-8　为什么 WinRAR 软件在压缩文本时压缩比很小，而在压缩图像文件时压缩比很高？

5-9　请对中式英语 no zuo no die（不作死就不会死）进行 LZW 算法编码。

5-10　一个英文字符需要 7 位 ASCII 码，LZW 算法采用 12 位编码后会使压缩文件更大吗？如果一个文本中有 10 个 the 字符，采用 LZW 算法时，the 字符的压缩比是多少？

第6章 硬件结构和操作系统

计算机是一个复杂的系统,如果按照层次模型分析,事情要简单得多。本章主要从"模型、层次、抽象、结构"等计算思维概念,讨论计算机硬件结构和操作系统结构。

6.1 计算机系统结构

6.1.1 冯·诺依曼结构

1. 冯·诺伊曼计算机设计原则和结构模型

1945 年,冯·诺依曼在"101 报告"中提出了现代计算机的一些设计原则。一是用二进制代替十进制,进一步提高计算机运算速度;二是"存储程序",即计算机指令编码后,存储在计算机存储器中;三是"计算机结构"包括五大部件,它们是:输入、输出、存储器、控制器、运算器。目前使用的计算机,不论机型大小都属于冯·诺依曼结构计算机。由于冯·诺依曼在 101 报告中并没有用图形表示计算机的系统结构,因此导致了目前教科书中存在各种各样的冯·诺依曼计算机结构图,教材中常见的冯·诺伊曼计算机结构如图 6-1 所示。

2. 存储程序思想的重要性

1) 存储程序的思想

冯·诺依曼计算机结构的最大特点是"共享数据,串行执行"。冯·诺依曼指出:预先编制好程序,指令用二进制机器码表示,并且将指令存放在存储器中,然后由计算机按照事前制定的计算顺序来执行数值计算工作。这就是著名的"存储程序"原理,存储程序意味着计算机运行时能自动地、连续地从存储器中依次取出指令并执行。这大大提高了计算机运行效率,减少了硬件连接故障。

2) 程序和数据的统一

早期计算机设计中,人们认为程序与数据是两种完全不同的实体。因此,将程序与数据分离,数据存放在存储器中,程序则作为控制器的一部分,采用穿孔纸带、外部开关、外接线路等方式编程。冯·诺依曼将程序与数据同等看待,程序像数据一样进行编码,然后与数据一起存放在存储器中。从对程序和数据的严格区分到同等看待,这个观念的转变是计算机发展史上的一场革命。计算机可以通过调用存储器中的程序,对数据进行操作。

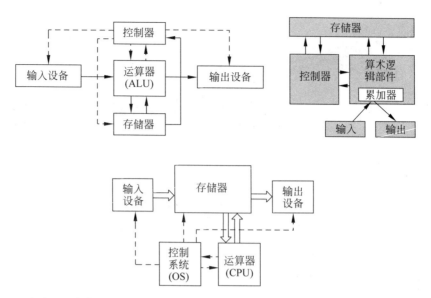

图 6-1　上左：国内教材冯结构模型　上右：国外教材冯结构模型　下：本教材冯结构模型

3) 程序控制计算机

早期的编程体现为对计算机一系列开关进行开/闭设置,对电气线路进行接线配置,以及安装穿孔纸带。计算机每执行一个程序,都要对这些开关和线路进行设置。例如在ENIAC 计算机中,编制一个解决小规模问题的程序,就要在 40 多块几英尺长的电路板上,插上几千个导线插头。这样不仅计算效率低,且灵活性非常差。

存储程序的设计思想实现了计算的自动化。程序指令和数据可以预先设置在打孔卡片或纸带上,然后由输入装置一起存入计算机存储器中,再也不用手动设置开关和线缆了。存储程序的设计思想导致了由程序控制计算机的设计方案。

4) 程序员职业的独立

早期的编程只是计算任务的附属工作,更像是一些烦琐的手工劳动,编程通常被认为是对机器进行"设置"或"编码",这些工作大多由女操作员们进行。当时吸引人的是硬件,它被认为是真正的科学和工程。存储程序的设计思想导致了硬件与软件的分离,即硬件设计与程序设计分开进行,这种专业分工直接催生了程序员这个职业。20 世纪 40 年代,大批女性参加了计算机编程工作。例如,冯·诺依曼的妻子克拉拉·冯诺依曼曾经担任首批程序员,协助冯·诺依曼完成蒙特卡洛算法的编码。当时,葛丽丝·霍普是软件方面的领军人物。

3. 冯·诺伊曼计算机结构的进化

1) 早期计算机的局限性

早期计算机由控制器和程序共同对计算机进行控制。受限于存储单元太小,如冯·诺依曼当时主持设计的 EDVAC 计算机内存只能存储 1000 个 44 位的字(36KB 左右),程序的功能也不强大,更谈不上操作系统的出现,因此控制器是整个计算机的控制核心。

2) 进化的冯·诺依曼计算机结构

冯·诺依曼非常重视计算机的"逻辑控制"研究,他曾预言：在将来,科学将更关注控制、程序、信息过程、信息、组织和系统。目前的计算机仍然遵循了冯·诺依曼"五大结构"和"程序存储"的设计思想,但是随着技术的进步,计算机结构有了一些进化。例如,连接线路变成了总线,运算器变成了CPU,其中最重要的改变是"控制器"部件的变化。随着技术的进步,存储单元容量越来越大,运算器性能不断提高,计算机变得越来越复杂,这导致了操作系统的诞生。这时,利用硬件控制器对计算机系统进行控制,就产生了结构复杂、灵活性不够、系统成本高等问题。因此,目前计算机系统设计中,控制器的功能由操作系统来实现(或称为控制系统),也就是由程序控制计算机系统。如处理器、内存、设备、文件等,都由操作系统进行统一控制。目前CPU内部并没有一个功能独立的控制单元(见图6-29),充其量只是一些控制电路,功能仅限于对CPU运算过程进行控制,并不对(也无法对)内存、I/O设备等模块进行控制。进化的冯·诺依曼结构大大增强了计算机的灵活性和通用性,同时降低了系统复杂性和成本。程序控制计算机实现了巴贝奇、图灵的设计思想,也是冯·诺依曼存储程序设计思想的必然结果。进化的冯·诺依曼计算机结构如图6-2所示。

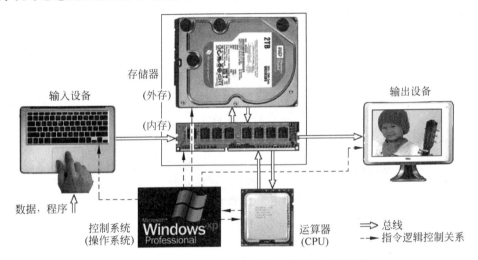

图 6-2　进化的冯·诺伊曼计算机结构模型示意图

注意:图中的指令(虚线)只是表示逻辑控制关系,实际指令通过总线进行传输。

6.1.2　计算机集群结构

1. 计算机集群系统的发展

1994 年,托马斯·斯特林(Thomas Sterling)等人,利用以太网和RS-232通信网构建了第一个拥有 16 个 Intel 486 DX4 处理器的贝奥武夫(Beowulf)集群系统,这种利用普通计算机组成一台超级计算机的设计方案,比重新设计一台超级计算机便宜很多。根据 2014 年统计数据,世界 500 强计算机中,有 85.4% 的超级计算机采用集群结构,14.6% 的超级计算机采用MPP(大规模并行处理)结构,集群是目前超级计算机的主流体系结构。

计算机集群采用了以空间换时间的计算思维。集群系统是将多台计算机(如 PC 服务器),通过集群软件(如 Rose HA)和局域网(如千兆以太网),将不同的设备(如磁盘阵列、光纤交换机)连接在一起,组成一个超级计算机群,协同完成并行计算任务。集群系统中的单台计算机称为**计算节点**,这些计算节点通过网络相互连接。

将大型集群计算机放置在一个专门的房间或建筑中,称为**数据中心**,数据中心的规模差异很大,从几台机器到十几万台。例如,Google 公司最大的数据中心据说超过了 100 万台机器,需要 2GW 的电力供应。数据中心的出现,使得**云计算**成为一个热点。

2. 计算机集群系统的组成

(1) 集群硬件系统主要由计算处理系统、互连通信系统、输入/输出系统、监控诊断系统与基础结构系统组成。集群硬件设备有服务器、交换机、磁盘阵列等,它们通过网络连接在一起。例如,天河二号集群系统由 170 个机柜组成,包括 125 个计算机柜、8 个服务机柜、13 个通信机柜和 24 个存储机柜。共有 16 000 个运算节点,累计 312 万个计算核心。内存总容量 1.4PB,外存总容量 12.4PB(磁盘冗余阵列),最大运行功耗 17.8MW。

(2) 集群运行软件分为系统软件、基础软件和应用软件。系统软件包括操作系统(97%的超级计算机采用 64 位 Linux)、集群管理系统(如 Rose HA、Heartbeat)等。基础软件包括并行环境(如 Hadoop、MPICH2)、数学函数库(如 Intel MKL)、编译系统(如 ICC)等。应用软件如用于量子力学的 Quantum ESPRESSO 等、用于分子动力学的 ESPResSOmd 等、用于计算流体力学的 ANSYS Fluent 等、用于模拟安全碰撞的 LS-DYNA 等。

(3) 互连通信系统一般采用高性能路由芯片和高速网络接口芯片,实现光电混合的高性能路由网络。例如,"天河 2"集群系统采用 TH Express-2 内部网络互联,有 13 个交换机,每个交换机有 576 个端口。网络带宽达到了 50Gb/s,信号延迟小于 85μs。

3. 计算机集群系统的类型

集群系统有高性能计算集群、高可用集群和负载均衡集群三种类型。三种类型经常会混合设计,如高可用集群可以在节点之间均衡用户负载,同时维持高可用性。

1) 高性能计算集群

高性能计算集群(HPC)致力于开发超级计算机,研究并行算法和开发相关软件。HPC集群主要用于大规模数值计算,如科学计算、天气预报、石油勘探、生物计算等。在 HPC 集群中,运行专门开发的并行计算程序,它可以把一个问题的计算数据分配到集群中多台计算机中,利用所有计算机的共同资源来完成计算任务,从而解决单机不能胜任的工作。

2) 高可用集群

高可用集群(HA)主要用于不可间断的服务环境。HA 集群具有容错和备份机制,在主计算节点失效后,备份计算节点能够立即接管相关资源,继续提供相应服务。HA 集群主要用于网络服务(如 Web 服务等)、数据库系统(如 Oracle 等)以及关键业务系统(如银行业务等)。HA 集群不仅保护业务数据,而且保证对用户提供不间断地服务。当发生软件、硬件或人为系统故障时,将故障影响降低到最低程度。对业务数据的保护一般通过磁盘冗余阵列(RAID)或存储网络(SAN)来实现,因此,在大部分集群系统中,往往将 HA 集群与存储网络设计在一起。

3) 负载均衡集群

负载均衡集群(LBC)主要用于高负载业务,它由多个计算节点提供可伸缩的、高负载的服务器群组,以保证服务的均衡响应。负载均衡集群能够使业务(如用户请求)尽可能平均地分摊到集群中不同计算机进行处理,充分利用集群的处理能力,提高对任务的处理效率。负载均衡集群非常适合运行同一组应用程序(如 Web 服务)的大量用户,集群中每个节点处理一部分负载,并且可以在节点之间动态地分配负载,以实现计算的负载平衡。

4. 高性能大型集群系统结构

高性能集群的典型应用如 Google 公司数据中心。Google 所有服务器均为自己设计制造,服务器高度为 2U(1U=4.45cm)。如图 6-3 所示,每台服务器主板有 2 个 CPU、2 个硬盘、8 个内存插槽,服务器采用 AMD 和英特尔 x86 处理器(4 内核)。

Google 数据中心以集装箱为单位,一个集装箱中有多个机架。每个机架可安装 80 台服务器,每个机架通过 2 条 1000Mb/s 以太网链路连接到 2 台 1000Mb/s 以太网交换机,一个集装箱可以容纳 15 个机架,每个集装箱大致可以安装 1160 台服务器,每个数据中心有众多集装箱。如 Google 俄勒冈州 Dalles 数据中心有 3 个超大机房,每个机房有 45 个集装箱数据中心,可以存放大约 15 万台服务器。

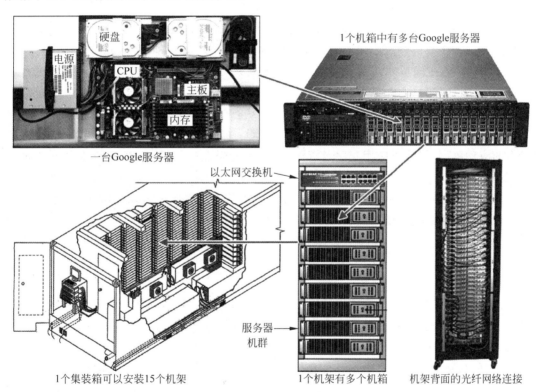

图 6-3 Google 集装箱式计算机集群系统示意图

5. 高可用双机热备集群系统结构

1) 双机热备系统结构

双机热备是典型的高可用集群系统,系统包含主服务器(主机)、备份服务器(备机)、共享磁盘阵列等设备,以及设备之间的心跳连接线。在实际设计中,主机和备机有各自的 IP 地址,通过集群软件进行控制。典型的双机热备系统结构如图 6-4 所示。

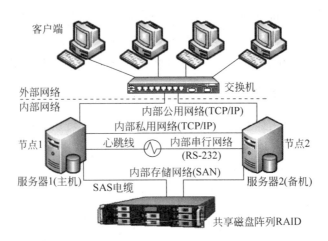

图 6-4　双机热备高可用集群系统典型结构

2) 双机热备工作原理

"心跳"信号是集群服务器之间发送的数据包,它表示"我还活着"。如图 6-4 所示,在双机热备系统中,**核心部分是心跳监测网络和集群资源管理模块**。心跳监测一般由串行接口COM(RS-232)通过串口线实现。两台(或多台)服务器在运行过程中,两个节点之间通过串行网络相互发送信息(心跳信号),告诉对方自己当前的运行状态。心跳信号包括系统软件和硬件的运行状态,网络通信和应用程序的运行状态等。如果备机在指定时间内未收到主机发来的信号,就认为主机运行不正常(主机故障)。备机立即在自己机器上启动主机(故障机)上的应用程序,将主机应用程序及资源(IP 地址和磁盘空间等)接管过来,使主机上的应用在备机上继续运行。应用程序和资源的接管由软件自动完成,无须人工干预。当两台主机正常工作时,也可以根据需要,将其中一台主机上的应用程序人为地切换到另一台备机上运行(但这将影响热备功能)。

6. 计算机集群系统的关键技术

1) 存储网络

计算机集群使用的数据存储系统要求能高效地工作。因此,数据存储系统采用大量磁盘阵列(RAID),通过高速光纤通道互连,组建一个内部存储网络。

2) 高速通信网络

网络的带宽和通信质量决定了信息传递的延迟,当大量文件通过内部网络读取时,网络可能会成为集群性能的瓶颈。世界 500 强计算机大多采用高速率 InfinBand 网络(大约占44.4%)或 1000Mb/s 以太网(大约占 25.4%)作为内部数据传输网络。

3) 集群调度和容错

集群中一台服务器宕机后,负载均衡器(如 Apache 中的 mod_proxy_balancer 模块)会将负载分配到其他服务器分担,新增加的负载可能会使一些服务器更容易崩溃,连锁反应会迅速拖垮整个服务器集群。因此,集群系统必须及时了解全局的运行情况,并采取相应措施。采取什么策略进行控制和反馈(如丢弃一些负载),在很大程度上会影响任务完成的速度和质量。在分布式系统中,各种意外事故随时可能发生,集群系统必须针对事故进行预处理(如将同一个任务复制多份,交给不同机器处理,接受最先完成的)和错误处理。

6.1.3　集群分布式计算 Hadoop

1.分布式计算的基本特征

分布式计算是利用网络把成千上万台计算机连接起来,组成一台虚拟的超级计算机,把一个需要巨大计算能力才能解决的问题分成许多小的计算任务,把这些计算任务分配给许多计算机进行并行处理,最后把这些计算结果综合起来得到最终的计算结果。

目前最流行的分布式计算系统是:基于计算机集群的 Hadoop 分布式计算平台和基于网格计算的 BOINC(伯克利开放式网络计算平台)。它们都可以实现高速分布式计算,但是实现技术完全不同。Hadoop 主要利用大型数据中心的计算机集群实现计算,而 BOINC 则利用互联网中普通用户的计算机实现计算;Hadoop 的数据传输主要利用高速局域网,而BOINC 的数据传输则利用互联网。

2.Hadoop 基本特征

Hadoop(读[哈杜普],一个玩具大象的虚构名字)是一个分布式系统计算框架,早期由谷歌公司开发,目前移交到 Apache 基金会管理。Hadoop 的核心设计是 HDFS(海杜普分布式文件系统)和 MapReduce(映射/聚合)分布式计算框架。HDFS 为海量数据提供了分布式文件管理系统,而 MapReduce 为海量数据提供了分布式计算方法。

3.Hadoop 的优点

在 Hadoop 平台下可以编写处理海量数据(PB 级)的应用程序,程序运行在由数万台机器组成的大型计算机集群系统上。Hadoop 以一种可靠、高效、可伸缩的方式进行处理。Hadoop 可靠是因为它假设计算单元和数据存储都会失败,因此它维护多个数据副本,并且自动将失败的任务重新进行分配。Hadoop 高效是因为它以并行方式工作,它能够在计算节点之间动态地分配数据,并保证各个计算节点的动态平衡。此外,Hadoop 是开源平台,因此它的开发成本低。Hadoop 带有用 Java 语言编写的程序框架,运行在 Linux 平台上非常理想。Hadoop 应用程序也可以用其他语言编写,如 C++、PHP、Python 等。

4.Hadoop 的基本结构

Hadoop 分布式计算平台基本结构如图 6-5 所示。

(1) MapReduce(映射/聚合)是分布式计算框架,以下详细讨论。

(2) HDFS 是一个分布式文件系统,具有创建、删除、移动或重命名文件等功能。HDFS的功能是管理名称节点(NameNode)和数据节点(DataNode)。名称节点为 HDFS 提供元数据服务,并且控制所有文件操作;数据节点为 HDFS 提供存储块,存储在 HDFS 中的文件被分成多个块,然后将这些块复制到多个数据节点中进行处理。块大小(通常为 64MB)和数量在创建文件时由客户端决定。HDFS 内部所有通信都基于 TCP/IP 协议。

(3) Hive 类似 SQL 语言,用于访问 HBase 数据库,具有数据查询和数据分析功能。

(4) HBase 是一个分布式 NoSQL(非结构化查询语言)数据库。

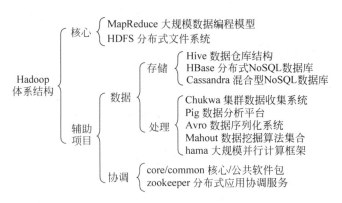

图 6-5　Hadoop 计算平台基本结构示意图

(5) Cassandra(卡桑德拉)是一种混合型的 NoSQL 数据库。

(6) Chukwa 主要用于监控大型计算机集群系统的数据收集。

(7) Pig 是数据流编程语言,它的主要功能是对 HBase 中的数据进行操作。

(8) Avro 是数据序列化格式与传输工具,它将逐步取代原有的进程通信机制。

(9) Mahout 是集群数据挖掘算法的集合,如分类、聚类、关联、回归、降维等。

(10) hama 是一种大规模并行计算框架,主要用于矩阵、图论、排序等计算。

(11) core/common(核心/公共软件包)为其他子项目开发提供支持。

(12) Zookeeper 用于分布式服务,功能包括配置维护、名称服务、分布式同步等。

5. MapReduce 工作原理

MapReduce 的设计思想是:将各种实际问题的解决过程抽象成 Map(映射)和 Reduce(聚合)两个过程,程序员在解决问题时只要分析什么是 Map 过程,什么是 Reduce 过程,它们的 key/value(键/值)分别是什么,而不用去关心底层复杂的操作。Hadoop 工作流程如图 6-6 所示。MapReduce 工作流程是:客户端作业提交(输入)→Map 任务分配和执行(映射)→Reduce 任务分配和执行(聚合)→作业完成(输出)。

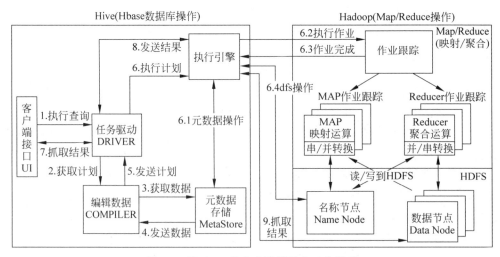

图 6-6　Hadoop 分布式计算平台工作流程

（1）作业提交。作业在提交之前，应当将所有需要在 Hadoop 运算中用到的资源和环境都配置好，因为作业一旦提交到服务器，就进入了完全自动化的流程，用户除了观望，最多只能起到监督作用。用户要做的工作是写好 Map 和 Reduce 执行程序代码。

（2）Map 任务分配。客户端将作业提交到服务器后，服务器会先把用户输入的文件切分为 M 块（M 默认值为 64MB），每个块有多个副本存储在不同机器上（副本默认值为 3）。系统生成若干个 Map 任务，然后将用户进程拷贝到计算机集群内的机器上运行。

（3）Map 任务执行。系统内的名称节点（Name Node）是主节点，它负责文件元数据（如文件属性、副本数等）的操作和客户端对文件的访问。文件内容的数据由数据节点（Data Nodes）负责处理，如文件内容的读写请求、数据块的存储以及数据校验等。数据节点启动后，周期性地（1 小时）向名称节点上报所有数据块的信息。心跳信号每 3 秒钟一次，如果名称节点超过 10 分钟没有收到某个数据节点的心跳信号，则认为该数据节点不可用，名称节点重新将数据块分配到另外一个数据节点处理。

（4）Reduce 任务分配与执行。Reduce 任务的分配较简单，如果 Map 任务完成了，空闲的 Reduce 服务器就会分配一个任务。只要有一个 Map 任务完成，则 Reduce 就开始拷贝其输出。一个 Reduce 有多个备份线程，Reduce 会对 Map 的输出进行归并排序处理。

（5）作业完成。所有 Reduce 任务都完成后，作业正式完成。

6. 利用 Hadoop 进行词频统计

【例 6-1】 利用 Hadoop 统计一个文件中某些单词出现的次数（热词排行）。

步骤 1：使用 MapReduce 前需要进行以下工作：一是下载和安装 Java 开发包 Java JDK；二是下载和安装 Hadoop；三是准备数据文件；四是在 Hadoop 下运行 MapReduce。

步骤 2：该作业接收一个输入目录（数据文件）、一个 mapper 函数（代码略）和一个 reducer 函数（代码略）作为输入。我们使用 mapper 函数并行处理数据，它的主要功能是收集单词和统计单词出现的次数。mapper 通过一个基于"键-值"（Key-Value）的模型将计算结果发送给 reducer。图 6-7 描述了 MapReduce 作业的执行过程。

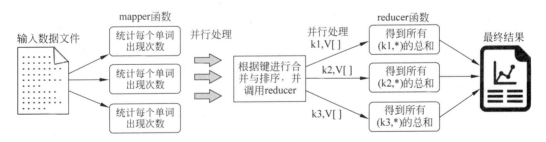

图 6-7 MapReduce 作业的执行过程

步骤 3：Hadoop 从数据文件中逐行读取数据。接下来 Hadoop 对数据文件的每一行调用一次 mapper。随后每个 mapper 会解析该行，并将接收到的每一行中的单词提取出来作为输入。处理完毕后，mapper 会将单词和单词出现数（"名-值对"）发送给 reducer。

步骤 4：Hadoop 会收集 mapper 发送的所有"名-值对"，然后根据键（Key）进行排序。这里键是单词，值（Value）是单词出现的次数。接下来 Hadoop 针对每个键调用一次

reducer,并将相同键的所有值作为参数传递进去。reducer 会计算这些值的总和,并根据键再次将结果发送出去。Hadoop 会收集所有 reducer 的结果,并将它们写入到输出文件中。

6.1.4　网格分布式计算 BOINC

1. BOINC 分布式计算平台的发展

BOINC(伯克利开放式网络计算平台)是目前世界最大的分布式计算平台之一,它由美国加州大学柏克利分校 2003 年开始研发。开放有多层含义,一是 BOINC 客户端软件的源代码是开放的;二是参与计算的计算机是开放的,世界各地的人们可以自由参加或退出;三是参与计算的科研项目是开放的,计算结果必须向全球免费公开。

据 BOINC 网站统计,截至 2017 年,全世界约有 410 万用户,1532 万台活跃主机,提供约 163PetaFLO/s(千万亿次浮点运算/秒)的计算能力。

2. BOINC 工作原理

BOINC 由客户端软件和项目服务器两大部分组成。安装了 BOINC 客户端软件的计算机在闲置时,会使用计算机的 CPU 或 GPU 进行运算。即使计算机正在使用,BOINC 也会利用空闲的 CPU 周期进行计算。如果志愿者的计算机装有 NVIDIA 或 ATI 显卡,BOINC 将会利用显卡中的 GPU 进行计算,计算速度将比单纯使用 CPU 提高 2~10 倍。

BOINC 客户端程序提供了数据管理功能。志愿者参与 BOINC 项目后,BOINC 客户端程序会与 BOINC 项目服务器自动进行连接,服务器会向志愿者计算机(客户端)提供计算任务单元(Workunit),然后客户端对任务单元做运算,运算完成后,BOINC 客户端程序将计算结果上传至 BOINC 项目服务器。

BOINC 项目服务器负责协调志愿者计算机的工作,包括发送任务单元、接收计算结果、核对计算结果等。由于个别计算机可能会在运算过程出现错误,所以 BOINC 服务器一般会把同一任务单元传送至多个志愿者,并比较各个志愿者的计算结果。

3. BOINC 服务器的任务分配

客户端通过互联网周期性的发送请求信息到 BOINC 服务器。客户端的请求信息中包括了对主机和当前工作的描述,提交最近完成的任务并请求新的任务。BOINC 服务器的回复信息中包含了一组新的任务。这些工作由软件自动完成,无须用户干预。

如图 6-8 所示,BOINC 服务器的数据库中可能包含数以百万计的计算任务,服务器可能每秒需要处理几十或几百个客户端的调度请求。对于客户端的计算任务请求,理想情况下 BOINC 服务器要扫描整个计算任务列表,并根据标准发送针对该客户端“最佳”的任务。然而这在现实中是不可行的,因为数据库的开销将高得惊人。

如图 6-8 所示,在 BOINC 服务器共享内存区,维持大约 1000 个任务的缓冲区。通过“供给器”程序从数据库中提取任务,并对缓冲区的任务进行周期性的补充。在某一时间内,可能有数十或数百个任务请求,每个任务请求在缓冲区扫描所有任务,并确定一个最佳任务。这种设计有很高的性能,服务器能在每秒发送数百个计算任务。

任务选择策略是:从一个随机点开始,对任务缓冲区进行扫描,针对每个任务做可行性

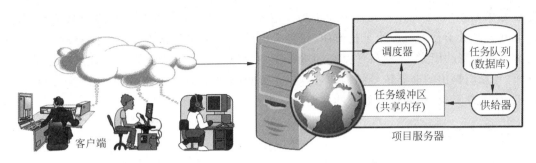

图 6-8 BOINC 系统结构示意图

检查。这个过程并不需要访问数据库。例如,检查客户端是否有足够的内存与硬盘空间,客户端是否能在限期内完成这个计算任务。如果某个任务通过了这些检查,那么锁定它,然后对需要访问的数据库进行检查。然后选择计算任务,以满足志愿者主机的工作请求。

在客户端程序中,任务大小可以任意设置。那么项目服务器如何设置任务大小呢?如果任务设置太大,缓慢的客户端将无法在规定期限内完成任务;如果任务太小,服务器可能会被众多小任务反复调度而超出负荷。理想情况是,服务器在调度请求中选择一个特定的时间间隔 T(如 1 天),然后向每个志愿者计算机发送一个任务,并且计算机能在 T 时间内完成。实现这一目标的要求是,BOINC 调度器必须能够生成适当大小的计算任务。

4. 客户端计算能力和计算错误处理

志愿者返回的计算结果并非总是正确的,主要原因有:志愿者计算机发生故障,少数恶意志愿者试图破坏项目,少数志愿者为了获得积分而不进行实际运算。鉴于这些原因,服务器必须对计算结果进行验证。BOINC 支持多种验证技术,最基本的验证是冗余计算。即服务器会把计算任务发送给两台不同的客户端,如果两者运算结果一致,计算结果就被认为是正确的。否则服务器会进一步发送计算任务到其他客户端,以期获得一致的计算结果。

BOINC 客户端软件会定期(1 周左右)在志愿者计算机上运行基准测试程序,对志愿者计算机的整数及浮点运算能力做出一个评估。另外,客户端软件在完成计算任务后,也会记录下完成该任务所耗费的 CPU 时间。然后依据基准测试的结果和计算任务所用的时间,算出客户端的积分,并在向服务器上报计算结果的同时,提交客户端的积分申请。

不同计算机有不同的错误率,大多数计算机错误率接近于 0。虽然冗余校验计算是必要的,但它会降低分布式计算的效率。BOINC 提供自适应冗余校验计算,服务器调度程序对每个客户端维持一个动态的错误率 $E(H)$ 评估。如果客户端错误率 $E(H)$ 大于恒值 K,那么对这台客户端的所有任务都需要进行冗余计算;如果 $E(H) < K$,那么对任务做随机的冗余计算;当 $E(H)$ 接近 0 时,冗余计算也趋于 0。$E(H)$ 的初始值将会充分大,因此新客户端在获得无须冗余计算的资格之前,必须正确地完成一定数量的计算任务。这项策略并不能排除计算结果错误的可能性,但可以使错误降低到一个可接受的水平。

6.1.5 新型计算机研究

20 世纪 70 年代,人们发现能耗会导致计算机中的芯片发热,这极大地影响了芯片集成度,从而限制了计算机运行速度。目前集成电路内部制程线宽达到了 12nm(最小的氢原子直径为 0.1nm)。当晶体管元件尺寸小到一定程度时,单个电子将会从线路中逃逸出来,这种单电子的量子行为将产生干扰作用,使集成电路芯片无法正常工作。这些物理学及经济成本方面的制约因素,激励科学家必须进行新型计算机的研究和开发。在计算机体系结构方面,专家们提出的非诺依曼结构的计算机主要有哈佛结构计算机、数据流计算机、并行计算机、量子计算机、面向信息处理的智能计算机等。

1. 量子计算机

量子计算机同样由存储元件和逻辑门元件构成。在现有计算机中,每个存储单元(Cell)只能存储一位二进制数据,非 0 即 1。在量子计算机中,数据采用量子位存储。由于量子的叠加效应,一个量子位可以同时存储 0 和 1。所以,一个量子位可以存储两位二进制数据,就是说同样数量的存储单元,量子计算机的存储量比半导体计算机大。量子计算机的优点一是能够实现并行计算,加快解题速度;二是大大提高了存储容量;三是可以对任意物理系统进行高效率模拟仿真;四是量子计算机的发热量极小。

2007 年,加拿大 D-Wave System 公司宣布研制成功了世界上第一台 16qubits(量子位)的量子计算机样机,如图 6-9 所示。2013 年,D-Wave2 计算机达到了 512 量子位,在计算某些特定任务的运算速度上,比目前 Intel 最快的芯片还要快 1.1 万倍。

图 6-9　左:D-Wave 量子计算机　中:量子处理器　右:量子纠缠原理示意图

量子计算机也存在一些问题,一是对微观量子态的操作非常困难,需要在超低温环境下进行;二是量子计算的本质是利用了量子纠缠的性质,但是在实际系统中,受到环境的影响,量子的纠缠状态只能维持几十毫秒;三是量子编码纠错复杂,效率不高。迄今为止,世界上还没有真正意义上的通用量子计算机(D-Wave 为专用量子计算机)。

2. 超导计算机

超导是指导体在接近绝对零度(-273.15℃)时,电流在某些介质中传输时所受阻力为 0 的现象。1962 年,英国物理学家约瑟夫逊(Thomson Joseph John,1856—1940)提出了"超导隧道效应",即由超导体-绝缘体-超导体组成的器件(约瑟夫逊元件),当对两端施加电压时,电子会像通过隧道一样无阻挡地从绝缘介质中穿过,形成微小电流,而该器件两端电压为 0。利用约瑟夫逊器件制造的计算机称为超导计算机,这种计算机耗电仅为用半导体器件耗电的几千分之一,它执行一个指令只需几个皮秒(ps),比目前半导体元件快 10 倍。

超导现象只有在超低温状态下才能发生,在常温下获得超导效果还有许多困难。

3. 光子计算机

光子计算机是以光子代替电子,光互连代替铜导线互连。和电子相比,光子具备电子所不具备的频率和偏振,从而使它负载信息的能力得以扩大。光通信(如光纤)和光存储(如DVD-ROM)技术目前已经十分成功,应用广泛。

2017年,中国科学技术大学潘建伟教授及科研组研制成功了光量子计算机。光子计算机的优点是光子不需要导线,即使在光线相交的情况下,它们之间也不会相互影响。光子计算机只需要很小的能量就能驱动,大大减少了芯片产生的热量。光子计算机的并行处理能力强,具有超高速运算速度。目前超高速计算机只能在常温下工作,而光子计算机在高温下也可工作。光子计算机信息存储量大,抗干扰能力强。光子计算机具有与人脑相似的容错性,当系统中某一元件损坏或出错时,并不影响最终的计算结果。

光子计算机也面临一些困难。一是随着无导线计算机性能的提高,要求有更强的光源;二是要求光线严格对准,光元件的装配精度必须达到纳米级;三是必须研制具有完备功能的光子基础元件开关。

4. 生物计算机

生物计算机的运算过程是蛋白质分子与周围物理化学介质的相互作用过程。计算机的转换开关由酶来充当,生物计算机的信息存储量大,能够模拟人脑思维。

利用蛋白质技术生产的生物芯片,信息以波的形式沿着蛋白质分子链中单键、双键结构顺序的改变,从而传递了信息。蛋白质分子比硅晶片上的电子元件要小得多,生物计算机完成一项运算,所需的时间仅为10ps。由于生物芯片的原材料是蛋白质分子,所以生物计算机有自我修复的功能。

蛋白质作为工程材料存在一些缺点,一是蛋白质受环境干扰大,在干燥环境下会不工作,在冷冻时又会凝固,加热时会使机器不能工作或者不稳定;二是高能射线会打断化学键,从而分解分子机器;三是DNA(脱氧核糖核酸)分子容易丢失和不易操作。

6.2　计算机工作原理

计算机工作原理是:将现实世界中的各种信息,转换成为二进制代码(信息编码);保存在计算机存储器(数据存储)中;在程序控制下由运算器对数据进行处理(数据计算);在数据存储和计算过程中,需要将数据从一个部件传输到另一个部件(数据传输);数据处理完成后,再将数据转换成为人类能够理解的信息形式(数据解码);在以上工作过程中,信息如何编码和解码,数据存储在什么位置,数据如何进行计算等,都由计算机能够识别的机器命令(指令系统)控制和管理。由以上讨论可以看出,计算机本质上是一台由程序控制的二进制符号处理机器。**计算机硬件设备最基本的操作是计算、存储和传输。**

6.2.1　层次模型

计算机系统设计专家阿姆达尔指出:**计算机体系结构是程序员所看到的计算机的属**

性。程序员关心的属性有数据表示、数据存储、数据传输、数据运算、指令集等。计算机的"体系"由指令集进行规定,计算机的"结构"则是实现指令集的硬件电路。最佳的计算机体系结构是:以最好的兼容性,最佳的性能,最低的成本实现程序员需求的计算机属性。

如图 6-10 所示,计算机体系结构模型大致可以分为 6 层,最高层是应用软件,最底层是数字逻辑层,指令系统是软件与硬件之间的分界层。

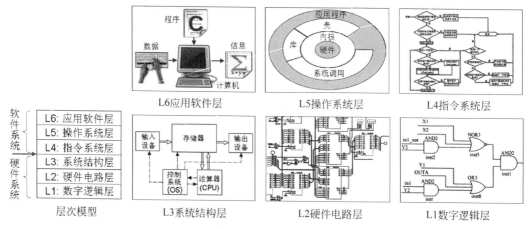

图 6-10　计算机结构层次模型和各层的表示方法

计算机体系结构层次模型有以下优点:一是每个层次的复杂性降低了,便于计算机人员的理解和设计;二是不同层看到的计算机具有不同属性,这些属性就是软件和硬件工程师要实现的功能;三是层次越高,抽象程度越高;层次越低,细节越具体。

计算机体系结构中,不同层次有不同的抽象模型。例如,不同体系的计算机(如 PC 与苹果机),从操作系统层次看,它们具有不同的属性。但是在应用程序层次,即使是不同体系结构的计算机,高级语言程序员认为它们之间没有什么差别,具有相同的属性。这种本来存在的事物或属性,但从某个层次看好像不存在的概念称为透明(不可见)。

6.2.2　数据存储

计算机存储器分为两大类,内部存储器和外部存储器。内部存储器简称为内存,通过总线与 CPU 相连,用来存放正在执行的程序和数据;外部存储器简称为外存,外存通过接口电路(如 SATA、USB 等)与主机相连,用来存放暂时不执行的程序和数据。

1. 存储器类型

不同存储器工作原理不同,性能也不同。计算机常用存储器类型如图 6-11 所示。

1) 内存

内存是采用 CMOS(互补金属氧化物半导体)工艺制作的半导体存储芯片,内存断电后,其中的程序和数据都会丢失。早期将内存类型分为随机存储器(RAM)和只读存储器(ROM),由于 ROM 使用不方便,性能极低,目前已经淘汰。目前内存类型为动态随机存取存储器(DRAM)和静态随机存取存储器(SRAM)。SRAM 存储速度快,只要不掉电,数据不会丢失;但是 SRAM 结构复杂,一般仅用在 CPU 内部作为高速缓存(Cache)。DRAM

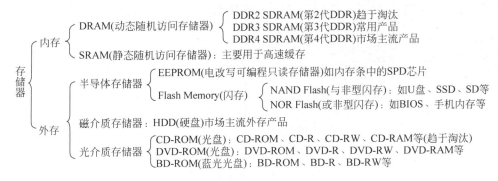

图 6-11　计算机常用存储器类型

利用电容保存数据,结构简单,成本低,但是由于电容漏电,因此数据容易丢失。为了保证数据不丢失,必须对 DRAM 进行定时(间隔 64ms)内存动态刷新(充电)。

2）外存

外存的存储材料和工作原理更加多样化。由于外存需要保存大量数据,因此要求容量大,价格便宜,更为重要的是外存中的数据在断电后不会丢失。外存的存储材料有采用半导体材料的闪存(Flash Memory),如电子硬盘(SSD,固态盘)、U 盘(USB 接口闪存)、存储卡(如 SD 接口存储卡)等;采用磁介质材料的硬盘(软盘和磁带机已淘汰);采用光介质材料的 CD-ROM、DVD-ROM、BD-ROM 光盘等。

3）存储容量单位

在存储器中,最小存储单位是字节(Byte),1 个字节可以存放 8 位(bit)二进制数据。在实际应用中,字节单位太小,为了方便计算,引入了 KB、MB、GB、TB 等单位,它们的换算关系是:$1Byte=8bit$,$1KB=2^{10}=1024B$,$1MB=2^{20}=1024KB$,$1GB=2^{30}=1024MB$,$1TB=2^{40}=1024GB$,$1PB=2^{50}=1024TB$,$1EB=2^{60}=1024PB$,$1ZB=2^{70}=1024EB$。

4）存储器性能

存储器性能由存取时间、存取周期、传输带宽三个指标衡量。

存取时间指启动一次存储器操作到完成该操作所需要的全部时间;存取时间越短,存储器性能越高;如内存存取时间通常为纳秒级(10^{-9}s),硬盘存取时间为毫秒级(10^{-3}s)。

存取周期指存储器连续两次存储操作所需的最小间隔时间,如寄存器与内存之间的存取时间都是纳秒级,但是寄存器为 1 个存取周期(保持与 CPU 同步),而 DDR3-1600 内存为 30 个存取周期。可见内存的存取周期大大高于 CPU 的指令执行周期。

传输带宽是单位时间里存储器能达到的最大数据存取量,或者说是存储器最大数据传输速率;串行传输带宽单位为 b/s(位/秒),并行传输单位为 B/s(字节/秒)。

2. 存储器层次结构

不同存储器性能和价格不同,不同应用对存储器的要求也不同。对最终用户来说,要求存储容量大,停电后数据不能丢失,存储设备移动性好,价格便宜;但是对数据读写延时不敏感,在秒级即可满足用户要求。对计算机核心部件 CPU 来说,存储容量相对不大,数百个存储单元(如寄存器)即可,数据也不要求停电保存(因为大部分为中间计算结果),对存储器移动性没有要求,但是 CPU 对数据传送速度要求极高。为了解决这些矛盾,数据在计算机中分层次进行存储,存储器层次模型如图 6-12 所示。

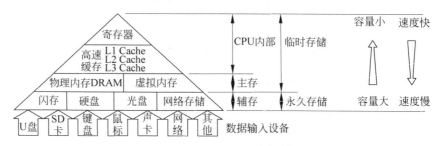

图 6-12　存储器的层次模型

3. 存储器数据查找

1) 内存数据查找

计算机工作时,运行的程序和数据以字节为单位存放在内存中,每一个内存单元(1 字节)都有一个**地址**。CPU 运算时按内存地址查找程序或数据,这个过程称为**寻址**。寻址过程由操作系统控制,由硬件设备(主要是 CPU、内存、总线)执行。

内存地址用二进制整数表示,一个 4GB 的内存,需要多少位地址来寻址任何一个字节呢? 4GB 内存为 2^{32},即需要 32 位二进制数来标识一个字节的地址,由于内存数据采用并行传输,因此内存寻址需要 32 根地址线。

【例 6-2】 "天河 2 号"超级计算机每个计算节点有 88GB 内存,而 $2^{36} = 64GB$, $2^{37} = 128GB$,因此需要 37 位二进制数来标识内存一个字节的地址。

如图 6-13 所示,内存地址采用二进制数表示,早期 8086 计算机地址采用 20 位(即 20 根地址线)二进制数表示,CPU 寻址空间为 $2^{20} = 1\ 048\ 576(1MB)$。也就是说,内存容量大于 1MB 时,CPU 无法找到它们。目前微机 CPU 均为 64 位,理论可寻址范围达到了 $2^{64} = 16EB$;但是,如果采用 32 位 Windows 操作系统,操作系统内存寻址空间为 $2^{32} = 4GB$。因此,对于 32 位操作系统,当内存容量大于 4GB 时,将无法找到内存中的程序和数据。

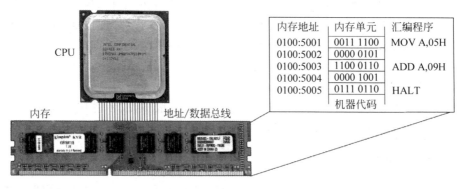

图 6-13　内存数据的字节寻址

2) 外存数据查找

程序和数据没有运行时,存放在外存设备中,如硬盘、U 盘、光盘等。程序运行时,CPU 不直接对外存的程序和数据进行寻址,而是在操作系统控制下,将程序和数据复制到内存,

CPU 在内存中读取程序和数据。操作系统怎样寻找外存中的程序和数据呢？外存数据查找方法与内存有很大区别，**外存以"块"为单位进行数据存储和传输**。如图 6-14 所示，硬盘中的数据块称为"扇区"，存储和查找以扇区为单位；U 盘数据按"块"进行查找；光盘数据块也按"扇区"查找，但是扇区结构与硬盘不同；网络数据在接收缓冲区查找。外存数据的地址编码方式与内存不同，如 Windows 按"页"（1 页＝1 簇＝8 扇区＝4KB）号进行硬盘数据寻址，寻址时不需要地址线，而是将地址信息放在数据包中，利用线路进行串行传输。

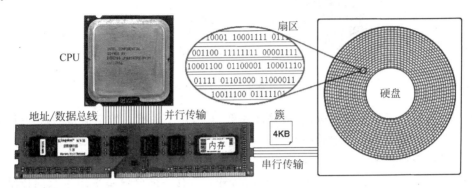

图 6-14　硬盘数据的块寻址

6.2.3　数据传输

数据传输包括计算机内部数据传输，如 CPU 与内存之间的数据传输；计算机与外部设备之间的数据传输，如计算机与显示器的数据传输；计算机与计算机之间的数据传输，如两台计算机之间的 QQ 聊天。

1. 电信号的传输速度

电信号在真空中的传输速度大约为 $30 \times 10^4 \text{km/s}$，信号在导线中的传播速度有多快？这个问题在低频（50MHz 以下）电路中基本无须考虑，而目前 CPU、内存、总线等部件，工作频率或传输速率经常达到 1GHz 以上，这就造成了信号在传输过程中的时延、信号时间太短、传输导线长度不一等问题。

是什么决定电信号的传播速度呢？根据伯格丁（Eric Bogatin）博士的分析，导线周围的材料（电路板、塑料包皮等）、信号在导线周围空间（不是导线内部）形成的交变电磁场以及电磁场的建立速度和传播速度，三者共同决定了电信号的传播速度。根据伯格丁博士的分析计算，在绝大多数印制电路板（PCB）线路中，**电信号在电路板中的传输速度小于 15cm/ns**，这是一个非常重要的经验参数。

【例 6-3】 当电信号在 FR4（计算机主板材料）电路板上，长度为 15cm 的互连导线中传输时，时延约为 1ns。这个时间看似很快，但是在 5GHz（如 PCI-E 总线、USB 3.0 总线等）的信号传输中，一个脉冲信号的时钟周期仅为 0.2ns，而信号的辨别时间（信号上升沿）更加短暂，只有 0.02ns，可见信号时延对计算机性能有很大影响。

2. 模拟信号与数字信号

信号是数据(用户信息和控制信息)在传输过程中的电磁波或光波的物理表现形式。信号的形式有数字信号和模拟信号。如图 6-15 所示,模拟信号是连续变化的电磁波或光波;数字信号是电压或光波脉冲序列。

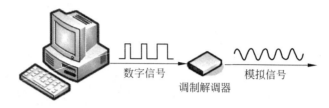

图 6-15　数字信号与模拟信号

数字信号的优点是传输速率高,传输成本低,对噪声不敏感。数字信号的缺点是信号容易衰减,因此,数字信号不利于长距离传输,而光脉冲数字信号则克服了这个缺点。

信号可以单向传输(单工),如计算机向打印机、音箱等设备单向传输数据;也可以双向传输(全双工),如计算机网络等,都采用双向传输;还有一部分设备采用半双向传输(半双工),即只允许一方数据传输完成后,另外一方才能进行数据传输,如 CPU 与内存、SATA 2.0 接口硬盘、USB 2.0 接口等设备,都采用半双工传输。

3. 数据并行传输

如图 6-16 所示,并行传输是数据以成组方式(1 至多个字节)在线路上同时传输。

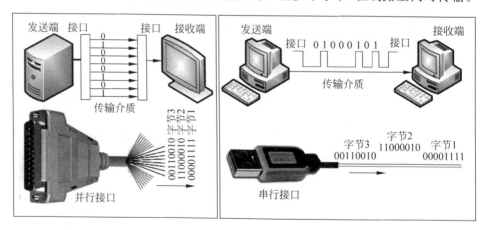

图 6-16　左:数据并行传输　右:数据串行传输

并行传输中,每个数据位占用一条线路,如 32 位传输就需要 32 条线路(半双工),这些线路通常制造在电路板中(如主板的总线),或在一条多芯电缆里(如显示器与主机连接电缆)。并行传输适用于两个短距离(2m 以下)设备之间的数据传输。在计算机内部,早期部件之间的通信往往采用并行传输。例如,CPU 与内存之间的数据传输,PCI 总线设备与主板芯片组之间的数据传输。并行传输不适用于长距离传输(2m 以上)。

4. 数据串行传输

如图 6-16 所示,串行传输是数据在一条传输线路(信道)上一位一位**按顺序传送**的通信方式。串行传输时,所有数据、状态、控制信息都在一条线路上传送。这样,通信时所连接的物理线路最少,也最经济,适合信号近距离和远距离传输(1m 以下至数百千米)。

5. 并行传输与串行传输的比较

并行传输在一个时钟周期里可以传输多位(如 64 位)数据,而串行传输在一个时钟周期里只能传输一位数据,直观上看,并行传输的数据传输速率大大高于串行传输。

在实践中,提高并行传输速率存在很多困难。一是并行传输的时钟频率在 200MHz 以下,而且很难提高。因为时钟频率过高时,会引起多条导线之间传输信号的相互干扰(高频电信号的**趋肤效应**);二是高频(100MHz 以上)信号并行传输时,各个信号之间**同步控制**的成本很高;三是并行传输距离很短(2m 以下),长距离传输时,技术要求和线路成本都非常高;四是并行传输(64 位总线)目前最高带宽仅为 12GB/s(内存与 CPU 之间)。

串行传输时钟频率目前在 1GHz 以上,如 USB 3.0 传输时钟频率为 5.0GHz;商业化的单根光纤串行传输时钟频率达到了 6.4THz 以上,如果以字节计算,大致为 640GB/s。2014 年,丹麦科技大学的研究团队,在实验室条件下研制成功在单根光纤上实现 43Tb/s 的传输网速。可见串行传输带宽大大高于并行传输带宽。串行传输信号同步简单,线路成本低,传输距离远。传输信号无中继放大时,铜缆传输距离可达 100m,光纤传输距离可达 100km。

目前,计算机数据传输越来越多地采用多通道串行传输技术,它与并行传输的最大区别在于通道之间不需要同步控制机制。如显卡数据传输采用 PCI-E 串行总线,硬盘采用 SATA 串行接口,外部数据采用 USB 串行总线等。

6.2.4 数据运算

程序也是一种数据,计算机工作过程是一种数据运算过程,而数据运算过程也是 CPU 指令执行过程。狭义的计算指数值计算,如加、减、乘、除等;而广义的计算则是指问题的解决方法,即计算机通过数据运算,对某个问题自动进行求解。

1. 加法器部件

计算机中的计算建立在算术四则运算的基础上。在四则运算中,加法是最基本的运算。设计一台计算机,首先必须构造一个能进行加法运算的部件(加法器)。由于减法、乘法、除法,甚至乘方、开方等运算都可以用加法导出。例如,减法运算可以用加一个负数的形式表示,乘法可以用连加或移位的方法实现。因此,如果能构造出实现加法计算的部件,就一定可以构造出能实现其他运算的机器。

进行二进制数加法运算的部件称为**加法器**,这个部件设计在 CPU 内部的 ALU(算术逻辑运算单元)中。加法器是对多位二进制数求和的运算电路。CPU 中有 ALU 和 FPU(浮点运算单元),ALU 负责整数运算和逻辑运算,FPU 负责小数运算。在 Intel Core i7 CPU 中,有 4 个 CPU 内核,每个内核有 5 个 64 位 ALU 单元和 3 个 128 位的 FPU 单元。

2. 数据运算过程

【例 6-4】 以程序语句 SUM＝6＋2 为例,下面简要说明数据运算的基本过程。

1) 编译处理

以上程序语句经过编译器处理后,机器执行代码如表 6-1 所示。

表 6-1　汇编语句和机器码指令

汇编指令	内存地址	编译后的机器代码			指 令 说 明
MOV AL,6	2001	00000110	10110000		将数据 6 传送到 AL 寄存器
ADD　AL,2	2003	00000010	00000100		将 2 与 AL 中的 6 相加后存入 AL
MOV　SUM,AL	2005	00000000	01010000	10100010	将 AL 中的值送到 SUM 内存单元
HLT	2008	11111000			停机(程序停止运行)

2) 取指令(IF)

如图 6-17 所示,CPU 内部有一个指令寄存器(IP),它保存着操作系统分配的指令(本例为 MOV AL,6＝00000110 10110000)内存单元起始地址(2001)。CPU 控制单元按照指令寄存器中的地址,通过地址总线,找到指令内存单元地址(2001),利用数据总线将内存单元 2001-2002 地址中的指令(MOV AL,6)送到 CPU 的指令高速缓存。

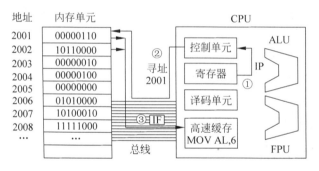

图 6-17　取指令

3) 指令译码(ID)

如图 6-18 所示,CPU 内部的译码单元负责解释指令的类型与内容,并且判定这条指令的操作对象(操作数)。译码实际上就是将二进制指令代码翻译成为特定的 CPU 电路微操作,然后由控制单元传送给 ALU(算术逻辑运算单元)。

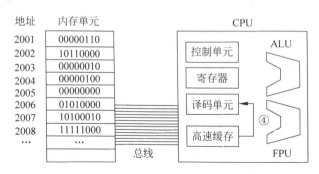

图 6-18　指令译码

4) 指令执行(IE)

执行单元由 ALU 和 FPU 组成。译码后的指令将送入不同处理单元。如果操作对象是整数运算、逻辑运算、内存单元存取、一般控制指令等,则送入 ALU 单元处理;如果操作对象是浮点数据(小数),则送入 FPU 处理。在运算中需要相应数据时,控制单元先从高速缓存读取相应数据。如果高速缓存没有运算需要的数据,则控制单元通过数据通道,从内存中获取必要的数据,然后再进行运算。指令执行工作过程如图 6-19 所示。

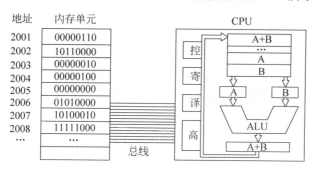

图 6-19 指令执行

5) 结果写回(Write Back,也译为"回写")

指令 MOV AL,6(00000110 10110000)执行完成后,执行单元(ALU)将运算结果写回高速缓存或内存单元中。计算结果写回过程如图 6-20 所示。

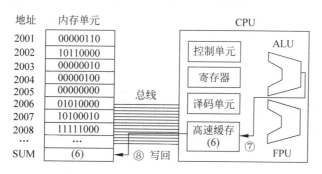

图 6-20 运算结果写回

CPU 执行完指令(MOV AL,6)后,控制单元告诉指令寄存器从内存单元(2003)中读取下一条指令(ADD AL,2)。这个过程不断重复执行,直到最后一条程序指令(HLT)执行完成,程序进入停机状态。

3. CPU 流水线技术

计算机中所有指令都由 CPU 执行。如图 6-21 所示,一条机器指令的执行过程主要由"取指令""指令译码""指令执行""结果写回"四种基本操作构成。

如图 6-22(a)所示,早期计算机(1990 年以前)执行完指令 1 后,再执行指令 2,这个过程不断重复进行。目前计算机采用流水线技术,执行完指令 1 的第 1 个操作(工步)后,指令 1 还没有执行完,就马上执行指令 2 的第 1 个操作了。指令流水线技术大大提高了 CPU 的运

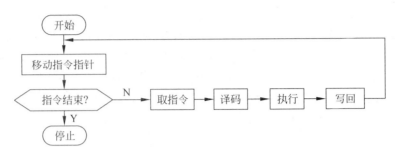

图 6-21　一条机器指令的执行过程

算性能。图 6-22(b)为 4 级流水线,如果将指令中每个操作再进行细分(如将"取指令"再细分为 3 个工步),就可以设计成多级流水线,目前 CPU 大多为 20~30 级流水线。

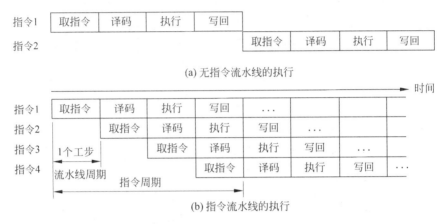

图 6-22　指令的 CPU 流水线执行过程(理想状态)

流水线技术也会遇到一些问题。例如,当遇到转移指令(如 if、for 等)时,就会出现流水线中断问题,即流水线中已载入的指令必须清空,重新载入新指令。因此在 CPU 设计中,对转移指令进行了预判,在最大程度上克服了转移指令带来的不利影响。

4. 指令执行中的 20-80 规律

在 x86 程序代码中,大约有 50% 的指令是存储器访问指令,如 MOV(传送)、PUSH(入栈)等,其中存储器读指令大约是写指令的 2 倍。其次,大约有 15%~20% 的指令是分支指令,如 JMP(跳转,如 if、for 等)、CALL(调用)等。其余指令大部分是 ADD(加)、MUL(乘)等简单计算指令。像 DIV(除)、SQRT(开方)这些复杂指令,在指令执行中只占很少一部分。75% 的 x86 指令小于 4 字节,但是这些短指令占代码大小的 53%,其他一些指令较长。在 x86 指令系统中,**大约 20% 的指令占据了 80% 的 CPU 执行时间**。

6.2.5　指令系统

1. 指令系统的特征

指令是计算机能够识别和执行的二进制代码,它规定了计算机能完成的某一种操作的命令,所有指令的集合称为指令系统。指令系统一般以汇编语言的形式给出,**汇编语言与机器指令之间存在一一对应的关系**。

一个好的指令系统,一是应当定义一套当前和将来都能够高效率实现的指令集;二是应当为编译器提供明确的编译目标;三是对硬件设计工程师来说,它能够很容易高效率的实现;四是对软件设计工程师来说,它可以很容易进行程序设计。

软件兼容性的要求大大减缓了指令集的变革。市场的压力,使得计算机设计工程师很难抛弃原有的指令系统。因此,在新一代指令系统设计中,往往需要保持与原有指令系统的兼容,然后增加一部分新指令,以增强系统的功能和性能。

2. 指令的基本组成

每种类型的计算机都有自己的指令集,**指令的类型与数量都固化在 CPU 中**。指令在内存中有序存放,什么时候执行哪一条指令由应用程序和操作系统控制,指令如何执行由 **CPU 决定**。如图 6-23 所示,一条机器指令通常由操作码和操作数两部分组成。

操作码	操作数
机器执行什么操作	执行对象(具体数据或地址)

图 6-23 机器指令的格式

【例 6-5】 某条 8086 汇编语言指令如下:

```
MOV BX,1234H    // MOV 为操作码,BX 和 1234H 为操作数,将 1234H 存入 BX 寄存器
```

操作码指明该指令要完成的操作类型或性质,如取数、做加法或输出数据等。操作码的二进制位数决定了机器操作指令的条数。

操作数指明操作对象的内容或所在的存储单元地址(地址码),操作数在大多数情况下是地址码,地址码可以有多个。从地址码得到的仅是数据所在的地址,可以是源操作数的存放地址,也可以是操作结果的存放地址。

3. CISC 与 RISC 指令系统

不同指令系统的计算机,它们之间的软件不能通用。例如,台式计算机采用 x86 指令系统,智能手机采用 ARM 指令系统,因此它们之间的软件不能相互通用。

1) CISC 指令系统

早期计算机部件比较昂贵,运算速度慢。为了提高运算速度,人们不得不将越来越多的指令加入到指令系统中,以提高计算机的处理效率,这就逐步形成了 CISC(读[sisk],复杂指令集计算机)指令系统。原则上,CPU 中逻辑电路越多性能越高,功耗也越高。Intel 公司的 x86 系列 CPU 就是典型的 CISC 指令系统。新一代 CPU 都会有新的指令,为了兼容以前 CPU 平台上的软件,旧指令集必须保留,这就使指令系统变得越来越复杂。

2) RISC 指令系统

RISC(读[risk],精简指令集计算机)的设计思想是:尽量简化计算机指令的功能,将较复杂的功能用一段子程序来实现,减少指令的数量,所有指令格式保持一致,所有指令在一个周期内完成,采用流水线技术等。目前 95% 以上的智能手机和平板计算机采用 ARM 结构的 CPU,ARM 采用 RISC 指令系统。精简指令集 CPU 中的译码单元要简单得多,而简洁意味着高效率和低功耗。因此,RISC 非常适合低功耗应用领域。

技术上一直存在 CISC 与 RISC 谁更优秀的争论。实际上目前双方都在融合对方的优点,克服自身的缺陷。如 CISC 采用微指令技术保证指令格式的一致,并采用了 RISC 指令流水线技术;同样,RISC 指令集也越来越庞大,越来越不精简。从系统设计的角度看,既要高性能又要低功耗,就像"又要马儿跑,又要马儿不吃草"一样难。

4. x86 基本指令集

Intel 公司 1978 年发布了 8086 指令集。如图 6-24 所示,Intel 公司又逐步发展了 MMX、SSE、AVX 等指令集,这些指令集都是向下兼容的,统称为 x86 指令集。

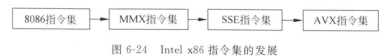

图 6-24　Intel x86 指令集的发展

x86 指令的长度没有太强规律,指令长度为 1~15 字节不等(操作码最多为 3 字节),大部分指令在 5 个字节以下。从 Pentium Pro CPU 开始,Intel 公司将长度不同的 x86 指令,在 CPU 内部译码成长度固定的 RISC 指令,这种方法称为**微指令**,如图 6-25 所示。

图 6-25　x86 系统指令长度的变化

6.3　计算机硬件系统

计算机工业采用 OEM(原始设备生产厂商)生产方式,厂商按照计算机标准和规范生产部分设备,然后由某个厂商将这些设备组装成为一台完整的计算机。OEM 生产方式大大降低了计算机的生产成本,而且能够灵活地满足用户的各种需求。

6.3.1　主机结构

1. 计算机控制中心结构

目前计算机采用以 CPU 为核心的控制中心分层结构。Intel Core i7 计算机的控制中心系统结构如图 6-26 所示。计算机系统结构可以用"1-2-3 规则"简要说明,即一个 CPU,两大芯片,三级结构。

1)一个 CPU

CPU 处于系统结构的顶层(第 1 级),控制系统运行状态,下面的数据必须逐级上传到 CPU 进行处理。从系统性能考察,CPU 运行速度大大高于其他设备,以下各个总线上的设备越往下走,性能越低。从系统组成考察,CPU 的更新换代将导致南桥芯片的改变、内存类型的改变等。从指令系统进行考察,指令系统进行改变时,必然引起 CPU 结构的变化,而内存系统不一定改变。因此,目前计算机系统仍然是以 CPU 为中心进行设计。

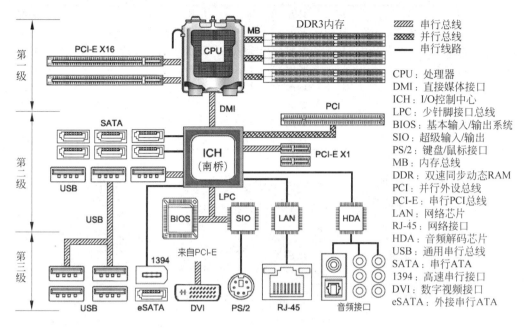

图 6-26　Intel Core i7 计算机系统结构图

2)两大芯片

两大芯片是指 ICH(南桥芯片)和 BIOS(基本输入输出系统)芯片。在两大芯片中,南桥芯片负责数据的上传与下送。南桥芯片连接着多种外部设备,它提供的接口越多,计算机的功能扩展性越强。BIOS 芯片则主要解决硬件系统与软件系统的兼容性。

3)三级结构

控制中心结构分为 3 级,它有以下特点:从速度上考察,第 1 级工作频率最高,然后速度逐级降低;从 CPU 访问频率考察,第 3 级最低,然后逐级升高;从系统性能考察,前端总线和南桥芯片容易成为系统瓶颈,然后逐级次之;从连接设备多少考察,第 1 级的 CPU 最少,然后逐级增加,在计算机系统结构中,上层设备较少,但是速度很快。CPU 和南桥芯片一旦出现问题(如发热),必然导致致命性故障。下层接口和设备较多,发生故障的概率也越大(如接触性故障),但是这些设备一般不会造成致命性故障。

2.计算机主要硬件设备

计算机系统由硬件和软件两部分组成。硬件是构成计算机系统各种物理设备的总称,它包括主机和外设两部分。

不同类型的计算机在硬件上有一些区别,如大型计算机往往安装在成排的大型机柜中,网络服务器不需要显示器,笔记本计算机将大部分外设集成在一起。台式计算机主要由主机、显示器、键盘鼠标三大部件组成。台式计算机主要部件如图 6-27 和表 6-2 所示。

表 6-2　台式计算机主要部件一览表

序号	部件名称	数量	说明	序号	部件名称	数量	说明
1	CPU	1	必配	9	电源	1	必配
2	CPU 散热风扇	1	必配	10	机箱	1	必配
3	主板	1	必配	11	键盘	1	必配
4	内存条	1	必配	12	鼠标	1	必配
5	独立显卡	1	选配	13	音箱	1 对	选配
6	显示器	1	必配	14	话筒	1	选配
7	硬盘	1	必配	15	ADSL Modem	1	选配
8	光驱	1	选配	16	外接电源盒	1	必配

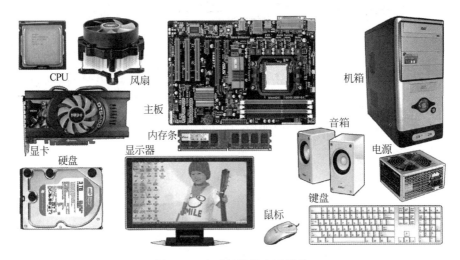

图 6-27　台式计算机主要部件

6.3.2　CPU 部件

CPU（中央处理器，也称为微处理器）的主要功能是执行程序指令和进行数据运算，它是计算机的核心部件。CPU 严格按时钟频率工作，工作频率越高，运算速度就越快，能够处理的数据量越大。市场上的 CPU 产品主要分为两类：x86 系列和非 x86 系列。

1. x86 系列 CPU 产品

x86 系列 CPU 只有 Intel 和 AMD 两家公司生产，Intel 公司是 CPU 领域的技术领头人。x86 系列 CPU 在操作系统层次和应用软件层次相互兼容，产品主要用于台式计算机、笔记本计算机、高性能服务器等领域。芯片授权商有上海兆芯、北大众志公司等。

Intel 的 CPU 产品类型有：酷睿（Core）系列，主要用于桌面型计算机；至强（Xeon）系列，主要用于高性能服务器；嵌入式系列，如凌动（Atom）系列、8051 系列等。

酷睿系列 CPU 是 Intel 公司的主力产品，产品有 Core i7、Core i5、Core i3 三个档次。酷睿系列产品经历了 6 代的发展。

2．非 x86 系列 CPU 产品

非 x86 系列 CPU 设计和生产厂商非常多,主要有 ARM(读[安媒])公司系列 CPU,芯片授权商有美国高通公司"骁龙"系列 CPU、中国华为公司"海思"系列 CPU、苹果、NVIDIA(英伟达)、三星、联发科等。IBM 公司 Power 系列 CPU,芯片授权商有阿尔卡特、中晟宏芯等。MIPS 系列 CPU,芯片授权商有 Cisco、SONY、中国"龙芯"等。非 x86 CPU 指令系统各不相同,硬件在电路层互不兼容,在软件层一般采用 Linux 操作系统。

随着智能手机的发展,ARM 系列 CPU 近年来异军突起。据估算,2016 年智能手机中 ARM 处理器的应用达到了 99%,ARM 芯片在工业控制、物联网等领域也攻城略地,风生水起。截至 2015 年,ARM 处理器总出货量达 800 亿个,远超 Intel 公司。ARM 公司并不生产 CPU 产品,它只提供量产化的 CPU 设计方案,以及开发工具和指令系统。ARM 公司以 IP 核(知识产权)的形式提供 CPU 内核设计版图,然后向授权商和生产厂商收取专利费用。ARM 系列 CPU 是国际合作的典范,每个公司都为产品贡献了自己的价值。

3．CPU 基本组成

CPU 外观看上去是一个平面矩形块状物,中间凸起部分是 CPU 核心部分封装的金属壳,在金属封装壳内部是一片指甲大小(14mm×16mm)的、薄薄的(0.8mm)硅晶片,它是 CPU 核心(die)。在这块小小的硅片上,密布着数亿个晶体管,它们相互配合,协调工作,完成着各种复杂的运算和操作。金属封装壳周围是 CPU 基板,它将 CPU 内部的信号引接到 CPU 引脚上。基板下面有许多密密麻麻的镀金的引脚,它是 CPU 与外部电路连接的通道。无针脚 LGA 封装的 CPU 外观如图 6-28 所示。

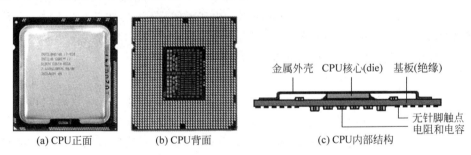

(a) CPU正面　　　　(b) CPU背面　　　　(c) CPU内部结构

图 6-28　Intel 公司 CPU 外观和基本结构图

Intel 公司 Core i7(酷睿 i7)22nm(纳米)工艺制造的 4 核 CPU,在 $160mm^2$ 的硅核心上集成了 14.8 亿个晶体管,平均每平方毫米 900 万个晶体管。对于 CPU 来说,更小的晶体管制造工艺意味着更高的 CPU 工作频率,更高的处理性能,更低的发热量。集成电路制造工艺几乎成了 CPU 每个时代的标志。

4．CPU 技术性能

CPU 始终围绕着速度与兼容两个目标进行设计。CPU 技术指标很多,如系统结构、指令系统、内核数量、工作频率等主要参数。

1) 多核 CPU

多核 CPU 是在一个 CPU 芯片内部,集成多个 CPU 处理内核。多核 CPU 具有更强大的运算能力,但是增加了 CPU 发热功耗。目前 CPU 产品中,4~8 核 CPU 占据了市场主流地位。Intel 公司表示,理论上 CPU 可以扩展到 1000 核。多核 CPU 结构如图 6-29 所示,多核 CPU 使计算机设计变得更加复杂。运行在不同内核的程序为了互相访问、相互协作,需要进行独特设计,如高效进程之间的通信机制,共享内存数据结构等。程序代码迁移也是问题。多核 CPU 需要软件支持,只有基于线程化设计的程序,多核 CPU 才能发挥应有性能。

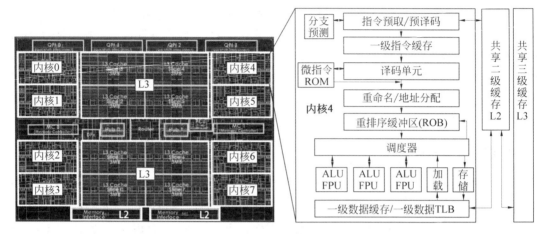

图 6-29　左:8 内核 CPU　右:Intel Core i7 CPU 中一个内核流水线结构

2) CPU 工作频率

提高 CPU 工作频率可以提高 CPU 性能。目前 CPU 最高工作频率在 4.0GHz 以下,继续提高 CPU 工作频率受到了产品发热的限制。由于 CPU 在半导体硅片上制造,硅片上元件之间需要导线进行连接,在高频状态下要求导线越细越短越好(制程线宽小),这样才能减小导线分布电容等杂散信号干扰,以保证 CPU 运算正确。

3) CPU 字长

CPU 字长指 CPU 内部算术逻辑运算单元(ALU)一次处理二进制数据的位数。目前 CPU 的 ALU 有 32 位和 64 位两种类型,x86 系列 CPU 字长为 64 位,大多数平板计算机和智能手机 CPU 字长为 32 或 64 位。由于 x86 系列 CPU 向下兼容,因此 16 位、32 位的软件,可以运行在 64 位 CPU 中。

4) CPU 制程线宽

制程线宽指集成电路芯片两个相邻晶体管之间距离(节距)的一半(制程线宽=1/2 节距),以 nm(纳米)为单位。制程线宽越小,集成电路生产工艺越先进,同一面积下晶体管数量越多,芯片功耗和发热量越小。目前 CPU 生产工艺达到了 14nm 制程线宽。

5) CPU 高速缓存

高速缓存(Cache)是采用 SRAM 结构的内部存储单元。它利用数据存储的局部性原理,极大地改善了 CPU 性能,目前 CPU 的 Cache 容量为 1~10MB,甚至更高。Cache 结构也从一级发展到三级(L1 Case~L3 Case)。

6.3.3　主板部件

1. 主要部件

主板是计算机的重要部件,主板由集成电路芯片、电子元器件、电路系统、各种总线插座和接口组成,目前主板标准为 ATX。主板的主要功能是传输各种电子信号,部分芯片负责初步处理一些外围数据。不同类型的 CPU,需要不同主板与之匹配。主板功能多少取决于南桥芯片和主板上的专用芯片。主板 BIOS 芯片决定主板兼容性好坏。主板上元件的选择和生产工艺决定主板的稳定性。图 6-30 为目前流行的 ATX 主板。

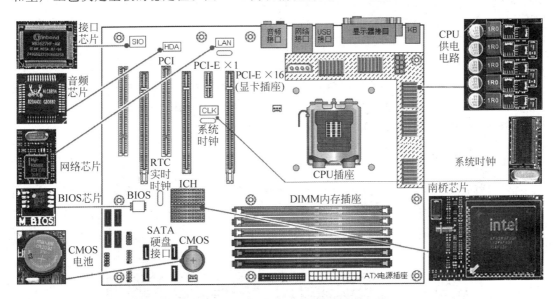

图 6-30　ATX 主板基本组成部件

2. 总线

总线是计算机中各种部件之间共享的一组公共数据传输线路。

1) 并行总线

并行总线由多条信号线组成,每条信号线可以传输一位二进制的 0 或 1 信号。如 32 位 PCI 总线就需要 32 根线路,可以同时传输 32 位二进制信号。并行总线可以分为 5 个功能组:数据线、地址线、控制线、电源线和地线。数据总线用来在各个设备或者部件之间传输数据和指令,它们是双向传输;地址总线用于指定数据总线上数据的来源与去向,它们是单向传输的;控制总线用来控制对数据总线和地址总线的访问与使用,它们大部分是双向的。为了简化分析,大部分教材往往省略了电源线和地线。目前,计算机并行总线已经不多了,主要有 CPU 与内存之间的总线(MB)、PCI 外部设备总线(处于淘汰中)等。

2) 并行总线性能

并行总线性能指标有总线位宽、总线频率和总线带宽。总线位宽为一次并行传输二进制位数。如 32 位总线一次能传送 32 位数据。总线频率用来描述总线数据传输的频率,常见总线频率有 33MHz、66MHz、100MHz、200MHz 等。

$$并行总线带宽＝总线位宽×总线频率÷8$$

【例 6-6】　PCI 总线带宽为：$32b×33MHz÷8≈126MB/s$（1000 进位时为 132MB/s）。

3）串行总线性能

目前流行的计算机串行总线有图形显示总线（PCI-E）、通用串行总线（USB）等。串行总线性能用带宽来衡量，串行总线带宽计算较为复杂，它主要取决于总线信号传输频率和通道数，另外与通信协议、传输模式、编码效率、通信协议开销等因素有关。

在 PCI-E 1.0 标准下，基本的 PCI-E ×1 总线有 4 条线路（1 个通道），2 条用于输入，2 条用于输出，总线传输频率为 2.5GHz，总线带宽为 2.5Gb/s（单工）；在 PCI-E 2.0 标准下，PCI-E ×1 总线传输频率为 5.0GHz，总线带宽为 5.0Gb/s（单工）；在 PCI-E 3.0 标准下，PCI-E ×1 总线传输频率为 8.0GHz，总线带宽为 8.0Gb/s（单工）。

【例 6-7】　PCI-E ×16 在 2.0 标准下的总线带宽为：$5.0Gb/s×16＝80Gb/s$。

USB 是一种应用广泛的通用串行总线，USB 2.0 总线带宽为 480Mb/s；USB 3.0 总线带宽为 5.0Gb/s。USB 总线的接口形式有 USB-A、USB-B、mini-A、mini-B、mini-AB、Micro-B、USB Type-C、OTG（On-The-Go，直连通信）等形式。

3. I/O 接口

接口是两个硬件设备之间起连接作用的逻辑电路。接口的功能是在各个组成部件之间进行数据交换。主机与外部设备之间的接口称为输入输出接口，简称 I/O 接口。如图 6-31 所示，计算机接口有硬盘串行接口 SATA、显示器接口 VGA/DVI、键盘和鼠标接口 USB、音箱接口 Line Out、话筒接口 MIC、网络接口 RJ-45 等。

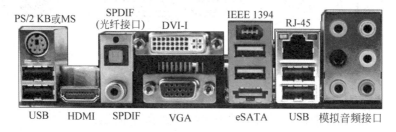

(a) 台式计算机接口

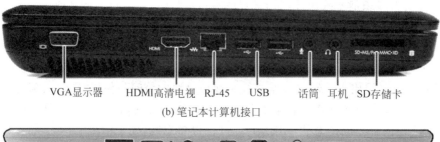

(b) 笔记本计算机接口

(c) 平板计算机接口

图 6-31　计算机常用接口

6.3.4 存储设备

1. 内存条

目前计算机内存采用 DRAM 芯片安装在专用电路板上,称为内存条。内存条类型有 DDR3、DDR4 等,内存条容量有 512MB~8GB 等规格。如图 6-32 所示,内存条由内存芯片 (DRAM)、SPD(内存序列检测)芯片、印制电路板(PCB)、金手指、散热片、贴片电阻、贴片电容等组成。不同技术标准的内存条,它们在外观上没有太大区别,但是它们的工作电压不同,引脚数量和功能不同,定位口位置不同,互相不能兼容。

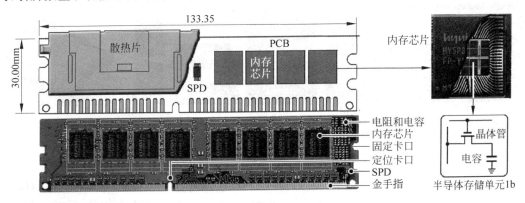

图 6-32 DDR SDRAM 内存条组成

内存条主要技术性能有存储容量(目前已经达到单条 4GB 或 16GB),传输带宽(DR3-1600 规格内存条数据传输带宽最高达为 12.8GB/s),内存读写延迟(延迟越小越好,目前为 10-10-10,30 个时钟周期左右)。

2. 闪存(Flash Memory)

闪存具备 DRAM 快速存储的优点,也具备硬盘永久存储的特性。闪存利用现有半导体工艺生产,因此价格便宜。它的缺点是读写速度较 DRAM 慢,而且擦写次数也有极限。闪存数据写入以区块为单位,区块大小为 8~128KB。由于闪存不能以字节为单位进行数据随机写入,因此闪存目前还不可能作为内存使用。

1) U 盘

U 盘是利用闪存芯片、控制芯片和 USB 接口技术的一种小型半导体移动固态盘,如图 6-33 所示。U 盘容量一般在 128MB~64GB 之间;数据传输速度与硬盘基本相当,可达到 30MB/s 左右。U 盘具有即插即用的功能,用户只需将它插入 USB 接口,计算机就可以自动检测到 U 盘设备。U 盘在读写、复制及删除数据等操作上非常方便,而且 U 盘具有外观小巧、携带方便、抗震、容量大等优点,因此,受到用户的普遍欢迎。

2) 存储卡

闪存卡(Flash Card)是在闪存芯片中加入专用接口电路的一种单片型移动固态盘。闪存卡一般应用在智能手机、数码相机等小型数码产品中作为存储介质。如图 6-34 所示,常

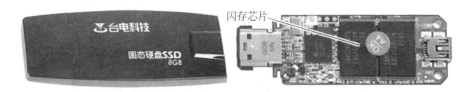

图 6-33　U 盘外观和内部电路

见闪存卡有 SD 卡、TF 卡、MMC 卡、SM 卡、CF 卡、记忆棒、XD 卡等,这些闪存卡虽然外观和标准不同,但技术原理都相同。

CF卡　　　　　SDXC卡　　　　SDHC卡　　　 mini-SD卡　Micro SDHC卡
(43×36×3.3)　(32×24×2.1)　(32×24×2.1)　(20×21.5)　(11×15×1)

图 6-34　常见 SD 存储卡类型和基本尺寸

SD(安全数码)卡是目前速度最快,应用最广泛的存储卡。SD 卡采用 NAND 闪存芯片作为存储单元,使用寿命在 10 年左右。SD 卡易于制造,成本上有很大优势,目前在智能手机、数码相机、GPS 导航系统、MP3 播放器等领域得到了广泛应用。随着技术发展,SD 卡逐步形成了 Micro SD、mini-SD、SDHC、Micro SDHC、SDXC 等技术规格。

3) 固态硬盘(SSD)

固态硬盘在接口标准、功能及使用方法上,与机械硬盘完全相同。固态硬盘接口大多采用 SATA、USB 等形式。固态硬盘没有机械部件,因而抗震性能极佳,同时工作温度很低。如图 6-35 所示,256GB 固态硬盘的尺寸和标准的 2.5 英寸硬盘完全相同,但厚度仅为 7mm,低于工业标准的 9.5mm。

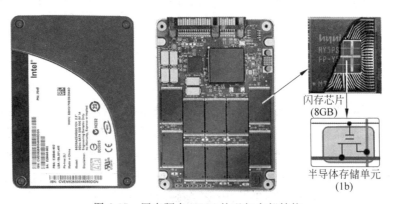

图 6-35　固态硬盘(SSD)外观与内部结构

3.5 英寸机械硬盘平均读取速度在 50～100MB/s 之间,而固态硬盘平均读取速度可以达到 400MB/s 以上;其次,固态硬盘没有高速运行的磁盘,因此发热量非常低。根据测试,

256GB 固态硬盘工作功耗为 2.4W,空闲功耗为 0.06W,可抗 1000G(伽利略单位)冲击。

3. 硬盘

如图 6-36 所示,硬盘是利用磁介质存储数据的机电式产品。硬盘中盘片由铝质合金和磁性材料组成。盘片中磁性材料没有磁化时,内部磁粒子方向是杂乱的,对外不显示磁性。当外部磁场作用于它们时,内部磁粒子方向会逐渐趋于统一,对外显示磁性。当外部磁场消失后,由于磁性材料的"剩磁"特性,磁粒子方向不会回到从前状态,因而具有存储数据的功能。每个磁粒子有南北(S/N)两极,可以利用磁记录位的极性来记录二进制数据位。我们可以人为设定磁记录位的极性与二进制数据的对应关系,如将磁记录为南极(S)表示数字 0,北极(N)则表示为 1,这就是磁记录基本原理。

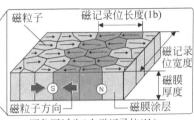

深色区域为1个磁记录位(1b)

图 6-36 硬盘外观和内部结构

硬盘存储容量为 500GB、1TB、2TB、4TB 或更高。硬盘接口有串行接口(SATA),USB接口等。SATA 接口主要用于台式计算机,USB 接口硬盘主要用于移动存储设备。

4. 光盘

光盘驱动器和光盘一起构成了光存储器。光盘用于记录数据,光驱用于读取数据。光盘的特点是记录数据密度高,存储容量大,数据保存时间长。

光盘结构如图 6-37 所示,光盘中有很多记录数据的沟槽和陆地,当激光投射到光盘沟槽时,盘片像镜子一样将激光反射回去。由于光盘沟槽深度是激光波长的 1/4,从沟槽上反射回来的激光与从陆地反射回来的激光,走过的路程正好相差半个波长。根据光干涉原理,这两部分激光会产生干涉,相互抵消,即没有反射光。如果两部分激光都是从沟槽或陆地上反射回来时,就不会产生光干涉相消的现象。因此,光盘中每个沟槽边缘代表数据1,其他地方则代表数据0,这就是光盘数据存储的基本原理。

按光盘读写方式分类,有只读光盘(DVD-ROM)、一次性刻录光盘(DVD-R)、反复读写光盘(DVD-RW)。如果按光盘容量分类,有 CD-ROM(容量为 650MB)光盘、DVD-ROM(容量为 4.7~17GB)光盘、BD(蓝光光盘,容量为 23GB/27GB)等。

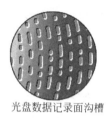
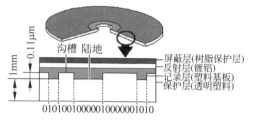

光盘数据记录面沟槽

图 6-37　光盘数据存储原理(左、中)和光驱(右)

6.3.5　集成电路

1. 门电路与集成电路

能实现基本逻辑运算功能的电路称为逻辑**门电路**(简称门电路)。计算机的基本器件必须完成数据的存储、传送、计算、控制等功能,而这些功能都可以用门电路实现。最基本的门电路有与门、或门、非门等。利用基本门电路,可以组合成计算机的基本功能部件,如触发器、寄存器、计数器、译码器、加法器等。

门电路的功能可以由半导体元件实现,由大量半导体元件组成的芯片称为集成电路芯片。集成电路中的核心器件是 MOS(金属-氧化物-半导体)晶体管,这些 MOS 晶体管通过内部线路互连在一起,并且制作在一小块半导体硅晶片上,然后封装成一个塑料芯片,成为一个具有强大逻辑功能的微型芯片。

1965 年,戈登·摩尔(Gordon Moore)指出:集成电路中晶体管的数量将在 18 个月内增加一倍,这个规律被称为摩尔定律。摩尔定律成功地预测了 IT 产业的超高速发展。

2. MOS 晶体管工作原理

1) MOS 晶体管结构

如图 6-38 所示,每个 MOS 晶体管有三个接口端:栅极(Gate)、源极(Source)、漏极(Drain),由栅极控制漏极与源极之间的电流流动。

MOS 晶体管隔离层采用二氧化硅(SiO_2)作为绝缘体材料,它的作用是保证栅极与 P 型硅衬底之间的绝缘,阻止栅极电流的产生。栅极往往采用多晶硅材料,它起着控制开关的作用,使 MOS 晶体管在"开"和"关"两种状态中进行切换。源极(S)和漏极(D)往往采用 N 型高浓度掺杂半导体材料。CPU 中的 MOS 晶体管采用 P 型硅作衬底材料。

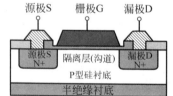

图 6-38　MOS 晶体管结构

2) MOS 晶体管的导通状态

如图 6-39 所示,在栅极(G)施加相对于源极(S)的正电压 V_{GS} 时,栅极会感应出负电荷。当电子积累到一定程度时,源极 S 的电子就会经过沟道区到达漏极 D 区域,形成由源极流向漏极的电流。这时 MOS 晶体管处于导通状态(相当于电子开关"打开"),我们将这种状态定义为逻辑 1。

3) MOS 晶体管的截止状态

如图 6-40 所示,如果改变漏极 D 与源极 S 之间的电压,当 $V_{DS}=V_{GS}$ 时,MOS 晶体管处于饱和状态,电流无法从源极 S 流向漏极 D,MOS 晶体管处于"截止"状态(相当于电子开关"关闭"),我们将这种状态定义为逻辑 0。

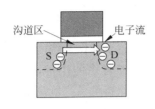
图 6-39　MOS 晶体管导通状态

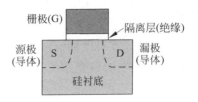
图 6-40　MOS 晶体管截止状态

3. 集成电路制程线宽

如图 6-41 所示,**沟道长度**是源极 S 与漏极 D 之间的距离。**MOS 晶体管的沟道长度越小,晶体管的工作频率越高。** 当然,改变栅极隔离层材料(如采用高 k 值氧化物)和提高沟道电荷迁移率(如采用低 k 值硅衬底材料),都可以提高 MOS 晶体管工作频率。提高 MOS 晶体管"栅-源"电压也可以提高工作频率,这是一些 CPU 超频爱好者经常采用的方法。

如图 6-41 所示,栅极节距是集成电路内第 1 层两个平行栅极之间的距离,半节距为节距的一半。集成电路工艺通常所指的"**制程线宽**"(简称为线宽)是指栅极半节距。如 22nm 线宽的 CPU,栅极节距为 44nm,半节距(线宽)为 22nm。

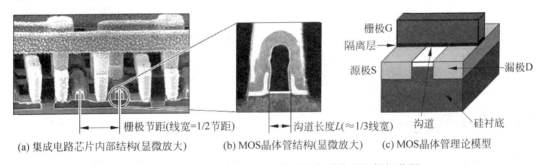
(a) 集成电路芯片内部结构(显微放大)　　(b) MOS晶体管结构(显微放大)　　(c) MOS晶体管理论模型

图 6-41　集成电路中 MOS 晶体管的沟道长度和栅极节距

制程线宽越小,集成电路芯片在可以同样的面积里集成更多的晶体管。2012 年,英特尔公司采用 22nm 工艺制造的 CPU 测试芯片,集成了 290 亿个 MOS 晶体管。每当芯片上可以集成更多的晶体管时,CPU 设计师总是利用它们来加快实现流水线的计算速度和设计更多的 CPU 内核。而内存设计师则利用这些晶体管来提高芯片的存储容量。内存工程师完全可以设计出与 CPU 一样快的内存,之所以没有这样做,主要是出于经济上的考虑。

6.4　计算机操作系统

操作系统是配置在计算机硬件上的第一层软件,是对硬件系统的首次扩充。它在计算机系统中占据了特别重要的地位,其他系统软件和应用软件,都依赖于操作系统的支持。

6.4.1 操作系统类型

1. 操作系统的定义

操作系统是控制计算机硬件资源和软件资源的一组程序。操作系统能有效地组织和管理计算机中的各种资源,合理地组织计算机的工作流程,控制程序的执行,并向用户提供各种服务功能,使用户能够灵活、方便、有效地使用计算机,使计算机系统能高效地运行。通俗地说,操作系统就是操作计算机的系统软件。操作系统的功能不是无限的,操作系统主要负责控制和管理计算机,使它正常工作,而众多应用软件充分发挥了计算机的作用。

2. 操作系统的类型

根据操作系统的功能可分为批处理操作系统、分时操作系统、实时操作系统、嵌入式操作系统、网络操作系统等。应用最广泛的操作系统有 Windows、Linux 和 Android。

1)批处理系统

批处理系统的主要特点是:用户脱机使用计算机,操作方便;成批处理,提高了 CPU 利用率。它的缺点是无交互性,即用户一旦将程序提交给系统后,就失去了对它的控制。早期(20 世纪 60 年代)第一个广为使用的操作系统是 IBM 709 计算机上的 FMS(FORTRAN 监控系统),这种批处理操作系统目前已经淘汰。

2)分时系统

1963 年,美国麻省理工学院(MIT)开发了一个分时操作系统 CTSS(兼容分时系统)。分时系统是指多个程序共享 CPU 的工作方式。操作系统将 CPU 的工作时间划分成若干个时间片。操作系统以时间片为单位,轮流为每个程序服务。为了使 CPU 为多个程序服务,时间片很短(大约几个到几十个毫秒),CPU 采用循环方式将这些时间片分配给等待处理的每个程序,由于时间片很短,执行得很快,使每个程序都能很快得到 CPU 的响应,好像每个程序都在独享 CPU。分时操作系统的主要特点是允许多个用户同时在一台计算机中运行多个程序;每个程序都是独立操作、独立运行、互不干涉。现代通用操作系统都采用了分时处理技术,如 Windows、Linux 等,都是分时操作系统。

3)实时操作系统

在操作系统理论中,"**实时性**"通常是指特定操作所消耗时间(以及空间)的上限是可预知的。例如,实时操作系统 ROS 提供内存分配时,内存分配操作所用时间(及空间)无论如何不会超出操作系统所承诺的上限。一个实时操作系统面对变化的负载(从最小到最坏的情况)时,必须确定性地保证时间要求。值得注意的是,满足确定性不是要求速度足够快。衡量实时性能主要有两个重要指标:一是中断响应时间;二是任务切换时间。

【例 6-8】 Windows 在 CPU 空闲时可以提供非常快的中断响应,但是当某些后台任务正在运行时,中断响应会变得非常漫长。并不是 Windows 不够快或效率不够高,而是因为它不能提供确定性,所以 Windows 不是实时操作系统。

实时操作系统主要用于工业控制、军事航空等领域。实时操作系统往往也是嵌入式操作系统,业界公认比较好的实时操作系统是 VxWorks(读[vs-works]),Linux 经过剪裁后可以改造成实时操作系统,如 RT-Linux、KURT-Linux 等。

4）嵌入式操作系统

嵌入式操作系统（EOS）主要用于工业控制和国防领域。EOS 负责嵌入系统全部软件和硬件资源的分配、任务调度、控制、协调等活动。EOS 除具备操作系统最基本的功能，如任务调度、同步机制、中断处理、文件功能等，还具有以下特点：可伸缩性，如可对系统模块进行裁减；强实时性，用于各种设备控制；统一的设备接口，如 USB、以太网等；操作方便简单；强大的网络功能，如支持 TCP/IP 协议，为移动计算设备预留接口；强稳定性和弱交互性，系统一旦开始运行就不需要用户过多干预，用户接口一般不提供操作命令，通过用户程序提供服务；固化代码，EOS 和应用软件一般固化在闪存中，辅助存储器很少使用；良好的硬件适应性，便于嵌入到其他设备中。常用的 EOS 有嵌入式 Linux、VxWorks、Android、μC/OS-Ⅲ、QNX、Contiki、TinyOS、ROS（机器人操作系统）等。

5）网络操作系统

网络操作系统（NOS）的主要功能是为各种网络服务软件提供支持平台。网络操作系统主要运行的软件有：网站服务软件（如 Web 服务器、DNS 服务器等），网络数据库软件（如 Oracle、SQL Server 等），网络通信软件（如聊天服务器、邮件服务器等），网络安全软件（如网络防火墙、数字签名服务器等），以及各种网络服务软件。常见的网络操作系统有 Linux、FreeBSD、Windows Serve 等。

3. Windows 与 Linux 的差异

Windows 与 Linux 是应用最广泛的操作系统，它们的功能基本相同。计算机专家乔尔·斯普林斯（Joel Spolsky）认为："Windows 与 Linux 的差异主要体现在文化上。"

（1）Linux 看重对程序员的价值，对程序员的友好压倒一切；Windows 重视对最终用户的价值，对最终用户的友好重于泰山。

（2）Linux 文化认为，如果程序执行成功，那么它不应当输出任何信息，即"没有消息就是好消息"；在 Windows 文化中，最终用户认为，如果一个程序什么都不输出，那么不知道程序是否正确理解了用户的请求，也无法分辨程序执行是成功还是失败。

（3）Linux 崇尚字符界面，不太喜欢图形化用户界面，因为字符界面更加容易用编程的方式进行交互；而 Windows 用户崇尚图形化界面，大部分用户对编程毫无兴趣，因此很少有字符界面的需求。

（4）Linux 的经典文档简明扼要，而且十分完备；Windows 文化则认为，最终用户不喜欢看手册，即使阅读文档，也只会看尽可能少的内容。

（5）Linux 文化鼓励多样性，其发展一直限于服务器市场；而 Windows 文化则非常强调**易用性**，一直是主流桌面市场的领导者。

6.4.2　微机操作系统 Windows

1. Windows 系统结构

目前使用的 Windows 系统属于 NT 系列，它的系统结构如图 6-42 所示。系统分为核心态和用户态两大层次，这样的分层避免了用户程序对系统内核的破坏。

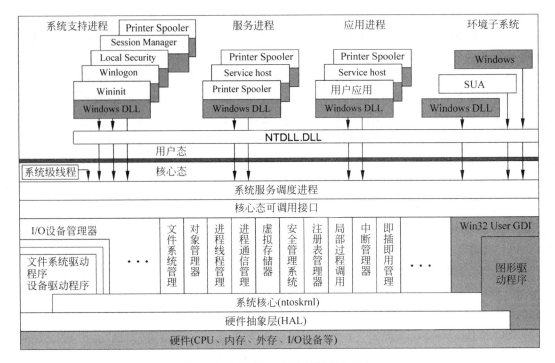

图 6-42　Windows 操作系统基本结构

2．用户模式（用户态）

用户模式部分包括 Windows 子系统进程（csrss. exe）以及一组动态链接库（DLL）。csrss. exe 进程主要负责控制台窗口的功能，以及创建或删除进程和线程等。子系统 DLL 则被直接链接到应用程序进程中，包括 kernel32. dll、user32. dll、gdi32. dll 和 advapi. dll 等。

3．内核模式（核心态）

1）硬件抽象层

硬件抽象层（HAL）是一个独立的 DLL（动态链接库），通过 HAL 可以隔离不同硬件设备的差异，使系统上层模块无须考虑下层硬件之间的差异性。上层模块不能直接访问硬件设备，它们通过 HAL 来访问硬件设备。由于硬件设备并不一致，所以操作系统有多个 HAL。例如，有些计算机 CPU 为 Intel 产品，而有些为 AMD 的 CPU；有的 CPU 为 2 核，有些为 4 核，这些差异会造成硬件的不一致。为了解决这个问题，Windows 安装程序附带多个 HAL，系统安装时会自动识别 CPU 是 AMD 还是 Intel 产品，然后自动选择一个合适的 HAL 进行安装。

2）设备驱动程序

win32k. sys 的形式是一个驱动程序，但实际上它并不处理 I/O（输入/输出）请求，相反，它向用户提供了大量的系统服务。从功能上讲，它包含两部分：窗口管理和图形设备接口（GDI）。其中窗口管理部分负责收集和分发消息，以及控制窗口显示和管理屏幕输出；图形设备接口部分包含各种形状绘制以及文本输出功能。

3) 系统内核

Windows 系统内核文件为 ntoskrnl. exe,安装在 C:\Windows\System32 目录下,在 Windows 7 下文件大小为 3.73MB。WRK(Windows 研究内核)是微软公司 2006 年开放的 Windows 内核部分源代码。WRK 建立在真实的 Windows 内核基础上,实现了线程调度、内存管理、I/O 管理、文件系统等操作系统所必需的基本功能。WRK 给出了 Windows 系统内核的大部分源程序代码,可以对其中的源程序进行修改、编译,并且用这个内核启动 Windows 操作系统。

4) 图形设备接口

Windows 的图形引擎有两个特点:一是提供了一套与设备无关的图形编程接口(GDI),这使得应用程序可以适应各种显示设备;二是应用程序与图形设备驱动程序之间的通信非常高效,能够为用户提供良好的视觉效果。Windows 图形系统除支持 GDI 外,还提供了对 DirectX(读[DX]或[迪瑞克特-叉])的支持,从而允许游戏、多媒体软件等绕过 GDI 图形引擎,直接操作显示器等硬件,从而获得更快的显示速度,并且避免屏幕图像的抖动。

6.4.3　网络操作系统 Linux

20 多年来,Linux 一直引领着软件开源运动。在全球 500 强超级计算机中,有 497 台运行 Linux,全球 73% 以上的智能手机以及嵌入式设备都在运行衍生自 Linux 的操作系统。网络中的服务器、路由器、交换机、防火墙等设备,它们大部分采用 Linux 系统。

1. 类 UNIX 系统的发展

20 世纪 60 年代中期,国际上开始研制一些大型通用操作系统。这些操作系统试图达到功能齐全,可适应各种应用范围和操作方式的目标。但是,这些操作系统过于复杂和庞大,不仅付出了巨大的研发代价,而且在解决可靠性、可维护性等方面遇到了很大困难。

1969 年,AT&T(贝尔)公司开发了 UNIX 操作系统,UNIX 是一个通用的多用户分时交互式操作系统。早期 UNIX 版本完全免费,而且可以轻易获得并随意修改,所以很快得到了广泛的应用和不断完善,UNIX 对现代操作系统的设计和应用有着重大影响。UNIX 的设计原则是:**简洁至上**;**提供机制而非策略**。

如图 6-43 所示,UNIX 包含了部分商业 UNIX 操作系统,如 UNIX Ware、Mac OS X、AIX、HP-UX、Solaris 等;以及众多的开源 UNIX 系统,如 BSD(伯克利大学软件包)、Linux(读[li-n-ks,里那克斯])、Android(安卓)等。由于 UNIX 是注册商标,因此,人们将其他从 UNIX 发展而来的操作系统称为**类 UNIX**(Unix-like)。

2. Linux 系统的基本特征

1991 年,芬兰学生林纳斯·托瓦兹(Linus Torvalds)根据 Minix(用于教学的小型操作系统)编写了 Linux 系统内核。Linux 系统包含了 Linux 内核和桌面图形环境,Linux 是遵循 GNU(开源软件项目)和 GPL(通用公共许可协议)规范的操作系统。

一个典型的 Linux 发行版包括:Linux 内核、GNU 程序库和工具、命令行 shell、图形窗口 X-Window 系统、图形桌面环境(如 KDE 或 GNOME),并包含办公套件、编译器、文本编

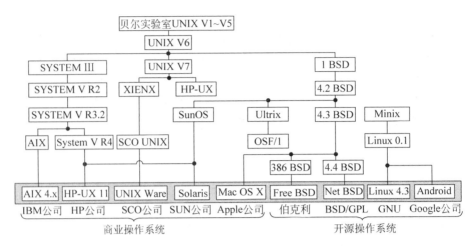

图 6-43　类 UNIX(Unix-like)操作系统的发展

辑器，以及各种应用软件。Linux 的发行版本大体可以分为两类：一类是商业公司维护的发行版本，以著名的 Red Hat Linux(红帽子)为代表；另外一类是网络社区组织维护的发行版本，如 Ubuntu、CentOS、Debian、Linux Mint、Fedora 等。

Linux 操作系统最流行的桌面图形环境有 KDE(K 桌面环境)和 GNOME(GNU 网络对象模型环境)。桌面图形环境由大量的各类工具软件和应用程序组成，它为 Linux 系统提供了一个更加完善的用户界面。

Linux 可安装在各种计算机设备中，如手机、平板计算机、路由器、防火墙、游戏机、台式计算机等。Linux 由于具有完备的网络功能，较好的安全性和稳定性，而且是开源免费软件，因此广泛应用于网络服务器和大型计算机系统。

3. Linux 系统的基本结构

Linux 的基本设计思想有两点：一是一切都是文件；二是每个软件都有确定的用途。第一条详细来讲就是系统中所有的事物都可以归结为一个文件，包括命令、硬件设备、软件、操作系统、进程等，对操作系统内核而言，它们都被视为拥有各自特性的文件。Linux 系统结构如图 6-44 所示。

用户模式	应用程序(如sh、vi、OpenOffice等)		
	Shell(壳)	C语言库函数	X-Window 图形界面
内核模式	系统调用接口(SCI)		
	内核(进程管理、内存管理、虚拟文件系统、网络服务、中断管理等)		
	驱动程序		
硬件	CPU、内存、外存、I/O 设备、BIOS、各种设备等		

图 6-44　Linux 系统结构

2016 年发布的 Linux 4.9 版包含了 56 233 个文件，由 22 345 566 行代码组成(不包含 X-Window)，其中 2230 万行代码为非核心代码，三分之二的代码由驱动程序组成。Linux 2.6.27 版本内核文件源代码为 640 万行，代码分布情况如表 6-3 所示。

表 6-3　Linux 2.6.27 版本内核源代码统计

代码类型	源代码行数	占代码总量的百分比/%	代码类型	源代码行数	占代码总量的百分比/%
驱动程序	3 301 081	51.6	内核	74 503	1.2
系统结构	1 258 638	19.7	内存管理	36 312	0.6
文件系统	544 871	8.5	密码学	32 769	0.5
网络	376 716	5.9	安全	25 303	0.4
声音	356 180	5.6	其他	72 780	1.1
库函数	320 078	5.0	总计	6 399 231	100

说明：内核代码不包含 X-Window 图形窗口和桌面系统。

4. Linux 系统内核层

Linux 系统内核层由驱动程序层、内核（kernel）、系统调用接口（SCI）层等组成。

1）驱动程序层

每一种硬件设备都有相应的设备驱动程序。驱动程序运行在高特权级环境中,与硬件设备相关的具体操作细节由设备驱动程序完成,正因为如此,任何一个设备驱动程序的错误都可能导致操作系统的崩溃。

2）内核

Linux 采用单内核,多模块设计。Linux 汲取了微内核设计思想,具备模块化设计;内核调度机制支持实时抢占模式;支持内核线程以及动态装载内核模块的能力;所有模块全部运行在内核模式,直接调用函数,无须消息传递;支持对称多处理器（SMP）机制等功能。Linux 内核由内存管理、进程管理、文件系统和网络接口等部分组成。

3）系统调用接口层

系统调用就像是函数,可以在应用程序中直接调用。Linux 有 200 多个系统调用。系统调用给应用程序提供了一个内核功能接口,隐藏了内核的复杂结构。一个操作可以看作是系统调用的结果。

5. Linux 系统用户层

1）shell

shell（壳）是一个命令解释器。没有运行用户图形界面时,shell 是用户的操作界面。用户运行应用程序时,需要在 shell 中输入操作命令。shell 可以执行符合 shell 语法的脚本文件,shell 脚本可以执行系统调用,也可以执行各种应用程序,这些特性让 shell 脚本可以实现非常强大的功能。shell 有很多种,最常见的是 bash,另外还有 sh、csh、tcsh、ksh 等。

2）库函数

由于系统调用使用起来很麻烦,Linux 定义了一些库函数将系统调用组合成某些常用操作,以方便用户编程。例如,分配内存操作可以定义成一个库函数（C 语言）。使用库函数对计算机来说并没有效率上的优势,但可以将程序员从程序细节中解救出来。当然,程序员也完全可以不使用库函数,而直接调用系统函数（SCI）。

3）X 窗口系统

X-Window system 是麻省理工学院（MIT）研发的类 UNIX 系统下的窗口系统。通常使用的 X-Window 是 XFree86 Project 公司研发的 XFree86。X-Window 的界面类似于微软公司的 Windows 和苹果公司的 Mac OS X，但是它们在控制机制上截然不同。例如，X-Window 提供的基本窗口管理器可能只是个框架（如 twm），也可能提供了全套的桌面环境功能（如 KDE）。绝大多数用户在使用 X-Window 时，多是使用已经高度集成化的桌面环境，桌面环境不仅有窗口管理器，还具有各种应用程序，以及协调一致的界面。目前最流行的桌面环境是 GNOME 和 KDE，两者已普遍应用于 Linux 操作系统。

4）应用程序层

Linux 应用程序可以通过以下方法运行：一是直接调用系统调用接口函数；二是调用库函数；三是运行 shell 脚本；四是运行 X-Window 窗口系统。

由以上讨论可见，Linux 利用内核实现软件与硬件的对话；通过系统调用接口（SCI），将上层的应用与下层的核心完全隔离开，为程序员隐藏了底层的复杂性，同时也提高了上层应用程序的可移植性。当升级系统内核时，可以保持系统调用的语句不变，从而让上层应用感受不到下层的改变；库函数利用系统调用接口创造出模块化的功能；而 shell 则提供了一个用户界面，让我们可以利用 shell 的语法编写脚本，以整合程序功能。

6.4.4　手机操作系统 Android

1. Android 系统概述

Android（读［安卓］）由 Google 公司和开放手机联盟共同开发，它是基于 Linux 内核的开源操作系统。Android 主要用于移动设备，如智能手机和平板计算机。2008 年发布了第一部 Android 智能手机，以后 Android 逐渐扩展到平板计算机、电视、数码相机、游戏机等领域。2016 年全球智能手机总销量为 14.7 亿台，Android 平台手机全球市场份额达到了 73%。

2. Android 系统结构

如图 6-45 所示，Android 系统采用分层结构，系统分为四层，分别是应用程序层、应用程序框架层、系统运行库层和 Linux 内核层。

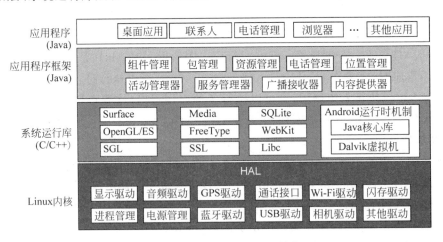

图 6-45　Android 操作系统结构

1) 应用程序层

应用程序层由运行在 Android 设备上的所有应用(App)共同构成,它不仅包括通话、短信、联系人等系统应用(随 Android 系统一起预装在移动设备中),还包括其他后续安装到设备中的第三方应用程序,如浏览器、微信、导航地图等。

Android 应用程序都采用 Java 语言开发。但一些应用(如游戏)中,需要进行大规模运算和图形处理,以及使用开源 C/C++ 类库。如果通过 Java 实现,可能会有执行效率过低和移植成本过高等问题。因此在 Android 开发中,开发者可以使用 C/C++ 来实现底层模块,并通过 JNI(Java Native Interface)接口与上层 Java 实现交互,然后利用 Android 提供的交叉编译工具生成类库并添加到应用程序中。但是,开发者只能使用 C/C++ 编写功能类库,而不是整个应用程序。因为 Android 的界面显示、进程调度等核心机制都是通过 Java 来实现,应用程序只有按规定模式编写 Java 模块和配置信息,才能够被识别和执行。

2) 应用程序框架层

Android 应用程序框架包括:活动用于前台运行的进程(功能服务);服务指后台运行的进程,不提供用户界面;广播接收器用于接收广播信息;内容提供器支持在多个应用中存储和读取数据,相当于数据库。应用程序框架的功能是简化程序组件的调用,任何应用程序都可以调用这些功能模块,这种程序重用机制使用户可以方便地替换程序组件。

(1) 活动管理器(Activity)。在 Android 中,活动通常是一个手机屏幕,它可以不显示一些控件(如按钮、对话框等),也可以监听和处理用户事件。一个 Android 应用由多个活动组成。多个活动之间可以相互跳转,例如,按下一个按钮后,可能会跳转到其他的活动。当打开一个新屏幕时,之前的屏幕会设置为暂停状态,并且压入历史堆栈中。用户可以通过回退操作返回到以前打开屏幕。

(2) 服务管理器(Service)只能在后台运行,但是可以和其他组件进行交互。服务也是一种进程,它可以长时间运行,但是没有用户界面。例如,用户运行音乐播放器时,如果这时打开浏览器上网,虽然已经启动了浏览器程序,但是音乐播放并没有停止,而是在后台继续播放。这个播放进程由播放音乐的服务进行控制。

(3) 广播接收器(Broadcast Receiver)是应用程序之间传输消息的机制。例如,当电话呼入这个外部事件到来时,可用广播进行处理;下载文件完成时,也可以利用广播进行处理。广播并不生成用户界面,它通过通知管理子系统告诉用户有些事情发生了。

(4) 内容提供器(Content Provider)的作用是对外共享数据。在 Android 中,对数据的保护很严密,除了存放在 SD 卡中的数据,一个应用程序所具有的数据、文件等内容,都不允许其他应用程序直接访问。

3) 系统运行库层

系统运行库是操作系统与应用程序沟通的桥梁,它分为两层:库函数层(Library)和 Dalvik 虚拟机。Android 包含了一些 C/C++ 库,这些库能被 Android 系统中不同的组件使用。它们通过 Android 应用程序框架为开发者提供服务。

(1) Surface 用于显示子系统管理,为应用程序提供 2D/3D 图形显示到物理设备。

(2) Media 是基础多媒体库,它支持多种常用的音频、视频格式回放和录制,同时支持静态图像文件。编码格式包括 MPEG-4、H.264、MP3、JPG 等。

(3) SQLite 是轻量级嵌入式数据库,数据库又分为共用数据库和私用数据库。

（4）OpenGL/ES 是 3D 图形的专业图形函数库。

（5）FreeType 是字体引擎，它提供点阵字体和矢量字体的渲染。

（6）WebKit 是 Web 浏览器引擎，支持 Android 浏览器和一个可嵌入的 Web 视图。

（7）SGL 是底层 2D 图形函数库，它包含字形、坐标、点阵图等函数处理功能。

（8）SSL（安全套接层）提供安全通信和数据完整性检测。

（9）Libc 是从 BSD 继承的标准 C 函数库，它是专门为嵌入式 Linux 设备定制的。

（10）Android 运行时机制。和所有 Java 程序运行平台一样，为了实现 Java 程序在运行阶段的二次编译，Android 为它们提供了运行时（Runtime）机制。Android 运行时机制由 Java 核心类库和 Java 虚拟机（Dalvik）共同构成。Java 核心类库涵盖了 Android 应用程序框架层和应用程序层所要用到的基础 Java 库，包括 Java 对象库、文件管理库、网络通信库等。

Dalvik 是为 Android 量身打造的 Java 虚拟机，它负责执行应用程序，分配存储空间，管理进程生命周期等工作。Dalvik 没有采用基于栈的虚拟机结构，而采用了基于寄存器的虚拟机结构。一般来说，基于栈的虚拟机对硬件依赖程度小，生成的代码更节约空间，可以适配更多的低端设备；而基于寄存器的虚拟机对硬件要求更高，编译出的代码可能会耗费稍多的存储空间，但它的执行效率更高，更能够发挥高端硬件（主要是 CPU）的能力。

Dalvik 没有沿用 Java 二进制字节码（JavaBytecode）作为编译的中间文件，而是采用了新的二进制码文件.dex。在 Android 应用程序编译过程中，编译程序会先生成若干个.class文件，然后统一转换成.dex 文件。在转换过程中，Android 会对部分.class 文件中的指令做转义，使用 Dalvik 指令集（OpCodes）来替换原指令，以提高执行效率。同时，.dex 会整合多个.class 文件中的重复信息，并对冗余部分做全局优化和调整，合并重复的常量定义，以节约常量存储空间。这使得.dex 文件通常会比.class 文件更精简。

4）Linux 内核层

Android 系统搭建在 Linux 内核之上，Android 的 Linux 内核包括安全管理、存储器管理、程序管理、网络堆栈、驱动程序模型等。从运行角度看，它们只是运行在 Linux 系统上的一些进程，并不是一个完整的 Linux 系统。

硬件抽象层（HAL）不是一个独立层，它是 Android 为厂商定义的一套接口标准，Android 并没有定义一个单独的硬件抽象层（HAL），Android 的硬件抽象层是以封闭源码形式提供的硬件驱动模块。HAL 的目的是将 Android 框架与 Linux 内核隔离开，使Android 不至过度依赖 Linux 内核，以达成让 Android 框架的开发能在不考虑驱动程序的前提下进行。

3. Android 应用程序安装包 APK

Android 应用程序通过 Android SDK 编译器，将程序编译后打包成一个 apk 文件。文件后缀名为 apk 的文件是安卓应用程序安装包，它采用 zip 格式，并非 Java 字节码文件。可以将 apk 文件下载到 Android 手机中，执行 apk 文件即可进行应用程序安装。

在 Android 文件系统中，有几个非常重要的文件夹，一是存放系统文件的/system 文件夹；二是存放配置文件的/dev 文件夹；三是 SD 卡中存放程序和数据的/sdcard 文件夹。

4. Android 资源消耗

Android 系统看起来很耗内存，因为 Android 上的程序采用 Java 语言开发，而 Android

上的每个应用(App)都带有独立虚拟机,每打开一个应用就会运行一个独立的虚拟机。这样设计是为了避免虚拟机崩溃而导致整个系统崩溃,但代价是需要更多的内存(以空间换时间)。这些设计确保了 Android 的稳定性,正常情况下最多单个应用崩溃,但整个系统不会崩溃,也永远不会出现内存不足的提示,这种设计非常适合移动终端的需要。

6.4.5　操作系统功能

1. 进程管理

简单地说,进程是程序的执行过程。程序是静态的,它仅仅包含描述算法的代码;进程是动态的,它包含了程序代码、数据和程序运行的状态等信息。进程管理的主要任务是对 CPU 资源进行分配,并对程序运行进行有效的控制和管理。

1)进程的状态及其变化

如图 6-46 所示,进程执行过程为"就绪→运行→等待"三个循环进行的状态。操作系统有多个进程请求执行时(如打开多个网页),每个进程进入"就绪"队列,操作系统按进程调度算法(如先来先服务 FIFO、时间片轮转、优先级调度等)选择下一个马上要执行的就绪进程,并分配就绪进程一个几十毫秒(与操作系统有关)的**时间片**,并为它分配内存空间等资源。上一个运行进程退出后,就绪进程进入"**运行**"状态。目前 CPU 工作频率为 GHz 级,1ns 最少可执行 1~4 条指令(与 CPU 频率、内核数量等有关),在 10 多个毫秒的时间片里,CPU 可以执行数万条机器指令。CPU 通过内部硬件中断信号来指示时间片的结束,时间片到点后,进程将控制权交还操作系统,进程必须暂时退出"运行"状态,进入"就绪"队列或"等待"或"完成"状态。这时操作系统分配下一个就绪进程进入运行状态。以上过程称为进程切换。进程结束时(如关闭某个程序),操作系统会立即撤销该进程,并及时回收该进程占用的软件资源(如程序控制块、动态链接库)和硬件资源(如 CPU、内存等)。

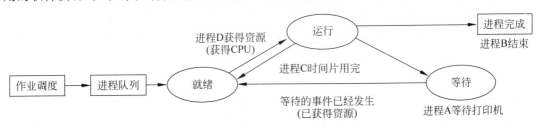

图 6-46　进程运行的不同状态

2)进程同步

进程对共享资源(如 CPU)不允许同时访问,这称为进程互斥,以互斥关系使用的共享资源称为临界资源。为了保证进程能够有序执行,就必须进行进程同步。进程同步有两种方式:一是进程互斥方式,即进程对临界资源进行访问时,互斥机制为临界资源设置一把锁;锁打开时,进程可以对临界资源进行访问,锁关闭时禁止进程访问该临界资源。二是空闲让进,忙则等待,即临界资源没有进程使用时,可让进程申请进入临界区;如果已有进程进入临界区,其他试图进入临界区的进程都必须等待。

3)Windows 进程管理

为了跟踪所有进程,Windows 在内存中建立了一个进程表。每当有程序请求执行时,操作系统就在进程表中添加一个新的表项,这个表项称为 PCB(程序控制块)。PCB 中包含了进程的描述信息和控制信息。进程结束后,系统收回 PCB,该进程便消亡。在 Windows 系统中,每个进程都由程序段、数据段、PCB 三部分组成。

2. 存储管理

1) 存储空间的组织

操作系统中,每个任务都有独立的内存空间,从而避免任务之间产生不必要的干扰。将物理内存划分成独立的内存空间,典型的做法是采用段式内存寻址和页式虚拟内存管理。页式存储解决了存储空间的碎片问题,但是也造成了程序分散存储在不连续的空间。x86 体系结构支持段式寻址和虚拟内存映射,x86 机器上运行的操作系统采用了虚拟内存映射为基础的页式存储方式,Windows 和 Linux 就是典型的例子。

2) 存储管理的主要工作

存储管理的主要工作为:一是为每个应用程序分配内存和回收内存空间;二是地址映射,就是将程序使用的逻辑地址映射成内存空间的物理地址;三是内存保护,当内存中有多个进程运行时,保证进程之间不会相互干扰,影响系统的稳定性;四是当某个程序的运行导致系统内存不足时,如何给用户提供虚拟内存(硬盘空间),使程序顺利执行,或者采用内存"覆盖"技术、内存"交换"技术运行程序。

3) 虚拟内存技术

虚拟内存就是将硬盘空间拿来当内存使用,硬盘空间比内存大许多,有足够的空间用于虚拟内存;但是硬盘的运行速度(毫秒级)大大低于内存(纳秒级),所以虚拟内存的运行效率很低。这也反映了计算思维的一个基本原则,以时间换空间。

虚拟存储的理论依据是程序局部性原理:程序在运行过程中,在时间上,经常运行相同的指令和数据(如循环指令);在存储空间上,经常运行某一局部空间的指令和数据(如窗口显示)。虚拟存储技术是将程序所需的存储空间分成若干页,然后将常用页放在内存中,暂时不用的程序和数据放在外存中。当需要用到外存中的页时,再把它们调入到内存。

4) Windows 虚拟地址空间

32 位 Windows 系统的虚拟地址空间为 4GB,这是一个线性地址的虚拟内存空间(即大于实际物理内存的空间),用户看到和接触到的都是该虚拟内存空间。利用虚拟地址不但能起到保护操作系统的效果(用户不能直接访问物理内存),更重要的是用户程序可以使用比实际物理内存更大的内存空间。用户在 Windows 中双击一个应用程序的图标后,Windows 系统就为该应用程序创建一个进程,并且分配每个进程 2GB(内存范围:0~2GB)的虚拟地址空间,这个 2GB 的地址空间用于存放程序代码、数据、堆栈、自由存储区;另外 2GB 的(内存范围:3~4GB)虚拟地址空间由操作系统控制使用。由于虚拟内存大于物理内存,因此它们之间需要进行内存页面映射和地址空间转换。

3. 文件管理

文件是一组相关信息的集合。在计算机系统中,所有程序和数据都以文件的形式存放在计算机外部存储器(如硬盘、U 盘等)上。例如,一个 C 源程序、一个 Word 文档、一张图片、一段视频、各种程序等都是文件。

1) Windows 文件系统

操作系统中负责管理和存取文件的程序称为文件系统。Windows 的文件系统有 NTFS、FAT32 等。在文件系统管理下,用户可以按照文件名查找文件和访问文件(打开、执行、删除等),而不必考虑文件如何存储、存储空间如何分配、文件目录如何建立、文件如何调入内存等问题。文件系统为用户提供了一个简单统一的文件管理方法。

文件名是文件管理的依据,文件名分为文件主名和扩展名两部分。文件主名由程序员或用户命名。文件主名一般用有意义的英文或中文词汇命名,以便识别。不同操作系统对文件命名的规则有所不同。例如 Windows 操作系统不区分文件名的大小写,所有文件名的在操作系统执行时,都会转换为大写字符。而有些操作系统区分文件名的大小写,如 Linux 操作系统中,test. txt、Test. txt、TEST. TXT 被认为是 3 个不同文件。

文件的扩展名表示文件的类型,不同类型的文件处理方法不同。例如,在 Windows 系统中,扩展名. exe 表示执行文件。用户不能随意更改文件扩展名,否则将导致文件不能执行或打开。在不同操作系统中,表示文件类型的扩展名并不相同。

文件内部属性的操作(如文件建立、内容修改等)需要专门的软件,如建立电子表格文档需要 Excel 软件,打开图片文件需要 ACDSee 等软件,编辑网页文件需要 Dreamweaver 等软件。文件外部属性的操作(如执行、复制、改名、删除等)可在操作系统下实现。

目录(文件夹)由文件和子目录组成,目录也是一种文件。如图 6-47 所示,Windows 操作系统将目录按树状结构管理,用户可以将文件分门别类地存放在不同目录中。这种目录结构像一棵倒置的树,树根为根目录,树中每一个分枝为子目录,树叶为文件。Windows 系统中,每个硬盘分区(如 C、D、E 盘等)都建立一个独立的目录树,有几个分区就有几个目录树(与 Linux 不同)。

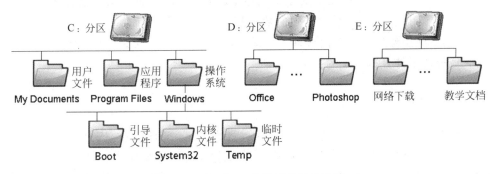

图 6-47　Windows 系统树状目录结构

2) Linux 文件系统

如图 6-48 所示,Linux 文件系统是一个层次化的树形结构。Linux 系统只有一个根目录(与 Windows 不同),Linux 可以将另一个文件系统或硬件设备通过"挂载"操作,将其挂装到某个目录上,从而让不同的文件系统结合成为一个整体。

Linux 系统的文件类型有文本文件(有不同编码,如 UTF-8)、二进制文件(Linux 下的可执行文件)、数据格式文件、目录文件、连接文件(类似 Windows 的快捷方式)、设备文件(分为块设备文件和字符设备文件)、套接字文件(Sockets,用于网络连接)、管道文件(用于解决多个程序同时存取一个文件造成的错误)等。

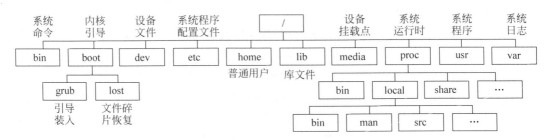

图 6-48　Linux 文件系统结构

大部分 Linux 使用 Ext2 文件系统,但也支持 FAT、VFAT、FAT32 等文件系统。Linux 将不同类型的文件系统组织成统一的虚拟文件系统(VFS)。Linux 通过 VFS 可以方便地与其他文件系统交换数据,虚拟文件系统隐藏了不同文件系统的具体细节,为所有文件提供了统一的接口。用户和进程不需要知道文件所属的文件系统类型,只需要像使用 Ext2 文件系统中的文件一样使用它们。

4. 中断处理

中断是 CPU 暂停当前执行的任务,转而去执行另一段子程序。中断可以由程序控制或者由硬件电路自动控制完成程序的跳转。外部设备通过信号线向 CPU 提出中断请求信号,CPU 响应中断后,暂停当前程序的执行,转而执行中断处理程序,中断处理程序执行完成后,返回到原来主程序的中断处,继续按原顺序执行。

【例 6-9】　计算机打印输出时,CPU 传送数据的速度很高,而打印机打印的速度很低,如果不采用中断技术,CPU 将经常处于等待状态,效率极低。而采用中断方式后,CPU 可以处理其他工作,只有打印机缓冲区中的数据打印完毕发出中断请求之后,CPU 才予以响应,暂时中断当前工作转去执行向缓冲区传送数据,传送完成后又返回执行原来的程序。这样就大大地提高了计算机系统的效率。

6.4.6　程序执行过程

程序执行过程中,操作系统需要反复进行进程调度、文件分析、内存分配、系统调用、I/O 管理等工作。运行一个程序非常简单,双击该程序的快捷图标就可以了。但是,当我们双击程序图标时,操作系统做了哪些工作? 为什么双击图标程序就能够运行? 下面以 HelloWorld.exe 文件为例,说明程序在 Windows 环境下的执行过程。

一般来说,程序执行分为三个部分:程序的初始化、程序的执行、恢复现场环境。

1. 程序的初始化

1) 执行文件的关联

计算机启动进入桌面后,OS 就创建了 Explorer.exe 进程,其他进程都是由 Explorer.exe 进程创建的。当我们用鼠标双击桌面程序图标时,shell(Explorer.exe 进程实现)会检测到这个鼠标操作事件,OS 注册表中保存着桌面程序图标的相关信息,如 exe 文件关联信息、exe 文件的参数、启动 exe 文件的 shell 等信息。

启动 exe 文件指定的 shell 就是 Explorer.exe 进程。因此,我们双击 exe 文件快捷图标时,Explorer.exe 进程就会根据注册表中的信息取得文件名,然后 Explorer.exe 进程以这个文件名调用系统函数 CreateProcess,进行初始化工作。

2) 进程初始化

CreateProcess 函数首先是创建进程的内核对象,进程内核对象可以看作是 OS 用来管理进程的内核对象,它也是 OS 用来存放进程统计信息的地方。当进程创建了一个内核对象后,OS 会为对象分配一块内存区域,并初始化这块区域(指定内核对象地址等)。

3) 创建进程的虚拟地址空间

进程创建后,OS 会为进程分配 4GB 的虚拟地址空间。每个进程只能访问自己虚拟地址空间中的数据,无法访问其他进程中的数据,OS 通过这种方法实现进程间的地址隔离。

4GB 虚拟地址空间分为 4 部分:NULL 指针区、用户区、64KB 禁入区、内核区。应用程序只能使用用户区(2GB 左右)。内核区为 2GB,它用于保存系统线程调度、内存管理、设备驱动等数据,这部分数据供所有进程共享。

4) 初始化进程的虚拟地址空间

进程地址空间创建后,Windows 装载器(Loader)开始工作。Loader 会读取 exe 文件的信息(PE 文件),Loader 会检查 PE(可移植和可执行的文件,如 EXE、DLL 等)文件的有效性。如果 PE 文件有错误,就会提示出错信息;如果没有错误,就把 PE 文件的内容(二进制代码)映射到进程的地址空间中。

然后 OS 会读取 PE 文件的导入地址表,这里存放有 exe 文件需要导入的动态连接库文件(DLL),系统会一一加载这些 DLL 到进程的虚拟地址空间中。

5) 创建进程的主线程

进程初始化完成后,OS 开始创建进程的主线程,一个进程至少要有一个主线程才能运行,可以说进程只是充当了一个容器的作用,而线程才是执行应用程序代码的载体。

线程用 CreateThread 函数创建,创建线程的过程与进程相似,系统会创建线程内核对象,初始化线程堆栈。线程堆栈有两个,一个是核心堆栈,运行在 OS 核心态中;另一个是用户堆栈,运行在 OS 用户态下。

6) 程序计数器指针的初始化

主线程初始化完成后,如果线程得到了 OS 分配的 CPU 时间片,CPU 就会将程序计数器指针 CS:IP 指向程序入口点(OEP)。

入口函数有以下 4 种类型:mainCRTStartup(用于 ANSI 版本的控制台应用程序);wmainCRTStartup(用于 Unicode 版本的控制台应用程序);WinMainCRTStartup(用于 ANSI 版本的窗口应用程序);wWinMainCRTStartup(用于 Unicode 版本的窗口应用程序)。

经过以上一系列初始化工作之后,程序主函数 main() 才最终被调用。假设 HelloWorld.exe 程序是 ANSI 版本的窗口程序,因此,系统调用的是 WinMainCRTStartup 函数。

2. 程序的执行过程

1) 窗口的基本概念

在理解 Windows 窗口运行原理之前,有必要了解以下几个概念。

(1) 窗口。窗口一般有标题栏、菜单栏、最小化、最大化、关闭按钮等信息。

(2) 句柄。句柄有两种意义：一是在程序设计中,句柄是一种特殊的智能指针,当一个应用程序要引用其他系统(如数据库、操作系统)所管理的内存块或对象时,就要使用句柄；二是在 Windows 编程中,句柄是一个唯一的整数值,即一个 4B 的数值(类似于程序中的形参和实参),来标识应用程序中不同对象的不同实例,例如一个窗口、按钮、图标、滚动条、输出设备、控件或者文件等。

(3) 消息。消息表示用户与程序交互时产生的各种操作的标识,它也是一个 DWORD值,Windows 系统有窗口消息(WM_xxx)、通知消息(WM_NOFITY)、命名消息(WM_COMMAND)、各种控件消息等。

(4) 窗口函数。它包括各种消息的处理程序,有消息到达时,由窗口函数进行处理。

2) 窗口的消息队列

Windows 窗口程序基于消息,消息由用户与程序的交互而产生(如输入数据),也可以是各种系统消息(如提示信息)。消息的不断产生构成了系统消息队列和用户消息队列,OS会维护这些消息队列。由于消息源源不断的产生,OS 再把消息发送到窗口,在窗口函数中进行处理,这就产生了一个消息循环,程序就能一直运行下去,直到程序关闭退出。

3) WinMain 函数的执行流程

在创建窗口之前,还需要注册窗口类,这里的类不是面向对象中的类,而是指定某个窗口的风格、样式、字体等信息。

接下来的工作是创建窗口,创建窗口成功后会返回一个窗口句柄(HWND)。创建窗口的过程相当复杂,有了窗口句柄后就方便多了,因为许多函数的调用都需要传入一个窗口句柄值。接下来就是显示窗口,显示窗口函数会发送消息出去；然后是更新窗口,主要是发送消息,让窗口进行重绘；最后是消息循环,只要程序在运行,这个循环就不会退出,程序也不会终止；当用户关闭窗口时,就会产生 WM_CLOSE 消息,OS 收到这个消息后,就会退出消息循环,终止应用程序。

窗口运行的大致过程是：注册窗口类→创建窗口→显示窗口→更新窗口→消息循环(取得消息,分发消息)→关闭窗口。

4) 窗口系统的 I/O 操作

OS 执行系统调用,并且调用窗口系统后,窗口系统会将字符串转换为图形点阵像素数据,并且将显示数据写入显示缓冲区。显示器将显示缓冲区的数据转换为数据信号和控制信号,并且在屏幕上显示"HelloWorld"程序窗口和其他信息。

3. 恢复现场环境

WinMain 函数结束后,OS 会进行内存回收清理工作。这项工作主要是调用 exit 函数来完成。exit 函数的工作包括：释放不使用的指针,释放进程占用的内存,退出应用程序进程,刷新系统窗口,重新调入并显示后台运行的应用程序窗口或回到系统桌面。

6.4.7　系统引导过程

计算机从开机到进入正常工作状态的过程称为**引导**。早期计算机依靠硬件引导机器,由程序(操作系统)控制计算机后,带来了一个悖论：没有程序的控制计算机不能启动,而计算机不启动则无法运行程序。即使用硬件的方法启动了计算机,接下来也会有更加麻烦的问题：谁进行系统管理呢？如内存分配、进程调度、设备初始化、操作系统装载、程序执行等操作由谁控制呢？

以上问题的解决方案是：将一个很小的引导程序（128KB）固化在 BIOS（基本输入输出系统）半导体芯片内（称为**固件**），并将 BIOS 芯片安装在主板中。开机电压正常后，计算机内部的 ATX 电源发送 PWR_OK（电源好）信号，激活 CPU 执行第一条指令，这条指令就是跳转到 BIOS 芯片地址，执行 BIOS 芯片中的引导程序，然后逐步扩大引导范围。

不论计算机硬件配置如何，计算机引导都必须经过以下 6 个步骤：**开机上电→POST**（上电自检）→**运行主引导记录→装载操作系统内核→运行操作系统→进入桌面**，如图 6-49 所示。不同的操作系统，前两个步骤都是相同的，即"开机上电"与"POST"过程与操作系统无关。而"运行主引导记录""操作系统装载"等过程则因操作系统的不同而异。

前面三个过程执行时间很短（小于 1s），如果计算机硬件没有致命性故障（电源、主板、CPU、内存等）就会显示资源列表，如果显示资源列表后计算机发生故障，大部分都是软件和外设故障（因为 POST 不检测硬盘、显示器等外设和网络）。

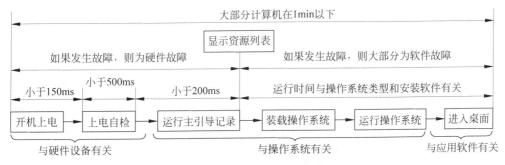

图 6-49　计算机系统引导过程

习题 6

6-1　冯·诺伊曼计算机结构包括哪些主要部件？

6-2　为什么说"存储程序"的思想在计算机工程领域具有重要意义？

6-3　简要说明计算机工作原理。

6-4　简要说明什么是计算机集群系统。

6-5　简单说明计算机指令执行过程。

6-6　根据计算机系统结构的"1-2-3"规则，说明计算机硬件发生故障的特点。

6-7　简要说明操作系统的特点。

6-8　CPU 只有几个内核，GPU 有几十个内核，这说明 CPU 技术落后于 GPU 技术吗？

6-9　简要说明程序的局部性原理。

6-10　简要说明计算机的引导过程，并举例说明计算机故障判断方法。

第7章

网络通信和信息安全

机器之间的通信是一个复杂的过程,它体现了大问题的复杂性。本章主要从"**模型和结构**"的计算思维概念,介绍网络通信的方法;并且用"**安全**"的概念,介绍网络攻击的防护方法,以及信息的加密和解密。

7.1 网络原理

7.1.1 网络基本类型

1. 互联网的发展

1969 年美国国防部高级研究计划局(ARPA)制定了一个计划,将美国的加利福尼亚大学洛杉矶分校(UCLA)、加利福尼亚大学(UCSB)、斯坦福大学研究学院(SRI)和犹他州大学(UoUtah)的 4 台计算机连接起来,建设一个 ARPANET(阿帕网)。1969 年 9 月 3 日,美国加州大学洛杉矶分校雷纳德·克兰罗克(L. Kleinrock)教授在实验室内,将两台计算机成功地由一条 5m 长的电缆连接并互传数据。1969 年 10 月 29 日 22 点 30 分,在克兰罗克教授指导下,阿帕网第 1 节点 UCLA 与第 2 节点 SRI 连通,虽然第一次实验只传输了 LO 两个字符(计划传输 LOGIN)就宕机了,但是实现了分组交换技术(包交换)的远程通信,这标志着互联网的正式诞生。

全球互联网已经成为当今世界推动经济发展和社会进步的重要信息基础设施。联合国宽带数字发展委员会报告指出,2013 年全球互联网用户为 28 亿左右。思科公司首席技术官帕德马锡·沃里奥(Padmasree Warrior)表示,2013 年全球互联网数据流量达到了 56EB,全球大约有 1 万亿台设备接入互联网。互联网如此受欢迎的原因在于它**使用成本低**,使用**信息价值高**。

2. 网络的定义

计算机网络是利用通信设备和传输介质,将分布在不同地理位置上的具有独立功能的计算机相互连接,在网络协议控制下进行信息交流,实现资源共享和协同工作。

3. 网络主要类型

计算机网络的分类方法有很多种,最常用的分类方法是 IEEE(国际电子电气工程师协会)根据计算机网络地理范围的大小,将网络分为局域网、城域网和广域网。

1)局域网

局域网(LAN)通常在一幢建筑物内或相邻几幢建筑物之间(如图7-1所示)。局域网是结构复杂度最低的计算机网络,也是应用最广泛的网络。尽管局域网是结构最简单的网络,但并不一定是小型网络。由于光通信技术的发展,局域网覆盖范围越来越大,往往将直径达数千米的一个连续的园区网(如大学校园网、智能小区网)也归纳到局域网范围。

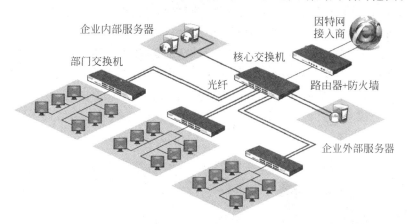

图 7-1 企业局域网应用案例

2)城域网

城域网(MAN)的覆盖区域为数百平方千米的一座城市内,城域网往往由许多大型局域网组成。如图7-2所示,城域网主要为个人用户、企业局域网用户提供网络接入,并将用户信号转发到因特网中。城域网信号传输距离比局域网长,信号更加容易受到环境的干扰。因此网络结构较为复杂,往往采用点对点、环形、树形等混合结构。由于数据、语音、视频等信号,可能都采用同一城域网络传输,因此城域网组网成本较高。

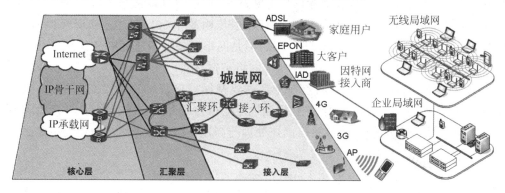

图 7-2 城域网结构示意图

3)广域网

广域网(WAN)覆盖范围通常在数千平方千米以上,一般为多个城域网的互联(如ChinaNet,中国公用计算机网),甚至是全世界各个国家之间网络的互联。因此广域网能实现大范围的资源共享。广域网一般采用光纤进行信号传输,网络主干线路数据传输速率非常高,网络结构较为复杂,往往是一种网状网或其他拓扑结构的混合模式。广域网由于需要跨越不同城市、地区、国家,因此网络工程最为复杂。

7.1.2　网络通信协议

1. 通信过程中的计算思维方法

【例 7-1】　人类通信是一个充满了智能化的过程。如图 7-3 所示,以一个企业技术讨论会为例,说明通信的计算思维方法。首先,参加会议的人员必须知道在哪里开会(目的地址);如何走到会议室(路由),会议什么时候开始(通信确认);会议主讲者通过声音(传输介质为声波)和视频(传输介质为光波)表达自己的意见(传送信息),主讲者必须关注与会人员的反应(监听),其他人员必须关注主讲者发言(同步);有时主讲者会受到会议室外的干扰(环境噪声)、会议室内其他人员说话的干扰(信道干扰);如果与会者同时说话,就会造成谁也听不清对方在说什么(信号冲突);主讲人保持恒定语速(通信速率)等。

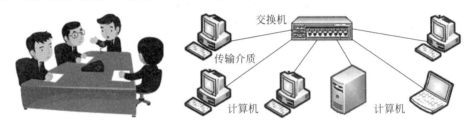

图 7-3　人们会议讨论和计算机通信的比较

　　计算机之间的数据传输是一个复杂的通信过程,需要解决的问题很多。例如,本机与哪台计算机通信(本机地址与目的地址);通过哪条路径将信息传送到对方(路由);对方开机了吗(通信确认);信号传输采用什么介质(微波或光纤);通信双方如何在时间上保持一致(同步);信号接收端怎样判断和消除信号传输过程中的干扰(检错与纠错);通信双方发生信号冲突时如何处理(通信协议);如何提高数据传输效率(包交换);如何降低通信成本(复用);网络通信虽然有以上许多工作要做,但是网络设备处理速度以毫秒计,这些工作计算机如何瞬间就可以完成(一般为毫秒级,与网络带宽有关)。

　　人类通信与计算机通信的共同点在于都需要遵循通信规则。不同点在于人类在通信时,可以随时灵活地改变通信规则,并且智能地对通信方式和内容进行判断;而计算机在通信时不能随意改变通信规则,计算机以高速处理与高速传输来弥补机器智能的不足。

2. 网络协议的三要素

　　计算机网络中,用于规定信息格式、发送和接收信息的一系列规则称为网络协议。通俗地说,协议就是机器之间交谈的语言。网络协议的三个组成要素是语法、语义和时序。

　　(1) **语法**规定了进行网络通信时,数据传输方式和存储格式,以及通信中需要哪些控制信息,它解决"怎么讲"的问题。

　　(2) **语义**规定了网络通信中控制信息的具体内容,以及发送主机或接收主机所要完成的工作,它主要解决"讲什么"的问题。

（3）**时序**规定了网络操作的执行顺序，以及通信过程中的速度匹配，主要解决"顺序和速度"问题。

3. 两军通信问题

网络通信协议能不能做到100％可靠？特南鲍姆（Andrew. S. Tanenbaum）教授在《计算机网络》一书中提出了一个经典的"两军通信"问题。

【**例7-2**】 如图7-4所示，一支红军在山谷里扎营，在两边山坡上各驻扎着一支蓝军。红军比两支蓝军中的任意一支都要强大，但两支蓝军加在一起就比红军强大。如果一支蓝军单独与红军作战，它就会被红军击败；如果两支蓝军协同作战，他们能够把红军击败。两支蓝军要协商一同发起进攻，他们唯一的通信方法是派通信员步行穿过山谷，而通过山谷的通信员可能躲过红军的监视，将发起进攻信息传送到对方的蓝军；但是通信员也可能被山谷中的红军俘虏，从而将信息丢失（信道不可靠）。问题：是否存在一个方法（协议）能实现蓝军之间的可靠通信，使两军协同作战而取胜？这就是两军通信问题。

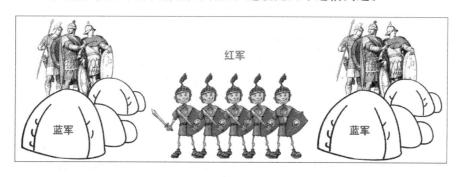

图 7-4　两军通信问题：蓝军之间如何实现安全可靠的通信

特南鲍姆指出，实际上并不存在这样的通信协议。因为最后一条消息的发送方永远无法确认它是否正确送到了。因此，仅有方法能以较高的概率保证两军同时进攻，但无法确保精确通信。可见，**网络通信是在不可靠的网络中尽可能实现可靠的数据传输**。

4. 通信中的"三次握手"

网络协议 TCP 的通信过程为：建立连接→数据传送→关闭连接三个步骤。"三次握手"是指网络通信过程中信号的三次交换过程，这个过程发生在 TCP 的建立连接阶段，它与两军通信问题非常相似，三次握手的目的是希望在不可靠的信道中实现可靠的信息传输。通信双方需要就某个问题达成一致时，三次握手是理论上的最小值。如图7-5所示，一个完整的三次握手过程是：请求→应答→确认。

第一次握手：连接请求。建立连接时，客户端发送 SYN（同步）请求数据包到服务器，然后客户端进入等待计时状态，等待服务器确认请求，这一过程称为"会话"。

第二次握手：授予连接。服务器收到 SYN 数据包并确认后，服务器发送 SYN＋ACK（同步＋确认）数据包作为应答，然后服务器进入计时等待状态（SYN_RECV）。

第三次握手：确认连接。客户端收到服务器的 SYN＋ACK 数据包后，向服务器发送 ACK（确认）数据包，此数据包发送完后，客户端和服务器进入连接状态，完成三次握手过

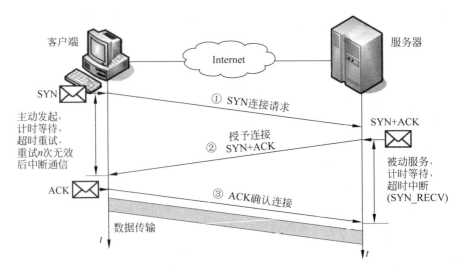

图 7-5　TCP 协议建立连接时的"三次握手"过程

程。这时客户端与服务器就可以开始传送数据了。

　　在以上过程中,服务器发送完 SYN＋ACK 数据包后,如果未收到客户端的确认数据包,服务器进行首次重传;等待一段时间仍未收到客户端确认数据包,进行第二次重传;如果重传次数超过系统规定的最大重传次数,服务器将该连接信息从半连接队列中删除。

5. 通信协议的安全性

　　与两军通信问题相似,TCP 同样存在安全隐患。例如在"三次握手"过程中,如果攻击者向服务器发送大量伪造源地址的 TCP 数据包(SYN 包,第 1 次握手)→服务器收到 SYN 包后,将返回大量的 SYN＋ACK 包(第 2 次握手)→由于 SYN 包源地址是伪造的,因此服务器无法收到客户端的 ACK 包(无法建立第 3 次握手)。这种情况下,服务器一般会重试发送 SYN＋ACK 包,并且等待一段时间后,再丢弃这些没有完成的半连接(时间大约为10s～1min)。如果是普通的客户端死机或网络掉线,导致产生少量的无效链接,这对服务器没有太大的影响。如果攻击者发送巨量(数百 Gbps)伪造源地址的数据包,服务器就需要维护一个非常巨大的半连接列表,而且服务器需要不断进行巨量的第 3 次握手重试。这将消耗服务器大量 CPU 和内存资源,服务器最终会因为资源耗尽而崩溃。

7.1.3　网络体系结构

1. 网络协议的计算思维特征

　　为了减少网络通信的复杂性,专家们将网络通信过程划分为许多小问题,然后为每个问题设计一个通信协议(如 RFC)。这样使得每个协议的设计、编码和测试都比较容易。这样网络通信就需要许多协议,如 TCP/IP 标准就包含了数千个因特网协议(如 RFC1～RFC6455)。为了减少复杂性,专家们又将网络功能划分为多个不同的层次,每层都提供一定的服务,使整个网络协议形成层次结构模型。网络协议的层次模型具有以下特征。

　　(1) 完整性。将一个复杂的网络通信过程分解为几个层次处理,大大降低了每个层次的复杂性。网络协议的分层不能模糊,每一层都必须明确定义,而且不会引起误解。网络协议必须是完整的,对每种可能出现的情况必须规定相应的具体操作。

(2)独立性。网络协议分层后,各层之间相互独立,高层不必关心低层的实现细节,做到每层各司其职。每个网络层次内部的具体操作方式,其他层次不必了解。只要服务内容和层次之间的接口不变,层次内协议的实现方法可灵活改变。

(3)标准接口。每个网络协议层次都提供标准的服务,使不同层次之间易于合作。网络协议的每一层都必须提供标准接口,使开发商易于提供网络软件和网络设备。

(4)灵活性。只要网络协议结构不变,某个网络层次内部的变化不会对其他层次产生影响,因此每个层次的软件或设备可以单独升级或改造,这有利于网络的维护和管理。

"层次结构"的计算思维,大大简化了很多复杂问题的处理过程。

2. OSI/ISO 网络体系结构

网络层次模型和通信协议的集合称为网络体系结构。常见的网络体系结构有 OSI/ISO(开放式系统互连/国际标准化组织)、TCP/IP(传输控制协议/网间协议)等。如图 7-6 所示,OSI/ISO 网络体系结构模型分为 7 个层次,它们分别为物理层、数据链路层、网络层、传输层、会话层、表示层和应用层。OSI/ISO 模型还规定了每层的功能,以及不同层之间如何进行通信协调。由于各方面的原因,OSI/ISO 网络体系结构并没有在计算机网络中得到实际应用,它往往作为一个理论模型进行网络分析。

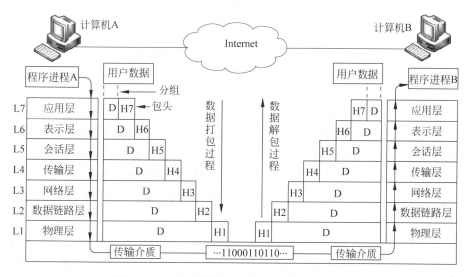

图 7-6 OSI/ISO 协议层次模型与信号传输过程

3. TCP/IP 网络体系结构

TCP/IP 是 IETF(因特网工程任务组)定义的网络体系结构模型,它规范了主机之间通信的数据包格式、主机寻址方法和数据包传送方式。如图 7-7 所示,TCP/IP 模型定义了 4 个层次:应用层、传输层、网络层和网络接口层。

1)应用层

应用层的主要功能是为用户提供各种网络服务和解决各种软件系统之间的兼容性。

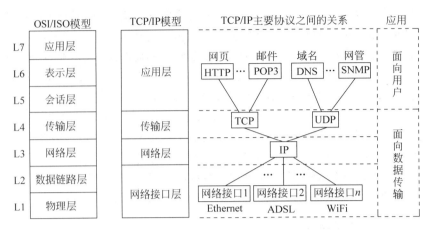

图 7-7　TCP/IP 协议层次结构模型和几个核心协议

应用层提供了各种网络服务,因此这层的网络协议非常多。例如,网页服务(HTTP 超文本传输协议、HTML 超文本标记语言等)、电子邮件服务(SMTP 简单邮件传送协议、POP3 邮局协议)、文件传输服务(FTP)、域名服务(DNS)、即时通信(如微信)服务等。

TCP/IP 协议可以应用在各种不同结构的计算机中。机器之间会存在大量兼容性问题,如不同文件系统有不同的文件命名规则;不同系统采用不同的字符编码标准;不同系统之间传输文件的方式也各不相同等。这些兼容性问题都由应用层协议来处理。

2) 传输层

传输层的功能是报文分组、数据包传输、流量控制等。传输层主要由 TCP(传输控制协议)和 UDP(用户数据报协议)两个网络协议组成。

TCP 协议提供可靠传输服务,它采用了三次握手、发送接收确认、超时重传等技术。确认机制和超时重传的工作过程如下:发送端的 TCP 对每个发送的数据包分配一个序号,然后将数据包发送出去。接收端收到数据包后,TCP 将数据包排序,并对数据包进行错误检查,如果数据包已成功收到,则向对方发回确认信号(ACK);如果接收端发现数据包损坏,或在规定时间内没有收到数据包,则请求对方重传数据包。如果发送端在合理往返时间内没有收到接收端的确认信号,就会将相应的数据包重新传输(超时重传),直到所有数据安全正确地传输到目的主机。

UDP 是一种无连接协议(通信前不进行三次握手连接),它不管对方状态就直接发送数据;UDP 也不提供数据包分组,因此不能对数据包进行排序,也就是说,报文发送后,无法得知它是否安全到达。因此,UDP 提供不可靠的传输服务,UDP 传输的可靠性由应用层负责。但是这并不意味 UDP 不好,UDP 协议具有资源消耗小,处理速度快的优点。UDP 主要用于文件传输和查询服务,如 FTP、DNS 等;网络音频和视频数据传送通常采用 UDP 协议,因为偶尔丢失几个数据包,不会对音频或视频效果产生太大影响。尤其在实时性很强的通信中(如视频直播比赛等),前面丢失的数据包,重传过来后已经没有意义了,如 QQ 和微信的音频和视频聊天就采用 UDP。

通俗地说,UDP 就像发短信,只管发出去,不管对方是不是空号(网络不可达)、能不能收到等情况。而 TCP 好像打电话,双方通话时,要确定对方是否开机(网络可达),对方是不是忙音(通信确认),然后还需要对方接听(通信连接)。

3) 网络层

网络层的主要功能是为网络内主机之间的数据交换提供服务，并进行网络路由选择。网络层接收到分组后，根据路由协议(如 OSPF)将分组送到指定的目的主机。

网络层主要有 IP(网际协议)和路由协议等。IP 提供不可靠的传输服务。也就是说，它尽可能快地把分组从源节点送到目的节点，但是并不提供任何可靠性保证。

4) 网络接口层

网络接口层的主要功能是建立网络的**电路连接**和实现主机之间的比特流传送。电路连接工作包括传输介质接口形式、电气参数、连接过程等。比特流传送工作包括：通过计算机中的网卡和操作系统中的网络设备驱动程序，将数据包按比特一位一位地从一台主机(计算机或网络设备)，通过传输介质(电缆或微波)送往另一台主机。

由于因特网设计者注重的是网络互联，所以网络接口层没有提出专门的协议。并且允许采用早期已有的通信子网(如 X.25 交换网、以太网等)，以及将来的各种网络通信协议。这一设计思想使得 TCP/IP 可以通过网络接口层，连接到任何网络中，如 100G 以太网、DWDM(密集波分复用)光纤网络、WLAN(无线局域网)等。

7.1.4 网络通信技术

1. 分组交换技术

在网络通信中，数据通过网络节点的某种转发方式，实现从一个端系统到另一个端系统之间的数据传输技术称为数据交换技术。数据交换技术有电路交换、报文交换和分组交换，计算机网络采用分组交换技术。

如图 7-8 所示，分组就是源主机(如服务器)将一个待发送的长报文(如网页内容)分割为若干个较短的**分组**(分组 1，分组 2，…，分组 n)，每个分组(也称为数据包)除报文信息外，分组首部还携带了源主机地址和目的主机地址、分组序号、通信协议等信息。然后，源主机把这些分组逐个发送出去。**节点之间数据的相互传送过程称为交换**。

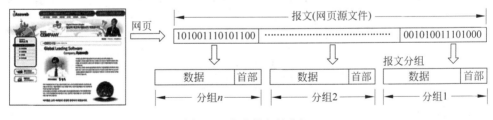

图 7-8　发送报文的分组

分组交换采用存储转发的数据传送模式。如图 7-9 所示，网络节点(如 A、B、C…)收到分组(如 a1，a2，…)后，先存储在本节点缓冲区，然后根据分组的目的地址和网络节点存储的路由信息进行分析，找到分组下一跳节点的地址(路由查表)，然后将分组转发到下一个节点，经过数次网络节点的路由转发后，最终将分组传送到目的主机(如客户端)。分组交换和存储转发是计算机网络数据传输的基本方法。

分组在传输过程中，可能会出现数据包丢失、失序、重复、损坏、路由循环等问题，这需要一系列网络协议来解决这些问题。分组到达目的主机后，需要对分组按序号重新进行编排

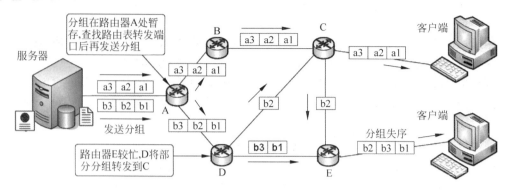

图 7-9　网络数据包分组交换和存储转发工作原理示意图

等工作,这也增加了处理时间。

2. 信号传输模式

1) 点对点传输

按照信号的发送和接收模式,可以将信号传输分为点对点(P2P)传输和广播传输。点对点传输是将网络中的主机(如计算机、路由器、交换机等)以点对点方式连接起来。如图 7-10 所示,网络中的主机通过单独的链路进行数据传输,并且两个节点之间可能会有多条单独的链路。点对点传输主要用于城域网和广域网中。点对点传输的优点是网络性能不会随数据流量增加而降低。但网络中任意两个节点通信时,如果它们之间的中间节点较多,就需要经过多跳后才能到达,这加大了网络数据传输的时延。

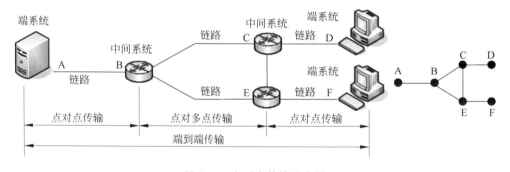

图 7-10　点对点传输示意图

2) 广播传输

广播传输中有多条物理线路(如交换机与多台计算机之间的连接电缆),但是只有一个信道(所有线路在某个时间片内只能传输一个广播信号)。它类似于有线广播,虽然有多条广播线路,但是只能传输一个广播信号。以太网是应用最广泛的局域网技术,它采用广播形式发送和接收数据。绝大部分企业网络、校园网和部分城域网都采用以太网技术。

3. 网络基本拓扑结构

1) 网络拓扑结构的类型

在计算机网络中,如果把计算机、服务器、交换机、路由器等网络设备抽象为"点",把网络中的传输介质抽象为"线",这样就可以将一个复杂的计算机网络系统,抽象成为由点和线组成的几何图形,这种图形称为网络拓扑结构。

如图 7-11 所示,网络基本拓扑结构有总线型结构、星形结构、环形结构、树形结构、网形结构和蜂窝形结构。大部分网络是这些基本结构的组合形式。

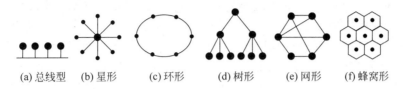

(a) 总线型　(b) 星形　(c) 环形　(d) 树形　(e) 网形　(f) 蜂窝形

图 7-11　网络基本拓扑结构示意图

2) 星形网络拓扑结构

星形拓扑结构是局域网中应用最为普遍的一种结构。如图 7-12(b) 所示,星形拓扑结构的每个节点都有一条单独的链路与中心节点相连,所有数据都要通过中心节点进行交换,因此中心节点是星形网的核心。

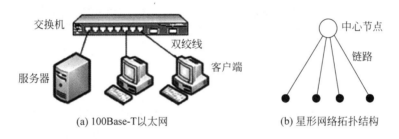

(a) 100Base-T以太网　　　　(b) 星形网络拓扑结构

图 7-12　以太网和星形网络拓扑结构

星形网采用广播通信技术,局域网的中心节点设备通常采用交换机。如图 7-12(a)所示,在交换机中,每个端口都挂接在交换机内部背板总线上,因此,星形网虽然在物理上呈星形结构,但逻辑上仍然是总线型结构。

星形网结构简单,建设和维护费用少。一般采用双绞线作为传输介质,中心节点一般采用交换机,这样集中了网络信号流量,提高了链路利用率。

3) 环形网络拓扑结构

如图 7-13 所示,在环形网络结构中,各个节点(如交换中心)通过环接口,连接在一条首尾相接的闭合环形通信线路中。环形网采用点对点通信技术。在环形网中,节点之间的信号沿环路顺或逆时针方向传输。

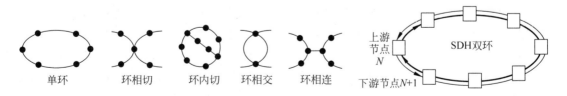

单环　　环相切　　环内切　　环相交　　环相连

图 7-13　环形网络拓扑结构

环形结构的特点是每个节点都与两个相邻的节点相连,因而是一种点对点通信模式。环网采用信号单向传输方式,如图 7-13 所示,如果 $N+1$ 节点需要将数据发送到 N 节点,几乎要绕环一周才能到达 N 节点。因此环形网在节点过多时,信号会产生较大的时延。

环形网的建设成本较高,也不适用于多用户接入,环形网主要用于城域传输网和国家大型骨干传输网。

4)网络结构设计原则

1984 年,互联网专家戴维·克拉克(David Clark)、戴维·里德(David Reed)、杰瑞·萨尔茨(Jerry Saltzer)在一篇论文中提出了"端到端"设计原则的讨论。他们认为:互联网不需要有最终的设计模型(有别于 OSI/ISO 模型),有些工作用户会来完成;互联网的大多数特征都必须在计算机终端的程序实现,而不是由网络的某个中间环节来实现(有别于电话网络);"端到端"有助于防止互联网朝某个单一用途发展。这种设计思想造成了互联网在结构和应用上都具有"自我繁殖"的特征,使互联网处于一种不可预知的变化之中。

7.1.5　无线网络技术

无线网络的最大优点是移动通信和移动计算。无线网络传输速率达到了数百 Mb/s,有线网络传输速率达到了数十 Tb/s。因此,无线网络主要解决移动终端(如手机、PC 等)与基站之间的连接,将无线网络覆盖区域的主机连接至主干有线网络。

1．无线局域网的发展

1971 年,夏威夷大学的研究人员设计了第一个基于数据包技术的无线通信网络 ALOHANET,它包括 7 台计算机,采用双向星形网络结构,横跨 4 座夏威夷岛屿,中心计算机放置在瓦胡岛上,它标志着无线局域网(WLAN)的诞生。

1990 年,IEEE 启动了无线网络标准 IEEE 802.11 系列项目的研究和标准制定,提出了 IEEE 802.11a、IEEE 802.11b、IEEE 802.11g、IEEE 802.11n 等 WLAN 标准。1999 年,无线以太网兼容性联盟(WECA)成立,后来更名 WiFi(读[waifai],无线局域网兼容性认证联盟),WiFi 联盟建立了用于验证 IEEE 802.11 产品兼容性的一套测试程序。2004 年起,通过 WiFi 联盟认证的 IEEE 802.11 系列产品,可以使用 WiFi 这个名称。

2．无线网络的类型

无线通信标准主要由 ITU(国际电信联盟)和 IEEE 制定。如图 7-14 所示,IEEE 按无线网络覆盖范围分为无线广域网/城域网、无线局域网、无线个域网等。

1)无线广域网和无线城域网

无线广域网 WWAN 和无线城域网 WMAN 在技术上并无太大区别,因此往往将 WMAN 与 WWAN 放在一起讨论。无线广域网也称为宽带移动通信网络,它是一种 Internet 高速数字移动通信蜂窝网络。WWAN 需要使用移动通信服务商(如中国移动)提供的通信网络(如 3G、4G 网络)。计算机只要处于移动通信网络服务区内,就能保持移动宽带网络接入。

2)无线局域网

无线局域网(WLAN)可以在单位或个人用户家中自由创建。这种无线网络通常用于

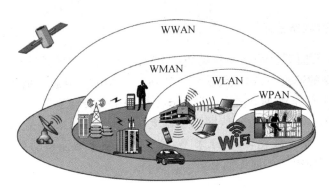

图 7-14 无线网络的类型

接入 Internet。WLAN 的传输距离最远可达 100～300m，无线信号覆盖范围视用户数量、干扰和传输障碍（如墙体和建筑材料）等因素而定。在公共区域中提供 WLAN 的位置称为接入**热点**，热点的范围和速度视环境和信号强度等因素而定。

3）无线个域网

无线个域网（WPAN）是指通过短距离无线电波，将计算机与周边设备连接起来的网络。如 WUSB（无线 USB）、UWB（超宽带无线技术）、Bluetooth（蓝牙）、Zigbee（紫蜂）、RFID（射频识别）、IrDA（红外数据组织）等。无线网络基本技术参数如表 7-1 所示。

表 7-1 无线网络的基本技术参数

网络类型	网络技术	通信标准	工作频率	传输速率	覆盖范围	应用领域
4G	LTE-TDD	ITU/IEEE	1.8～2.6GHz	100Mb/s	2～5km	移动通信，移动互联网
3G	CDMA2000	ITU	1.9～2.1GHz	3.1Mb/s	2～3km	移动通信，移动互联网
2.5G	GPRS	ITU	800/1800MHz	115kb/s	2km	移动通信，移动互联网
2G	GSM	ITU	800/1800MHz	9.6kb/s	35km	移动通信，移动互联网
1G	AMPS	ITU	450/800MHz	——	50km	移动通信（模拟信号）
WLAN	WiFi	IEEE 802.11n	2.4/5GHz	270Mb/s	300m	无线局域网
WPAN	WUSB	IEEE 802.15.3	2.5GHz	110Mb/s	10m	数字家庭网络
WPAN	蓝牙	IEEE 802.15.1	2.4GHz	1Mb/s	10m	语音和数据传输
WPAN	Zigbee	IEEE 802.15.4	2.4GHz	250kb/s	75m	无线传感网络，工业检测
WWAN	WiMax2	IEEE 802.16m	10～66GHz	300Mb/s	50km	无线 Mesh 网络，4G 标准
WWAN	LTE-Advanced	IEEE 802.20	＜3.5GHz	1Gb/s	2～5km	高速移动接入，4G 标准

说明：传输速率指用户数据下行传输速率。覆盖范围指基站或无线接入点（AP）与终端设备之间的最大视距（无遮挡直线传输距离）。

3. 4G 移动通信网络技术

4G(第四代移动通信技术)是一种集 3G 与 WLAN 于一体的无线通信技术,4G 通信系统能够以 100Mb/s 的速度下载,上传速度也达到了 50Mb/s,能够满足几乎所有用户对于无线服务的要求。LTE 和 WiMax 是 4G 通信技术的两个主要竞争标准。LTE 的设计思想是移动网络宽带化,即在原来移动通信网的基础上提高带宽(如采用 WLAN 技术);WiMax 的设计思想是宽带网络无线化,即在原来 WLAN 的基础上增强移动功能(如 50km 超远距离传输)。它们分别获得了不同厂商和阵营的支持。

1) LTE 技术

LTE(长期演进)是 3G 的演进,LTE 按照信号传输方式可分为频分双工(FDD)和时分双工(TDD);按照无线信号调制(将低频语音信号调制为高频载波,以减小天线尺寸)方式可分为码分多址(CDMA)和正交频分多址(OFDMA)。LET 包括 LTE-TDD(长期演进-时分双工)和 LTE-FDD(长期演进-频分双工)两种通信技术。简单地说,LTE-TDD 是不同用户占用不同的时间间隙进行通信,而 LTE-FDD 是不同用户占用不同的频率进行通信。

LTE-FDD 技术由欧美主导,LTE-FDD 的标准化与产业发展领先于 LTE-TDD。LTE-FDD 是目前世界上采用国家和地区最广泛的 4G 通信标准。

LTE-TDD(也称为 TD-LTE)技术由上海贝尔、诺基亚-西门子、华为、中兴通讯、中国移动、高通等企业共同开发,中国政府和企业是 LTE-TDD 的主要推动者。

LTE-TDD 主要性能为:在 20MHz 带宽时能提供下行 100Mb/s,上行 50Mb/s 的峰值传输速率;提高了蜂窝小区的通信容量;用户单向传输时延低于 5ms,从睡眠状态到激活状态迁移时间低于 50ms;支持 5km 半径的小区覆盖;为 350km/h 高速移动用户提供大于 100kb/s 的移动接入服务等。

LTE-Advanced(长期演进技术升级版)是 LTE 的升级版,它完全兼容 LTE,通常在 LTE 上通过软件升级即可。一般来说,现在的 4G 网络都是指 LTE 网络。

2) WiMAX 技术

WiMAX(全球微波互联接入)技术以 IEEE 802.16 系列标准为基础,它主要用于无线城域网(WMAN)。WiMAX 的前身是 WiFi,但信号覆盖范围比 WiFi 大得多。IEEE 802.11 标准的无线传输半径约为 100m 左右,而 WiMAX 信号传输距离最远可达 50km。使用 WiMAX 技术在大学校园内部署无线网络时,只需要很少的基站就可达到整个校园无线信号的无缝连接。

WiMAX-Advanced(全球微波互联接入升级版)采用 IEEE 802.16m 标准,它是 WiMAX 技术的升级版,由美国 Intel 公司主导。随着 Intel 公司 2010 年退出 WiMAX 阵营,WiMAX 技术也逐渐被运营商放弃,并开始将设备升级为 LTE。

4. 窄带物联网通信技术 NB-IoT

国际电信联盟(ITU)发布的 2015 年度互联网调查报告显示,全球有 32 亿人联网,而全球手机数达到了 71 亿台。人与人的通信规模已接近饱和,物与物的通信则刚刚进入增长快车道。万物互联是必然趋势,车联网、智慧医疗、智能家居、远程抄表、可穿戴设备等应用将产生海量连接,它们远远超过人与人之间的通信需求。

各国通信公司的蜂窝网络,覆盖了全球超过 50% 的地理面积、90% 的人口,是全球覆盖最为广泛的网络。全球联网的物联网终端约 40 亿个,但接入移动网络的终端只有 2.3 亿个,物联网市场占比不足 6%。大部分物联网应用通过蓝牙、WiFi 等通信技术实现。

2016 年,华为、沃达丰、高通、英特尔、中国移动等公司主推的 NB-IoT(基于蜂窝网络的窄带物联网)通信协议,被 3GPP(移动通信标准协议)组织确定为物联网通信的全球性统一标准。从技术层面看,NB-IoT 具有以下技术优势。

(1)覆盖广。在同样的频段下,NB-IoT 比现有网络的覆盖面积扩大 100 倍。

(2)支持海量连接。NB-IoT 一个基站扇区能够支持 10 万个连接。假设全球有 500 万个物理站点,预计能够连接的传感器数量将高达 4500 亿个。

(3)低功耗。NB-IoT 终端模块采用 AA 电池时,无须充电的待机时间长达 10 年。

(4)低成本模块。专家们认为,要想刺激 NB-IoT 大规模发展,通信模块成本必须低于 5 美元,如果成本降到 1 美元以内,则会带来爆发式增长。

(5)支持大数据。NB-IoT 连接所收集的数据可以直接上传到云端,而蓝牙、WiFi 等技术则没有这样的便利。

以前,物联网行业在终端、网络、芯片、操作系统等方面各不一致,使得物联网碎片化现象严重。NB-IoT 的巨头联盟或许会成为终结碎片化、统一物联网的一个契机。

5. 无线局域网的基本组成

1)无线局域网模型

IEEE 802.11 标准定义的 WLAN 基本模型如图 7-15 所示。WLAN 的最小组成单元是基本服务集(BSS),它包括使用相同通信协议的无线站点。一个 BSS 可以是独立的,也可以通过一个 AP(接入点,俗称为无线路由器)连接到主干网络。

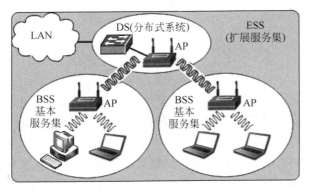

图 7-15　IEEE 802.11 标准定义的 WLAN 基本模型

如图 7-15 所示,扩展服务区(ESS)由多个 BSS 单元以及连接它们的分布式系统(DS)组成。DS 结构在 IEEE 802.11 标准中没有定义,DS 可以是有线 LAN,也可以是 WLAN,DS 的功能是将 WLAN 连接到骨干网络(园区局域网或城域网)。

AP 的功能相当于局域网中的交换机和路由器,它是一个无线网桥。AP 也是 WLAN 中的小型无线基站,负责信号的调制与收发。AP 覆盖半径为 20~100m。

2) 无线局域网组建方法

建立 WLAN 需要一台 AP,它提供多台计算机同时接入 WLAN 的功能。无线网络中的计算机需要安装无线网卡,台式计算机一般不带无线网卡,笔记本计算机、智能手机和平板计算机通常自带了无线网络模块。无线网络设备的连接方法如图 7-16 所示。

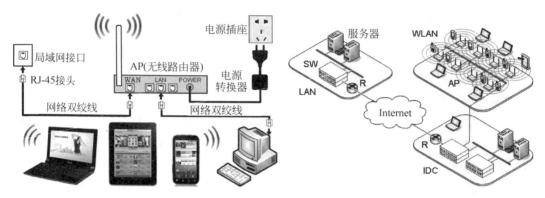

图 7-16　左:个人 WLAN 的构建　右:企业 WLAN 的构建

AP 的位置决定了整个无线网络的信号强度和数据传输速率。建议选择一个不容易被阻挡,并且信号能覆盖房间内所有角落的位置。线路连接好后,第一次使用 WLAN 时,需要对 AP 进行初始设置。不同厂商的 AP 设置方法不同,但是基本流程大同小异。

7.2　网络服务

因特网是全球信息资源的一种发布和存储形式,它对信息资源的交流和共享起到了不可估量的作用,它甚至改变了人类的一些工作和生活方式。

7.2.1　服务模型

1. 客户端/服务器模型

用户访问因特网获得的信息绝大部分存放在网站的某个服务器主机上,当用户访问某些网络资源时,本机通过因特网向服务器发出请求,服务器运行相应的程序以获取数据,并发送到客户端。客户端/服务器(Client/Server)模型是大部分网络服务的基本模型。客户端和服务器指通信中所涉及的两个应用程序进程,**客户端指网络服务请求方,服务器指网络服务提供方**。如图 7-17 所示,客户端主动发起通信,服务器被动等待通信的建立。

图 7-17　客户端/服务器(C/S)模型

　　客户端/服务器采用主从式网络结构,每一个客户端软件的都可以向服务器或服务器应用程序发出请求。有很多不同类型的服务器,如网站服务器、聊天服务器、邮件服务器、办公服务器、游戏服务器等。虽然它们提供的功能不同,服务器的规模大小也相差很大,但是它们的基本构架是一致的。

　　例如,当用户在某一网站(如新浪网站)阅读文章时,用户的计算机和网页浏览器(如IE)就被当作一个客户端。网站的多台计算机、数据库和应用程序被当作服务器,当用户使用网页浏览器,点击网站一篇文章的超链接时,网站服务器从数据库中找出所有该文章需要的信息,结合成一个网页,再发送回用户端的浏览器。

　　服务器软件一般运行在性能强大的计算机上,客户端一般运行在个人计算机上。客户端与服务器的交互过程采用 TCP/IP 协议完成。因特网应用软件基本架构也从早期的 C/S 模型,发展到目前普遍的 ABC/S 模式(App/Server、Browser/Server、Client/Server)。

2. 对等网络模型

　　对等网络(Peer-to-Peer,P2P)又称为端到端技术。如图 7-18 所示,P2P 网络的所有参与者都提供和共享一部分资源,这些资源包括网络带宽、存储空间、计算能力等。这些共享资源能被 P2P 网络中的其他节点直接访问,无须经过中间服务器。因此,P2P 网络中的参与者既是资源提供者(Server),又是资源获取者(Client)。

　　例如,多个用户采用 P2P 技术下载同一个文件时,每个用户计算机只需要下载这个文件的一个片段,然后用户之间互相交换不同的文件片段,最终每个用户都得到一个完整的文件。P2P 网络中参与进来的用户数量越多,单个用户下载文件的速度也就越快。

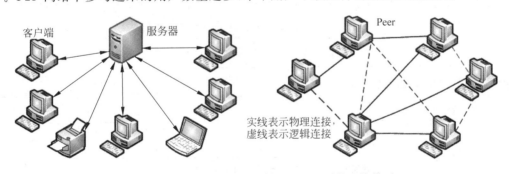

图 7-18　左:客户端/服务器模型　右:对等网络模型

　　P2P 网络中任意两个节点都可以建立一个逻辑链接,它们对应物理网络上的一条 IP 路径。P2P 网络节点在行为上是自由的,用户可以随时加入和退出网络,而不受其他节点的限制。网络节点在功能上是平等的,不管是大型计算机还是微机,它们实际计算能力的差异并不影响服务的提供。

　　技术上,一个纯 P2P 的应用只有对等协议,没有服务器和客户端的概念。但这样的纯 P2P 应用和网络很少,大部分 P2P 网络和应用实际上包含了一些非对等单元,如 DNS 等。同时,实际应用也采用了多个协议,使节点可以同时或分时做客户端和服务器。

　　P2P 有许多应用,如文件下载(如 BitTorrent、eMule、迅雷等),多媒体应用(如 Skype 语音、PPLive 视频等),实时通信(如 QQ、MSN 等)。

P2P 这种无中心的管理模式,给了用户更多的自由。但是可以想象,缺乏管理的 P2P 网络很容易成为计算机病毒、色情内容以及非法交易的温床。

7.2.2 网络地址

计算机网络中,一项非常重要的工作是数据包寻址。如果数据传输仅在两台计算机之间进行,而且传输短距离非常短,传输内容基本固定,计算机的寻址工作也许比较简单。但是,互联网中计算机数量巨大(数亿台),传输距离变化很大(几米到数万公里),网络结构复杂(网状结构、环形结构、星形结构等),提供的服务繁多(网页、即时通信、邮件、在线视频等),使用方法灵活(多业务、突发性、实时性等),这给网络数据包寻址带来了挑战性的工作。而网络地址是解决网络寻址的基本方法之一。

1. MAC 地址

每台计算机和智能手机内部都有一个全球唯一的 MAC 地址(物理地址)。IEEE 802.3 标准规定了 MAC 地址为 48 位,这个 MAC 地址固化在计算机网卡中,用以标识全球不同的计算机。MAC 地址由 6 个字节的数字串组成,如 00-60-8C-00-54-99 等。

2. IP 地址

因特网中每台主机都分配有一个全球唯一的 IP 地址,IP 地址是一个 32 位的标识符,一般采用"点分十进制"的方法表示,如 192.168.10.1。

IETF(因特网工程任务组)将 IP 地址分为 A、B、C、D、E 五类,其中 A、B、C 是主类地址,D 类为组播地址,E 类地址保留给将来使用。IP 地址的分类如表 7-2 所示。

表 7-2　IPv4 地址的网络数和主机数

类型	IP 地址格式	IP 地址结构				段 1 取值范围	网络个数	每个网络最多主机数
		段 1	段 2	段 3	段 4			
A	网络号. 主机. 主机. 主机	N.	H.	H.	H	1~126	126	1677 万
B	网络号. 网络号. 主机. 主机	N.	N.	H.	H	128~191	1.6 万	6.5 万
C	网络号. 网络号. 网络号. 主机	N.	N.	N.	H	192~223	209 万	254

说明:表中 N 由因特网信息管理中心指定,H 由企业网络工程师指定。

【例 7-3】　某大学一台计算机的 IP 地址为 222.240.210.100,地址的第一个字节在 192~223,表示它是一个 C 类地址;按照 IP 地址分类的规定,它的网络号为 222.240.210,它的主机号为 100。

在 IPv4 中,由于地址分配不合理,目前可用的 IPv4 地址已经分配完了。为了解决 IP 地址不足的问题,IETF 先后提出了多种技术解决方案。

3. IPv6 网络地址

目前使用的 TCP/IP 为 IPv4(TCP/IP 第 4 版),为了解决因特网中存在的问题,IETF 推出了 IPv6(TCP/IP 协议第 6 版)。我国电信网络运营商已于 2005 年开始向 IPv6 过渡,中国教育科研网(CERNET2)的大部分网络节点也采用了 IPv6 协议。由于 IPv6 与 IPv4 互不兼容,因此从 IPv4 到 IPv6 是一个逐渐过渡的过程,而不是彻底改变的过程。要实现全球 IPv6 的网络互联,仍然需要很长一段时间。

7.2.3 域名系统

1. 域名系统

数字式 IP 地址(如 210.43.206.103)难以记忆,如果使用易于记忆的符号地址(如 www.csust.cn)来表示,就可以大大减轻用户的负担。这就需要一个数字地址与符号地址相互转换的机制,这就是因特网域名系统(DNS)。

域名系统(DNS)是分布在因特网上的主机信息数据库系统,它采用客户端/服务器工作模式。域名系统的主要功能是将域名翻译成 IP 协议能够理解的 IP 地址格式,这个工作过程称为域名解析。域名解析工作由域名服务器来完成,域名服务器分布在不同的地方,它们之间通过特定的方式进行联络,这样可以保证用户可以通过本地域名服务器查找到因特网上所有的域名信息。由于域名服务器的地址是开放的,因此它很容易受到黑客的攻击。

2. 顶级域名

顶级域名由 INIC(国际因特网信息中心)控制。顶级域名目前分为两类:行业性和地域性顶级域名。如图 7-19 所示,因特网域名系统逐层、逐级由大到小进行划分,DNS 结构形状如同一棵倒挂的树,树根在最上面,而且没有名字。域名级数通常不多于 5 级,这样既提高了域名解析的效率,同时也保证了主机域名的唯一性。

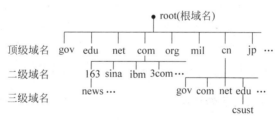

图 7-19 DNS 的层次结构示意图

7.2.4 因特网服务

1. 网页服务

WWW(万维网)的信息资源分布在全球近 10 亿个网站上,网站的服务内容由 ICP(因特网信息提供商)进行发布和管理,用户通过浏览器软件(如 IE),就可浏览到网站上的信息,网站主要采用网页的形式进行信息描述和组织,网站是多个网页的集合。

1) 超文本

网页是一种超文本文件,超文本有两大特点,一是超文本的内容可以包括文字、图片、音频、视频、超链接等;二是超文本采用超链接的方法,将不同位置(如不同网站)的内容组织在一起,构成一个庞大的网状文本系统。超文本普遍以电子文档的方式表示,网页都采用超文本形式。

2)超链接

超链接是指向其他网页的一个"指针"。超链接允许用户从当前阅读位置直接切换到网页超链接所指向的位置。超链接属于网页的一部分,它是一种允许与其他网页或站点之间进行连接的元素。各个网页链接在一起后,才能构成一个网站。超链接可以是网页、图片、电子邮件地址、一个文件。当浏览者单击已经链接的文字或图片后,链接目标将显示在浏览器上,并且根据目标的类型来打开或运行。超链接访问过程如图 7-20 所示。

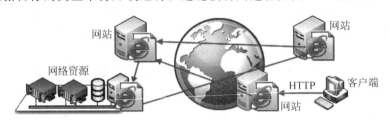

图 7-20 网页的超链接访问过程

3)网页的描述和传输

网页文件采用 HTML(超文本标记语言)进行描述;网页采用 HTTP(超文本传输协议)在因特网中传输。HTTP 是服务器与客户端之间的文件传输协议,HTTP 以客户端与服务器之间相互发送消息的方式工作,客户端通过应用程序(如 IE)向服务器发出会话请求,并访问网站服务器中的数据资源,服务器通过公用网关接口程序返回数据给客户端。

会话是一个抽象概念,它是用户发送的是一系列的 HTTP 请求,服务器收到这些会话请求后,通过一系列操作,返回 HTTP 响应。客户端的浏览器不会向服务器发送"开始会话"的预先通知,也没有"会话结束"的请求。这些都会导致服务器很容易受到黑客的"会话攻击"。例如,客户端的 HTTP 请求会让服务器创建一个会话,这个会话可能会占用服务器几千个字节,一个客户端程序就能够在服务器中生成数万个会话。

2. 用户访问 Web 网站的工作过程

当用户在浏览器中输入域名,到浏览器显示出页面,如图 7-21 所示。

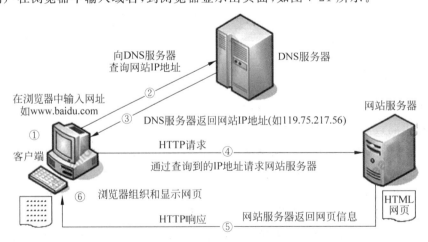

图 7-21 用户与网站之间的访问过程

（1）用户采用的浏览器通常为 IE、Chrome 等，或者是客户端程序（如 QQ）。

（2）连接到因特网中的计算机都有一个 IP 地址，如 210.43.10.26，由于连接到因特网中的计算机 IP 地址是唯一的，因此可以通过 IP 地址寻找和定位一台计算机。

网站服务器通常有一个固定的 IP 地址，而浏览者每次上网的 IP 地址都会不一样，浏览者的 IP 地址由 ISP（因特网服务提供商）**动态分配**。

域名服务器（DNS）是一组或多组公共的免费地址查询解析服务器（相当于免费问路），它存储了因特网上各种网站的域名与 IP 地址的对应列表。

（3）浏览器得到域名服务器指向的 IP 地址后，浏览器会把用户输入的域名转化为 HTTP 服务请求。例如，用户输入 www.baidu.com 时，浏览器会自动转化为 http://www.baidu.com/，浏览器通过这种方式向网站服务器发出请求。

由于用户输入的是域名，因此网站服务器接收到请求后，会查找域名下的默认网页（通常为 index.html、default.html、default.php 等）。

（4）网站服务器返回的通常是一些文件，包括文字信息、图片、Flash 等，每个网页文件都有一个唯一的网址，例如 http://www.csust.com/index.html。

（5）浏览器将这些信息组织成用户可以查看的网页形式。

3. 邮件服务

电子邮件（E-mail）不仅能传送文字信息，还可以传送图像、声音等多媒体信息。如图 7-22 所示，电子邮件系统采用客户端/服务器工作模式，邮件服务器包括接收邮件服务器和发送邮件服务器。发送邮件服务器一般采用 SMTP（简单邮件传输协议）通信协议，当用户发出一份电子邮件时，发送方邮件服务器按照电子邮件地址，将邮件送到收信人的接收邮件服务器中。接收方邮件服务器为每个用户的电子邮箱开辟了一个专用的硬盘存储空间，用于存放对方发来的邮件。当收件人计算机连接到接收邮件服务器（登录邮件服务器网页），并发出接收操作后，接收方通过 POP3（邮局协议版本 3）或 IMAP（交互式邮件存取协议）读取电子信箱内的邮件。当用户采用网页方式进行电子邮件收发时，用户必须登录到邮箱后才能收发邮件；如果用户采用邮件收发程序（如微软公司的 Outlook），则邮件收发程序会自动登录邮箱，将邮件下载到本地计算机中。

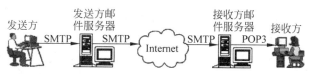

图 7-22　电子邮件的收发过程

4. 即时通信服务

即时通信（IM）服务也称为"聊天"服务，它可以在因特网上进行即时的文字信息、语音信息、视频信息、电子白板等方式的交流，还可以传输各种文件。在个人用户和企业用户网络服务中，即时通信起到了越来越重要的作用。即时通信软件分为服务器软件和客户端软件，用户只需要安装客户端软件。即时通信软件非常多，常用的客户端软件主要有我国腾讯公司的 QQ、微信和美国微软公司的 MSN。QQ 主要用于在国内进行即时通信，而 MSN 可以用于国际因特网的即时通信。

5. 搜索引擎服务

据美国趣味科学网站报道，截至 2016 年 3 月，在线网页至少有 46.6 亿个（仅涵盖可搜索到的网页，不包括内部网的网页）。HTTP Archive 在 2011 年的调查显示，单个网页的平均大小为 965KB。因此，可搜索网页存储容量估计为 $46.6 \times 10^9 \times 965KB = 4EB$。

海量网页信息需要一个功能强大的网页导航工具，搜索引擎就是一种专门用于因特网信息定位和访问的程序。搜索引擎通过关键词查询或分类查询的方式获取特定的信息。**搜索引擎并不即时搜索整个因特网，它搜索的内容是预先整理好的网页索引数据库**。为了保证用户搜索到最新的网页内容，搜索引擎的数据库每天都会进行多次内容更新（如 Google 搜索引擎的网络爬虫每天都会搜索数亿个网页）。

用户在浏览器中输入某个关键词（如计算机）并点击搜索后，服务器端的搜索引擎会在数据库中查找所有包含这个关键词的网页，并将搜索结果以列表的形式返回给用户端。用户自己判断需要打开哪些超链接的网页。常用的搜索引擎有谷歌、百度等。

注意：浏览器只是搜索引擎的客户端软件，搜索引擎的核心部分在服务器端。

7.2.5　HTML 语言

1. HTML 超文本标记语言

HTML（超文本标记语言）是网页设计的标准化语言，它消除了不同计算机之间信息交流的障碍。人们很少直接使用 HTML 语言设计网页，而是通过 Dreamweaver 等软件进行网页设计工作。HTML 语言最新版本为 2013 年推出的 HTML 5.1。

网站中，一个网页对应一个 HTML 文件，HTML 文件以 .htm 或 .html 为扩展名。HTML 是一种文本文件，可以使用任何文本编辑软件（如"记事本"）进行编辑。通过 HTML 文件中的标记符，告诉浏览器如何显示网页内容，如文字如何处理、图片如何显示等。浏览器按顺序阅读网页文件，然后根据 HTML 标记符解释和显示其标记的内容。

2. 利用 HTML 建立简单网页

【例 7-4】　利用 HTML 语言建立一个简单的测试网页。

打开 Windows"记事本"程序，编辑以下代码（如图 7-23 所示，注释可以不输入），编辑完成后，选择"文件"菜单，选择"另存为"选项，文件名为 test.html，保存类型为"所有文件"，单击"保存"按钮，一个简单的网页就编辑好了。双击 test.html 文件，就可以在浏览器中显示"这是我的测试网页"信息了。

3. 脚本语言

HTML 主要用于文本的格式化和链接文本，但是 HTML 的计算和逻辑判断功能非常差，例如，HTML 不能进行 1+2 这样简单的加法计算。因此，需要在网页中加入脚本语言。

脚本（Script）是一种简单的编程语言。网页脚本语言一般嵌入在网页的 HTML 语句之中，完成一些判断、计算、事件响应等工作，增强网页的交互性功能。常用的网页脚本语言有 JavaScript、PHP 等。JavaScript 语言可由绝大部分浏览器执行，它是一种事实上的网页

```
<HTML>                       <!--声明HTML文档开始-->
<HEAD>                       <!--标记页面首部开始-->
<TITLE>测试</TITLE>          <!--定义页面标题为"测试"-->
</HEAD>                      <!--标记页面首部结束-->
<BODY>                       <!--标记页面主体开始-->
<font size="8">              <!--设置字体大小为8号字-->
<P>这是我的测试网页</P>      <!--主体部分，显示具体内容-->
<P>这是第2行信息</P>         <!--P为段落换行-->
</font>                      <!--字体设置结束-->
</BODY>                      <!--标记页面主体结束-->
</HTML>                      <!--标记HTML文档结束-->
```

```
这是我的测试网页
这是第2行信息
```

图 7-23　HTML 标记语言(左)和网页显示内容(右)

脚本语言标准。脚本程序分为客户端脚本(如 JavaScript)和服务器端脚本(如 PHP),它们分别运行在不同主机中。在网页中嵌入 JavaScript 脚本代码有以下两种方法。

第一种方法是把 JavaScript 代码嵌入在网页中,由< script >…</script >标记之内包含的代码就是 JavaScript 代码。

【例 7-5】　把 JavaScript 脚本代码嵌入在网页中,运行效果如图 7-24 所示。

```
<HTML>                                    <!-- 声明 HTML 文档开始 -->
<BODY>                                    <!-- 标记页面首部开始 -->
<p>假设 y = 5,计算 x = y + 2,并显示结果.</p>   <!-- 显示信息 -->
<button onclick = "myFunction()">点击这里</button>  <!-- 调用 JavaScript 函数,显示按钮 -->
<p id = "demo"></p>                       <!-- 段落标记 -->
<script>                                  <!-- JavaScript 脚本开始 -->
function myFunction(){                     //函数声明,myFunction()是函数名
    var y = 5;                            //变量赋值
    var x = y + 2;                        //变量赋值
    var demoP = document.getElementById("demo")   //表达式
    demoP.innerHTML = "x = " + x;         //输出提示信息和计算值
}                                         //程序块结束
</script>                                 <!-- JavaScript 脚本结束 -->
</BODY>                                   <!-- 标记页面主体结束 -->
</HTML>                                   <!-- 标记 HTML 文档结束 -->
```

```
文件(F)  编辑(E)  查看(V)  收藏夹(A)  工具(T)  帮助(H)

假设 y=5，计算 x=y+2，并显示结果。

点击这里

x=7
```

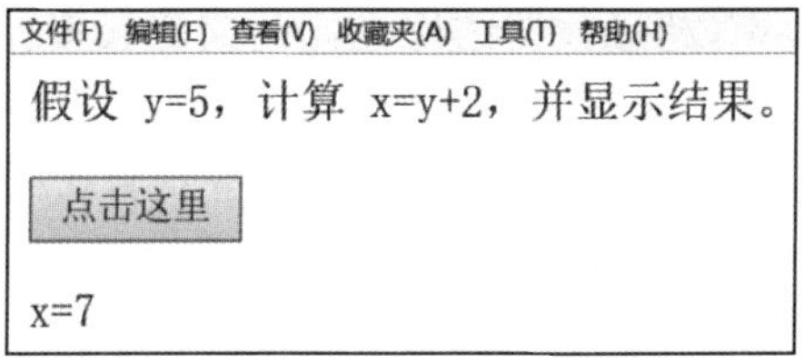

图 7-24　例 7-5 题图

第二种方法是把 JavaScript 代码存为一个单独的 .js 文件,然后在 HTML 中通过< script src＝"..."></script >引入这个文件,这种方法更便于代码维护。

```
< head >
    < script src = "/static/js/test.js"></script>        <!-- 调用脚本文件 test.js -->
</head>
```

7.3 安全防护

信息安全具有不可证明的特性,只能说在某些已知攻击下是安全的,对于将来新的攻击是否安全仍然很难断言。

7.3.1 安全问题

信息系统不安全的主要因素有程序设计漏洞、用户操作不当和外部攻击。外部攻击形式主要有计算机病毒、恶意软件、黑客攻击等。目前计算机系统在理论上还无法消除计算机病毒的破坏和黑客的攻击,最好的方法是尽量减少这些攻击对系统造成的破坏。

1. 程序设计中的漏洞

1) 程序中漏洞和后门

漏洞是指应用软件或操作系统在程序设计中存在的缺陷,或程序编写中产生的错误。**后门**是一种绕开系统安全设置后登录系统的方法,后门有系统服务后门(便于维护人员远程登录)、账号后门(密码遗忘后的补救措施)、木马程序后门(黑客设置的系统入口)等。随着软件越来越复杂,漏洞或后门不可避免地存在。这些漏洞和后门平时看不出问题,但是一旦遭到病毒和黑客攻击就会带来灾难性后果。程序中的漏洞可能被黑客利用,通过植入木马、病毒程序等方式,攻击或控制计算机,窃取计算机中的重要资料,甚至破坏系统。

【例 7-6】 大多数 Web 服务器都支持脚本程序,以实现网页的交互功能。黑客可以利用脚本程序来修改 Web 页面,为未来攻击设置后门等。例如,用户在浏览网站、阅读电子邮件时,通常会单击其中的超链接。攻击者通过在超链接中插入恶意代码,黑客网站在接收到包含恶意代码的请求后,会产生一个包含恶意代码的页面,而这个页面看起来就像是一个合法页面一样。用户浏览这个网页时,恶意脚本程序就会执行,黑客可以利用这个程序盗取用户的账户名称和密码、修改用户系统的安全设置,做虚假广告等。

2) 程序设计中的漏洞——溢出

溢出是指数据存储过程中,超过数据结构允许的实际长度,造成的数据错误。例如,黑客将一段恶意代码通过各种方法插入到正常的程序代码中(入侵),这会导致两种后果,首先由于代码长度是固定的,插入恶意代码后就会有一部分正常代码被溢出,这会导致程序执行时的崩溃;其次插入的恶意代码会当作正常代码执行,黑客可以修改函数返回地址,让程序跳转到任意地址执行一段恶意代码,以达到攻击的目的。

3) 程序设计中的漏洞——数据边界检查

大部分编程语言(如 C、Java 等)没有数据边界检查功能,当数据被覆盖时不能被发现。如果程序员总是假设用户输入的数据是有效的,并且没有恶意,那么就会造成很大的安全隐患。大多数攻击者会向服务器提供恶意编写的数据,信任任何输入可能会导致缓冲区溢出。

从安全角度来说,对于外部输入的数据,永远要假定它是任意值。安全的程序设计应当对输入数据的有效性进行过滤和安全设置,但是这也增加了程序的复杂性。

4)程序设计中的漏洞——最小授权

最小授权原则认为:要在最少的时间内授予程序代码所需的最低权限。除非必要,否则不允许使用管理员权限运行应用程序。部分程序员在编制程序时,没有注意到程序代码的运行权限,长时间打开系统核心资源,这样会导致用户有意或无意的操作对系统造成严重破坏。在程序设计中,应当使用最少和足够的权限去完成任务。在不同的程序或函数中,不同时间只给出最需要的权限。应当给用户最少的共享资源。

2. 用户操作中存在的安全问题

(1)操作系统默认安装。大多数用户在安装操作系统和应用软件时,通常采用默认安装方式。这样带来了两方面的问题,一是安装了大多数用户不需要的组件和功能;二是默认安装的目录、用户名、密码等,非常容易被黑客利用。

(2)激活软件全部功能。大多数操作系统和应用软件在启动时,激活了尽可能多的功能。这种方法虽然方便了用户,但产生了很多安全漏洞。

(3)没有密码或弱密码。大多数系统都把密码作为唯一的防御,弱密码或缺省密码是一个很严重的问题。安全专家通过分析泄露的数据库信息,发现用户"弱密码"的重复率高达93%。根据某网站对600万个账户的分析,其中采用弱密码、生日密码、电话号码、QQ号码作为密码的用户占590万(占98%)。图7-25所示是利用软件进行密码扫描中国版的常见"弱密码"。很多企业的信息系统也存在大量弱密码现象,这为黑客攻击提供了可乘之机。

密码最好是选取一首歌中的一个短语或一句话,将这些短语单词的第1或第2个字母,加上一些数字来组成密码,在密码中加入一些符号将使密码更难破解。

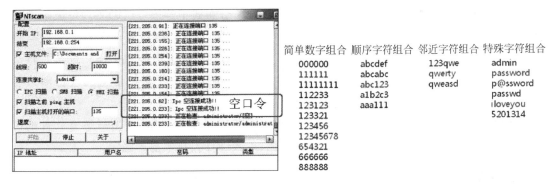

简单数字组合	顺序字符组合	邻近字符组合	特殊字符组合
000000	abcdef	123qwe	admin
111111	abcabc	qwerty	password
11111111	abc123	qweasd	p@ssword
112233	a1b2c3		passwd
123123	aaa111		iloveyou
123321			5201314
123456			
12345678			
654321			
666666			
888888			

图7-25 左:利用软件进行密码扫描 右:常见弱密码

3. 计算机病毒带来的安全问题

我国实施的《中华人民共和国计算机信息系统安全保护条例》第二十八条中明确指出:"计算机病毒是指编制或者在计算机程序中插入的破坏计算机功能或者破坏数据,影响计算机使用并且能够自我复制的一组计算机指令或者程序代码"。

计算机病毒（以下简称为：病毒）具有传染性、隐蔽性、破坏性、未经授权性等特点，其中最大特点是"**传染性**"。病毒可以侵入计算机软件系统中，而每个受感染的程序又可能成为一个新病毒，继续将病毒传染给其他程序，因此传染性成为判定病毒的首要条件。

4. 计算机恶意软件带来的安全问题

中国互联网协会 2006 年公布的恶意软件定义为：恶意软件是指在未明确提示用户或未经用户许可的情况下，在用户计算机或其他终端上安装运行，侵害用户合法权益的软件，但不包含我国法律法规规定的计算机病毒。恶意软件具有下列特征之一：

（1）强制安装。未明确提示用户或未经用户许可，在用户计算机上安装软件。

（2）难以卸载。未提供程序的卸载方式，或卸载后仍然有活动程序。

（3）浏览器劫持。修改用户浏览器相关设置，迫使用户访问特定网站。

（4）广告弹出。未经用户许可，利用安装在用户计算机上的软件弹出广告。

（5）垃圾邮件。未经用户同意，用于某些产品广告的电子邮件。

（6）恶意收集用户信息。未提示用户或未经用户许可，收集用户信息。

（7）其他侵害用户软件安装、使用和卸载知情权、选择权的恶意行为。

7.3.2 黑客攻击

1. 黑客攻击的基本形式

黑客攻击的形式有数据截获（如利用嗅探器软件捕获用户发送或接收的数据包），重放（如利用后台屏幕录像软件记录用户操作），密码破解（如破解系统登录密码），非授权访问（如无线"蹭网"），钓鱼网站（如假冒银行网站），完整性侵犯（如篡改 E-mail 内容），信息篡改（如修改订单价格和数量），物理层入侵（如通过无线微波向数据中心注入病毒），旁路控制（如通信线路搭接），电磁信号截获（如手机信号定位），分布式拒绝服务（DDoS），垃圾邮件或短信攻击（SPAM），域名系统攻击（DNS），缓冲区溢出（黑客向计算机缓冲区填充的数据超过了缓冲区本身的容量，使得溢出的数据覆盖了合法数据），地址欺骗（如 ARP 攻击），特洛伊木马程序等。总之，黑客攻击行为五花八门，方法层出不穷。黑客最常见的攻击形式有**DDoS**、垃圾邮件（SPAM）和钓鱼网站。

黑客攻击与计算机病毒的区别在于黑客攻击不具有传染性，黑客攻击与恶意软件的区别在于黑客攻击是一种动态攻击，它的攻击目标、形式、时间、技术都不确定。

2. 分布式拒绝服务（DDoS）攻击

DDoS（分布式拒绝服务）攻击由来已久，DDoS 攻击造成的经济损失已跃居第一。

1）DDoS 攻击过程

DDoS 是一种最常见的网络攻击手段，攻击的主要目的是让目标网站无法提供正常服务。通俗的说：每一个网络应用（网站、App、游戏等）就好比一个线下的商店，而 DDoS 攻击就是派遣大量故意捣乱的人去一个商店，占满这个商店所有的位置，和售货员聊天，在收费处排队等，让真实的顾客没办法正常购物。

如图 7-26 所示,DDoS 攻击方会利用大量"傀儡机"(被黑客程序控制的计算机)对目标服务器进行攻击,而让攻击目标无法正常运行。例如,2014 年,部署在阿里云上的一家知名游戏公司,遭遇了全球互联网史上最大的一次 DDoS 攻击,攻击时间长达 14 个小时,攻击峰值流量达到每秒 453.8Gb/s。

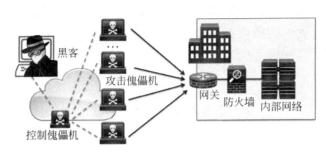

图 7-26　DDoS 攻击过程示意图

2）DDoS 攻击技术

从技术角度分析,DDoS 攻击针对网络协议的各层,手段大致有 TCP 类的 SYN Flood(同步洪水)攻击、ACK Flood(确认洪水)攻击;UDP 类的攻击有 Trinoo 攻击(攻击方法是向被攻击主机的随机端口发出全 0 的 4 字节 UDP 包,导致被攻击主机的网络性能不断下降),DNS Query Flood(域名系统查询洪水)攻击(如 2011 年 519 断网事件),ICMP Flood(因特网控制报文协议洪水)攻击等。DDoS 攻击与木马程序、病毒程序不同,病毒程序必须是最新代码才能绕过杀毒软件,而 DDoS 攻击不需要新技术,一个 10 年前的 SYN Flood(同步洪水)攻击技术,就可以让防护措施不到位的网站瘫痪。

3）DDoS 攻击的预防

从理论上讲,对 DDoS 攻击目前还没办法做到 100%防御。如果用户网络正在遭受攻击,用户所能做的抵御工作非常有限。因为在用户没有准备好的情况下,巨大流量的数据包冲向用户主机,很可能在用户在还没回过神之际,网络已经瘫痪。要预防这种灾难性的后果,需要进行以下预防工作。

(1) 屏蔽假 IP 地址。通常黑客会通过很多假 IP 地址发起攻击,可以使用专业软件检查访问者的来源,检查访问者 IP 地址的真假,如果是假 IP,将它予以屏蔽。

(2) 关闭不用端口。使用专业软件过滤不必要的服务和端口。例如黑客从某些端口发动攻击时,用户可把这些端口关闭掉,以阻止入侵。

(3) 利用网络设备保护网络资源。网络保护设备有路由器、防火墙、负载均衡设备等,它们可将网络有效地保护起来。

3. 钓鱼网站攻击

如图 7-27 所示,钓鱼网站指伪装成银行及电子商务网站,窃取用户提交的银行账号、密码等私密信息。钓鱼网站欺骗原理是:黑客先建立一个网站的副本,使它具有与真正网站一样的页面和链接。黑客发送欺骗信息(如系统升级、送红包、中奖等)给用户,引诱用户登录钓鱼网站。由于黑客控制了钓鱼网站,用户访问钓鱼网站时提供的账号、密码等信息,都会被黑客获取。黑客转而登录真实的银行网站,以窃取的信息实施银行转账。

图 7-27　相似度极高的钓鱼网站(左)和真实网站(右)

7.3.3　安全体系

美国国家安全局(NSA)组织世界安全专家制定了 IATF(信息保障技术框架)标准，IATF 从整体和过程的角度看待信息安全问题，代表理论是"深度保护战略"。IATF 标准强调**人**、**技术**和**操作**三个核心原则，关注 4 个信息安全保障领域，即保护网络和基础设施、保护边界、保护计算环境和保护支撑基础设施，信息保障技术框架(IATF)模型如图 7-28 所示。

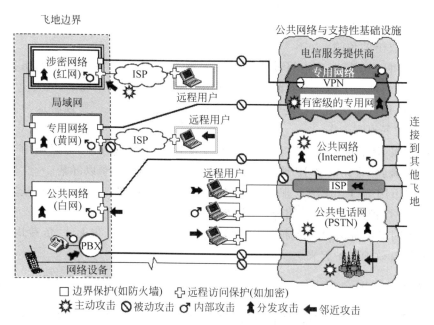

图 7-28　信息保障技术框架(IATF)模型

在 IATF 标准中，飞地是指位于非安全区中的一小块安全区域。IATF 模型将网络系统分成局域网、飞地边界、网络设备、支持性基础设施 4 种类型。在 IATF 模型中，局域网包括涉密网络(红网,如财务网),专用网络(黄网,如内部办公网络),公共网络(白网,如公开信息网站)和网络设备,这一部分主要由企业建设和管理。公共网络与支持性基础设施包括专用网络(如 VPN)、公共网络(如 Internet)、公共电话网等基础电信设施(如城域传输网),这一部分主要由电信服务商提供。IATF 模型最重要的设计思想是:**在网络中进行不同等级的区域划分与网络边界保护**。这类似于现实生活中的门禁和围墙策略。

为了有效抵抗对信息和网络基础设施的攻击,必须了解可能的对手(攻击者)以及他们的动机和攻击能力。可能的对手包括罪犯、黑客或者企业竞争者等。他们的动机包括收集情报、窃取知识产权等。IATF 标准认为有 5 类攻击方法,即被动攻击、主动攻击、物理临近攻击、内部人员攻击和分发攻击。表 7-3 描述了上述攻击的特点。

表 7-3 IATF 描述的 5 类攻击的特点

攻击类型	攻击特点
被动攻击	被动攻击是指对信息的保密性进行攻击,包括分析通信流、监视没有保护的通信、破解弱加密通信、获取鉴别信息(如密码)等。被动攻击会造成在没有得到用户同意或告知的情况下,将用户信息或文件泄漏给攻击者,如利用"钓鱼"网站窃取个人信用卡号码等
主动攻击	主动攻击是篡改信息来源的真实性、信息传输的完整性和系统服务的可用性,包括试图阻断或攻破安全保护机制、引入恶意代码、偷窃或篡改信息。主动攻击会造成数据资料的泄露、篡改和传播,或导致拒绝服务。计算机病毒是一种典型的主动攻击
物理临近攻击	指未被授权的个人,在物理意义上接近网络系统或设备,试图改变和收集信息,或拒绝他人对信息的访问。如未授权使用、U 盘复制、电磁信号截获后的屏幕还原等
内部人员攻击	可分为恶意攻击或无恶意攻击。前者是指内部人员对信息的恶意破坏或不当使用,或使他人的访问遭到拒绝;后者指由于粗心、无知以及其他非恶意的原因造成的破坏,如内部工作人员使用弱密码、安装软件使用默认路径等
分发攻击	在工厂生产或分销过程中,对硬件和软件进行恶意修改。这种攻击可能是在产品中引入恶意代码,如手机中的后门程序,免费软件中的后门等

7.3.4 隔离技术

1. 网络物理隔离技术

物理隔离是指内部网络不得直接或间接连接公共网络。物理隔离网络中的每台计算机必须在主板上安装物理隔离卡和双硬盘。而且使用内部网络时,就无法连通外部网络;同样,使用外部网络时,无法连通内部网络。这意味着网络数据包不能从一个网络流向另外一个网络,这样真正保证了内部网络不受来自互联网的黑客攻击。**物理隔离是目前安全等级最高的网络连接方式**。国家规定,重要政府部门的网络必须采用物理隔离网络。

网络物理隔离有多种实现技术,下面以物理隔离卡技术介绍网络物理隔离工作原理。如图 7-29 所示,物理隔离卡技术需要 1 个隔离卡和 2 个硬盘。在安全状态时,客户端 PC 只能使用内网硬盘与内网连接,这时外部 Internet 连接是断开的。当 PC 处于外网状态时,PC 只能使用外网硬盘,这时内网是断开的。

当需要进行内网与外网转换时,可以通过鼠标单击操作系统上的切换图标,这时计算机进入热启动过程。重新启动系统,可以将内存中的所有数据清除。由于两个硬盘中有分别

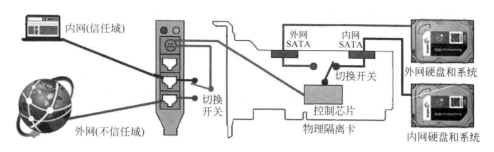

图 7-29　双硬盘型物理隔离技术工作原理

独立的操作系统,因此引导时两个硬盘只有一个能够被激活。

为了保证数据安全,同一计算机中的两个硬盘不能直接交换数据,用户通过一个独特的设计来安全地交换数据。即物理隔离卡在硬盘中设置了一个公共区,在内网或外网两种状态下,公共区均表现为硬盘的 D 分区,可以将公共区作为一个过渡区来交换数据。但是数据只能从公共区向安全区转移,而不能逆向转移,从而保证数据的安全性。

2. 安全沙箱

安全沙箱是通过虚拟化技术创建的隔离系统环境。用户可以在沙箱中运行包含风险的程序(如未知文件、病毒、木马程序等),沙箱会记录程序运行过程中的各种操作行为,并针对操作行为给出安全建议。在沙箱中运行风险程序,对真实系统无任何影响,可以随时删除和还原。程序在沙箱中运行就像用沙作图,随时一抹就平,不留痕迹。例如,在 google 浏览器 Chrome 中,每个网页都在沙箱内运行,这提高了浏览器的安全性。

3. 蜜罐技术

蜜罐技术就是制作一个故意让人攻击的假网站,引诱黑客前来攻击。攻击者入侵后,网络管理员可以知道他是如何进行攻击,随时了解针对服务器发动的最新的攻击和漏洞。

4. 访问控制

对用户使用因特网实施控制访问有两种方法来实现。一种是使用代理服务器技术,代理服务器位于网络防火墙上,代理服务器收到用户请求时,就检查其请求的 Web 页地址是否在受控列表中,如果不在就向因特网发送该请求,否则拒绝请求,这是一种根据地址进行访问控制的方法;另外一种是基于信息内容的控制技术,即从技术角度控制和过滤违法与有害信息,主要方法是对每个网页的内容进行分类,并根据内容特性加上标签,同时由计算机软件对网页标签进行监测,以限制对特定内容网页的检索。

7.3.5　防火墙技术

建筑中的防火墙是为了防止火灾蔓延而设置的防火障碍。计算机中的**防火墙是用于隔离本地网络与外部网络之间的一道防御系统**。客户端用户一般采用软件防火墙;服务器用户一般采用硬件防火墙,网络服务器一般都放置在防火墙设备之后。

1. 防火墙工作原理

防火墙是一种特殊路由器，它将数据包从一个物理端口路由到另外一个物理端口。防火墙主要通过检查接收数据包包头中的 IP 地址、端口号（如 80 端口）等信息，决定数据包是"通过"还是"丢弃"。这类似于单位的门卫，只检查汽车牌号，而对驾驶员和货物不进行检查。防火墙内部有一系列访问控制列表（ACL），它定义了防火墙的检测规则。

例如，在防火墙内部建立一条记录，假设访问控制列表规则为："允许从 192.168.1.0/24 到 192.168.20.0/24 主机的 80 端口建立连接。"这样，数据包通过防火墙时，所有符合以上 IP 地址和端口号的数据包都能够通过防火墙，其他地址和端口号的数据包就会被丢弃。

2. 防火墙的功能

（1）所有内部网络和外部网络之间交换的数据，都可以而且必须经过该防火墙。例如，学生宿舍的计算机既接入校园网，同时又接入电信外部网络时，就会造成一个网络后门，攻击信息会绕过校园网中的防火墙，攻击校园内部网络。

（2）只有防火墙安全策略允许的数据，才可以出入防火墙，其他数据一律禁止通过。例如，可以在防火墙中设置内部网络中某些重要主机（如财务部门）的 IP 地址，禁止这些 IP 地址的主机向外部网络发送数据包；阻止上班时间浏览某些网站（如游戏网站）或禁止某些网络服务（如 QQ）；以及阻止接收已知的不可靠信息源（如黑客网站）。

（3）防火墙本身受到攻击后，应当仍然能稳定有效的工作。例如，在防火墙中进行设置，对防火墙接收端口突然增加的巨量数据包进行随机丢包处理。

（4）防火墙应当有效地过滤、筛选和屏蔽一切有害的信息和服务。例如，在防火墙中检测和区分正常邮件与垃圾邮件，屏蔽和阻止垃圾邮件的传输。

（5）防火墙应当能隔离网络中的某些网段，防止一个网段的故障传播到整个网络。例如，在防火墙中对外部网络访问区（DMZ，非军事区）和内部网络访问区（LAN）采用不同网络接口，一旦外部网络访问区（DMZ）崩溃，不会影响到内部网络的使用。

（6）防火墙应当可以有效地记录和统计网络的使用情况。

3. 防火墙的类型

硬件防火墙可以是一台独立的硬件设备（如图 7-30 所示）；也可以在一台路由器上，经过软件配置成为一台具有安全功能的防火墙。防火墙还可以是一个纯软件，如一些个人防火墙软件等。软件防火墙的**功能**强于硬件防火墙，硬件防火墙的性能高于软件防火墙。按技术类型可分为包过滤型防火墙、代理型防火墙或混合型防火墙。

4. 防火墙的局限性

防火墙技术存在以下局限性：一是防火墙不能防范网络内部攻击，例如，防火墙无法禁止内部人员将企业敏感数据拷贝到 U 盘上；二是防火墙不能防范那些已经获得超级用户权限的黑客，黑客会伪装成网络管理员，借口系统进行升级维护，询问用户个人财务系统的登录账户名称和密码；三是防火墙不能防止传送已感染病毒的软件或文件，不能期望防火墙对每一个文件进行扫描，查出潜在的计算机病毒。

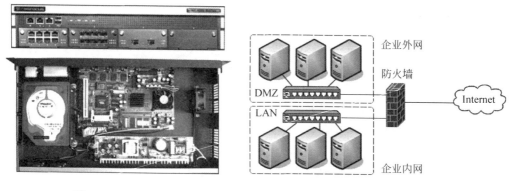

图 7-30　左：硬件防火墙内部结构　右：防火墙在企业局域网中的应用

7.4　信息加密

7.4.1　加密原理

1. 加密技术原理

加密技术的基本原理是伪装信息,使非法获取者无法理解信息的真正含义。伪装就是对信息进行一组可逆的数学变换。我们称伪装前的原始信息为明文,经伪装的信息为密文,伪装的过程为加密。对信息进行加密的一组数学变换方法称为加密算法。某些只被通信双方所掌握的关键信息称为密钥(读[mì yào])。密钥是一种参数,密钥长度以二进制数的位数来衡量,在相同条件下,密钥越长,破译越困难。数据加密过程如图 7-31 所示。

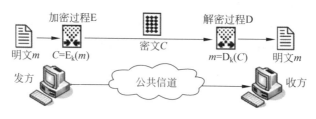

图 7-31　数据加密过程

荷兰密码学家柯克霍夫(Kerckhoffs)1883 年在名著《军事密码学》中提出了密码学的基本原则:“密码系统中的算法即使为密码分析者所知,也对推导出明文或密钥没有帮助。也就是说,密码系统的安全性不应取决于不易被改变的事物(算法),而应只取决于可随时改变的密钥”。简单地说,**加密系统的安全性基于密钥,而不是基于算法**。很多优秀加密算法都是公开的,所以密钥管理是一个非常重要的问题。

2. 古典密码算法

古典密码尽管大都比较简单,但今天仍有参考价值。较为经典的古典密码算法有棋盘密码、恺撒密码(循环移位密码)、代码加密、替换加密、变位加密等。

【例7-7】　公元前2世纪,希腊人波里庇乌斯(Polybius)设计了一种表格,将26个字母放在一个5×5的表格里(I和J放在一起),如图7-32所示,人们称为棋盘密码。

	0	2	4	6	8
1	A	B	C	D	E
3	F	G	H	I/J	K
5	L	M	N	O	P
7	Q	R	S	T	U
9	V	W	X	Y	Z

图7-32　棋盘密码示意图

在棋盘密码中,每个字母由两个数构成,如C对应14、S对应74等。例如,如果接收到的密文为38 18 96,则对应的明文为KEY。

3. 对称密钥加密

对称密钥加密(简称对称加密)是信息的发送方和接收方使用同一个密钥去加密和解密数据,而且通信双方都要获得密钥,并保持密钥的秘密。它的优点在于加密/解密的高速度和使用长密钥时难以破解性。常见的对称加密算法有Base64、DES、3DES、IDEA等。

1) 对称加密案例

下面我们采用"替换加密算法",说明对称加密的过程。

【例7-8】　明文为"good good study, day day up.";密钥为google(密钥必须与明文无关,长度为替换符号的5倍);替换加密算法为:将明文中所有字母d替换为密钥。

加密过程是将明文"good good study, day day up."中的所有字母d替换成google,于是得到的密文为googoogle googoogle stugoogley,googleay googleay up.。

解密过程就是将密文中所有与密钥(google)相同的字符串替换成d;替换后的明文为"good good study, day day up."。

在以上加密和解密过程中,我们必须使用相同的密钥google,所以这种替换加密算法称为对称加密算法。

2) Base64对称加密

Base64广泛用于电子邮件和商务网站用户登录名的加密/解密编码(RFC3548标准)。Base64中的64指A～Z、a～z、0～9、+、/、=等64个ASCII字符。Base64编码原理简单,如果黑客拿到了密文,进行简单的解密就可以得到明文。使用Base64编码的原因是:早期的电子邮件只能传递英文字符,这没有问题;但是收发中文等E-mail就产生了问题。邮件的中文字符编码可能会被邮件服务器或者网关当成命令处理,因此必须用一种编码对邮件进行加密,加密的目的是为了使早期服务器不出问题(现在服务器已经没有问题了)。Base64编码长期的使用形成了一种习惯,因此电子邮件都必须经过Base64编码后才能传递。

【例7-9】　用Python内置模块Base64作字符串的加密和解密。

```
# - * - coding: gbk - * -              # 设置中文编码
import base64                          # 导入内置加密/解密模块 Base64
s = 'hello world.你好,世界'            # 待加密的源字符串
print('源字符串 = ', s)                # 显示源字符串
def main():                            # 定义主函数
    bytesString = s.encode(encoding = 'utf - 8')   # 字符串转换为 UTF - 8 字节码(二进制串)
    print('转换为字节码 = ', bytesString)          # 显示字节码
    encodestr = base64.b64encode(bytesString)       # 加密字节码
    print('加密字节码 = ', encodestr)              # 显示加密字节码
    print('加密后的编码 = ', encodestr.decode())   # 显示 Base64 加密编码
    decodestr = base64.b64decode(encodestr)         # 解密 Base64 加密后的编码
    print('解密后的编码 = ',decodestr.decode())    # 显示解密后的源码
if __name__ == '__main__':             # 这个脚本模块既可以导入其他模块中使用,
    main()                             # 也可自己执行
```

```
>>>源字符串 = hello world.你好,世界            # 程序输出
转换为字节码 = b'hello world.\xe4\xbd\xa0\xe5\xa5\xbd\xef\xbc\x8c\xe4\xb8\x96\xe7\x95\x8c'
加密字节码 = b'aGVsbG8gd29ybGQu5L2g5aW977yM5LiW55WM'
加密后的编码 = aGVsbG8gd29ybGQu5L2g5aW977yM5LiW55WM
解密后的编码 = hello world.你好,世界
```

3) 对称加密存在的问题

采用对称加密时,如果企业有 n 个用户进行通信,则企业共需要 $n \times (n-1)/2$ 个密钥。例如,企业有 10 个用户就需要 45 个密钥,因为每个人都需要知道其他 9 个人的密钥才能进行相互通信。这么多密钥的管理是一件非常困难的事情。如果整个企业共用一个密钥,则整个企业文档的保密性便无从谈起。

对称加密最大的弱点是"密钥分发",即发信方必须把加密规则告诉接收方,否则接收方无法解密,这样传递密钥就成了最头疼的问题。密钥分发实现起来十分困难,发信方必须安地把密钥护送到收信方,不能泄露其内容。

4. 一次性密码

大众普遍误认为所有加密算法都可以破解。信息论创始人香农曾经证明:只要密钥完全随机,不重复使用,对外绝对保密,与信息等长或比信息更长的一次一密是不可能破解的(简称为一次性密码)。除了一次性密码外的多数加密算法都可以用暴力攻击法破解,但是破解所需时间可能与密钥长度成指数级增长。一次性密码需要频繁地更换密钥,安全地将密钥传送给解密方是一个非常困难的问题。

7.4.2 RSA 加密

1. 非对称密钥加密

1976 年,美国斯坦福大学迪菲(Diffie)和赫尔曼(Hellman)提出了公钥密码的新思想,他们把密钥分为加密的公钥和解密的私钥,这是密码学的一场革命。

非对称密钥加密(公钥密码或公开密钥)是加密和解密使用不同密钥的加密算法。如图 7-33 所示,非对称加密的特征是:密钥为一对,一把密钥用于加密,另一把密钥用于解

密。用公钥(公共密钥)加密的文件只能用私钥(私人密钥)解密,而私钥加密的文件也只能用公钥解密。公钥可以公开,而私钥必须保密存放。发送一份保密信息时,发送方使用接收方的公钥对数据进行加密,一旦加密,只有接收方用私钥才能解密。与之相反,用户也能用私钥对数据加密处理。换句话说,密钥对可以任选方向。

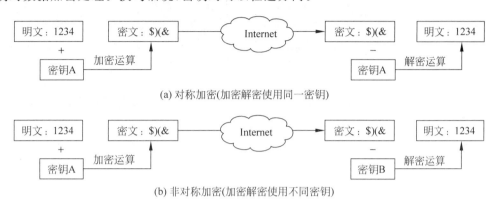

(a) 对称加密(加密解密使用同一密钥)

(b) 非对称加密(加密解密使用不同密钥)

图 7-33　对称加密与非对称加密示意图

非对称加密机制灵活,如果企业有 n 个用户,企业需要生成 n 个密钥对,并分发 n 个公钥。由于公钥可以公开,用户只要保管好自己的私钥即可,因此密钥分发变得十分简单。同时,每个用户的私钥是唯一的,其他用户可以通过信息发送者的公钥来验证信息来源是否真实(用于用户认证),还可以确保发送者无法否认曾发送过该信息(用于数字签名)。

常见的非对称加密算法有 RSA(Ron Rivest,Adi Shamir 和 Leonard Adleman,发明者名字)、SSL(传输层安全标准)、ECC(移动设备安全标准)、S-MIME(电子邮件安全标准)、SET(电子交易安全标准)、DSA(数字签名安全标准)等。

2. RSA 算法特征

在数论中,反运算问题往往极难求解。例如,给出两个素数 p 和 q,求两者乘积 N,即使 p 和 q 很大,它们的乘积仍然是可计算的。但反过来,给出 N,求素数 p 和 q 就极为困难。例如,知道素数 673 和 967,求它们的乘积(650791)比较容易;但是知道乘积 650791,求它们的两个素数就非常困难。非对称加密算法利用了数论上的反运算难度原理。

1977 年,美国 MIT 大学里维斯特(Ronald Rivest)、沙米尔(Adi Shamir)和阿德勒曼(Len Adleman)提出了一个较完善的公钥密码算法 RSA,RSA 算法的安全性建立在大数因子分解的困难性(反运算原理)。RSA 是研究得最广泛的公钥密码算法,经历了各种攻击的考验,逐渐为人们接受,普遍认为是目前最优秀的加密算法之一。

3. RSA 算法密钥生成过程

RAS 算法的密钥生成过程如图 7-34 所示。

选择一对不同的、足够大的素数 p 和 q。

计算公共模:

$$n = p \times q \tag{7-1}$$

计算 n 的欧拉函数:

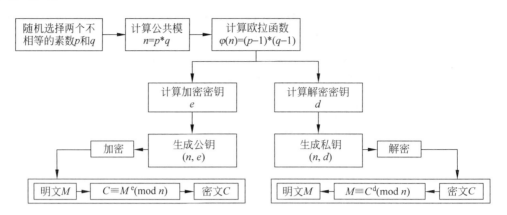

图 7-34 RAS算法的密钥生成过程

$$\varphi(n) = (p-1)(q-1) \tag{7-2}$$

同时对 p 和 q 严加保密。

找一个与 $\varphi(n)$ 互质的数 e,且 $1 < e < \varphi(n)$。

计算 d,$d = e^{-1} \bmod \varphi(n)$;即

$$d \times e \equiv 1 \bmod \varphi(n) \tag{7-3}$$

得公钥:$K_U = (e, n)$;私钥:$K_R = (d, n)$。

4. RSA 密钥生成过程案例

步骤 1:随机选择两个不相等的素数 p 和 q。为了易于理解,假设我们选择的素数是 61 和 53。在实际应用中,这两个素数越大就越难破解。

步骤 2:根据公式(7-1),计算 p 和 q 的乘积 n。因此 $n = p \times q = 61 \times 53 = 3233$。$n$ 的长度就是密钥长度。3233 写成二进制是 1100 1010 0001,所以密钥长度就是 12b。实际应用中,当 n 很大时(如 1024b),由 n 分解出素数 p 和 q 非常困难。

步骤 3:计算 n 的欧拉函数 $\varphi(n)$。根据公式(7-2)算出欧拉函数为

$$\varphi(n) = (p-1)(q-1) = (61-1) \times (53-1) = 3120$$

步骤 4:随机选择一个整数 e,条件是 $1 < e < \varphi(n)$,且 e 与 $\varphi(n)$ 互质。我们在 $1 \sim 3120$ 之间,随机选择 $e = 17$(17 与 3120 互质)。

步骤 5:根据公式(7-3),计算:$e * d \equiv 1 \bmod \varphi(n)$,这个式子等价于 $e \times d - 1 = k \times \varphi(n)$。找到元素 d,实质上就是对下面的二元一次方程求解:

$$e \times x + \varphi(n)y = 1 \tag{7-4}$$

已知 $e = 17$,$\varphi(n) = 3120$,根据式(7-4),二元一次方程为 $17x + 3120y = 1$。

这个方程可以用"扩展欧几里得算法"求解(省略求解过程)。总之,可以算出一组整数解为:$(x, y) = (2753, -15)$,即 $d = 2753$,至此所有计算完成。

步骤 6:将 n 和 e 封装成公钥,n 和 d 封装成私钥。即 $n = 3233$,$e = 17$,$d = 2753$,所以公钥是 $(3233, 17)$,私钥是 $(3233, 2753)$。

密钥生成步骤一共出现了 6 个数字:p、q、n、$\varphi(n)$、e、d。这 6 个数字之中,公钥用了 2 个(n 和 e),其余 4 个数字都是不公开的。为了安全起见,p 和 q 计算完成后销毁。其中最

关键的是 d，因为 n 和 d 组成了私钥，一旦 d 泄露就等于私钥泄漏。

5. RSA 加密/解密过程案例

1) RSA 加密/解密数学模型

加密时，先将明文变换成 $0\sim(n-1)$ 的一个整数 M。若明文较长，可先分割成适当的组，然后再进行加密。

设密文为 C，加密过程为

$$C \equiv M^e(\bmod\ n) \tag{7-5}$$

设明文为 M，解密过程为

$$M \equiv C^d(\bmod\ n) \tag{7-6}$$

【例 7-10】 假设鲍勃要与爱丽丝进行加密通信，鲍勃应当怎样进行明文加密？爱丽丝应当怎样进行密文解密呢？

2) 明文的公钥加密过程

假设鲍勃要向爱丽丝发送信息 M（明文），他就要用爱丽丝的公钥 (n,e) 对 M 进行加密。这里需要注意：M 必须是整数（字符串可以取 ASCII 值或 Unicode 值），且 M 必须小于 n。鲍勃知道爱丽丝的公钥是 $(n,e)=(3233,17)$，假设鲍勃的明文 M 是 65（字母 A 的 ACSII 码），那么鲍勃根据加密公式(7-5)，计算出密文 C 为

$$C \equiv M^e\ \bmod\ n = 65^{17}(\bmod\ 3233) = 2790$$

鲍勃把密文 $C(2790)$ 发给爱丽丝。

3) 密文的私钥解密过程

爱丽丝收到鲍勃发来的密文 $C(2790)$ 后，用自己的私钥 $(n,d)=(3233,2753)$ 进行解密。爱丽丝根据解密式(7-6)，计算出明文 M 为

$$M \equiv C^d\ \bmod\ n = 2790^{2753}(\bmod\ 3233) = 65$$

爱丽丝知道了鲍勃明文的 ASCII 码值是 65，即字符 A。至此加密和解密过程完成。

从以上案例可以看到，如果不知道 d，就没有办法从密文 C 求出明文 M。而前面已经说过，要知道 d 就必须分解 n，这是极难做到的，所以 RSA 算法保证了通信安全。

4) RSA 应用案例

【例 7-11】 用 Python 程序对字符串"hello"进行 RSA 加密和解密。

```
# - * - coding: utf - 8 - * -                              # 设置中文编码
import rsa                                                 # 导入第三方 RSA 包
message = 'hello'                                          # 待加密的明文
print('明文 = ', message)                                  # 显示明文
(pubkey, privkey) = rsa.newkeys(1024)                     # 生成密钥,密钥长度 1024
print('生成密钥 = ', pubkey, privkey)                       # 显示生成的密钥
with open('public.pem', 'w + ') as f:                     # 以写方式打开公钥文件
    f.write(pubkey.save_pkcs1().decode())                 # 公钥写入文件
with open('private.pem', 'w + ') as f:                    # 以写方式打开私钥文件
    f.write(privkey.save_pkcs1().decode())                # 私钥写入文件
with open('public.pem', 'r') as f:                        # 打开公钥文件,读出公钥
    pubkey = rsa.PublicKey.load_pkcs1(f.read().encode())  # 公钥 RSA 运算
with open('private.pem', 'r') as f:                       # 打开私钥文件,读出私钥
    privkey = rsa.PrivateKey.load_pkcs1(f.read().encode())# 私钥 RSA 运算
```

```
crypto = rsa.encrypt(message.encode(), pubkey)          ＃用公钥加密明文 message
print('公钥加密 = ', crypto)
message = rsa.decrypt(crypto, privkey).decode()          ＃显示 RSA 加密后的密文
print('私钥解密 = ', message)                             ＃用私钥解密密文 crypto
signature = rsa.sign(message.encode(), privkey, 'SHA-1') ＃显示 RSA 解密后的明文
print('私钥签名 = ', signature)                           ＃用私钥进行签名
rsa.verify(message.encode(), signature, pubkey)           ＃显示私钥签名
print('公钥验证 = ', rsa.verify(message.encode(), signature, ＃用公钥验证签名
pubkey))                                                  ＃显示公钥验证结果
```
```
>>>明文 = hello                                           ＃程序输出
生成密钥 = PublicKey(1429977183659451469……2801212494575691416397461)
公钥加密 = b'7\xd11x\x8f\x004\x92T\x92\xf9\xbb\……f2\x83\xc6Tk\x9aq\xc5'
私钥解密 = hello
私钥签名 = b'*\x15t\xf6\xa5\x0bo\xe9]\xd3\xc0……\x15\xb7,\xce\x0c\xdfh\xc1'
公钥验证 = True
```

6. RSA 加密技术的缺点

公钥 $K_U(n,e)$ 只能加密小于 n 的整数 m，例如，密钥 n 为 512b 时，加密数据的长度必须小于 64B。如果要加密大于 n 的信息怎么办？有两种解决方法：一是把长信息分割成若干段短消息，每段分别加密；二是先选择一种"对称性加密算法"（如 DES），用这种算法的密钥对大量数据加密，然后再用 RSA 加密对称加密系统的密钥。

RSA 加密技术的缺点有：一是安全性依赖于大数的因子分解，但并没有从理论上证明破译 RSA 的难度与大数分解难度等价，而且多数密码学专家倾向于认为因子分解不是 NP 问题，即无法从理论上证明它的保密性能；二是产生密钥很麻烦，受到素数产生技术的限制，难以做到一次一密；三是密钥长度太大，密钥 n 至少要在 512b 以上，这使得运算速度较慢，在某些极端情况下，比对称加密速度要慢 1000 倍。

7.4.3　密码破解

不是所有密文破译都有意义，当破译密文的代价超过加密信息的价值，或破译密文所花时间超过信息的有效期时，密文破译工作变得没有价值。从黑客角度来看，主要有三种破译密码获取明文的方法：密钥搜索、密码词频分析、社会工程学方法。

1. 密钥搜索

1）暴力破解

登录系统时一般要求输入密码，随便输入一个，居然蒙对了，这个概率就和买 2 块钱彩票中 500 万大奖一样低。但是如果连续测试 1 万个、10 万个，甚至 100 万个密码，那么猜对的概率是不是就大大增加了呢？当然不能用人工进行密码猜测，而是利用程序进行密码自动测试。这种利用计算机连续测试海量密码的方法称为暴力破解。

从实用角度看，采用单台高性能计算机进行密钥破解时，40b 密钥要 3h 来破译，41b 要 6h，42b 要 12h，每增加 1b，破译时间增加 1 倍，如表 7-4 所示。

表 7-4   不同密钥长度的暴力破解时间

密钥长度/b	穷举法搜索 1%时（最好情况）	穷举法搜索 50%时（平均情况）
56	1s	1min
57	2s	2min
64	4.2min	4.2h
72	17.9h	44.8d
80	190.9h	31.4 年
90	535 年	32 100 年
128	1.46×10^5 年	8×10^{16} 年

如果用户对密码设置的概率分布不均匀,例如有些密码的符号组合根本不会出现,而另一些符号组合经常出现,那么密码的有效长度会减小很多,破译者就可能大大加快搜索的进度。例如,用户采用 8 位数字作密码时,可能的密码组合有 10^8 种;如果用户采用 8 位数字的生日作密码,则年的时间可以控制在 1900—2020,月的时间为 $1 \sim 12$,日的时间在 $1 \sim 31$,这样就大大减少了计算工作量。

2) 字典式破解法

密码字典是将大量常用密码(如日期、电话号码等)存放在一个文件里,解密时利用程序对密码字典里的密码进行穷举,以达到破解加密文件的目的。当字典中包含潜在密码时,就可能破解成功。提高密码破解效率的方法是建立一个包含所有可能密码的字典,可以利用一些字典生成器软件(如图 7-35 所示)来生成一个高效的密码字典。如果每个密码的长度不超过 8 个英文字符,那么有 100 万个密码的字典文件不会超过 8MB。如果黑客得到了加密文件,就可以用密码字典对文件进行密码匹配破解,它的破解成功率令人吃惊。

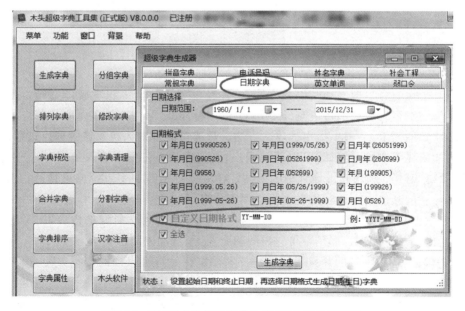

图 7-35   利用“木头超级字典生成器”生成日期密码

2. 密码词频分析

如果密钥长度是决定加密可靠性的唯一因素,也就不需要密码学专家来钻研这门学问,只要用尽可能长的密钥就足够了,可惜实际情况并非如此。在不知道密钥的情况下,利用数学方法破译密文或找到密钥的方法称为密码分析。密码分析学有两个基本目标,一是利用密文发现明文;二是利用密文发现密钥。

在一份给定的文件里,词频(TF)指某一个给定的词语在该文件中出现的次数。经典密码分析学的基本方法是词频分析。在自然语言里,有些字母比其他字母出现的频率更高。由计算机对庞大的文本语料库进行统计分析,可得出准确的字母平均出现频率(如表 7-5 所示)。统计表明,英语中使用最多的 12 个字母占了字母总使用次数的 80% 左右;英语字母 E 是文本中出现频率最高的字母;TH 两个字母连起来是最有可能出现的字母对。例如,假设密文没有隐藏词频统计信息,在字母替换加密中,每个字母只是简单地替换成另一个字母,那么在密文中出现频率最高的字母就最有可能是 E。如图灵研制的密码炸弹(Bomba)计算机就采用了词频分析的算法思想。

表 7-5　英语文本中字母出现的频率　　　　　　　单位:%

字母	首字母	平均	字母	首字母	平均	字母	首字母	平均	字母	首字母	平均
a	11.602	8.167	h	7.232	6.094	o	6.264	7.507	v	0.649	0.978
b	4.702	1.492	i	6.286	6.966	p	2.545	1.929	w	6.753	2.360
c	3.511	2.782	j	0.597	0.153	q	0.173	0.095	x	0.037	0.150
d	2.670	4.253	k	0.590	0.772	r	1.653	5.987	y	1.620	1.974
e	2.007	12.702	l	2.705	4.025	s	7.755	6.327	z	0.034	0.074
f	3.779	2.228	m	4.374	2.406	t	16.671	9.056			
g	1.950	2.015	n	2.365	6.749	u	1.487	2.758			

说明:统计语料库不同,频率值会有细微差别。

3. 社会工程学方法

除了对密钥的穷尽搜索和密码分析外,黑客经常利用社会工程学破译密码。**社会工程学**是世界头号黑客凯文·米特尼克(Kevin David Mitnick,第一个被美国联邦调查局通缉的黑客)在《欺骗的艺术》一书中提出的攻击方法。**黑客可能针对人机系统的弱点进行攻击,而不是攻击加密算法本身。**例如,可以欺骗用户,套出密钥;在用户输入密钥时,应用各种技术手段"偷窃"密钥;利用软件设计中的漏洞;对用户使用的加密系统偷梁换柱;从用户工作和生活环境的其他来方面获得未加密的保密信息(如"垃圾分析");让通信的另一方透露密钥或信息;胁迫用户交出密钥等。虽然这些方法不是密码学研究的内容,但对于每一个使用加密技术的用户来说,都是不可忽视的问题,甚至比加密算法更为重要。

【例 7-12】　智能手机的开机指纹识别技术很流行。指纹识别的确很方便,按一下就相当于输入了一长串密码,而且是个人独一无二的密码。但是黑客利用"社会工程学"的方法,指纹密码会成为挥之不去的噩梦。因为获得一个人的指纹很容易,递给他递一杯茶、一张纸或其他物体,他接触后就能采集到他的指纹。如果黑客采集了你的指纹,就相当于复制了你的手指,更严重的是字符密码可以随时修改,可手指头不能随意更换啊。

7.4.4 数字认证

1. 单向函数

1) 单向函数

单向函数本身并不是安全密码协议,但它对大多数密码协议来说是基本结构模块。单向函数的原理是计算起来相对容易,但求逆却非常困难。例如,打碎盘子是一个很好的单向函数的例子。把盘子打碎成数百块碎片是很容易的事情,然而,要把所有碎片再拼成为一个完整的盘子,却是非常困难的事情。

2) 单向函数假设

单向函数听起来很好,但事实上严格地按数学定义,不能证明单向函数的存在性(本质是 P≠NP 问题),同时也没有实际证据能够构造出理想的单向函数。即使这样,还是有很多函数看起来像单向函数:能够有效地计算它们,而且至今还不知道有什么办法能容易地求出它们的逆,因此假定单向函数是存在的。

3) 单向陷门函数

单向陷门函数是一类特殊的单向函数。它在一个方向上易于计算而反方向却难于计算。但是,如果你知道那个秘密,就能很容易在另一个方向计算这个函数。也就是说,已知 x,易于计算 $f(x)$;而已知 $f(x)$,却难于计算 x。然而,如果有一些秘密信息 y,一旦给出 $f(x)$ 和 y,就很容易计算出 x。例如,钟表拆卸和安装是一个单向陷门函数的案例,很容易把钟表拆成数百个小零件,而把这些小零件组装成能够工作的钟表非常困难。然而,通过秘密信息(如钟表装配手册),就能把钟表安装还原。

2. Hash 函数

1) Hash 函数原理

Hash(读[哈希],也译为散列)就是把任意长度的输入,通过 Hash 算法,变换成固定长度的输出(Hash 值)。Hash 值的空间通常远小于输入数据的空间,不同的输入可能会 Hash 成相同的输出(冲突),但是不可能从 Hash 值来唯一确定输入值。Hash 函数的数学表达式为

$$\text{Hash} = H(M)$$

其中 $H()$ 是单向哈希函数,M 是任意长度的明文,Hash 是固定长度的哈希值。

【例 7-13】 假设明文为 2500,为了便于理解,用简单的除法来构造一个 Hash 函数(数字哈希法):Hash $= H(2500 \div 500) = 5$。那么哈希值 5(实际要求 128b)就可以作为明文 2500 的**消息摘要**。如果改变明文 2500 或消息摘要 5,都会无法得到 500。只给出消息摘要 5,而不给出其他信息,就无法追溯到明文信息。

Hash 算法有 MD5(消息摘要,一种 Hash 函数)、SHA 等。MD5 将任意长度的"字符串"(消息)映射为一个 128b 的 Hash 值,但是无法通过 128b 的 Hash 值反推出原始字符串。从数学原理上说 Hash 值不可逆,因为从小集合到大集合的映射是一对多的关系。

2) Hash 函数的构造

构造 Hash 函数的方法很多,如求余法、数字法、折叠法、随机数法、混合法等。求余法是选择一个较大的素数 p(p 为素数时不易产生冲突),令 Hash $= H(M) = M \bmod p$。

【例 7-14】　利用求余法计算用户密码 12345 的 Hash 值。

用户密码多少位随意,假设系统只保存密码的 6 位 Hash 值,最大的 6 位素数 p＝999 983 (二进制为 20b)。将密码 12345 转换为 ASCII 码＝49 50 51 52 53。用求余法计算出哈希值为:Hash＝H(4 950 515 253)＝4 950 515 253 mod 999 983＝599 403。如果不知道素数 p (本例为 999 983)和加密算法(本例为求余法),由哈希值 599 403 反求密码明文非常困难。

【例 7-15】　用 Python 编程,生成字符串 abc123456 的哈希值。

```
# - * - coding: gbk - * -              # 设置中文编码
import hashlib                         # 导入内置哈希包 hashlib
def md5(s):                            # 定义 MD5 函数
    m = hashlib.md5()                  # 调用哈希函数模块
    m.update(s.encode(encoding = 'utf - 8'))   # 口令生成 MD5 哈希值
    return m.hexdigest()               # 返回十六进制 MD5 值
print(md5('abc123456'))                # 显示口令的 MD5 值
>>> 0659c7992e268962384eb17fafe88364  # 输出口令的十六进制 MD5 值
```

3) Hash 函数的冲突

Hash 函数的设计很重要,利用同一个 Hash 函数对不同数据求 Hash 值时,有可能会产生相同的 Hash 值,这在密码学上称为"冲突"或"碰撞"。不好的 Hash 函数会造成很多冲突,解决冲突会浪费大量时间,因此应当尽力避免冲突。

理论上,虽然可以设计出一个几乎完美和没有冲突的 Hash 函数。然而这样做显然不值得,因为这样的函数设计很浪费时间,而且编码很复杂。因此,设计 Hash 函数时既要将冲突减少到最低限度,而且 Hash 算法要易于编码,易于实现。

3. Hash 函数的应用

1) 云存储

【例 7-16】　一些网站(如百度云存储、360 云盘等)提供用户大容量的存储空间(如数 TB 以上),这样,不同的用户会可能会将同一个文件(如电影视频)保存在云存储空间,这不仅浪费了存储空间,也降低了查找效率。解决的方法是:对用户上传的每一个文件,利用 Hash 算法生成一个"数字指纹"(如 MD5 值)。其他用户上传文件时,首先计算用户本地上传文件的数字指纹,然后在云存储服务器端的数据库中检查这个数字指纹是否已经存在,如果数字指纹已经存在,就只需要保存用户信息和服务器文件存储位置信息,这大大降低了云服务器端文件的存储空间和用户大文件的上传时间(俗称为"秒传")。

2) 文件校验

【例 7-17】　一些网站提供下载的文件,经常会受到病毒和黑客的修改,为了保证文件的完整性和安全性,网站会利用 Hash 函数生成一个"数字指纹"(MD5 值),用户可以利用网站提供的工具软件,对下载的文件进行校验,检查 MD5 值是否与源文件一致。

3) 身份鉴别

【例 7-18】　当用户登录计算机(或自动柜员机等终端)时,用户先输入密码,然后计算机确认密码是正确的。用户和计算机都知道这个密码,这种密码存储方式存在很大的安全隐患,如果黑客窃取了用户密码,将对计算机安全带来危害。

其实,计算机没有必要知道用户密码,计算机只需要区别有效密码和无效密码即可,可以用 Hash 函数来鉴别用户身份。现在大部分网站数据库存储的密码都不是明文,而是用户密码的 MD5 值。当用户登录时,系统将用户输入的密码进行 MD5 运算,然后再与系统中保存的密码 MD5 值进行比较,从而确定输入的密码是否正确。系统在并不知道用户密码的情况下,就可以验证用户的合法性。

4. 数字签名

实现数字签名有多种方法,如公钥加密数字签名、Hash 函数数字签名等技术。

1) 用公钥加密做数字签名

在非对称加密系统中,公钥和私钥可以反过来使用,即用私钥加密,用公钥解密。因为公钥是公开的,所以用私钥加密不是为了保密,而是用于数字签名。数字签名的理论依据是:只要公钥能解密的东西一定是私钥加密的,而私钥只有一个人保存,如同个人手写签名一样,不可能有人仿造出来。黑客是否能够将数字签名解密后,再对签名进行修改呢?这是不可能的,即使黑客将数字签名解密了,因为他没有私钥,因此无法再加密成数字签名。

2) 用 Hash 函数做数字签名

Hash 函数数字签名的原理是:发送方首先用 Hash 函数将需要传送的报文转换成消息摘要,消息摘要是一个 128b(MD5)或 160b(SHA)的单向 Hash 函数值,并且发送方用自己的私钥对这个 Hash 值进行加密,形成发送方的数字签名;然后,将这个数字签名作为报文的附件和报文一起发送给接收方(如图 7-36 所示);接收方用 Hash 函数将接收到的报文转换成消息摘要,并计算出 Hash 值,接着再用发送方的公钥对报文附加的数字签名进行解密,如果这两个 Hash 函数值相同,那么接收方就能确认该数字签名是发送方的;如果两个 Hash 函数值不相同,则可以判断报文在传送过程中已被第三方修改或替换。

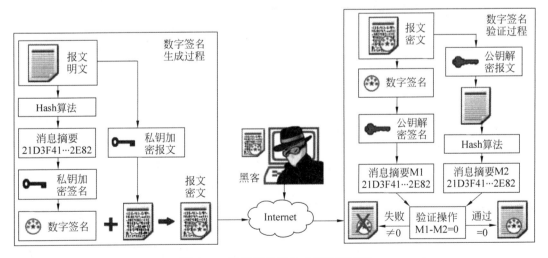

图 7-36 数字签名的生成和验证过程

3) 数字签名的应用

数字签名算法主要有 Hash 签名、RSA 签名和 DSS 签名。这三种算法可单独使用,也可综合在一起使用。在实际应用中,采用 RSA 公钥密码算法对长文件签名效率太低。为了节约时间,数字签名协议经常和 Hash 函数一起使用。用户并不对整个文件签名,只对文件的 Hash 值签名。在这个协议中,单向 Hash 函数和数字签名算法是事先协商好的。

通过数字签名能够实现对原始报文的鉴别与验证,保证报文的完整性和发送者对所发报文的不可抵赖性。数字签名机制普遍用于银行、电子贸易等领域,以解决数据文件的伪造、复制、重用、抵赖、篡改等问题。

5. 数字认证中心

1) 中间人攻击

非对称加密虽然难以破解,但是应用中存在一个问题,这就是通信对方必须是确认的对象。例如,我们登录银行网站,查询自己账户的资金余额。假设我们不慎登录的是一个冒名顶替的钓鱼网站,并且将它给的公钥对报文进行加密,并发送给假"银行"网站。这样黑客就可以根据报文破解私钥,从而获取到银行账户名称和密码。如图 7-37 所示,这个过程称为中间人攻击。

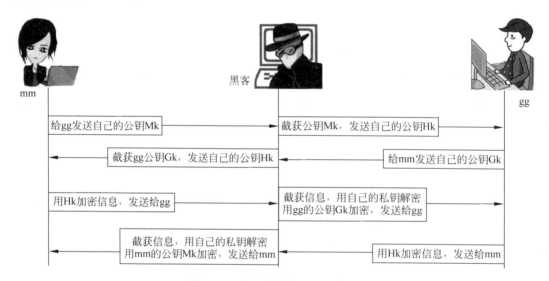

图 7-37　中间人攻击过程示意图

2) 数字认证中心

解决中间人攻击问题的方法是建立一个通信双方都信任的第三方网站,这个网站称为数字认证中心(CA)。CA 的任务是维护合法用户的准确信息(如用户名称、身份证号码等)和他们的公钥。这些信息用数字证书(DC,软件包)的形式进行发放和管理,它类似于生活中的居民身份证。CA 是负责发放和管理数字证书的权威机构,并承担公钥体系中公钥合法性检验的责任。CA 有以下类型:行业性 CA,如中国工商银行 CA、电信 CA 等;区域性 CA,如上海市 CA 等;独立 CA,如天威诚信 CA、xx 企业 CA 等。世界著名的数字证书机构有 GlobalSign、VeriSign、Entrust 等。

CA 的主要工作是:对申请公钥加密的用户材料进行审核;为用户生成密钥;对用户签发放数字证书(DC);证明用户拥有证书中列出的公钥;检查证书持有者身份的合法性,以防证书被伪造或篡改；对证书和密钥进行管理等。CA 发放的数字证书是一种安全分发的公钥，也是个人和企业在网上进行信息交流及电子商务活动中的身份证明。

3）数字证书的形式

数字证书实际上是一串很长的数字编码，包括证书申请者的名称和相关信息（如用户姓名、身份证号码、有效日期等），申请者的公钥，证书签发机构的信息（CA 名称、序列号等），签发机构的数字签名及证书的有效期等内容（如图 7-38 所示）。数字证书的格式和验证方法普遍遵循 ITU-TX.509 国际标准。

图 7-38　xx 银行数字证书

数字证书通常以软件的形式安装在计算机中，或者存储在一个特制的 IC 卡中（如工商银行的"U 盾"客户端数字证书）。当使用数字证书进行身份认证时，它随机地生成 128 位的身份码，每份数字证书都能生成每次不相同的密钥，从而保证数据传输的保密性。

6. 数字证书的应用

数字证书主要用于各种需要身份认证的场合，如网上银行、网上交易、信息安全传输、安全电子邮件、电子签名和电子印章（如图 7-39 所示）、身份确认等。

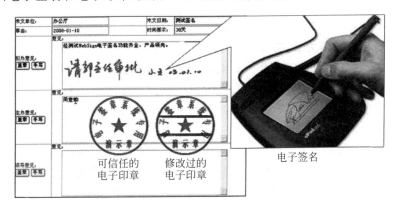

图 7-39　电子签名和电子印章

（1）信息安全传输。所有网络和网络协议都具有标准和开放的特征，各类信息在网络中均为明文传输。因此，对重要的敏感数据、隐私数据进行远程传输时，可以采用数字证书的数字信封技术,它可以在信息传输过程中保持信息的机密性和完整性。

(2) 安全电子邮件。电子邮件基于明文协议,没有认证措施,邮件内容非常容易被伪造。采用数字签名和数字信封技术后,具有发信人数字签名的邮件是可信的。数字信封技术可以保证只有发信人指定的接收者才能阅读邮件信息,保证了邮件的机密性。

(3) 可信电子印迹。电子印迹是指电子形式的图章印记和手写笔迹。在信息化建设中,电子公文和电子合同得到了广泛应用。为了保证这些电子文档的严肃性,它们需要"加盖"电子印章或采用电子手写笔迹签名。通过数字签名,可以将签名人的身份信息集成在电子印迹中,从而保证了电子印迹的权威性和可靠性。黑客如果假冒或修改电子印章或电子手写签名,数字证书将显示印章无效或印章被修改等信息。

(4) 安全终端保护。如图 7-40 所示,在电子商务中,应用数字证书技术可以实现安全登录和信息加密,数字证书具有身份唯一认证功能,可以拒绝非授权用户的访问。

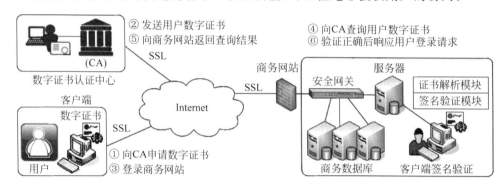

图 7-40　数字证书在电子商务中的认证过程

7.4.5　安全计算

1. 同态加密

1) 同态加密的算法思想

1999 年,在 IBM 研究院做暑期学生的克雷格(Craig Gentry)发明了同态加密算法。它的算法思想是:加密操作为 E,明文为 m,加密得 e,即 $e=E(m)$,$m=E'(e)$。已知针对明文有操作 f(假设 f 是个很复杂的操作),针对 E 可构造 F,使得 $F(e)=E(f(m))$,这样 E 就是一个针对 f 的同态加密算法。有了同态加密,我们就可以把加密得到的 e 交给第三方,第三方进行操作 F,我们拿回 $F(e)$ 后,解密后就得到了 $f(m)$。同态加密保证了第三方仅能处理数据,而对数据的具体内容一无所知。

简单地说,同态加密就是:可以对加密数据做任意功能的运算,运算结果解密后是相应于对明文做同样运算的结果。同态加密是不确定性的,每次加密引入了随机数,每次加密的结果都不一样,同一条明文对应的是好几条密文,而解密是确定的。

2) 同态加密的简单案例

下面选择一个相对容易理解的案例对同态加密过程进行说明。

假设 $p \in N$,p 是一个大素数,作为密钥。a 和 b 是任意两个整数的明文,满足:

$$a' = a + (r \times p) \tag{7-7}$$

其中,a'作为密文,$r \in N$,r是任意小整数。

对第三方密文运算结果进行解密时:

$$a + b = (a' + b') \bmod p \tag{7-8}$$

$$a \times b = (a' \times b') \bmod p \tag{7-9}$$

从上式可以看出,解密就是对密文运算结果求模,它的余数就是明文运算的值。

【例7-19】 设明文数据为$a = 5$,$b = 4$,用户将数据加密为a'、b',加密参数为$p = 23$,$r1 = 6$,$r2 = 3$。用户将加密后的数据交由第三方进行加法和乘法运算,即$a' + b'$、$a' \times b'$。

根据式(7-7),用户加密后的密文数据为:$a' = 5 + (6 \times 23) = 143$;$b' = 4 + (3 \times 23) = 73$。

第三方对密文进行加法运算后结果为$a' + b' = 143 + 73 = 216$;第三方对密文进行乘法运算后结果为$a' \times b' = 143 \times 72 = 10\,439$。运算结果返回后,用户根据式(7-8),对加法运算结果解密后为 $216 \bmod 23 = 9$。根据式(7-9),用户对乘法运算结果解密后为 $10\,439 \bmod 23 = 20$。

3) 完全同态加密

如果一个加密方案对密文进行任意深度的操作后再解密,结果与对明文做相应操作的结果相同,则该方案为完全同态加密方案。简单地说:如果一个加密方案同时满足加法同态和乘法同态,则称该方案为完全同态加密方案。

【例7-20】 数据为正实数域和对数域时,实数的乘运算和对数的加运算就属于全同态运算。即对于任何正实数x,y和z,如果$x \times y = z$,那么$\log(x) + \log(y) = \log(z)$。如果给出$x$和$y$,我们可以直接将它们相乘,也可以取它们的对数相加,最后得到的结果都是相同的。

4) 同态加密的应用

【例7-21】 银行有一批交易数据需要分析,银行把交易数据加密后交给数据处理中心进行分析。数据处理中心拿到加密后的数据进行分析处理,得出银行希望的分析结果,然后把结果返回银行。在这个过程中,数据处理中心得到的仅仅是加密后的数据,所以数据的处理也是在加密数据的基础上进行处理,而对于数据的明文,数据处理中心并不知晓。

【例7-22】 医疗机构负有保护患者隐私的义务,但是他们数据处理能力较弱,需要第三方来实现数据处理分析,以达到更好的医疗效果。这样他们需要委托有较强数据处理能力的第三方实现数据处理(如云计算中心),而直接将数据交给第三方是不道德的,也不被法律所允许。而在同态加密算法下,医疗机构可以将加密后的数据发送至第三方,第三方处理完成后返回结果给医疗结构。整个数据处理过程,数据内容对第三方是完全透明的。

目前将同态加密技术应用到现实工作中还需要一段时间,该技术还需要解决一些技术上的障碍,其中之一是对大量计算资源的需求。克雷格表示,在一个简单的明文搜索中应用同态加密技术,将使得运算量增加上万亿倍。

2. 零知识证明

1) 零知识证明的算法思想

"零知识证明"由麻省理工学院密码学家格但斯(Shafi Goldwasser)等人在20世纪80年代初提出。它是指证明者能够在不向验证者提供任何有用信息的情况下,使验证者相信某个论断是正确的。零知识证明实质上是一种涉及双方或多方的协议,即双方或多方完成一项任务所需采取的一系列步骤。证明者向验证者证明并使其相信自己知道或拥有某一消息,但证明过程不能向验证者泄漏任何关于被证明消息的信息。大量事实证明,零知识证明在密码学中非常有用。如果能够将零知识证明用于验证,将可以有效解决许多问题。

【例 7-23】 A 要向 B 证明自己拥有某个房间的钥匙,假设该房间只能用钥匙打开锁,而其他任何方法都打不开。这时有两个方法(或称为协议):

协议一:A 把钥匙出示给 B,B 用这把钥匙打开该房间的锁,从而证明 A 拥有该房间的正确的钥匙。但是,在这个协议中钥匙泄密了,因此这不是零知识证明。

协议二:B 确定房间内有某一物体,A 要求 B 离房门远一点距离,使 B 能够目视到 A 进入房间,但是不能看见 A 的钥匙,然后 A 用钥匙打开房间的门,把物体拿出来出示给 B,从而证明自己确实拥有该房间的钥匙。这个方法就属于零知识证明,它的优点是在整个证明过程中,B 始终不能看到钥匙,从而避免了钥匙的泄露。

2)零知识证明的应用案例

【例 7-24】 假设 A 证明了一个世界数学难题,但在论文发表之前,他需要找个泰斗级的数学家审稿,于是 A 将论文发给了数学泰斗 B。B 看懂论文后却动了歪心思,他把 A 的论文材料压住,然后将证明过程以自己的名义发表,B 名利双收,A 郁郁寡欢。如果 A 去告 B 也无济于事,因为学术界更相信数学泰斗,而不是 A 这个无名之辈。

如果 A 利用零知识证明的计算思维,就不会出现以上尴尬局面。利用零知识的**分割**和**选择协议**,A 公开声称解决了这个数学难题,A 找到验证者 C(另一个数学权威),请他验证自己的发明,于是 C 会给 A 出一个其他题目,而做出这道题目的前提条件是已经解决了那个数学难题,否则题目无解,C 给出的题目就称为**平行问题**。如果 A 将这个平行问题的解做出来了,但验证者 C 还是不相信,C 又出了一道平行问题,A 又做出解来了,多次检验后,验证者 C 就确信 A 已经解决了那个数学难题,虽然他并没有看到具体的解题方法。

从以上讨论可以看出,**零知识证明需要示证者和验证者的密切配合**。

习题 7

7-1 简要说明计算机网络的定义。

7-2 简要说明计算机网络的功能。

7-3 简要说明广域网的特点。

7-4 为什么说机器之间的信息传输体现了大问题的复杂性?

7-5 简要说明 TCP/IP 网络协议的层次。

7-6 外部对计算机的主要入侵形式有哪些?

7-7 能够制造出一台不受计算机病毒侵害的计算机吗?

7-8 简要说明密码破译方法的优点与缺点。

7-9 一位网络读者发邮件给本教材作者,希望索取一份本教材的试卷和答案,请问采用什么算法可以解决作者的两难选择?

7-10 为什么防火墙不对数据包的内容进行扫描,查出潜在的计算机病毒和黑客程序?

第8章

应用技术和学科特征

计算机专业遵循"广度优先"原则，了解计算机科学与其他学科的广泛联系和应用，熟悉常用应用软件，可以为今后的工作多做一些准备。本章主要讨论计算机的常用技术、常用软件的使用方法、学科基本任务，以及职业规范和职业健康保健方法。

8.1 数据库技术应用

8.1.1 数据库的组成

1. 数据库的基本概念

数据库是计算机应用最广泛的技术之一。工作中常常需要将某些数据放进报表，并根据需要进行相应的处理。例如，企业人事部门常常要把本单位职工的基本情况（职工编号、姓名、工资、简历等）存放在表中，这张表就是一个数据库。有了"数据仓库"，就可以根据需要随时查询某职工的基本情况，或者计算和统计职工工资等数据。例如，阿里巴巴采用开源的 MySQL 数据库，在 2012 年 11 月 11 日的网络促销中，核心数据库集群处理了 41 亿个事务，执行 285 亿次 SQL 查询，访问了 1931 亿次内存块，生成了 15TB 大小的日志。

如图 8-1 所示，数据库系统（DBS）主要由数据库（DB）、数据库管理系统（DBMS）和应用程序组成。数据库是按照数据结构来组织、存储和管理数据的仓库。数据库中的数据为众多用户共享信息而建立，它摆脱了具体程序的限制和制约，不同用户可以按各自的方法使用数据库中的数据，多个用户可以同时共享数据库中的数据资源。数据库管理系统是对数据库进行有效管理和操作的软件，是用户与数据库之间的接口。

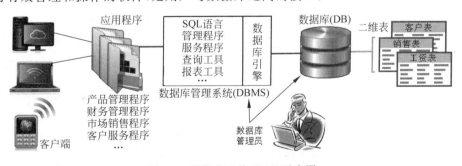

图 8-1 数据库系统（DBS）示意图

2. 数据库的类型

如图 8-2 所示，数据库分为层次数据库、网状数据库和关系数据库。这三种类型的数据库中，层次数据库查询速度最快；网状数据库建库最灵活；关系数据库最简单，也是使用最广泛的数据库类型。层次数据库和网状数据库很容易与实际问题建立关联，可以很好地解决数据的集中和共享问题，但是用户对这两种数据库进行数据存取时，需要指出数据的存储结构和存取路径，而关系数据库则较好地解决了这些问题。

地址
区名A
区名B
区名C
路名A
路名B
号码1
号码2
…
号码n
库存编号
商品编号
入库日期
…
库存编号
库存数量
商品编号
库存编号
商品单价
商品编号
供应商1
数量
学号
姓名
成绩1
060104
孙锡文
80
060105
丁长城
90
060106
曾海涛
86
…
…
…

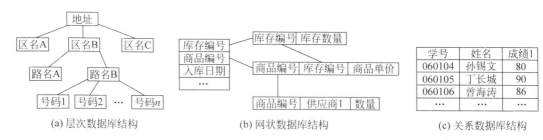

(a) 层次数据库结构　　(b) 网状数据库结构　　(c) 关系数据库结构

图 8-2　三种典型的数据库结构示意图

常用商业关系数据库系统有 Oracle(甲骨文公司)、MS-SQL Server(微软公司)、DB2(IBM 公司)等；开源关系数据库有 MySQL、PostgreSQL、SQLite 等。

3. 关系数据库的组成

关系数据库是建立在数学关系模型基础上的数据库，它借助集合代数的概念和方法来处理数据库中的数据。在数学中，D1，D2，…，Dn 的集合记作 R(D1，D2，…，Dn)，其中 R 为关系名。现实世界中的各种实体以及实体之间的各种联系均可以用关系模型来表示。在关系数据库中，用二维表(横向维和纵向维)来描述实体以及实体之间的联系。如图 8-3 所示，关系数据库主要由二维表、记录、字段、值域等部分组成。

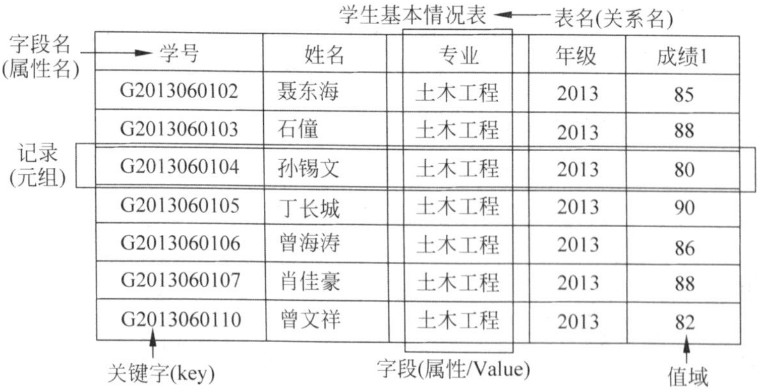

学生基本情况表
表名(关系名)
字段名
(属性名)
记录
(元组)
学号
姓名
专业
年级
成绩1
G2013060102
聂东海
土木工程
2013
85
G2013060103
石僮
土木工程
2013
88
G2013060104
孙锡文
土木工程
2013
80
G2013060105
丁长城
土木工程
2013
90
G2013060106
曾海涛
土木工程
2013
86
G2013060107
肖佳豪
土木工程
2013
88
G2013060110
曾文祥
土木工程
2013
82
关键字(key)
字段(属性/Value)
值域

图 8-3　二维表与关系数据库的联系

在关系数据库中，一张二维表对应一个关系，表的名称即关系名；二维表中的一行称为一条记录(元组)；一列称为一个字段(属性)，字段的取值范围称为值域，将某一个字段名作为操作对象时，这个字段名称为关键字(key)。一般来说，关系中的一条记录描述了现实世界中的一个具体对象,它的字段值描述了这个对象的属性。一个关系数据库可以由一个或多个表构成,一个表由多条记录构成,一条记录有多个字段。

8.1.2 数据库的操作

关系数据库的运算类型分为基本运算、关系运算和控制运算。基本运算有插入、删除、查询、更新等;关系运算有选择、投影、连接等;控制运算有权力授予、权力收回、回滚(撤销)、重做等。

1. 关系运算

1) 选择运算

选择运算是从二维表中选出符合条件的记录,它从水平方向(行)对二维表进行运算。选择条件可用逻辑表达式给出,逻辑表达式值为真的记录被选择。

【例8-1】 在"学生基本情况"表(如表8-1所示)中,选择成绩在85分以上,学号="T2013"的同学。

其中条件为:学号="T2013" and 成绩>85,选择运算结果如表8-2所示。

表8-1 学生基本情况表

学号	姓名	成绩
G2013060104	孙锡文	80
G2013060105	丁长城	90
T2013060106	曾海涛	86
T2013060107	肖佳豪	88
T2013060110	曾文祥	82

表8-2 选择运算结果

成绩	学号	姓名
T2013060106	曾海涛	86
T2013060107	肖佳豪	88

2) 投影运算

投影运算是从二维表中指定若干个字段(列)组成一个新的二维表(关系)。投影后如果有重复记录则自动保留第一条重复记录,投影是从列的方向进行运算。

【例8-2】 在"学生基本情况"二维表(如表8-3所示)中,在"姓名"和"成绩"两个属性上投影,得到的新关系命名为"成绩单",如表8-4所示。

表8-3 学生基本情况表

学号	姓名	成绩
G2013060102	聂东海	85
G2013060103	石幢	88
T2013060107	肖佳豪	88
T2013060110	曾文祥	82

表8-4 成绩单

姓名	成绩
聂东海	85
石幢	88
肖佳豪	88
曾文祥	82

3) 连接运算

连接是从两个关系中,选择属性值满足一定条件的记录(元组),连接成一个新关系。如将表8-5与表8-6进行连接,生成表8-7所示的成绩汇总。

表 8-5　成绩 1	
姓名	成绩 1
聂东海	85
石僮	88
肖佳豪	88
曾文祥	82

+

表 8-6　成绩 2	
姓名	成绩 2
聂东海	88
石僮	75
肖佳豪	90
曾文祥	78

→

表 8-7　成绩汇总		
姓名	成绩 1	成绩 2
聂东海	85	88
石僮	88	75
肖佳豪	88	90
曾文祥	82	78

2. 数据恢复

1) 系统故障问题

数据库操作过程中,如果系统发生故障,对数据造成破坏时,应当如何处理呢?

【例 8-3】　银行转账问题。如图 8-4 所示,假设银行从账号 A 中拨一笔款项 X 到账号 B,正常执行过程是:检查账号 A 上是否有足够的余额 X,如果余额<X,则给出提示信息,中止执行;如果账号余额≥X,则执行下面步骤:

步骤 1:在账号 A 中记上一笔支出,从账号余额中减去 X;

步骤 2:把值 X 传到账号 B 上;

步骤 3:在账号 B 中记上一笔收入,即余额上加 X,结束转账。

如果执行完步骤 2 后,系统突然发生故障,就会导致账面数据不平衡错误。

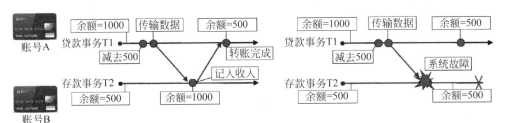

图 8-4　左:银行转账事务的正常流程　右:银行转账事务发生故障时的数据丢失

2) 事务的性质

事务是用户定义的数据库操作序列,每个数据库操作语句都是一个事务。为了避免发生操作错误,事务应当具有 ACID 特性(原子性、一致性、隔离性、持久性)。

(1) 原子性(A)。事务执行的不可分割性,即事务包含的活动要么都做,要么都不做。如果事务因故障而中止,则要消除该事务产生的影响,使数据库恢复到事务执行前的状态。

(2) 一致性(C)。事务对数据库的作用应使数据库从一个一致状态到另一个一致状态。例如在飞机订票系统中,事务执行前后,实际座位与"订票座位+空位"数据必须一致。

(3) 隔离性(I)。多个事务并发执行时,各个事务应独立执行,不能相互干扰。一个正在执行的事务的中间结果(临时数据)不能为其他事务所访问。

(4) 持久性(D)。事务一旦执行,不论执行了何种操作,都不应对该事务的执行结果有任何影响。例如,一旦开始了误删除操作,就必须将操作彻底完成,不要强行中止。

3) 数据库恢复基本原理

系统发生故障时,可能使数据库处于不一致状态:一方面,有些非正常终止的事务,可能结果已经写入数据库,在系统下次启动时,恢复程序必须回滚(ROLLBACK,也称为撤销)这些非正常终止的事务,撤销这些事务对数据库的影响。另一方面,有些已完成的事务,结果可能部分或全部留在缓冲区,尚未写回到磁盘中的数据库中。在系统下次启动时,恢复程序必须重做(REDO)所有已提交的事务,将数据库恢复到一致状态。数据库任何一部分被破坏或数据不正确时,可根据存储在系统其他地方的数据来重建。数据库的回滚恢复机制分为两步:第一是转储(建立冗余数据);第二是恢复(利用冗余数据恢复)。

一个事务的回滚可能会影响到其他事务的数据项,这意味着其他事务也必须回滚,这又会影响到另外一些相关事务,这种连锁反应会引发级联回滚的问题。

3. 并发控制

1) 由并发引起的数据不一致

数据库系统中,当多个用户并发存取数据库时,会产生多个事务同时存取同一数据的情形。如果不加以控制,可能会读取或存储不正确的数据,造成数据库的不一致性。

【例 8-4】 甲售票点读出某航班的机票余额 A(设 $A=16$),假设与此同时乙售票点也读出同一航班的机票余额 A(也为 16)。甲售票点卖出一张机票,修改余额 $A=A-1$(A 变为 15),把 A 写回数据库;乙售票点同时也卖出一张机票,修改余额 $A=A-1$(A 也为 15),把 A 写回数据库。这样 2 个售票点同时卖出了 2 张机票,而余额只减了 1,造成数据库错误。

2) 解决方法

要避免发生以上问题,最简单的方法是将事务作为一个整体进行处理,即每个新事务都排队等待,直到前一个事务全部完成后才能执行新事务。这样事务常常要花费很多时间来排队等待,这对大量读写操作的数据库而言,运行效率会非常低。

并发控制就是使某个事务的执行不受其他事务的干扰。并发控制采用封锁技术,即事务在修改某个对象前,先锁住该对象,不允许其他事务读取或修改该对象,操作完成或本事务完成后再将锁打开。锁的类型有排它锁和共享锁。

(1) 排它锁(简称 X 锁)。排它锁的算法思想是:如果事务 T 对数据对象 R 加 X 锁,则只允许事务 T 读写 R,禁止其他事务对 R 加任何锁,相应地其他事务无法读写对象 R。

(2) 共享锁(简称 S 锁)。共享锁的算法思想是:如果事务 T 对数据对象 R 加 S 锁,则事务 T 可以读 R,但不可以写 R,而且其他事务也可以对 R 加 S 锁,但禁止加 X 锁。这保证了事务 T 在释放对象 R 的 S 锁之前,其他事务只可以读 R,不可以修改 R。

8.1.3 SQL 语言特征

1. SQL 语言的功能

SQL(读[sequel],结构化查询语言)是一种通用数据库查询语言。SQL 具有数据定义、数据操作和数据控制功能,可以完成数据库的全部工作。SQL 语言使用时只需要用告诉计算机"做什么",而不需要告诉它"怎么做"。

SQL 不是独立的编程语言(非图灵完备语言),它没有 FOR 等循环语句。SQL 语言有两种使用方式,一是直接以命令方式交互使用;二是嵌入到 C/C++、Python 等主语言中使用。SQL 语言对关键字大小写不敏感,SQL 语言的 9 个核心操作如表 8-8 所示。

表 8-8 SQL 语言的 9 个核心操作

操作类型	命　令	说明	格　式
数据定义	CREATE	定义表	CREATE TABLE 表名(字段 1,…,字段 n)
	DROP	删除表	DROP TABLE 表名
	ALTER	修改列	ALTER TABLE 表名 MODIFY 列名 类型
数据操作	SELECT	数据查询	SELECT 目标列 FROM 表[WHERE 条件表达式]
	INSERT	插入记录	INSERT INTO 表名[字段名] VALUES[常量]
	DELETE	删除数据	DELETE FROM 表名[WHERE 条件]
	UPDATE	修改数据	UPDATE 表名 SET 列名＝表达式…[WHERE 条件]
数据控制	GRANT	权力授予	GRANT 权力[ON 对象类型 对象名] TO 用户名…
	REVOKE	权力收回	REVOKE 权力[ON 对象类型 对象名] FROM 用户名

SQL 语言中,元组称为"行",属性称为"列";关系模式称为"基本表",数据库中一个关系对应一个基本表;存储模式称为"存储文件";子模式称为"**视图**"。视图是从一个或几个基本表中导出的虚表,即数据库中只存放视图的定义,而数据仍存放在基本表中。

2. 数据库的 SQL 查询操作

SQL 查询功能通过 select-from-where 语句实现。select 命令指出查询需要输出的列;from 子句指出表名;where 子句指定查询条件;group by、having 等为查询条件限制子句。

【**例 8-5**】 利用 SQL 语言查询计算机专业学生的学号、姓名和成绩。

SELECT 学号,姓名,成绩 FROM 学生成绩表 WHERE 专业 = "计算机"

查询是数据库的核心操作。SQL 仅提供了唯一的查询命令 SELECT,它的使用方式灵活,功能非常丰富。如果查询涉及两个以上的表,则称为连接查询。SQL 中没有专门的连接命令,而是依靠 SELECT 语句中的 WHERE 子句来达到连接运算的目的。用来连接两个表的条件称为连接条件或连接谓词。

8.1.4 NoSQL 数据库

在数据存储管理系统中,NoSQL(非关系型数据库)与关系型数据库(RDBM)有很大的不同。与关系型数据库相比,NoSQL 特别适合以社会网络服务(SNS)为代表的 Web 2.0 应用,这些应用需要极高速的并发读写操作,而对数据的一致性要求不高。

1. NoSQL 数据库的特征

关系型数据库最大的优点是事务的一致性。但是在某些应用中,一致性却不显得那么重要。例如,用户 A 看到的网页内容和用户 B 看到的同一内容,更新时间不一致是可以容忍的。因此,关系型数据库的最大特点在这里无用武之地,起码是不太重要了。相反,关系型数据库为了维护一致性所付出的巨大代价是读写性能较差。而微博、社交网站、电子商务等应用,对并发读写能力要求极高。例如,淘宝"双 11 购物狂欢节"的第一分钟内,就有千万级别的用户访问量涌入,关系型数据库无法应付这种高并发的读写操作。

关系数据库的另一个特点是具有固定的表结构,因此数据库扩展性较差。而在社交网站中,系统经常性升级、功能不断增加,往往意味着数据结构的巨大改动,这一特点使得关系型数据库难以应付。而 NoSQL 通常没有固定的表结构,并且避免使用数据库的连接操作,NoSQL 由于数据之间无关系,因此数据库非常容易扩展。

如表 8-9 所示,由于非关系型数据库本身的多样性,以及出现时间较短,因此 NoSQL 数据库非常多,而且大部分都是开源的。这些数据库除了一些共性外,很大一部分都是针对某些特定应用而开发的,因此,对该类应用具有极高的性能。NoSQL 数据库目前没有形成统一标准,各种产品层出不穷,因此 NoSQL 数据库技术还需要时间来检验。

表 8-9　NoSQL 数据库产品类型

存储类型	主 要 特 征	典 型 应 用	NoSQL 数据库产品
列存储	按列存储数据,方便数据压缩,查询速度更快	网络爬虫、大数据、商务网站、高变化系统、大型稀疏表	Hbase、 Cassandra、 MonetDB、SybaseIQ、Hypertable
键-值存储	数据存储简单,可通过键快速查询到值	字典、图片、音频、视频、文件、对象缓存、可扩展系统	Redis、BerkeleyDB、Memcache、DynamoDB
图存储	A-B 节点之间的关系图,适用于关联性较高的问题	社交网络查询、推理、模式识别、欺诈检测、强关联数据	Neo4J、AllegroGraph、Bigdata、FlockDB
文档存储	将层次化数据结构存储为树形结构方式	文档、发票、表格、网页、出版物、高度变化数据	MongoDB、CouchDB、MarkLogic、BerkeleyDB XML

2. 列存储数据库

大数据存储有两种方案可供选择:行存储和列存储。关系数据库采用行存储结构,从目前情况来看,它已经不适应大型网站(如谷歌、淘宝等)的存储容量(数 TB)和高性能计算的要求了。在 NoSQL 数据库中,Hbase 数据库采用列存储,MongoDB 采用文档型的行存储,Lexst 采用二进制的行存储。这些 NoSQL 数据库各有优缺点。

在关系数据库(如 MS SQL Server)里,"表"是数据存储的基本单位,而"行"是实际数据的存储单位(记录),它们按行依次存储在表中(如图 8-5(a)所示)。在列存储数据库(如 Hbase)里,数据是按列进行存储(如图 8-5(b)所示)。

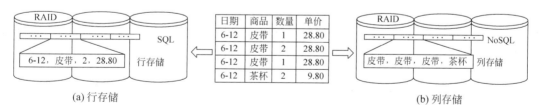

图 8-5　"行存储"与"列存储"比较示意图

行存储数据库把一行(记录)中的数据值串在一起存储,然后再存储下一行的数据。行存储的读写过程是一致的,都是从某一行第一列开始,到最后一列结束。如图 8-5(a)所示,数据的行存储序列为:6-12,皮带,1,28.80;6-12,皮带,2,28.80;6-12,皮带,1,28.80;6-12,茶杯,2,9.80。

列存储时,一行记录被拆分为多列,每一列数据追加到对应列的末尾处。列存储数据库把一列中的数据值串在一起存储起来,然后再存储下一列的数据。如图 8-5(b)所示,数据的列存储序列为：6-12,6-12,6-12,6-12；皮带,皮带,皮带,茶杯；1,2,1,2；28.80,28.80,28.80,9.80。列存储可以读取数据库中的某一列或者全部列数据。

3. 行存储和列存储的性能对比

行存储的写入可以一次完成,而列存储需要把一行记录拆分成单列后再保存,写入次数明显比行存储更多,再加上硬盘定位花费的时间,实际消耗时间会更大。

数据读取时,行存储需要将一行数据完整读出,如果只需要其中几列数据,就会存在冗余数据(冗余数据在内存中消除)。列存储可以读取数据集合中的一列或数列,大多数查询和统计只关注少数几个列(如销售金额),列存储不需要将全部数据取出,只需要取出需要的列。列存储的磁盘 I/O 是行存储的 1/10 或更少,查询响应时间提高 10 倍以上。

行存储中,一行记录中保存了多种数据类型,数据解析需要在多种数据类型之间频繁转换,这个操作很消耗 CPU 时间,而且很难进行数据压缩。列存储中,每一列的数据类型都相同。例如,某列(如数量)数据类型为整型(int),那么列数据集合一定都是整型,这使数据解析变得十分容易,有利于分析大数据。列存储的压缩比可以达到 5：1~20：1 以上,数据存储空间只有传统数据库的 1/10 左右,大大节省了存储设备的开销。

两种类型的数据库各有优缺点。行存储的写入性能比列存储高很多,但是读操作(如查询)的数据量巨大时,就会影响数据的处理效率,行存储适用于 OLTP(联机事务处理),或者是记录插入、删除操作频繁的场合；列存储适用于需要频繁读取单列数据的应用(如销售总金额统计),适用于 OLAP(联机分析处理)、数据挖掘等查询密集型应用。

8.1.5 嵌入式数据库 SQLite

SQLite 是目前最流行的开源嵌入式数据库,它可以很好的支持关系型数据库所具备的基本特征,如标准 SQL 语法、ACID 特性、事务处理、数据表、索引等。SQLite 占用资源少,处理速度快。它支持 Windows、Linux、Android 等主流操作系统,同时能够与 Python、Java、PHP、C 等程序语言结合使用。由于 SQLite 体积很小,所以经常被集成到各种应用程序中。例如 Python 2.5 之后的版本中,就内置了 SQLite3 模块,这省去了数据库安装配置过程。在智能手机的 Android 系统中,也内置了 SQLite 数据库。

1. SQLite 数据库的优点

1) 操作简单

SQLite 本身不需要任何初始化配置文件,也没有安装和卸载的过程,这减少了大量的系统部署时间。SQLite 不存在服务器的启动和停止,在使用过程中,无须创建用户和划分权限。在系统出现灾难时(如宕机),对 SQLite 并不需要做任何操作。

2) 运行效率高

SQLite 运行时占用资源很少(只需要数百 K 内存),而且无须任何管理开销,因此对 PDA、智能手机等移动设备来说,SQLite 的优势毋庸置疑。

SQLite 为了达到快速和高可靠性这一目标,SQLite 取消了一些数据库的功能,如高并发、记录行级锁、丰富的内置函数、复杂的 SQL 语句等。正是这些功能的牺牲才换来了

SQLite 的简单性,而简单又带来了高效性和高可靠性。

3) 直接备份

SQLite 的数据库就是一个文件,只要权限允许便可随意访问和拷贝,这样带来的好处是便于备份、携带和共享,数据库备份方便。

其他数据库的数据由一组文件和目录构成,尽管可以直接访问这些文件,但是却无法直接操作它们。很多数据库都不能直接备份,只能通过数据库系统提供的各种 dump(导出)和 restore(恢复)工具,将数据库中的数据先导出到本地文件中,之后再 load(装载)到目标数据库中。这种备份方式显然效率不高,如果数据量较大,导出的过程将会非常耗时。然而这只是操作的一小部分,因为数据的导入往往需要更多的时间。因此和直接复制数据库文件相比,导出/恢复操作的性能非常拙劣。导出/恢复操作的好处是带来了更高的安全性和更优化的性能,但是也付出了安装和维护复杂的代价。

2. SQLite 数据库的缺点

如果有多个客户端需要同时访问数据库中的数据,特别是他们之间的数据操作需要通过网络传输来完成时,不应该选择 SQLite。因为 SQLite 的数据管理机制更多地依赖于操作系统的文件系统,因此在 C/S 应用中操作效率很低。

受限于操作系统的文件系统,在处理大数据量时,SQLite 效率低。对于超大数据量的存储甚至不提供支持。

由于 SQLite 仅仅提供了粒度很粗的数据锁(如读写锁),因此在每次加锁操作中都会有大量的数据被锁住。简单地说,SQLite 只是提供了表级锁,没有提供记录行级锁。这种机制使得 SQLite 的并发性能很难提高。

3. 创建和连接数据库

对数据库进行操作时,首先需要通过 Connection 对象创建和**连接**到数据库。通俗地说,就是需要首先建立或打开需要操作的数据库。

【例 8-6】 在 d:/test 目录下,创建和连接 mytest. db 数据库。Python 指令如下。

```
>>> from sqlite3 import dbapi2              # 导入内置 sqlite3 模块
>>> conn = dbapi2.connect('d:/test/mytest.db')   # 创建 conn 连接对象(即建立 mytest. db 数据库)
>>> conn.close()                            # 关闭连接
```

conn 语句说明: 'd:/test/mytest. db'表示要打开的数据库文件名,如果 mytest. db 文件已存在则打开数据库,否则以此文件名创建一个空的 SQLite 数据库,这个操作称为连接。

注 1: . db 扩展名不是必需的,可使用任何扩展名,但不要使用. exe、. jpg 等扩展名。

注 2: 如果 mytest. db 文件已存在,但并不是 SQLite 数据库,则打开失败。

注 3: 当数据库操作完毕后,必须使用 conn. close()关闭数据库。

注 4: 如果文件名为 memory,则在内存中建立数据库(这对嵌入式系统非常有用)。

【例 8-7】 在内存中创建和连接到一个数据库。Python 指令如下。

```
>>> from sqlite3 import dbapi2              # 导入内置 sqlite3 模块
>>> conn = dbapi2.connect(':memory:')       # 在内存中创建一个名为 memory 的数据库
```

4. 创建或打开数据表

表是数据库中存放关系数据的集合,一个数据库里通常包含了多个表,如学生表、班级表、教师表等,表和表之间通过外键关联。

【例 8-8】 在 Python 中建立 SQLite 数据表。Python 指令如下。

```
>>> from sqlite3 import dbapi2                                    # 导入内置 sqlite3 模块
>>> conn = dbapi2.connect('d:/test/mytest.db')                   # 打开 mytest.db 数据库
>>> sql_create = 'CREATE TABLE IF NOT EXISTS mytb( xm char, cj real, kc text )'   # 定义 SQL 语句
>>> conn.execute(sql_create)                                      # 执行 SQL 语句,创建数据表
< sqlite3.Cursor object at 0x0000000003200730 >                  # 输出
```

sql_create 语句说明:CREATE TABLE 表示创建一个数据表,表名是 mytb; IF NOT EXISTS 表示如果数据库中不存在 mytb 表,就创建该表;如果该表已经存在,则什么也不做; xm char, cj real, kc text 表示该表有 3 个字段, xm 是字符串类型(存放学生姓名), cj 是实数类型(存放学生成绩), kc 是文本字符串(存放课程名称)。

SQLite3 支持的数据类型有 null(值=空)、integer(整数)、real(浮点数)、text(字符串文本)、blob(二进制数据块)。实际上 sqlite3 也接受 char()字符型、varchar()可变长字符串等数据类型,只不过在运算或保存时会转成对应的 5 种基本数据类型。

5. 游标的功能

在 SQLite 中并没有一种描述数据表中单一记录的表达形式,除非使用 where 子句来限制只有一条记录被选中。因此我们必须借助于游标(Cursor)进行单条记录的数据处理。由此可见,游标具有数据库指针的定位功能。游标允许应用程序对查询语句 select 返回的行(记录)进行操作,而不是对整个结果集进行操作。游标还提供了对游标指定位置的数据进行删除或更新的能力。所有 SQL 语句的执行都可以在游标对象下进行。

【例 8-9】 在 SQLite 中定义一个游标对象。Python 指令如下。

```
>>> from sqlite3 import dbapi2                                    # 导入内置 sqlite3 模块
>>> conn = dbapi2.connect('d:/test/mytest.db')                   # 打开 mytest.db 数据库
>>> cur = conn.cursor()                                          # 定义一个游标对象 cur
```

6. 插入记录

【例 8-10】 在 SQLite 数据库中插入记录。Python 指令如下。

```
>>> from sqlite3 import dbapi2                                    # 导入内置 sqlite3 模块
>>> conn = dbapi2.connect('d:/test/mytest.db')                   # 建立或打开 mytest.db 数据库
>>> cur = conn.cursor()                                          # 定义一个游标对象
>>> sql_create = 'CREATE TABLE IF NOT EXISTS mytb( xm char, cj real, kc text )'   # SQL 语句
>>> conn.execute(sql_create)                                     # 执行 SQL 语句,创建数据表
>>> sql_insert = 'INSERT INTO mytb (xm, cj, kc) values(?, ?, ?)'   # 定义 SQL 语句,?为占位符
```

```
>>> cur.execute(sql_insert)                              # 执行 SQL 语句,创建数据表
>>> cur.execute(sql_insert, ('张三', 85, '计算机'))      # 插入记录
>>> cur.execute(sql_insert, ('李四', 92, '计算机'))
>>> cur.execute(sql_insert, ('王五', 80, '数据库'))
>>> cur.rowcount                                         # 通过 rowcount 获得插入的行数
>>> conn.commit()                                        # 提交事务,将数据写入文件,保存到磁盘中
```

7. 查询记录

如果数据库操作不需要返回结果,可以直接用 conn.execute 进行查询;如果需要返回查询结果,则用 conn.cursor 创建游标对象 cur,通过 cur.execute 查询数据库。

【例 8-11】 在 SQLite 数据库中查询记录。Python 指令如下。

```
>>> cur.execute('SELECT * FROM mytb')           # 取出所有记录
>>> recs = cur.fetchall()                        # 将所有元素赋值给 recs 列表,每个元素代表一条记录
>>> print('共', len(recs), '条记录')             # 显示记录数
共 3 条记录                                        # 输出
>>> print ( recs )                               # 显示所有记录内容
[('张三', 86.0, '计算机'), ('李四', 92.0, '计算机'), ('王五', 70.0, '数据库')]   # 输出
>>> cur.execute('SELECT name, sql FROM sqlite_master WHERE type = 'table' ')   # 查询事务
>>> recs = cur.fetchall()                        # 将所有数据赋值给 recs 列表
>>> print(recs)                                  # 显示数据表名称,字段名称和数据类型
[('mytb', 'CREATE TABLE mytb (xm char, cj real, kc text)')]                    # 输出
```

8. 更新/删除记录

【例 8-12】 在 SQLite 数据库中更新和删除记录。Python 指令如下。

```
>>> from sqlite3 import dbapi2                          # 导入内置 sqlite3 模块
>>> conn = dbapi2.connect('d:/test/mytest.db')         # 打开数据库
>>> cur.execute('UPDATE mytb SET xm = ? WHERE cj = ?', ('张三', 0))   # 更新记录
>>> cur.execute('DELETE FROM mytb WHERE cj > 90')      # 删除记录
>>> cur.execute('DELETE FROM mytb')                    # 删除 mytb 表中所有记录
>>> cur.execute('DROP TABLE mytb')                     # 删除数据表和整个数据库
>>> conn.commit()                                      # 提交事务
>>> cur.close()                                        # 关闭游标
>>> conn.close()                                       # 关闭数据库连接
```

9. SQLite 数据库应用案例

【例 8-13】 SQLite 数据库的建库、建表、插入数据操作,Python 程序如下。

```
# - * - coding: UTF - 8 - * -                    # 设置字符编码
import sqlite3                                    # 导入内置数据库模块 sqlite3
```

```
conn = sqlite3.connect('t1.db')                                    # 创建 t1.db 数据库
cur = conn.cursor()                                                # 创建游标对象
cur.execute('''create table ceshi (user text, note text)''')       # 创建表 ceshi, 字段
                                                                   # use、note
cur.execute('''insert into ceshi (user,note) values('王五', '领导')''')  # 插入数据
cur.execute('''insert into ceshi (user,note) values('张三', '教师')''')  # 插入数据
cur.execute('''insert into ceshi (user,note) values('李四', '学生')''')  # 插入数据
conn.commit()                                                      # 将插入保存到数据库
cur.execute('''select * from ceshi ''').fetchall()                 # 得到所有记录
rec = cur.execute('''select * from ceshi''')                       # 建立 rec 对象
print(cur.fetchall())                                              # 显示所有记录
conn.close()                                                       # 关闭连接
>>> [('王五', '领导'), ('张三', '教师'), ('李四', '学生')]              # 输出
```

8.2 图形处理技术

计算机图形学(CG)主要研究图形硬件设备、图形标准、图形交互技术、光栅图形生成算法、曲线曲面造型、实体造型、真实感图形计算与显示算法,以及科学计算可视化、计算机动画、自然景物仿真、虚拟现实等内容。

8.2.1 三维图形技术

1. 图形与图像的区别

在计算机领域,图形(Graphic)和图像(Image)是两种不同的表达方式,在处理技术上有很大的区别。图形使用点、线、面来表达物体形状;图像采用像素点阵构成位图。图形中三角形面的顶点与顶点之间是有联系的,它们决定了物体的形状;图像的像素点之间没有必然的联系。图形的复杂度与物体大小无关,与物体的细节程度有关;图像的复杂度与物体的内容无关,只与图像的像素点有关。图形放大时不会失真;图像放大时会产生马赛克现象。图形学主要研究物体的建模、动画、渲染等;图像学主要研究图像的编辑、恢复与重建、内容识别、图像编码等。将图形转换为图像的过程称为**"光栅化"**,技术成熟;图像转换为图形的技术目前很不成熟,仅仅能对一些单色的工程线条图进行简单转换。

2. 三维图形的处理过程

三维图形(如 3D 游戏等)的生成与处理过程非常复杂。如图 8-6 所示,处理需要经过几何建模→渲染→后期合成的步骤,其中最重要的工作是几何建模和渲染。

3. 几何建模

几何建模是动画设计师根据角色的造型设计,用 3D 软件在计算机中绘制出角色的模型框架,这是 3D 动画设计中非常繁重的一项工作。3D 设计软件有 Maya、3ds 与 Max 等。几何建模的方法主要有多边形建模、曲面建模、三维激光扫描建模。

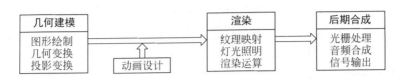

图 8-6　3D 图形的生成与处理过程

1）多边形建模

多边形建模是把复杂的物体用很多个小三角面或四边形面组接在一起,模型表面由直线组成,建模方法比较容易掌握。多边形建模主要用于 3D 人物和动物设计。

如图 8-7 所示,多边形模型中,可编辑的对象有顶点、边、面、多边形、法线等。多边形对象的面主要是三角形面和四边形面,有少量其他多边形面。人物或动物的头像模型一般采用四边形面,因为三角形面或其他多边形面的动画效果较差。

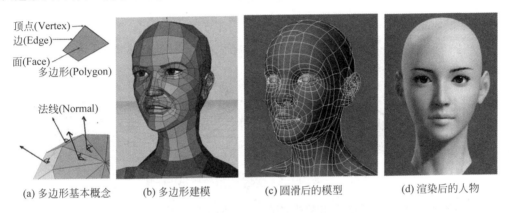

(a) 多边形基本概念　　(b) 多边形建模　　(c) 圆滑后的模型　　(d) 渲染后的人物

图 8-7　多边形建模示例

多边形建模的基本方法是添加边和挤压面。下面以人物头像建模为例说明。

步骤 1:如图 8-8 所示,选择一个基本模块(如立方块、球体、网格面等)开始建造人物模型。根据人物造型的需要,在基本模块的基础上,增加或删除一些模块,增加或删除模块中的边或顶点,达到塑造人物基本形状的目的。

步骤 2:选择基本模块中的顶点进行挤压,塑造出新形状。例如,对人物眼睛部位的面,用挤压工具往里推,做出眼窝;对人物的嘴部,首先挤压嘴部的面,再向外拉,做出嘴巴的突起形状。不断地调整顶点和边,对模型进行细化,这个过程需要足够的耐心。

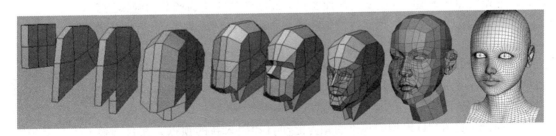

图 8-8　人物头像的多边形模型构建过程

步骤3：模型建立后，可以对模型的棱角进行圆滑处理。人物表情变化时，肌肉变化不大的部分（如额头、头顶等），四边形面可以大一些；表情丰富部位（如眼睛、嘴唇等），要加密四边形面的布置，这样人物圆滑的效果会更好。如果人物有些部位需要圆滑，有些部位不希望它圆滑，就需要对模型采用分组圆滑，给不同分组指定不同的圆滑系数。

2）曲面建模

曲面建模是用几个样条曲线共同定义一个光滑的曲面，曲面具有平滑过渡的特性，不会产生陡边或皱纹。曲面建模对外形圆滑的物体有较好的效果，它主要用于产品造型领域，如产品造型设计、汽车造型设计、室内装修设计、环境艺术设计等。

曲面建模也称为 NURBS（非均匀有理 B 样条曲线）建模。1975 年，Versprille 博士提出了 NURBS 理论；1992 年，国际标准化组织（ISO）将贝塞尔曲线（Bezier）、有理贝塞尔曲线、均匀 B 样条曲线、非均匀 B 样条曲线等统一到 NURBS 标准中。

如图 8-9 所示，NURBS 建模是由曲线组成曲面（称为放样），再由多个曲面连接成立体模型。曲线中的控制点可以控制曲面的曲率、方向、长短、形状等。

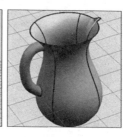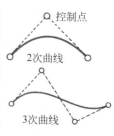

图 8-9　样条曲线（NURBS）的曲面建模过程

样条曲线是经过一系列给定点的光滑曲线。 曲线有次数与阶数之分，次数是曲线方程中未知数 x 的指数；阶数是求导的次数；样条曲线的阶数是次数加 1。直线方程的次数是 1或者 2（2 个控制点）；如图 8-9 所示，2 次样条曲线的阶数是 3，即曲线由 3 个控制点决定；3次样条曲线的阶数是 4（4 个控制点）。曲线的阶数越高，控制点越多，曲线越圆滑，但计算时间也越长。对 3D 图形建模来说，3 次样条曲线已经足够好了。

3D 图形的曲面建模过程如下。

步骤1：创建样条曲线。可以在产品的阵图中勾勒出样条曲线。

步骤2：创建曲面。利用曲线、直线、曲线网格等，创建产品的主要曲面。

步骤3：连接曲面。对创建的多个曲面进行过渡连接；利用裁剪、分割等命令调整曲面；利用光顺命令改善 3D 模型的曲面质量；最终得到完整的产品初级模型。

步骤4：模型渲染。利用软件渲染功能添加材质和环境光等，最后生成效果图。

3）曲面细分技术

曲面细分技术由 ATI 公司开发，微软公司采用后将它加入 DirectX 11 中。简单地说，曲面细分技术就是在一个简单的多边形模型中，利用专门的硬件（如 GPU）、专门的算法（如递归）镶嵌若干个多边形，生成真实感极强的曲面，如图 8-10 所示。

曲面细分是在 3D 模型的顶点与顶点之间自动嵌入新的顶点。在自动插入大量新顶点后，模型的曲面会非常细腻，看上去更加平滑。目前，大部分显卡可以生成每秒 1 亿～10 亿个以上的三角形。因此，可以利用显卡中的图形芯片（GPU）自动创建顶点，使模型细化，从

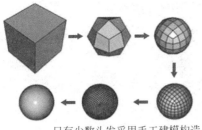

只有少数头发采用手工建模构造，
大部分头发是用曲面细分仿真的

(a) 从立方体到球体的曲面细分过程示意　　(b) 利用曲面细分技术生成的人物头发

图 8-10　曲面细分技术示例

而获得更好的画面真实效果。曲面细分技术能够自动创造出数百倍于原始模型的顶点，这些不是虚拟顶点，而是实实在在的顶点。

曲面细分技术可以用程序进行控制。曲面细分技术除了大幅提升模型细节和画面质量外，最吸引程序员的地方是：他们无须手工设计上百万个三角形的复杂模型，只需要简单地设计一个模型轮廓，剩下的工作就可以交给曲面细分技术自动生成，这大大提高了几何建模的效率；而且简单的模型在 GPU 处理时也能大幅节约显存开销，提升图形渲染速度。

4）几何变换

真实世界中物体都是三维的，而计算机显示器是平面二维的，这就需要将三维物体变换为二维图像。变换是计算机图形学中重要的概念，最基本的变换有几何变换、投影变换、裁剪变换、视窗变换等。几何变换包括坐标变换、平移、旋转、缩放等，其中坐标变换过程最难理解，在学习过程中最容易出错。坐标变换主要负责场景中各个物体之间的位置关系，将物体以自身为基准的坐标，变换为场景中统一的"世界坐标"。

5）投影变换

投影变换的目的是定义一个可视物体，使得可视物体外多余的部分裁剪掉，最终只显示物体可视部分。投影变换有正射投影和透视投影两种方式。

正射投影（平行投影）的最大特点是：无论物体距离相机多远，投影后物体大小尺寸不变。这种投影通常用于建筑图和机械图绘制，以及计算机辅助设计等领域。

透视投影符合人们的观察习惯，离视点近的物体大，离视点远的物体小，远到极点（灭点）物体就会消失。透视投影通常用于动画、视觉仿真等方面。

4．渲染

渲染（Render）是将 3D 模型和场景转变成一帧帧静止图片的过程。渲染时，计算机根据场景的设置、物体的材质和贴图、场景的灯光等要求，由程序绘制出一幅完整的画面。3D 图形的渲染如图 8-11 所示。

渲染是基于程序计算出来的图像显示效果。渲染有多种软件，如建筑设计、动画制作等利用 3ds Max、Maya 等软件制作好模型、动画之后，将所设计内容利用软件本身或者辅助软件（如 Lightscape、Vray 等）渲染成最终效果图或动画。渲染工作过程如下。

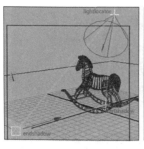

图 8-11　3D 图形的渲染

1)纹理映射(贴图)

自然纹理是物体的表面特征,如磨损、裂痕、污渍、物体特征(如木纹)等。由计算机程序生成的 3D 图形,表面看起来像发亮的塑料,缺乏各种纹理,而纹理会增加 3D 物体的真实感。在计算机图形学中,**纹理是表示物体表面细节的位图**。由于 3D 图形的纹理是简单的位图,因此任何位图都可以映射在 3D 模型框架表面。如图 8-12 所示,可以将一些青草、泥土和岩石的纹理位图,映射到山体图形框架的表面,这样山坡看起来就很真实。将纹理位图贴到 3D 模型框架表面的技术称为纹理映射(贴图)。进行纹理映射时,需要建立纹理与三维物体模型之间的对应关系。纹理映射是显卡中 GPU 最繁忙的工作之一。

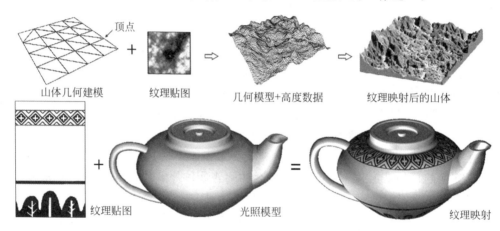

图 8-12　3D 物体的纹理映射

按照纹理的表现形式可分为颜色纹理、几何纹理和过程纹理。颜色纹理是物体表面的各种花纹、图案和文字等,如大理石墙面、墙上贴的字画、器皿上的图案等。几何纹理是景物表面微观几何形状的纹理,如皮肤、树木、岩石等表面呈现的凸凹不平的纹理细节。过程纹理表现了各种不规则的动态变化的自然景象,如烟雾、爆炸、火焰、水波等。

2)光源运算

渲染程序通过 3D 软件中摄像机的位置获取了渲染范围后,渲染程序就需要计算场景中每一个光源对物体的影响。与真实世界中的光源不同,渲染程序往往要计算大量的辅助光源。在场景中,有的光源会照射所有物体,而有的光源只照射某一个物体,这样使得原本简单的事情变得复杂起来。如果场景中使用了透明材质的物体(如玻璃),渲染程序要决定使用深度贴图阴影还是使用光线追踪阴影来计算光源投射出来的阴影。另外,如果场景中使用了面光源,渲染程序还要计算一种特殊的软阴影。场景中的光源如果使用了光源特效,渲染程序还将花费更多的系统资源来计算特效的结果。

3) 渲染运算

渲染程序要根据物体材质来计算物体表面的颜色,材质类型不同、属性不同、纹理不同都会产生各种不同效果。而且,这个结果不是独立存在的,它必须和前面的光源运算结合起来。如果场景中有粒子系统(如火焰、烟雾等),渲染程序都要加以考虑。

【例8-14】 如图8-12所示,对3D游戏中高低不平的地形进行渲染时,基本的算法思想是:将地形(山体几何模型)上各个顶点的高度值保存在一个文件中(高度图),渲染时把高度图中的数据设为顶点缓冲区中对应顶点的 Y 坐标值,那么自然就会产生高低起伏的地形了。为了提高游戏画面的帧率(每秒显示的画面数),不可能在每帧画面都渲染所有的顶点,如果只渲染可见范围内的顶点,将大大提高渲染速度。

渲染中用到的数学模型有矩阵变换、线性代数、数值分析、LOD(细节层次)算法、蒙特卡罗(Monte Carlo)算法、数字信号处理算法等。图形渲染的计算量很大,需要大量服务器进行长时间的运算。3D电影、大型3D仿真等,由于算法复杂多样,对图形质量要求高,通常采用计算机集群做渲染运算。对 3D 游戏而言,算法相对简单,图形显示实时性强,通常采用实时渲染,主要依靠显卡的图形处理器(GPU)来完成渲染过程。

8.2.2 动画工作原理

动画(Animation)是多幅按一定频率连续播放的静态图像,动画利用了人类眼睛的"视觉暂留效应"。计算机动画采用数字处理方式,动的的动作效果、画面颜色、纹理、光影效果等,都可以不断改变。计算机动画类型有关键帧动画、变形动画、骨骼动画、参数化动画等。计算机动画制作过程为:动画脚本、预处理、建模、材质、用光、运动设定、动画渲染、图像显示、动画演示、后期处理、动画录制等。

1. 关键帧动画

如图 8-13 所示,关键帧动画大多是 2D 动画(如 Flash),它需要将动画起始帧(关键帧)和结束帧(关键帧)绘制出来,然后由计算机自动生成两个关键帧之间的动画(补间动画)。对一些复杂动作,往往需要逐帧绘制。关键帧动画主要应用在物体少,而且动作相对单一的动画。关键帧动画的播放原理是:将每帧画面的所有顶点位置、法线、颜色、纹理等信息全部存储起来,播放动画时,再对画面进行逐帧计算和最终渲染。

2. 图像变形动画

图像变形(Morphing)动画是把一幅数字图像以一种自然流畅的、戏剧性的、超现实主义的方式变成为另一幅数字图像,达到特殊视觉效果。图像变形是电视和电影特效动画生成的重要方法。它能对两个有一定相似度的关键帧图像进行插值,生成连续合理变化的中间帧图像序列。如图 8-14 所示,基于网格的图像变形过程如下。

(1)用一定数量的图像来建立两个关键帧图像之间的对应关系。如图 8-14 所示,第 1

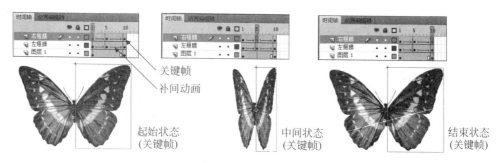

图 8-13　Flash 软件的关键帧动画案例

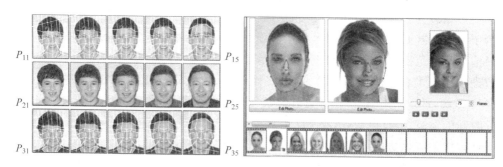

图 8-14　基于网格的图像变形过程

行行首和第 3 行行尾的图像是两个原始图像,分别为 P_{11} 和 P_{35}(下标分别表示行列号,下同),它们之间通过用户设置的网格来建立图像特征对应关系。

(2) 根据图像特征,获得图像中所有点之间的对应关系。图 8-14 中使用了网格作为图像特征基元,对于不在网格上的点,可以使用样条曲线插值获得对应关系。

(3) 对每个中间帧,将两个关键帧图像中的所有特征点移动到各自的中间位置,使得对应特征点对齐(即处于同一位置),并根据特征点的新位置对两个图像进行变形,使得所有对应的特征点对齐。如图 8-14 所示,以处于第 2 列的中间帧为例,图像 P_{12} 是 P_{11} 根据新网格的位置变形而来,图像 P_{32} 是 P_{31} 根据新网格的位置变形而来,两者的网格在这一帧是一样的,这表示两个图像在几何上已经对齐。

(4) 根据中间帧位置,加权合成关键帧图像中每一对特征点的颜色,得到中间帧所有点的颜色。以第 2 列为例,由于总共有 3 个中间帧,所以第 2 列对应的中间帧系数是 0.25,图像 P_{22} 可以表示为 $P_{22} = P_{12} \times 0.75 + P_{32} \times 0.25$。

图像变形动画中最重要的问题是:对应特征的确定、变形的产生和转变的控制。

3. 骨骼动画

骨骼动画的思想来源于人体骨骼。例如,人上肢所有肌肉和皮肤都受上肢骨骼的影响,而人的踝关节则分别承受小腿骨骼和脚骨的影响。根据这些现象,可以将骨骼动画理解为用骨骼控制蒙皮,如人体骨骼控制皮肤。

如图 8-15 所示,骨骼动画的基本原理是控制各个骨骼和关节,使附在上面的蒙皮与其匹配。在骨骼动画中,一个角色由蒙皮网格和骨骼组成。骨骼描述了角色的结构,骨骼按照角色的特点组成一个层次结构。相邻的骨骼通过关节相连,并且可以作相对的运动。通过改变相邻骨骼间的夹角、位移,就可以使角色做出不同动作,实现不同的动画效果。

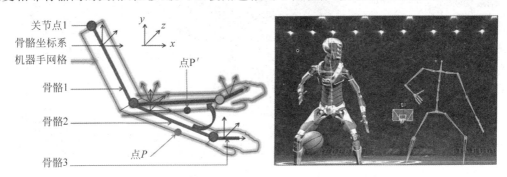

图 8-15 骨骼动画模型的控制原理

骨骼动画相对于帧动画更加灵活多变,同时骨骼动画需要更多的计算量,因此骨骼动画往往应用在需要着重体现动作细节的动画中。

4. 运动捕捉系统

人物或动物的运动涉及大量的自由度,运动形态非常复杂。每个人物或动物都有一定的个性,如何确定角色个性的运动参数是骨骼动画的重要问题。目前主要采用运动捕捉系统来确定人物或动物运动的骨骼形态,这一系统需要人类演员与运动跟踪设备协同完成,跟踪设备记录演员的运动数据,计算机生成演员的骨骼运动形态。运动捕捉系统获得的三维空间坐标数据可以应用在动画制作、步态分析、生物力学、人机工程等领域。2012 年,卡梅隆(James Francis Cameron)导演的电影《阿凡达》全程运用运动捕捉技术完成。

1)运动捕捉系统类型

运动捕捉技术从原理上可分为机械式、声学式、电磁式、光学式等形式。不同原理的设备各有优缺点,评价动作捕捉系统的技术指标有定位精度、实时性、使用方便程度、可捕捉运动范围大小、抗干扰性、多目标捕捉能力、与专业分析软件的连接程度。

2)光学运动捕捉系统工作原理

典型的光学式运动捕捉系统通常使用 6~8 个数码相机环绕表演场地排列,这些相机的视野重叠区域就是表演者的动作范围,如图 8-16 所示。为了便于处理,通常要求表演者穿上单色服装,在身体关键部位,如关节、髋、肘、腕等位置贴上一些特制的标志或发光点(Marker),视觉系统将识别和处理这些标志。系统定标后,相机连续拍摄表演者的动作,并将图像序列保存下来,然后进行计算机分析和处理,识别其中的标志点,并计算出运动物体在每一瞬间的空间位置,从而得到人体运动轨迹。为了得到准确的运动轨迹,相机应有较高的拍摄速率,一般要达到每秒 60 帧画面以上。

光学式运动捕捉的优点是表演者活动范围大,无电缆、机械装置的限制,表演者可以自由地表演;采样速率较高,可满足高速运动测量的需要。缺点是系统价格昂贵,后期处理(发光点的识别、跟踪、空间坐标的计算等)计算工作量较大。

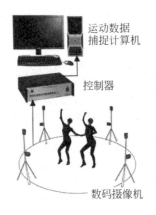

图 8-16　光学运动捕捉系统

8.2.3　数字图像处理

数学形态学是建立在集合论基础上的学科,它用来解决图像的噪声抑制、特征提取、边缘检测、图像分割、形状识别、纹理分析、图像恢复与重建等图像处理问题。

1. 数学形态学的基本概念

数学形态学的基本思想是用具有一定形态的结构元素去度量和提取图像中的对应形状,以达到对图像分析和识别的目的。简单地说,数学形态学是一种滤波行为,滤波器在这里称为结构元素,它往往由一个特殊的形状构成,如线条、矩形、圆、菱形等。把结构元素的中心与图像上像素点对齐,这样结构元素覆盖的范围就是要分析的像素。数学形态学可用于简化图像数据,保持图像的基本形状特征,并清除不相干的结构。

数学形态学的基本运算有膨胀、腐蚀、开运算(开启)和闭运算(闭合)。基于这些基本运算,可以推导和组合成各种数学形态学实用算法。

2. 二值图像的基本运算

形态学图像处理是在图像中移动一个结构元素,然后将结构元素与下面的二值图像进行交、并等集合运算。基本的形态运算是腐蚀和膨胀。如果用 $B(x)$ 代表结构元素,对工作空间 E 中的每一点 x,腐蚀和膨胀的定义为

$$腐蚀:X = E \ominus B = \{x:B(x) \subset E\} \tag{8-1}$$

$$膨胀:Y = E \oplus B = \{y:B(y) \bigcap E \neq \Phi\} \tag{8-2}$$

式(8-1)中,符号 $\ominus$ 表示腐蚀;符号 $\subset$ 表示 $B(x)$ 所有元素属于 E,但 $B(x) \neq E$;这个公式表示集合 E(输入图像)被集合 B(结构元素)腐蚀,**腐蚀具有收缩图像的作用**。式(8-2)中,符号 $\oplus$ 表示膨胀;符号 $\bigcap$ 表示 $B(y)$ 交集于 E;符号 Φ 表示空;公式表示集合 E(输入图像)被集合 B(结构元素)膨胀,**膨胀具有扩大图像的作用**。先腐蚀后膨胀的过程称为开运算,它具有消除细小物体,在纤细处分离物体和平滑较大物体边界的作用。先膨胀后腐蚀的过程称为闭运算,它具有填充物体内细小空洞,连接邻近物体和平滑边界的作用。

二值图像形态的膨胀与腐蚀可转化为集合的逻辑运算,并且算法简单,适于并行处理,

易于硬件实现,适用于二值图像的分割、细化、抽取骨架、边缘提取、形状分析等。但是,在不同应用场合,结构元素的选择及其相应的处理算法是不一样的,对不同目标图像需要设计不同的结构元素和不同的处理算法。结构元素的大小、形状选择是否合适,将直接影响图像的形态运算结果。很多学者结合自己的经验,提出了一系列的改进算法。

3. 数学形态学在二值图像中的应用

1) 腐蚀

如图 8-17 所示,设图 8-17(a)中的阴影部分为集合 A,图 8-17(b)中的阴影部分为结构元素 B,将结构元素 B 相对于集合 A 进行平移,如果平移后结构元素都包含在集合 A 中,那么这些平移点就是腐蚀运算的结果,如图 8-17(c)中黑色部分是 B 腐蚀 A 的结果。由图可见,腐蚀将图像区域缩小了。使用腐蚀可以消除图像的细节部分,产生滤波器的作用。

(a) 集合 A　(b) 结构元素 B　(c) 腐蚀效果　　　　(d) 原图　　　　　(e) 腐蚀效果

图 8-17　二值图像腐蚀处理后的效果

2) 膨胀

如图 8-18 所示,膨胀可以用于填补文字图像中的细小裂缝。

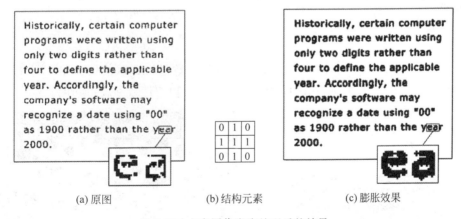

(a) 原图　　　　　　　(b) 结构元素　　　　(c) 膨胀效果

图 8-18　文字图像膨胀处理后的效果

3) 开运算

开运算使图像的轮廓变得光滑,它可以断开图像中狭窄的间断和消除图像中细小的突出物。假设使用结构元素 B 对集合 A 进行开运算,它的含义是:先用 B 对 A 进行腐蚀,然后用 B 对结果再进行膨胀,开运算恒使原图像缩小。

4) 闭运算

闭运算可以使图像轮廓变得光滑。与开运算相反,它能消除图像中狭窄的间断和长细的鸿沟,消除图像中细小的孔洞,并填补轮廓线中的裂痕。使用结构元素 B 对集合 A 进行闭运算的含义是:先用 B 对 A 膨胀,然后再用 B 对结果进行腐蚀,闭运算恒使原图像扩大。

【例 8-15】 指纹图像的开运算和闭运算应用案例。如图 8-19 所示,图(a)是受噪声污染的指纹二值图像,噪声为黑色背景上的亮元素和亮指纹部分的暗元素。图(b)是使用的结构元素。图(c)是使用结构元素 B 对图(a)腐蚀的结果,可见黑色背景噪声消除了,但是指纹中的噪声尺寸增加了;图(d)是使用结构元素 B 对图(c)膨胀的结果(开运算,先腐蚀再膨胀),可见包含在指纹中的噪声尺寸被减小或被完全消除,但带来的问题是在指纹纹路间产生了新的间断。图(e)是对图(d)膨胀的结果,图(d)的大部分间断被恢复了,但是指纹的线路变粗了;图(f)是对图(e)腐蚀的结果(闭运算,先膨胀再腐蚀)。最后图像中的噪声斑点消除了。

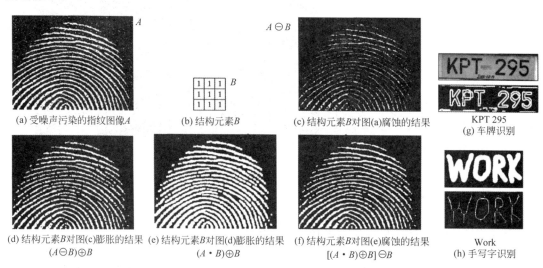

图 8-19　指纹图像的开运算和闭运算应用

【例 8-16】 用 Python 程序计算图 8-20 中细胞的数量。可以使用 scipy.ndimage 包中的 measurements 模块来实现二值图像(像素值为 0 或 1)的计数和度量功能。

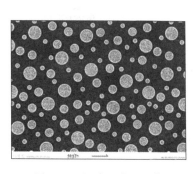

图 8-20　细胞显微源图像

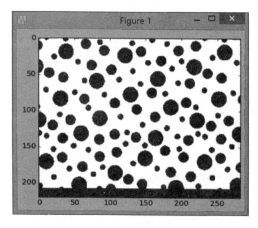

图 8-21　二值化处理后的图像

```
# - * - coding: UTF-8 - * -
from PIL import Image                              # 导入第三方包 PIL
from pylab import *                                # 导入第三方包 pylab
from scipy.ndimage import measurements, morphology # 导入第三方包 scipy
im = array(Image.open('d:/test/p.jpg').convert('L')) # 载入细胞显微图片
im = 1 * (im < 128)                               # 阈值化操作,保证图像是二值图像
labels, nbr_objects = measurements.label(im)      # 计算细胞数量
print('细胞的数量是:', nbr_objects)               # 显示细胞数量计算值
figure()                                          # 新建图像
gray()                                            # 不使用颜色信息
imshow(im)                                        # 生成图像
show()                                            # 显示二值图像
>>>细胞的数量是: 127                              # 输出的二值化图像如图 8-21 所示
```

8.2.4 信息的可视化

1. 科学可视化

科学可视化与科学本身一样历史悠久,传说阿基米德被害时正在沙子上绘制几何图形。很久以前,人们就已经知道了视觉在理解数据方面的作用。

科学工作者要保证分析工作的完整性,促进与他人的沟通和交流,不可或缺的能力是对计算结果的可视化表现。科学家们估计,与视觉相关的大脑神经元多达 50%,科学计算的可视化旨在让这些神经机制充分发挥作用。科学可视化应用案例如图 8-22 所示。

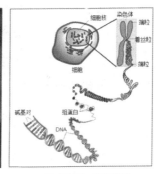

(a) 北极冰川结构图　　　　(b) 两个旋转黑洞产生的引力波　　　　(c) 染色体构成模型图

图 8-22　科学可视化应用案例

美国计算机科学家麦考梅克(Bruce H. McCormick)对科学可视化的定义是:"利用计算机图形学来创建视觉图像,帮助人们理解科学技术的概念和结果,以及那些错综复杂而又规模庞大的数字表现形式"。

科学可视化通常包括对科学技术数据和模型的解释、操作与处理。2007 年召开的国际科学可视化研讨会指出,科学可视化的基本概念包括可视化、人类知觉、科学方法以及数据处理等方面,如数据采集、分类、存储和检索。可视化技术包括二维、三维以及多维可视化技术,如色彩变换、高维数据集符号、气体和液体信息可视化、立体渲染、等值线和等值面、着色、颗粒跟踪、动画、虚拟环境技术以及交互式驾驶。而相关主题则包括数学方法、计算机图

形学以及通用计算机科学。

2. 信息可视化

科学可视化主要处理物理空间中具有几何结构的数据集,如 DNA 分子结构、宇宙黑洞模型等。信息可视化主要处理抽象数据集,如疾病传播图、资金流向图等(如图 8-23 所示)。科学可视化与信息可视化之间存在内容和方法上的重叠。

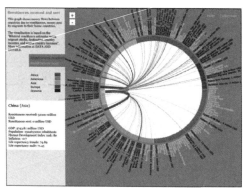

世界各地中国移民寄回祖国的资金

图 8-23   信息可视化应用案例

信息可视化包含了数据可视化、知识可视化、视觉设计等技术。信息可视化尤其关注意会和推理。信息可视化专家认为,任何事物都具有信息特征,无论这些信息是静态的还是动态的,都可以用某种方式找出问题的答案,发现它们之间的关系。可以利用数据挖掘技术获取数据之间的复杂关系,然后利用可视化技术发现隐藏在信息内部的特征和规律。信息可视化致力于以直观的方式表达抽象的信息,使用户能够立即理解大量的信息。

3. 信息可视化参考模型

Stuart Card、Jock Mackinlay 等专家提出的信息可视化参考模型如图 8-24 所示。模型中,从原始数据到人,中间需要经历一系列数据变换。图 8-24 中从左到右的每个箭头表示一连串的变换,下部的人机接口箭头表明用户对这些变换进行调整和控制。数据变换是把原始数据映射为数据表(数据的相关性描述);可视化映射是把数据表转换为可视化结构(图形的空间结构和标记);视图变换是通过定义位置、缩放比例、裁减等图形参数,创建可视化结构的视图;人机接口用来控制这些变换的参数,如把视图约束到特定的数据范围等。信息可视化要解决的主要问题是参考模型中的映射、变换和交互控制。

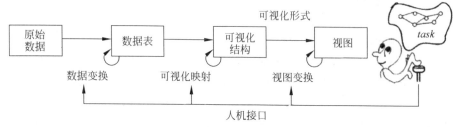

图 8-24   信息可视化参考模型

4. 信息可视化图形

对图形而言，抽象信息之间最普遍的特点是层次关系，如文件系统的目录结构、网站中网页之间的关系等。在某些情况下，任意的图形结构都可以转化为一种层次关系，层次信息的最直观表达方式是树形结构。如图 8-25 所示，常用的信息可视化图形有地图、网图、树图（结构树、双曲树、分支树等）、云图等。

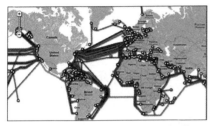
(a) 地图(全球互联网海底光缆主干网络)

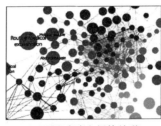
(b) 网图(病痛之间的关联)

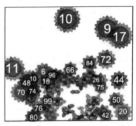
(c) 云图(不同文化对数字的偏好)

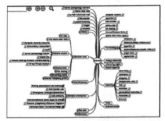
(d) 结构树(维基百科内容)

(e) 双曲树(学术刊物被引用的关系)

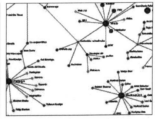
(f) 分支树(某些课题的知识分布)

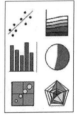
(g) 其他图形

图 8-25 常见信息可视化图类型

5. 信息可视化工具软件

信息可视化分为静态可视化和动态可视化。大部分静态可视化图形无须编程，利用工具软件就可以直接实现；交互性较好的动态可视化图形，需要进行编程处理。

(1) Excel 是静态可视化分析的理想工具，但是图表的颜色、线条和样式范围有限。

(2) Google Chart API 是在线数据动态可视化工具软件，目前只提供动态图表工具。

(3) Google Maps API 让所有开发者能在自己的网站中植入动态地图功能。

(4) D3(数据驱动文件)是一个 JavaScript 函数库，它提供了大量简单和复杂的图表样式。D3 代码必须嵌入在 HTML 网页中，它依赖矢量图形(SVG)、层叠式样式表(CSS3)等功能展示图形。因为需要编写代码，更适合掌握这项技能的程序员们。

(5) Prefuse toolkit 可以帮助 Java 语言程序员开发具有交互功能的动态可视化程序。它可以简化程序员的数据处理过程；可以建立数据和图形之间的联系(如图形的大小、位置、形状、颜色等)；以及图形变形和动画等功能。Prefuse 支持由表、图、树组成的数据结构。它内建了类似于 SQL 语言的语句，可以针对数据进行行和列的操作。Prefuse 提供了一组用于用户交互操作的库函数，利用经过简化的程序接口，建立用户交互图形组件。

【例 8-17】 用 Python 程序生成爱因斯坦《我的世界观》一文词云绘制的词云图如图 8-26 所示。

```
# - * - coding: utf - 8 - * -
import jieba                                    # 导入第三方中文分词库: 结巴分词 jieba
from wordcloud import WordCloud                 # 导入第三方词云包 WordCloud
import matplotlib.pyplot as plt                 # 导入第三方 2D 绘图包 matplotlib
s1 = '''《我的世界观》阿尔伯特.爱因斯坦
我们这些总有一死的人的命运多么奇特!我们每个人在这个世界上……(略)
'''
s2 = '''但是,不必深思,只要从日常生活就可以明白: 人是为别人而生存的……(略)
'''
s3 = '''我强烈地向往着俭朴的生活.并且时常发觉自己占用了同胞的过多劳动……(略)
'''
mylist = [s1, s2, s3]                           # 文本赋值到列表
word_list = [''.join(jieba.cut(sentence)) for sentence in mylist]    # 中文分词
new_text = ''.join(word_list)                   # 获得分词表
# 设置词云中汉字字体路径,simhei.ttf = 中文黑体字库
wordcloud = WordCloud(font_path = 'C:/Windows/Fonts/simhei.ttf',
        background_color = 'black').generate(new_text)    # 设置词云字体、背景色
plt.imshow(wordcloud)                           # 生成词云
plt.axis('off')                                 # 关闭坐标轴
plt.show()                                      # 绘制词云图,如图 8 - 26 所示
```

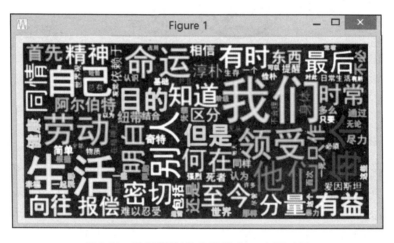

图 8-26　爱因斯坦《我的世界观》一文词云图

8.3　常用应用软件

8.3.1　常用办公软件 Office

Microsoft Office 是微软公司开发的商业化办公软件套装,常用组件有 Word、Excel、PowerPoint 等。为了增强 Office 功能,用户可以采用 VBA(VB 宏语言)脚本语言对 Office 组件进行简单编程。与 Office 功能类似的办公软件有 WPS、永中 Office 等。

1．Office 常用组件

1）Word 文字处理软件

Word 是 Office 的主要程序。如图 8-27 所示，Word 具有文档编辑、表格绘制、图文混排、数学公式、目录生成等功能。

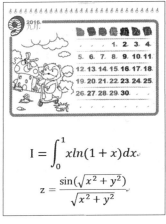

图 8-27　Word 排版功能应用案例

2）Excel 电子表格软件

如图 8-28 所示，Excel 具有数据计算、统计、排序、筛选、生成统计图表等功能。Excel 内置了多种函数，可以方便地进行各种计算工作。

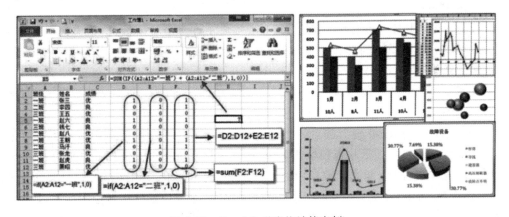

图 8-28　Excel 电子表格计算案例

3）PowerPoint 演示文稿软件

如图 8-29 所示，PowerPoint 具有文稿编排、动画演示、音频视频插入等功能。用户可以在投影仪或计算机上进行演示，是**无纸化办公**的主要软件。PowerPoint 在课程教学、商业宣传、会议报告等领域应用广泛。国外 PPT 的应用领域和应用量超过了 Word。

4）Microsoft Office 2016 其他组件

Office 其他组件有 Access(小型数据库)、Visio(矢量图形绘制)、Publisher(桌面出版)、

OneDrive for business(企业级文档存储)、InfoPath(表单服务)、Skype for business(企业即时通信)、OneNote(便笺管理)、Outlook(邮件管理)、Project(项目管理)等。

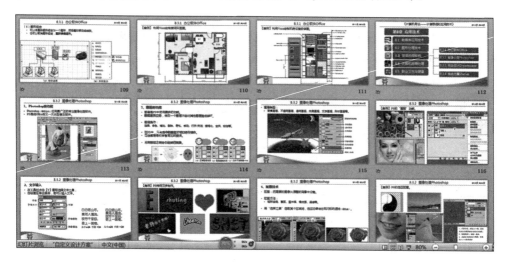

图 8-29　PowerPoint 商业幻灯片应用案例

2. Visio 绘图软件应用

Visio 与 Office 系列的其他软件兼容。在 Visio 中设计的图形,可以直接复制粘贴或插入到 Office 其他文件中,如复制到 Word、Excel 等文件中;也可以将 Office 系列软件的其他数据插入到 Visio 文件中,如将 Access 或 Excel 中的数据插入到 Visio 文件中。

1) 模板操作

模板是 Visio 中某一类形状的集合。Visio 提供了许多形状模板,这些模板中有非常多的"主控形状"。有些模板的形状很简单,有些形状则相当复杂。打开形状模板的方法是:选择 Visio"开始"菜单,在 Visio 左边的"形状"面板中,单击"更多形状"菜单,然后在二级菜单中选择需要打开的形状模板即可。

2) 图形创建

Visio 图形设计都以模板为起点。打开 Visio 模板后,可以在模板中选择某一主控形状,按住鼠标左键,将主控形状拖到绘图页中,松开鼠标左键即可。例如,将"计算机形状"拖到绘图区的操作过程为:单击主菜单中的"开始"→"更多形状"→"网络"→"计算机和显示器"。如图 8-30 所示,选择主控形状 PC,按住鼠标左键,将 PC 形状拖至绘图区中,然后松开鼠标。这时会在绘图页中形成一个新的形状。

3) 图形调整

图形拖到绘图区后,图形会显示 8 个缩放大小控制点(小方点)、1 个图形旋转控制点(小圆点)、4 个自动连线控制点(三角形),可以利用这些控制点调整图形大小、角度,以及与其他图形的连线。

4) 线路连接

在绘图区,只要鼠标指针经过图形,就会在图形周边显示浅蓝色的箭头。如图 8-31(a)所示,如果在绘图区有两个以上图形时,浅蓝色箭头会指向第 2 个形状的连接位置,单击浅

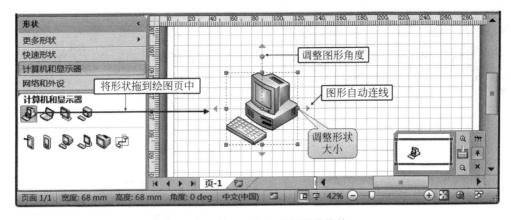

图 8-30　Office Visio 中的形状拖放

蓝色箭头时，Visio 会自动连线到相邻图形。如图 8-31(c)所示，如果在连接线上右击鼠标，可以修改连接线路的属性，如改变为"直线连接线"或"曲线连接线"。

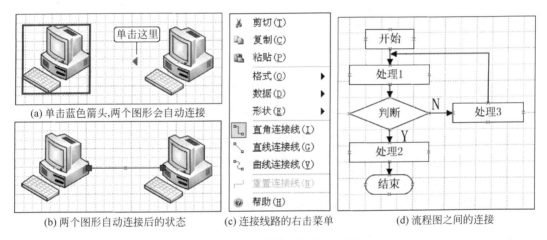

(a) 单击蓝色箭头，两个图形会自动连接
(b) 两个图形自动连接后的状态　(c) 连接线路的右击菜单　(d) 流程图之间的连接

图 8-31　Office Visio 中的图形连接

5）文字输入

在绘图区任意位置输入说明文字时，选择"开始"主菜单，在"工具"子栏中选择"A 文本"。在绘图区任意位置按住鼠标左键，斜向拖动鼠标到合适长度后松开鼠标（如图 8-32(a)所示），这时会在绘图区出现文本输入框，在工具栏中设置文字类型、大小、颜色后，就可以在文本框中输入说明文字了（如图 8-32(b)所示）。文字输入完成后，单击绘图区空白区域，就退出文本输入状态。然后选择"A 文本"上方的"指针工具"，鼠标移到说明文字上方，按住鼠标左键，将文字移动到合适位置即可。

6）图形组合

使用 Visio 设计复杂图形时，往往多个形状之间关系复杂，移动、缩放困难。可以将这些形状组合为一个图形，然后整体移动或缩放。按住鼠标左键，拖动鼠标成为一个矩形区域，这个区域内的所有形状就选中了。然后右击鼠标，选择图形"组合"即可，如图 8-33 所示。也可以将一个复杂图形取消组合。

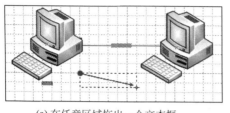

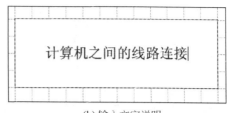

(a) 在任意区域拖出一个文本框　　　　　　　　(b) 输入文字说明

图 8-32　在绘图区任意位置输入说明文字

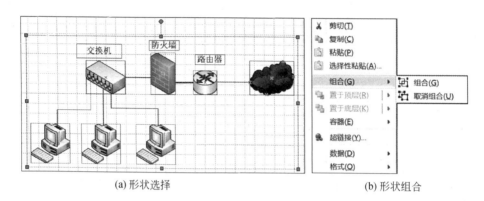

(a) 形状选择　　　　　　　　　　　　　(b) 形状组合

图 8-33　Visio 图形的组合

7) 图形保存

用 Visio 设计的图形,可以保存为. VSD 文件(矢量图形文件),也可以保存为. JPG、. BMP 等点阵图形文件。也可以在 Visio 中选择组合的图形,用 Ctrl+C 组合键复制;然后打开 Word 或 PowerPoint 等文档,用 Ctrl+V 组合键粘贴到文档中,这样粘贴的图形为矢量图形,效果比插入点阵图片效果更好,而且可以随时进行修改编辑。

8.3.2　图像处理软件 Photoshop

1. Photoshop 的功能

Adobe 公司的 Photoshop 是目前使用最广泛的专业图像处理软件,以前主要用于印刷排版、艺术摄影和美术设计专业人员。随着计算机的普及,越来越多的文档需要对其中的图像进行处理。例如,办公人员对报表中的图片进行处理和制作,工程技术人员对工程效果图进行处理,程序员进行软件界面设计,网络管理员对网站图片进行处理,学生对课程论文中的图片进行处理,个人用户对数码相片进行处理等。这些市场需求极大地推动了Photoshop 图像处理软件的普及化,使它迅速成为继 Office 后又一大众型普及软件。

2. 图层的功能

图层是 Photoshop 中使用最多的功能。因为在图像处理过程中,很少有一次成型的作品,常常是经历若干次修改以后才能得到比较满意的效果。如图 8-34 所示,如果将图像分解成为多个图层,然后分别对每个图层进行处理,最后组成一个整体的效果。这样完成之后的成品,在视觉效果上与一个图层编辑是一致的。

图 8-34　左：Photoshop 中不同的图层类型　右：透明图层的合成效果

在 Photoshop 中,每个图层都是独立的,修改一个图层不会对其他图层造成破坏。可以对图层进行选择、命名、增加、删除、复制、移动、打开/关闭、栅格化、合并、锁定等操作。图层的类型有背景图层、不透明图层、透明图层、效果图层、文字图层等。

在操作中必须牢记,只有被选中的图层才可以进行操作,这个原则很重要。例如想要用画笔工具画图形,就必须先明确要在哪个图层上,选错图层是初学者常犯的错误。

不同图层之间会引起遮挡现象,上画层的图层会遮挡下层的图层。在图层面板中,选中某个图层后(显示为蓝色),按住鼠标左键上下拖动,可以改变图层的上下次序。

3. 文字输入

打开图像文件,按快捷键 T 选择文字工具,在图像中单击鼠标,这时会在屏幕右边出现"字符"控制面板(如图 8-35 所示),并且自动建立一个文本图层;鼠标在绘图区单击后,就可以输入文字(文字较多时,按回车键换行继续输入);文字输入完成后,在工具栏选择"移动"工具,将文字移动到合适位置即可。

图 8-35　"字符面板"中的参数设置

4. 抠图技术

制作合成图像的前提是完美的抠图,即把需要的图像从原图背景中分离,然后利用

Photoshop 做些光影效果即可。抠图有多种方法，如矩形选框、多边形套索、魔棒、橡皮擦、背景色橡皮擦、通道等都是常用抠图工具。当利用工具选择图像某个部分后，选区边缘会用闪烁的虚线（俗称"蚂蚁线"）表示。如果涉及人像抠图，特别是人物头发抠图时，简单工具无法达到满意的抠图效果，往往需要利用通道技术来实现抠图。

【例 8-18】 利用"魔棒"工具进行简单抠图处理。

打开一个图像文件，按 Ctrl＋J 键复制图层；按 W 键选择魔棒工具，在"工具属性"栏设置"容差＝50"（如图 8-36 所示），在图像上单击魔棒，这时会形成一个选区（蚂蚁线），按 Ctrl＋C 键复制图像；然后按 Ctrl＋V 粘贴图层，关闭"背景"图层和原图图层，可以看到透明的方格背景；选择"橡皮擦"工具，擦除"图层 1"中间部分；然后在图像中插入新背景图片（如竹子），将新插入"竹子"图层移动到"图层 1"下面，就形成了一幅合成图像。

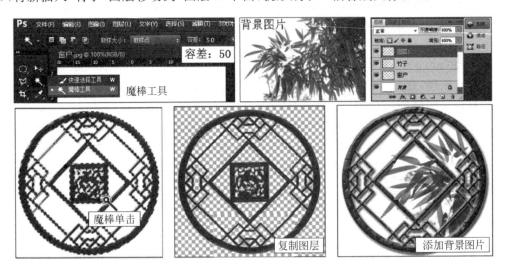

图 8-36　利用魔术棒进行抠图和合成

5. 色彩控制

Photoshop 提供了多个图像色彩控制命令，可以很轻松快捷地改变图像的色相、饱和度、亮度和对比度。通过这些命令的使用，可以创作出多种色彩效果的图像。要注意的是，这些命令的使用或多或少都会丢失一些颜色数据，因为所有色彩调整的操作都是在原图基础上进行的，因而不可能产生比原图像更多的色彩，尽管在屏幕上不会直接反映出来，事实上在转换调整的过程中就已经丢失了数据。

图像色调调整功能都在"图像"→"调整"菜单中，有亮度/对比度（如图 8-37 所示）、色阶、曲线、曝光度、色彩平衡、黑白、反相、阴影/高光、变化、去色等功能。

6. 通道的功能

通道的功能一是保存颜色数据；二是存储选区；三是用滤镜进行图像编辑等。通道除了能够保存颜色数据外，还可以用来保存模板，一个选区被保存后，就会成为一个模板保存在一个新增的通道中。

通道与图像的色彩模式密不可分，常见的图像色彩模式有 RGB（红绿蓝）、CMYK（青、

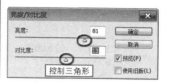

| (a) 原图 | (b) 调整亮度和对比度后的图 | (c) 亮度和对比度调整面板 |

图 8-37 图像亮度/对比度的调整

品红、黄、黑)等。在 RGB 色彩模式下,图像有 RGB、R、G、B 四个通道。RGB 是其他 3 个色彩通道的综合信息,调整 R、G、B 中任何一个通道的亮度和对比度,都会改变整个图像的色彩效果。

8.3.3 网站设计软件 Dreamweaver

1. Dreamweaver 的功能

Dreamweaver 是 Adobe 公司推出的专业网页设计软件,它网页设计功能强大,受到众多网页设计者的好评。它具有可视化编辑界面,用户不必编写复杂的 HTML 源代码,就可以生成跨平台的网页。另外,Dreamweaver 的网页动态效果与网页排版功能都比其他软件好用,因此 Dreamweaver 是网站设计者的首选工具。

2. 网站设计流程

(1) 网站筹划。决定网站的主题,计划网站的发布内容,分析网站风格。

(2) 素材准备。网站 LOGO 设计,收集网站文字、图片、视频等素材。

(3) 定义站点。设计网站结构,按网站结构建立网站的各个子目录。

(4) 首页制作。页面风格、页面布局、导航模式、首页内容的设计。

(5) CSS 设置。标题字体、正文字体、滚动条、转角图片等细节的设置。

(6) 制作页面。制作统一风格的页面模板,从模板生成新页面。

(7) 测试站点。查看站点结构,检查超链接状况,测试网页显示情况。

(8) 申请空间。申请网站服务器存储空间、域名等。

(9) 站点发布。利用 Dreamweaver 或其他 FTP(文件传输协议)软件上传网站文件。

(10) 网站管理。发布信息、网站优化、网站推广、数据分析、安全维护等。

3. 设计网站结构

网站(Web Site)由一系列有结构层次的网页(Web Page)组成,一个小型网站可能只有几十个网页,一个大型网站则包含成千上万个网页。网页是一个文件,它存放在某一台计算机中(网站服务器)。访问者进入网站看到的第一个网页称为首页,通常命名为 index. html。为了合理安排网站的页面,必须构建不同的子目录存放网站文件。这些子目录一些是栏目文件目录,一些是公共文件目录。例如,某教师个人教学网站基本结构如图 8-38 所示。

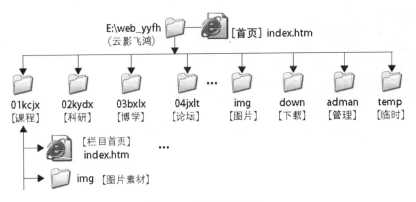

图 8-38　网站基本结构

4. 定义站点

（1）建立站点目录。定义站点的目的是把本地磁盘中的站点文件夹与 Dreamweaver 建立关联，方便用户使用 Dreamweaver 管理站点和编辑站点中的网页，以及上传或下载站点内容等。定义站点的方法是：选择菜单栏"站点"→"新建站点"，在弹出对话框输入网站名称，如"云影飞鸿"；输入本地站点目录，如 web_yyfh；单击"保存"按钮。

（2）建立站点子目录。在"文件"面板中，选择"站点-云影飞鸿"，单击鼠标右键，选择"新建文件夹"命令，输入子目录名称 01kcjx；再次选择"站点-云影飞鸿"，单击鼠标右键，按图 8-38 结构建立网站的各个子目录。

5. 创建网页文件

（1）创建网页。在站点"文件"面板选择构建网页子目录，单击鼠标右键，选择"新建文件"命令，输入文件名称。网站首页名称通常是 index.html，其他页面的名字可以自己取。

（2）设置网页文档属性。选择菜单栏的"修改"→"页面属性"命令，弹出"页面属性"对话框。通过"页面属性"对话框可以对页面文字的字形、大小、颜色等属性进行设置。

（3）在网页中输入文本。Dreamweaver 除了直接输入文本和复制粘贴文本以外，也可以直接将 Word 文档、Excel 文档、PPT 文档导入到当前文档。但是，从 Word、PPT、Excel、网页等文件中直接复制粘贴文本到 Dreamweaver 中会造成很多麻烦。因为这些文件中存在很多格式控制符，这些格式控制符不一定符合 HTML 标准要求，因此会造成文本格式混乱。而调整这些格式需要花费很多时间和精力。因此，导入文本时，最好将源文件内容转换为文本文件（txt）后，再复制粘贴到 Dreamweaver 中。

（4）设置超链接。超链接的形式有文本超链接、图像超链接、热点超链接等。

（5）插入图片。图片插入后可以通过控制点调整图片的大小。图像占位符相当于图像的临时替代对象，如果网页中的某个图像尚未制作好，可暂时用图像占位符来代替。

（6）插入 Flash 动画。在"网页设计区"单击 Flash 动画插入位置，按 Ctrl＋Alt＋I 键，在弹出对话框中选择图片的路径，然后选择需要插入的 Flash 动画文件即可。

6. 利用表格布局网页

表格不仅可以用于显示数据，也可以用于网页定位。用表格来布局网页时，首先应决定表格在水平方向和垂直方向上所需的单元格数量,然后为需要跨越多行或多列的对象合并单元格。利用表格进行网页布局时,表格的边框和间距都应当设置为 0 像素,这样在网页中就不会看见有边框的表格。表格布局网页的案例如图 8-39 所示。

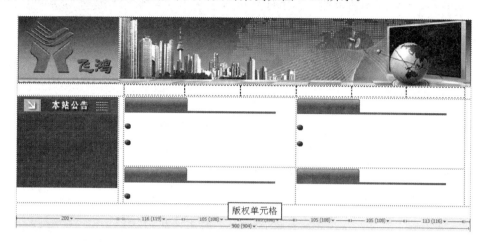

图 8-39　利用表格布局网页的案例

表格虽然可以实现网页定位,但这种方法也有缺点,表格内容下载比较耗时,往往要等一个表格中全部内容下载完成后才能显示该表格内容,因此要避免表格的嵌套使用。

7. 网站的本地测试

链接是网站中非常重要的元素。在大型网站中,往往会有很多链接,这就难免出现链接地址出错的问题。如果逐个页面进行检查,将是非常烦琐和浩大的工程。幸运的是Dreamweaver 提供了"检查链接"功能,使用该功能可以在打开的文档或本地站点的某一部分或整个站点中快速检查断开的链接和未被引用的文件。

8. 站点发布

(1) 申请虚拟空间。虚拟空间是互联网上用于存放网站内容的服务器空间,可以在"中国免费空间网"(http://www.06la.com/)网站申请免费的虚拟空间。

(2) 申请域名。可以在"中国免费空间网"网站申请一个免费的二级域名。在申请了空间和域名后,就可以将站点内容上传到虚拟空间了。上传网站可以使用专门的 FTP 软件(如 CuteFTP 等),也可以使用 Dreamweaver 上传。

(3) 连接服务器。无论是从本地站点上传文件到远程服务器,还是从远程服务器取回文件,都应首先建立本地站点和远程服务器之间的连接。首先把申请的虚拟空间信息设置到 Dreamweaver 对应站点中,然后通过 Dreamweaver 的站点管理功能上传或下载文件。

(4) 上传站点。与服务器成功连接后,第一次上传网站时,必须搞清楚网络空间服务商指定的服务器默认存放文件夹,在这个文件夹下存放着站点的文件。

(5) 下载站点。指从远程服务器上取回文件到本地硬盘。

(6) 同步文件。同步文件就是使本地和远程站点中的文件保持一致。Dreamweaver 可以非常方便地完成该操作,它会根据需要复制或删除不需要的文件。

8.3.4　系统仿真软件 MATLAB

20 世纪 70 年代,美国新墨西哥大学计算机科学系主任克里夫·莫勒尔(Cleve Moler)为了减轻学生的编程负担,用 FORTRAN 语言编写了最早的 MATLAB 程序。1980s 年代,MathWorks 公司正式把 MATLAB 推向市场。现在 MATLAB 由几百万行代码构成,其中大约一半为 MATLAB 语言程序,一半为 C/C++ 程序,少量 Java 和 FORTRAN 程序。

1. MATLAB 功能

MATLAB(Matrix Laboratory,矩阵实验室)具有以下功能:矩阵运算、数值分析、符号计算、工程与科学绘图、控制系统设计与仿真、数字图像处理、数字信号处理、通信系统仿真、财务与金融建模、管理与调度优化计算(运筹学)等。

2. MATLAB 系统结构

(1) 开发环境。MATLAB 开发环境是一套方便用户使用的 MATLAB 函数和文件工具集,其中许多工具采用图形化用户接口。开发环境包括 MATLAB 桌面、命令窗口、M 文件编辑调试器、MATLAB 工作空间和在线帮助文档等。

(2) 数学函数库。MATLAB 数学函数库包括了大量的算法。从基本算法(如四则运算、三角函数运算等)到复杂算法(如矩阵求逆、快速傅里叶变换等)。

(3) MATLAB 语言。MATLAB 语言是一种基于矩阵的高级语言,它有程序控制、函数、数据结构、输入/输出和面向对象编程等特色。它能建立简单程序,也能建立复杂程序。

(4) 图形处理系统。MATLAB 能方便地使用图形化显示向量和矩阵,而且能对图形添加标注和打印。它具有功能强大的 2D/3D 图形函数,图像处理和动画生成等函数。

(5) 应用程序接口。MATLAB 可以利用本身和 C/C++ 数学库和图形库,可以将 MATLAB 程序自动转换为 C/C++ 代码。允许用户编写可以与 MATLAB 进行交互的 C/C++ 语言程序。MATLAB 有一套程序扩展系统和一组称为工具箱的特殊应用子程序。

(6) 常用工具包。工具包是 MATLAB 函数的子程序库,它们都是由特定领域的专家开发,用户可以直接使用工具包学习、应用和评估不同的计算方法,而不需要自己编写代码。MATLAB 拥有数百个内部函数的主包和 30 多种工具包,工具包分为功能性工具包和学科工具包。功能性工具包用来扩充 MATLAB 的符号计算,可视化建模,系统仿真,文字处理及实时控制等功能;学科工具包是专业性比较强的工具包,如:控制工具包,信号处理工具包,通信工具包等。除内部函数外,所有 MATLAB 主包文件和各种工具包,都是可读可修改的文件,用户通过对源程序的修改或加入自己编写程序构造新的专用工具包。这些工具箱大多是用开放式的 MATLAB 语言写成。

3. MATLAB 语言应用

1) 运行方式

MATLAB 采用交互式脚本语言,语法与 C/C++ 极为相似,而且更加简单。它支持数值、文本、函数、逻辑等 15 种数据类型。每种类型都定义为矩阵或阵列的形式(0 维至任意高维)。执行 MATLAB 程序的最简单方式是:在 MATLAB 命令窗口提示符处(>>)输入程序代码,MATLAB 会即时返回操作结果。MATLAB 程序代码也可以保存在一个以. m 为后缀名的文本文件中,然后在命令窗口或其他函数中直接调用。

【例 8-19】 求解定积分:$I = \int_0^1 x\ln(1 + x)\mathrm{d}x$。

`>> quad('x. * log(1 + x)',0,1)`	%%为注释符,>>为命令提示符
ans =	% 输出,ans = 为系统提示符,它是 answer(答案)的缩写
0.2500	% 输出计算结果

说明:quad 为积分计算命令,'为 hermit 转置(矩阵共轭转置),x. 为向量中的元素。

2)变量与赋值

MATLAB 的变量名跟许多程序语言一样,严格区分大小写,例如,var、VAR 和 Var 是三个不同的变量。变量由赋值运算符(=)定义,MATLAB 是动态检查的,这意味着变量可以在未定义类型的情况下赋值,并且变量的类型也可以改变。变量值可以是常量,或计算中其他变量的值,或某一函数的输出。

3)解线性方程组

【例 8-20】 求解如下线性方程组。

$$\begin{cases} 2x + 3y - z = 2 \\ 8x + 2y + 3z = 4 \\ 45x + 3y + 9z = 23 \end{cases}$$

解线性方程组的 MATLAB 程序代码如下。

`>>a = [2,3, -1; 8,2,3; 45,3,9];`	% 建立系数矩阵 a
`>>b = [2; 4; 23];`	% 建立列向量 b
`>>x = inv(a) * b`	%求解线性方程组
x =	% 输出计算结果
0.5531	% 变量 x 值
0.2051	% 变量 y 值
− 0.2784	% 变量 z 值

4)矩阵计算

MATLAB 提供了多种创建矩阵的方法。在 MATLAB 中,一个矢量是指一维矩阵 ($1 \times N$ 或 $N \times 1$),在其他语言中通常称为数组。MATLAB 中的矩阵通常是指 2 维数组,如 $m \times n$ 数组。值得注意的是,MATLAB 矩阵存储方式为**列优先存储**,而非行优先存储。

【例 8-21】 矩阵 $M = \begin{bmatrix} 1 & 2 & 3 \\ 4 & 5 & 6 \\ 7 & 8 & 9 \end{bmatrix}$,试计算矩阵 M^2。

`>>M = [1,2,3; 4,5,6;7,8,9];`	% 输入矩阵元素
`>>M^2`	% 矩阵计算
30 36 42	% 输出计算结果
66 81 96	
102 126 150	

5) 符号运算

MATLAB 可以进行代数或符号运算,如分解多项式因子和解代数方程。

【例 8-22】 将多项式 $A = x^3 - 3x^2y + 3xy^2 - y^3$ 进行因式分解。

>> syms x y;	% 定义符号变量
>> A = x^3 - 3 * x^2 y + 3 * x * y^2 - y^3;	% 输入符号表达式
>> factor(A)	% 调用符号计算函数
ans =	% 输出,系统提示符
(x - y)^3	% 输出因式分解结果

把多项式 $A = x^3 - 3x^2y + 3xy^2 - y^3$ 简化成为 $(x-y)^3$。

6) 图形图像处理

MATLAB 提供了丰富的图形表达功能,包括常用的二维图形和三维图形。MATLAB 除了能作一般的曲线图、条形图、散点图等统计图形外,还能绘制流线图、三维矢量图、简单动画等工程实用图形。

【例 8-23】 画出 $z = \dfrac{\sin\sqrt{x^2+y^2}}{\sqrt{x^2+y^2}}$ 所表示的三维曲面,x,y 的取值范围是 $[-8,8]$。结果如图 8-40 所示。

>> clear; x = -8:0.5:8;	% 步长为 0.5
>> y = x';	% x'为步长 0.5 的列向量
>> X = ones(size(y)) * x;	
>> Y = y * ones(size(x));	
>> R = sqrt(X.^2 + Y.^2) + eps;	
>> Z = sin(R)./R;	
>> surf(X,Y,Z);	% 绘制三维曲面图
>> colormap(cool);	
>> xlabel('x'), ylabel('y'), zlabel('z')	
% 绘制图形如图 8 - 40 所示	

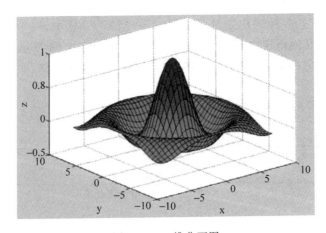

图 8-40　三维曲面图

【**例 8-24**】 用图形表示连续调制波形 $y = \sin(t)\sin(9t)$ 及其包络线,结果如图 8-41 所示。

```
>>t = (0:pi/100:pi)';              % pi/100 为步长
>>y1 = sin(t) * [1, -1];           % 包络线
>>y2 = sin(t). * sin(9 * t);       % 调制波
>>t3 = pi * (0:9)/9;
>>y3 = sin(t3). * sin(9 * t3);
>>plot(t,y1,'r:',t,y2,'b',t3,y3,'bo');
>>axis([0,pi, -1,1])               % 坐标轴范围
                                   % 绘制图形如图 8-41 所示
```

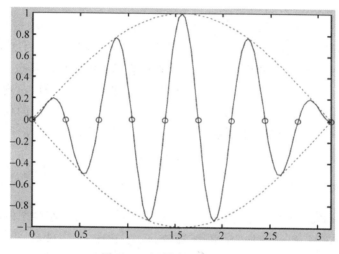

图 8-41　调制波形及包络线

8.4　学科特征和职业规范

8.4.1　学科基本特征

1. 计算作为一门学科

计算机发明以来,围绕着计算机科学能否成为一门独立学科产生过许多争论。早期对"计算机科学"这一名称引起过激烈争论,当时计算机主要用于数值计算,大多数科学家认为使用计算机仅仅是编程问题,不需要做深刻的科学思考,没有必要设立学位。

针对当时激烈争论的问题,1985 年 ACM(美国计算机学会)和 IEEE-CS(国际电气电子工程师学会计算机分会)组成联合攻关组,开始了对计算作为一门学科的存在性证明,经过近 4 年的工作,ACM 攻关组提交了《计算作为一门学科》的报告,完成了这一任务。报告主要内容刊登在 1989 年 1 月的《ACM 通讯》杂志上。

ACM/IEEE-CS 对计算学科的定义是:**计算学科是对描述和变换信息的算法过程的系**

统研究,包括它的理论、分析、设计、有效性、实现和应用。全部计算学科的基本问题是"什么能够(有效地)自动进行"。

2. 学科形态

计算学科有"理论、抽象、设计"三种主要形态。

理论基于数学。数学是一切科学理论研究的基础,科学的进展都是基于纯数学的。理论的研究过程包含以下步骤:研究对象的特征化(定义);假设它们之间可能的关系(定理);确定这些关系是否正确(证明);解释研究结果。

抽象(模型化)基于实验科学方法。自然科学研究的过程基本上是形成假设,然后用模型化的方法进行求证。客观现象的研究过程包含以下步骤:形成假设,构造模型并做出预言,设计实验并收集数据,分析结果。

设计基于工程。工程设计的方法是提出问题,然后通过设计去构造系统和解决问题。解决问题包含以下步骤:叙述要求,给定技术条件,设计并实现系统,测试系统。

虽然理论、抽象和设计三种形态紧密相关,但毕竟是三种不同的形态。理论关心的是揭示和证明对象之间相互关系的能力;抽象关心的是应用这些关系做出对现实世界预言的能力;而设计则关心这些关系的某些特定实现,并应用它们去完成有用的任务。理论、抽象、设计三者之间哪一个更加重要?仔细考察计算机科学可以发现,在计算学科中,这三个过程紧密地交织在一起,以致无法分清哪一个更加基本。

3. 计算学科知识体系

国际上最有影响的计算学科教学计划是 ACM 和 IEEE-CS 在各个时期发表的指导性文件。1991 年,ACM 和 IEEE-CS 联合提交了关于计算学科教学计划《Computing Curricula 1991》报告(简称 CC1991)。以后又提出了 CC2001、CC2005、CS2008、CS2013 等报告,逐步完善了计算学科的知识体系。例如,在 CC1991 中提出了计算学科的 12 个核心概念;在 CC2005 中定义了计算学科的五个专业领域(计算机科学、计算机工程、软件工程、信息系统、信息技术);在 CS2013 中定义了计算学科的核心课程,如表 8-10 所示。

表 8-10 ACM/IEEE-CS 提出的 CS2013 计算学科核心课程

	核 心 课 程		核 心 课 程		核 心 课 程
AL	算法与复杂度	IAS	信息保障与安全	PD	并行与分布式计算
AR	计算机结构体系与组织	IM	信息管理	PL	程序设计语言
CN	计算科学	IS	智能系统	SDF	软件开发基本原理
DS	离散数学	NC	网络与通信	SE	软件工程
GV	图形与可视化	OS	操作系统	SF	系统基本原理
HCI	人机交互	PBD	基于平台的开发	SP	社会问题与专业实践

4. 学科能力的培养

1) 学科的要求

CC1991 报告要求计算机专业的学生不但要了解职业生涯有关的法律和道德等方面的

问题,还要了解社会。例如,要求学生了解计算学科的基本文化、社会、法律和道德方面固有的问题;了解计算学科的历史和现状;理解它的意义和作用。另外,作为未来的专业工作者,他们应当具备其他方面的一些能力,如能够回答和评价有关"计算机对社会的冲击"这类严肃问题,并能预测将产品投放到给定环境中时,将会造成什么样的冲击;了解软件和硬件的卖方及用户的权益;意识到他们应当承担的责任,以及不负责任可能产生的后果;另外,他们还必须认识到自身和计算工具的局限性等。

2)工作能力的培养

高等教育的目的之一是培养学生在某一领域的工作能力。培养能力的教育过程分为五个步骤:一是引起学习某领域的动机;二是表明该领域能做什么;三是揭示本领域的特色;四是这些特色的历史根源;五是实现这些特色。

计算机领域的工作者应当具备以下能力。一是计算思维能力,即发现本学科新特性的能力,这些特性导致新的活动方式和新的工具,以便使这些新特性被利用;二是使用工具的能力,即计算机专业人员必须充分熟悉本领域的工具(如编程语言和开发平台等);三是与其他学科人员合作的能力,并参与其他学科的项目开发活动(如专用软件开发)。

8.4.2 学科经典问题

计算机科学的发展过程中,人们提出过许多具有深远意义的问题和典型实例。这些典型实例地研究不仅有助于我们深刻地理解计算机科学,而且对学科的发展有十分重要的推动作用。学科的经典问题除了在前面讨论过的停机问题、汉诺塔问题、中文屋子问题、两军通信问题外,还有以下问题。

1. 哥尼斯堡七桥问题

18世纪初,普鲁士的哥尼斯堡(今俄罗斯加里宁格勒)有一条河穿过,河上有两个小岛,有七座桥把两个岛与河岸联系起来(如图8-42所示)。有哥尼斯堡市民提出了一个问题:一个步行者怎样才能不重复、不遗漏地一次走完七座桥,最后回到出发点。问题提出后,很多哥尼斯堡市民对此很感兴趣,纷纷进行试验,但在相当长的时间里都始终未能解决。利用数学知识来看,如果每座桥均走一次,那么七座桥所有的走法一共有7! = 5040种,这么多种走法要一一尝试,将会是一个很大的工作量。

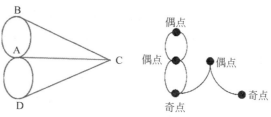

图8-42 左:哥尼斯堡七桥问题 中:抽象后的七桥路径 右:奇点和偶点判断

1735年,有几名大学生写信给当时正在俄罗斯彼得堡科学院任职的瑞士数学家欧拉(Leonhard Euler),请他帮忙解决这一问题。欧拉把哥尼斯堡七桥问题抽象成几何图形,圆满地解决了这个难题,同时开创了"图论"的数学分支。欧拉把一个实际问题抽象成合适的"数学模型",这并不需要深奥的理论,但想到这一点却是解决难题的关键。

欧拉回路是指:如果图中存在这样一条路径,使它恰好通过图中每条边一次,则该路径称为欧拉回路。欧拉回路的"边"不能重复经过,但是"节点"可以重复经过。欧拉回路可以用"一笔画"来说明,要使图形一笔画出,就必须满足以下条件。

(1) 全部由偶点组成的连通图,选任一偶点为起点,可以一笔画成此图。

(2) 只有 0 或 2 个奇点,其余为偶点的连通图,以奇点为起点可以一笔画成此图。

(3) 其他情况的图不能一笔画出,奇点数除以 2 可以算出此图需几笔画成。

注意: 图中连到一个节点的边是奇数条,则称这个点为"奇点";反之称为"偶点"。

由以上分析可见,哥尼斯堡七桥的路径图中,4 个点全是奇点,因此图形不能一笔画出(需要 2 笔画),也就是说哥尼斯堡七桥不存在欧拉回路。

2. 哈密尔顿回路问题

1857 年,爱尔兰数学家哈密尔顿(William Rowan Hamilton)设计了一个名为"周游世界"的木制玩具(如图 8-43 所示),玩具是一个正 12 面体,有 20 个顶点和 30 条边。如果将每个顶点看作一个城市,正 12 面体的 30 条边看成连接这些城市的路径,假设从某个城市出发,经过每个城市(节点)恰好一次,最后又回到出发点。哈密尔顿回路是指:在任一给定的图中,能不能找到这样的路径,即从一点出发,不重复地走过所有节点。

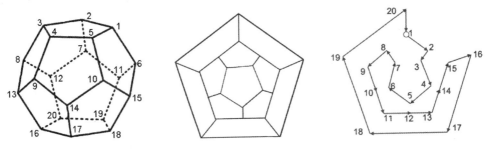

图 8-43　左:哈密尔顿"周游世界"玩具　中:抽象后的平面图　右:一条哈密尔顿回路

值得注意的是:哈密尔顿回路与欧拉回路看似相同,本质上是完全不同的问题。哈密尔顿回路是访问每个节点一次,欧拉回路是访问每条边一次;哈密尔顿回路的边和节点都不能重复通过,但是有些边可以不经过;欧拉回路的边不能重复通过,节点可以重复通过。图 8-42 中不存在欧拉回路,但是存在哈密尔顿回路(A→B→C→D→A)。

目前还没有找到汉密尔顿回路的多项式算法。验证一条回路是否经过每一个顶点非常容易,但是要找出一个图中是否不存在哈密尔顿回路,目前无法在多项式时间里进行验证。除非用穷举法尝试过所有路径,否则不敢断定它"没有汉密尔顿回路"。

欧拉回路和哈密尔顿回路在任务排队、内存碎片回收、并行计算等领域均有应用。

3. 旅行商问题

旅行商问题(TSP)是哈密尔顿和英国数学家柯克曼(T. P. Kirkman)提出的问题,它是指有若干个城市,任何两个城市之间的距离可能不同或相同;现在一个旅行商从某一个城市出发,依次访问每个城市一次,最后回到出发地,问如何行走路程最短。

旅行商问题的"边"和"节点"都不能重复通过,但是有些"边"可以不经过,因此旅行商问题与哈密尔顿回路有相似性;不同的是旅行商问题增加了边长的权值。

解决旅行商问题的基本方法是:对给定的城市路径进行排列组合,列出所有的路径,然后计算出每条路径的总里程,最后选择一条最短的路径。如图8-44所示,从城市A出发,在回到城市A的路径有6条,其中距离最短的路径是:A→B→C→D→A。

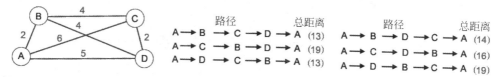

图 8-44 4个城市的旅行商问题示意图

求解旅行商问题比求哈密尔顿回路更困难。当城市数不多时,找到最短路径并不难。但是随着城市数的增加,路径组合数会呈现指数级增长,一直达到无法计算的地步,这称为"组合爆炸"问题。当城市数为 n 时,旅行商遍历全部城市的组合路径为 $(n-1)!$ 个。当 $n=20$ 时,组合路径总计有 $(20-1)! = 1.216 \times 10^{17}$,这是一个非常大的数字。

2010年,英国伦敦大学奈杰尔·雷恩博士在《美国博物学家》杂志发表论文指出,蜜蜂每天都要在蜂巢和花朵之间飞来飞去,在不同花朵之间飞行是一件很耗精力的事情,因此蜜蜂每天都在解决"旅行商问题"。雷恩博士利用人工控制的假花进行实验,结果显示,不管怎样改变假花的位置,蜜蜂稍加探索后,很快就可以找到在不同花朵之间飞行的最短路径。如果能理解蜜蜂怎样做到这一点,对人类解决旅行商问题将有很大帮助。

旅行商问题的具体应用有:在车载GPS中,经常需要规划行车路线,如何做到行车路线距离最短,就需要对TSP问题求解;在印制电路板(PCB)设计中,如何安排众多的导线使线路距离最短,也需要对TSP问题求解。旅行商问题在其他领域也有普遍的应用,如物流运输规划、网络路由节点设置、遗传学领域、航天航空领域等。

4. 哲学家就餐问题

1) 问题描述

1965年,迪科斯彻(Dijkstra)在解决操作系统的"死锁"问题时,提出了"哲学家就餐"问题,他将问题描述为:有5个哲学家,他们的生活方式是交替地进行思考和进餐。哲学家共用一张圆桌,分别坐在周围的5张椅子上,圆桌上有5个碗和5支餐叉(如图8-45所示)。平时哲学家进行思考,饥饿时哲学家试图取左、右最靠近他的餐叉,只有在他拿到两支餐叉时才能进餐;进餐完毕,放下餐叉又继续思考。

在哲学家就餐问题中,有如下约束条件:一是哲学家只有拿到两只餐叉时才能吃饭;二是如果餐叉已被别人拿走,哲学家必须等别人吃完之后才能拿到餐叉;三是哲学家在自己未拿到两只餐叉前,不会放下手中已经拿到的餐叉。

哲学家就餐问题用来说明在并行计算中(如多线程程序设计),多线程同步时产生的问题;它还用来解释计算机死锁和资源耗尽问题。

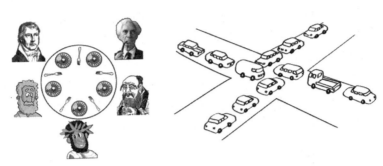

图 8-45　左：哲学家就餐问题示意图　右：交通死锁示意图

2）有限资源问题

哲学家就餐问题形象地描述了多进程以互斥方式访问有限资源的问题。计算机系统不可能总是提供足够多的资源(CPU、内存等)，但是又希望同时满足多个进程的使用要求。如果只允许一个进程使用计算机资源，系统效率将非常低下。研究人员已经采用一些非常有效的算法，尽量满足多进程对有限资源的需求，同时尽量减少死锁和进程饥饿现象的发生。

3）死锁问题

当 5 个哲学家都左手拿着餐叉不放，同时去取他右边的餐叉时(或者相反)，就会无限等待下去，引起死锁现象发生。在实际问题中，常用的解决方法是资源加锁，使资源只能被一个程序或一段代码访问。当一个程序想要使用的资源被另一个程序锁定时，它必须等待资源解锁。当多个程序涉及加锁资源时，在某些情况下仍然有可能发生死锁。

8.4.3　知识产权保护

世界知识产权组织认为，**构思是一切知识产权的起点**，是一切创新和创造作品萌芽的种子，因此必须对创造性构思加以鼓励和奖赏。世界各国都有自己的知识产权保护法律。美国与知识产权关系密切的法律主要有《版权法》《专利法》《商标法》和《商业秘密法》；我国与知识产权保护密切相关的法律有《著作权法》《商标法》《专利法》《计算机软件保护条例》《电子出版物管理规定》等。

1. 计算机软件的著作权保护

"欧洲共同体关于计算机程序的法律保护"中，对软件独创性条件作了较明确的规定，即如果一个计算机程序的作者以自身的智力创作完成了该程序，就意味着该程序具有独创性，可以受到著作权保护。世界各国对此均持基本相同观点，我国亦然。我国《著作权法》和有关国际公约认为：计算机程序和相关文档、程序的源代码和目标代码都是受著作权保护的作品。任何未经授权的使用、复制都是非法的，按规定要受到法律的制裁。目前《著作权法》是保护计算机软件最普遍、最主要的一种法律形式。

著作权只保护软件的表达或表现形式，而不保护思想、方法及功能等计算机软件的内涵。这为其他软件开发者利用、借鉴已有的软件思想，去开发新软件提供了方便之门，有利于软件的创新、优化和发展，同时避免了对计算机软件的过度保护。**"表达与思想分离"**的原则对软件发展中"保护"与"创新"的平衡起到了重要作用。根据《著作权法》的规定,若仅以学习和研究软件内含的设计思想和原理为目的使用软件,属于"合理使用",不构成侵权。

2. 计算机软件的专利法保护

当软件与硬件相结合,并使构思表现在"功能"上的时候,软件就可以成为专利法保护的对象。专利法要求将软件部分内容公开,这既可以促进软件发展,又可以减少"反编译"情况的发生。软件部分内容被公开后,"反编译"将作为一种侵权手段被禁止,有利于减少"反编译"行为的发生以及由此引发的诉讼。软件获得专利保护必经过登记或申请。

计算机软件的专利保护存在以下问题:一是专利法要求获得专利权的发明必须具备"三性"(新颖性、创造性、实用性)条件,绝大多数计算机软件难以通过专利的"三性"审查。二是并非所有计算机软件都能获得专利法保护,**不与硬件结合的软件不受专利法保护**。单纯的计算机程序常被视为数学方法或同数学算法相关联,因此被归于不能授予专利权的智力活动。三是专利法要求软件内容"公开"的程度以同一领域的普通技术人员能够实现为准,这非常容易导致计算机程序的模仿与复制。四是专利法对权利也作了限制性的规定,即非生产经营目的(如高校教学)实施专利技术的行为不被视为侵权。

3. 计算机软件的商业秘密保护

我国《刑法》和《反不正当竞争法》中,将商业秘密定义为:**不为公众所知悉**、能为权利人带来经济利益,具有实用性,并经权利人采取保密措施的技术信息和经营信息。商业秘密法既可以保护创意、思想,又可以保护表达形式。软件获得商业秘密法的保护不必经法定形式的登记或申请。对于商业秘密,拥有者具有使用权和转让权,可以许可他人使用,也可以将之向社会公开或者去申请专利。

商业秘密有较大的风险性,只要商业秘密不再是"秘密",权利人就无法据此来主张权利。如果权利人采取的保密措施不当,或者他人以己之力实现了相同的秘密,或者第三人的善意取得,都可能导致"秘密性"的丧失。任何人都可以对他人的商业秘密进行独立地研究和开发,也可以采用反向工程方法(如反编译等),或者通过拥有者自己的泄密来掌握它,并且在掌握之后使用、转让、许可他人使用、公开这些秘密,或者对这些秘密申请专利。因此,商业秘密保有人必须花大力气"保密",而效果却不见得如意。

如表 8-11 所示,虽然软件可以同时获得多方面的保护,但是没有一种保护方式是妥善的,各个法律即使综合起来保护软件,也会在某些方面存在漏洞。

表 8-11 计算机软件保护形式的差异

比较项目	著作权法	专利法	商业秘密法
申请登记	不需要	需要向不同国家/地区申请	不需要
保护方式	只保护表达,不保护思想	保护软硬结合的形式和思想	保护没有公开的秘密
内容公开	内容公开	内容部分公开	内容不公开
反向工程	无须	不允许	允许
保护期限	50 年	20 年	不限
典型案例	苹果诉微软 Windows 侵权	思科诉华为产品侵权	Windows 源代码保密

4. 知识共享授权方式

知识共享(CC)是一个非营利组织,也是一种创作的授权方式。这个组织的主要宗旨是增加创意作品的流通性,作为其他人据以创作及共享的基础,并寻找适当的法律以确保上述理念。著名的 TED(技术、娱乐、设计)演讲视频、国外大学公开课视频都采用 CC 授权方式。知识共享协议允许作者选择以下条件中的一项或多项权利的组合。

(1) 署名(BY):必须提到原作者,保留原作者的姓名标示。

(2) 非商业用途(NC):不得将作品用于营利性目的。

(3) 禁止演绎(ND):不得修改原作品,不得对作品进行再创作。

(4) 相同方式共享(SA):允许修改原作品,但必须使用相同的许可证(即修改后的作品仍然采用 CC 授权方式)。

8.4.4　职业道德规范

1. 职业道德和伦理

道德是调整人们之间以及个人和社会之间关系的行为规范的总和。伦理学是用哲学方法研究道德的学问。伦理学在道德层面确定**行为的对与错**,简单地说,就是什么可以做,什么不可以做,什么是对,什么是错。伦理学和美学一样,属于**价值判断**的范畴。伦理学更理论化一些,道德则更实际一些,它们也可以当同义词来使用。

法律是具有强制力的行为规范,道德在大多数情况下并无强制性。合法不一定合乎伦理(合理也可能不合法)。法律可人为修改,以适应特殊的场合;而道德由历史的习惯形成,不是一纸文件可以改变的。道德只能用来约束自己,而不要用来要求他人。

计算机行业是一个新的开放性领域。一方面是这个行业还没有足够的时间来形成道德规范和职业操守(如教育行业的"教书育人",医疗行业的"救死扶伤",商业领域的"公平竞争"等);另一方面是行业的一些活动超出了专业范畴(如网络舆情管理,使用盗版软件等)。但是,**计算机专业人员应当始终遵循"无恶意行为"的基本道德准则**。

2. 机器人伦理学

2004 年,第一届机器人伦理学国际研讨会在意大利圣雷莫召开,会议正式提出了"机器人伦理学"这个术语。机器人伦理研究得到越来越多学者的关注。

1) 如何在两个坏主意之间作决定

【例 8-25】 在美国一个无人驾驶汽车研讨会上,专家讨论了在危急时刻无人驾驶汽车应当怎样做。例如汽车为了保护自己的乘客而急刹车,但会造成后方车辆追尾;例如当汽车为了躲避儿童需要急转,但汽车急转可能会撞到附近的其他人。如果遇到这些情况,应当如何设计一个可以"在两个坏主意之间作决定"的无人驾驶汽车?这个问题很难判断,因为它本质上就是思维实验"电车难题"的现实版。

随着自主交通的迅速发展,人们很快就会面临这些问题。谷歌的无人驾驶汽车已经在美国加利福尼亚部分地区试行。工程师们正在努力思考怎样给汽车编程,让它们既能遵守交通规则,又能适应道路情况。

2）"回形针最大机"问题

如果机器人获取的信息不完整，它会不会意识到行为的后果呢？牛津大学人类未来研究院院长 Bostrom 在《超级智能：道路、危险和策略》书中描述了一个著名的思维实验"回形针最大机"问题。

【例 8-26】 "回形针最大机"问题。假设人们设计了一台机器生产回形针，但是不知道它怎么就有了超级智能，那它会把全部智力都投入到更好更快更多地制造回形针中，直到整个地球都变成回形针为止，它的道德体系就是围绕制造回形针而存在的。

3）可以虐待机器人吗

随着机器人与人类的相似度越来越高，另一些问题也突显出来。例如，机器人是否应该拥有权利？人类是否可以随意虐待机器人？

【例 8-27】 一位机器人专家建造了一个多足机器人用来排雷，排雷方法是机器人用脚踩爆地雷。它引爆一颗地雷就会丢掉一条腿，但是它会重新爬起来用剩下的腿继续前进排雷。排雷机器人第一次实弹测试时，最后被上校叫停了，因为上校无法忍受看着它"用仅剩的最后一条腿拖着烧成焦黑、布满伤痕的残躯蹒跚前进，继续寻找下一颗地雷"。

反过来说，如果一个人选择用虐待机器人的方式发泄自己的邪念，这是可取的吗？这样的行为对社会的危害究竟是更少还是更多？如果这些行为被别人（如家中的孩子）看到了呢？动物保护者认为，虐待动物的行为如果得到容忍，就会鼓励他们的反社会倾向。如果这个逻辑成立，那么它可能也适用于机器人，保护机器人或许也是在保护人类自己。

8.4.5 职业卫生健康

计算机在给人们工作和生活带来方便的同时，也在改变我们的工作和生活习惯。如果不注意职业卫生和健康，将对人们的身体造成极大的伤害。

1. 计算机新型职业病

计算机用户在为社会做出贡献的同时，也承载着超负荷的工作压力，使他们身体劳累，精神紧张，越来越多的计算机人员在走向亚健康状态。人们由于长期接触计算机，带来了"鼠标手"、肩周炎、颈椎病、腰椎间盘突出、肥胖、下肢静脉曲张、神经衰弱等疾病。

计算机职业病是不正确的操作方式（如图 8-46 所示）在长期使用习惯中慢慢形成的，爆发性不强，对身体危害不十分明显，最容易被人们忽视。虽然它在短时间内不会造成生命危险，但是，它会引发身体其他方面的连锁疾病，影响工作和生活质量，对人体潜在危害十分大。因此，对长期使用计算机的人员，做好防护工作最为重要。

2. 干眼症的预防

1）干眼症表现症状

眼球中的泪液以 1/100mm 的厚度覆盖整个眼球。如果眼睛一直睁着，10s 后，泪膜上就会出现一个小洞，然后泪膜慢慢散开，这时暴露在空气中的眼球就会感觉到干涩。眨眼是一种保护性神经反射作用，可以使泪水再一次均匀地涂在眼球角膜和结膜表面，以保持眼球润湿而不干燥。**正常人每分钟眨眼 20 次左右**，以保证眼球得到泪膜的湿润。

干眼症患者有以下表现：一是使用计算机几小时后，看远处物体模糊不清；二是眼疲

眼睛开度太大,颈椎后屈过度,窗口反光太大,茶杯易翻覆

视距太近,颈椎后屈,不眨眼,机桌太低,背部无支撑

图 8-46　不正确的计算机操作方式

劳,感觉眼睛、额头等部位疼痛;三是看物体轮廓不清晰,有重影;四是眼睛发干或流泪。

2）干眼症产生原因与预防

人们在专注地玩游戏、看视频时,眨眼的次数会自动减少,从而减少了泪液的分泌。因此,要有意识地增加眨眼次数,减轻眼球干涩。

屏幕亮度过暗时,会造成瞳孔放大而疲劳;屏幕图像很明亮时（对比度高）,瞳孔会自动收缩,使眼睛产生视觉疲劳。因此,显示器要保持适当的亮度。

房间亮度与屏幕亮度最好相同,光源最好来自使用者的左后方。

特别要注意,不要在黑暗中看屏幕,因为黑白反差太大时,对眼睛的伤害最大。

光线不要直接照射到屏幕上,显示器不要放置在窗户的对面或背面。

3）眼睛的保健

（1）眼睛疲劳时,用温湿毛巾敷几分钟眼睛,消除眼睛充血和疲劳。

（2）眼球缓慢地顺时针转圈,再让眼球逆时针方向转动,眼球转动 20 次。

（3）少吃大蒜;多吃蛋、奶、红萝卜、西红柿、红枣等食物。

（4）眼睛休息时,观看窗外远处的绿色物体更好,不要观看强光物体。

3．颈椎病的预防

计算机操作者在计算机前坐的时间越来越长,长时间不正确姿势极易导致颈椎病变（如图 8-47 所示）。据卫生部门调查表明,每天使用计算机超过 4 小时,81.6% 的人会出现不同程度的颈椎病。一些公共计算机使用环境（如机房）中,座椅、机桌与操作者身高往往不匹配。长时间操作时,容易产生颈椎酸痛,肩部和上臂呈现间歇性麻木感的职业病。

4．电磁辐射危害防护

研究发现,只要有交变电流,电磁波就无处不在。各种电子设备,包括计算机主机、显示器、鼠标、音箱等,在正常工作时都会产生各种不同波长的电磁辐射。

长期暴露在电磁波环境中,会对使用者造成神经衰弱等症状。症状有头晕、呕吐、失眠等,甚至会引起神经失调和降低生育能力等严重后果。

电磁辐射分为高频和低频两个级别,低频电磁辐射主要是工业频率（50Hz）段,高频电

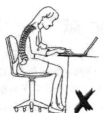

颈椎后倾过度,胸部弯曲, 胸部弯曲,背部无支撑 颈椎弯曲过度,腰部劳累
背部无支撑

图 8-47　不正确的操作姿势容易造成颈椎病

磁辐射在 100kHz～300GHz 之间。电磁辐射对人体有一定危害,长期接触容易导致肿瘤、白血病等。GB 9175—88《中华人民共和国环境电磁波卫生标准》规定:在一级安全级别(对人体没有影响)中,高频辐射小于 $10\mu W/cm^2$,低频辐射小于 $10V/m^2$ 的环境是安全的。电磁辐射测试设备大多采用 μT(微特斯拉)为单位,它们之间的换算关系是:$1\mu T = 100\mu W/cm^2 = 10mG$(高斯)。因此,电磁辐射小于 $0.2\mu T$ 时对人体无害。电磁辐射在 $0.4\mu T$ 以上属于较强辐射,对人体有危害。

屏幕亮度越大,电磁辐射越强,反之越小。屏幕应当背面朝向无人的地方,因为计算机辐射最强的是显示器背面,其次为左右两侧,屏幕的正面辐射最弱。抵御计算机辐射最简单的办法是喝绿茶,绿茶中含有茶多酚等活性物质,有吸收与抵抗放射性物质的作用。

5. 静电危害防护

长时间使用计算机时,显示器周围会形成一个静电场,将房间附近空气中悬浮的灰尘吸入静电场中。坐在计算机前,我们周围充满了含有大量灰尘颗粒的空气,这些灰尘可吸附到脸部和其他皮肤裸露处,如不注意清洁,时间久了就会发生难看的斑疹,色素沉着,严重者甚至会引起皮肤病变,影响美容与身心健康。

从事计算机工作的同学们应当谨记:**学习固然重要,身体更是本钱。**

习题 8

8-1　计算机专业学生在学习中为什么需要遵循"广度优先"原则?

8-2　关系数据库由哪些基本部分组成?

8-3　信息可视化有哪些特征?

8-4　3D 图形的生成与处理过程需要经过哪些步骤?

8-5　如果 Word 和 PPT 都能解决问题,你更喜欢使用哪个软件? 为什么?

8-6　简要说明网站设计流程。

8-7　MATLAB 有哪些功能?

8-8　简要说明 ACM/IEEE 为什么定义为"计算学科",而不是"计算机学科"。

8-9　简要说明几个计算机软件知识产权保护法律的优点与缺点。

8-10　简要说明怎样预防干眼症。

参 考 文 献

[1] 吴文俊.中国数学史大系:第1卷[M].北京:北京师范大学出版社,1998.

[2] 李约瑟.中国科学技术史:第3卷 数学[M].中国科学技术史翻译小组.北京:科学出版社,1978.

[3] 历代碑帖法书选编辑组.大盂鼎铭文[M].北京:文物出版社,1994.

[4] 王焕林.里耶秦简"九九表"初探[J].吉首大学学报:社会科学版.2006,27(1):46-51.

[5] 华印椿.论中国算盘的独创性[J].数学的实践与认识.1979(01)76-80.

[6] Charles Petzold.编码:隐藏在计算机软硬件背后的语言[M].左飞,等译.北京:电子工业出版社,2010.

[7] Jane Smiley.最强大脑:数字时代的前世今生[M].伊辉,译.北京:新世界出版社,2015.

[8] William Stallings.计算机组成与体系结构:性能设计[M].8版.彭蔓蔓,等译.北京:机械工业出版社,2011.

[9] John L Hennessy,et al.计算机体系结构:量化研究方法[M].5版.贾洪峰,译.北京:人民邮电出版社,2013.

[10] J Glenn Brookshear.计算机科学概论[M].11版.刘艺,等译.北京:人民邮电出版社,2011.

[11] Frege Gottlob.Conceptografia.百度文库,http://www.baidu.com/.

[12] 内格尔,纽曼.哥德尔证明[M].陈东威,连永君,译.北京:人民大学出版社,2008.

[13] Steve Lohr.软件故事:谁发明了那些经典的编程语言[M].张沛玄,译.北京:人民邮电出版社,2014.

[14] IEEE Spectrum.编程语言排行榜.http://spectrum.ieee.org/computing/software/.

[15] 沙行勉.计算机科学导论——以 Python 为舟[M].2版.北京:清华大学出版社,2014.

[16] Hyunmin Seo(HKUST),Caitlin Sadowski(Google,USA).Programmers' Build Errors:A Case Study(at Google)[J].ICSE 2014 Proceedings of the 36th,Pages 724-734.

[17] Edward Guniness.智取程序员面试[M].石宗尧,译.北京:人民邮电出版社,2015.

[18] Joel Spolsky.软件随想录:卷1[M].杨帆,译.北京:人民邮电出版社,2015.

[19] 郑人杰,等.软件测试[M].北京:人民邮电出版社,2011.

[20] Roger S Pressman.软件工程:实践者的研究方法[M].7版.郑人杰,等译.北京:机械工业出版社,2011.

[21] Jeannette M Wing.计算思维[J].中国计算机学会通讯.2007,3(11):83-85.

[22] Friedrich Crarner.混沌与秩序——生物系统的复杂结构[M].柯志阳,等译.上海:上海科技教育出版社,2000.

[23] 阿瑟·奥肯.平等与效率——重大的抉择[M].王奔州,译.北京:华夏出版社,1987.

[24] Andrew S Tanenbaum.计算机组成:结构化方法[M].5版.刘卫东,等译.北京:人民邮电出版社,2006.

[25] 吴军.数学之美[M].北京:人民邮电出版社,2012.

[26] Turing,A M Computing machinery and intelligence[J].Mind(1950),59,433-460.

[27] 侯世达.哥德尔、艾舍尔、巴赫——集异璧之大成[M].郭维德,译.北京:商务印书馆,1996.

[28] 皮特J邓宁,鲍伯 麦特卡菲.超越计算:未来五十年的电脑[M].冯艺东,译.保定:河北大学出版社,1998.

[29] Behrouz Forouzan.计算机科学导论[M].3版.刘艺,等译.北京:机械工业出版社,2015.

[30] Michael Sipser.计算理论导引[M].3版.段磊,唐常杰,译.北京:机械工业出版社,2015.

[31] Thomas H Cormen,et al.算法导论[M].3版.殷建平,等译.北京:机械工业出版社,2013.

[32] Donald Ervin Knuth.计算机程序设计艺术:第三卷 排序与查找[M].苏运霖,等译.北京:国防工业

出版社,2002.

[33] Robert W Sebesta.编程语言原理[M].10 版.马跃,王敏,王国栋,译.北京:清华大学出版社,2012.

[34] 张若愚.Python 科学计算[M].2 版.北京:清华大学出版社,2016.

[35] 唐培和,徐奕奕.计算思维——计算学科导论[M].北京:电子工业出版社,2015.

[36] 严蔚敏,吴伟民.数据结构.C 语言版[M].北京:清华大学出版社,2011.

[37] Andrew S Tanenbaum,et al.计算机组成:结构化方法[M].6 版.刘卫东,译.北京:机械工业出版社,2014.

[38] IEEE. IEEE Standard 754 for Binary Floating-Point Arithmetic[S].百度文库,http://www.baidu.com/.

[39] J Stanley Warford.计算机系统:核心概念及软硬件实现[M].4 版.龚奕利,译.北京:机械工业出版社,2015.

[40] 冯志伟.汉字的熵[J].语文建设,1984(4)12-17.

[41] 游安军.计算机数学[M].北京:电子工业出版社,2013.

[42] John von Neumann. First Draft of a Report on the EDVAC[J].百度文库,http://www.baidu.com/.

[43] 10000 个科学难题信息科学编委会编.10000 个科学难题:信息科学卷[M].北京:科学出版社,2011.

[44] Ian McLoughlin.计算机体系结构:嵌入式方法[M].王沁,等译.北京:机械工业出版社,2012.

[45] 胡亚红,等.计算机系统结构[M].4 版.北京:科学出版社,2015.

[46] Eric Bogatin.信号完整性分析[M].李玉山,等译.北京:电子工业出版社,2005.

[47] Andrew S Tanenbaum,et al.现代操作系统[M].3 版.陈向群,译.北京:机械工业出版社,2009.

[48] Mark E Russinovich,et al.深入解析 Windows 操作系统[M].5 版.潘爱民,译.北京:人民邮电出版社,2009.

[49] Joel Spolsky.软件随想录:卷 1[M].杨帆,译.北京:人民邮电出版社,2015.

[50] Andrew S Tanenbaum,et al.计算机网络[M].5 版.严伟,潘爱民,译.北京:清华大学出版社,2012.

[51] 乔纳森.齐特林.互联网的未来:光荣、毁灭与救赎的预言[M].康国平,译.北京:东方出版社,2011.

[52] Kevin D Mitnick,et al.入侵的艺术[M].袁月杨,等译.北京:清华大学出版社,2007.

[53] Christopher Hadnagy.社会工程:安全体系中的人性漏洞[M].陆道宏,译.北京:人民邮电出版社,2013.

[54] William Stallings.密码编码学与网络安全——原理与实践[M].6 版.唐明,等译.北京:电子工业出版社,2015.

[55] Silberschatz A.数据库系统概念[M].6 版.杨冬青,等译.北京:机械工业出版社,2012.

[56] Dan McCreary,et al.解读 NoSQL[M].范东来,等译.北京:人民邮电出版社,2016.

[57] 蒋盛益,等.数据挖掘基础与应用实例[M].北京:经济科学出版社,2015.

[58] 陈红倩.计算机图形学与角色群组仿真[M].北京:机械工业出版社,2011.

[59] John C Russ.数字图像处理[M].6 版.余翔宇,等译.北京:电子工业出版社,2014.

[60] 陈为,等.数据可视化[M].北京:电子工业出版社,2013.

[61] Peter J Denning,et al. Computing as a Discipline[J]. ACM 1989,Communications of the ACM January 1989 Volume 32 Number I.

[62] ACM/IEEE-CS.计算学科本科课程指南[J].2013.百度文库,http://www.baidu.com/.

[63] 董荣胜.计算机科学导论——思想与方法[M].2 版.北京:高等教育出版社,2013.

[64] 易建勋,等.计算机硬件技术——结构与性能[M].北京:清华大学出版社,2011.

[65] 易建勋,等.计算机维修技术[M].3 版.北京:清华大学出版社,2014.

[66] 易建勋,等.计算机网络设计[M].3 版.北京:人民邮电出版社,2016.

附录 A 常用数学符号和英文缩写读音

数学符号	数学符号说明	缩写字符	英文缩写读音
∀	全称量词,表示:所有、任何、每一个 例:∀x,$P(x)$(对所有 x,都有性质 P)	ARM ASCII	读[ɑːrm,安媒],一种 CPU 类型 读[as-key,阿斯克],英文字符编码
∃	存在量词,表示:有一些、存在、至少有一个 例:∃x,$P(x)$(对有些 x,有性质 P)	C♯ Cache	读[C-sharp,C 夏普],编程语言 读[cash,凯希],高速缓存
∈	属于,例:$C∈A$(C 属于 A)	CISC	读[sisk,复杂指令系统
∉	不属于,例:$C∉A$(C 不属于 A)	DirectX	读[direkt'eks,DX],应用程序接口
⊆	包含,例:$C⊆A$(C 包含于 A,C 是 A 的子集)	GNU	读[gnu,革奴],开源软件计划
∧	与、合取,例:$p∧q$(p 并且 q)	Hadoop	读[hæduːp,哈杜普],计算平台
∨	或、析取,例:$p∨q$(p 或者 q)	Hash	读[hæ,哈希,散列],单向函数
¬	取反、非,例:¬p(非 p,p 取反)	IEEE	读[I-triple-E,I3E],国际组织
→	如果……则……,例:$P→Q$(若 P 则 Q)	Linux	读[li-n-ks,里那克斯],操作系统
↔	当且仅当,例:$P↔Q$(P 当且仅当 Q)	.Net	读[dao-net,点耐特],微软编程平台
∅	空集合,例:$A=\{∅\}$(集合 A 为空)	O	读[big-oh,大圈],时间复杂度
∩	交集,例:$X∩Y$(X 和 Y 的交集)	P2P	读[P-to-P,点到点],通信方式
∪	并集,例:$X∪Y$(X 和 Y 的并集)	RISC	读[risk],精简指令系统
⊕	异或,例:$p⊕q$(p 异或 q)	SQL	读[sequel],结构化查询语言
⊕	膨胀,例:$E⊕B$(E 被 B 膨胀)	UNIX	读[junks,尤尼克斯],操作系统
⊖	腐蚀,例:$E⊖B$(E 被 B 腐蚀)	Wi-Fi	读[wai-fai],WLAN 兼容性联盟
←	赋值,例:$x←x+1$($x+1$ 后赋值给 x)	@	读[at,艾特],分隔符
$i++$	自加运算,例:$i++$(i 自动加 1)	^	读[Caret,上帽],乘方符号
≡	同余,例:14 mod 12 ≡ 2(14 模 12 余 2)	Σ	读[Sigma,西格玛],求和符号
==	等于,例:if i==0 then(如果 i 等于 0 则)	Π	读[Pi],连乘符号
$P(.|.)$	条件概率函数,例:$P(w_3|w_1,w_2)$		

说明:部分计算机名词没有读音标准,此处读音为大部分技术书籍和网站的推荐读音。

图 书 资 源 支 持

感谢您一直以来对清华版图书的支持和爱护。为了配合本书的使用，本书提供配套的资源，有需求的读者请扫描下方的"书圈"微信公众号二维码，在图书专区下载，也可以拨打电话或发送电子邮件咨询。

如果您在使用本书的过程中遇到了什么问题，或者有相关图书出版计划，也请您发邮件告诉我们，以便我们更好地为您服务。

我们的联系方式：

地　　址：北京海淀区双清路学研大厦 A 座 707

邮　　编：100084

电　　话：010－62770175－4604

资源下载：http://www.tup.com.cn

电子邮件：weijj@tup.tsinghua.edu.cn

QQ：883604(请写明您的单位和姓名)

用微信扫一扫右边的二维码，即可关注清华大学出版社公众号"书圈"。

资源下载、样书申请

书 圈